程乾 刘永 高博◎编著

R语言数据分析与可视化

从 入门 到 精通

**Data Analysis and
Visualization in R Language**

from Introduction
to Mastery

北京大学出版社
PEKING UNIVERSITY PRESS

内 容 提 要

　　R语言是一个自由、免费、源代码开放的编程语言和环境，它提供了强大的数据分析功能和丰富的数据可视化手段。随着数据科学的快速发展，R语言已经成为数据分析领域炙手可热的通用语言。全书分为3篇共12章，具体内容如下。

　　第1篇：入门篇（第1章~第3章）。本篇将带领读者逐步走进R语言的世界，帮助读者对R语言形成初步的认识，并学会如何获取和安装R语言，以及如何在需要时获取帮助。然后介绍R语言的一些基础知识，这些知识是灵活应用R语言的必要前提。最后重点介绍R语言函数的使用方法，同时也会涉及一些其他相关内容，如流程控制和R语言环境等。

　　第2篇：进阶篇（第4章~第11章）。本篇介绍R语言数据管理、数据分析和数据可视化的三大威力，包括通过数据获取、导出、整合和清理等操作将零散的数据整合为可以分析处理的数据集的多种方法；并介绍一些常用基础统计和高级统计的实现方法，以及R语言的图形生成、图形修饰、外部绘图插件和图形展示等功能。

　　第3篇：实战篇（第12章）。本篇通过一个实战案例，综合讲解R语言在数据处理与可视化分析方面的实战技能。

　　本书既适合没有R语言编程基础的读者，也适合想学习R语言数据处理与可视化进阶技能的读者，还可以作为广大职业院校、培训班教材。

图书在版编目(CIP)数据

R语言数据分析与可视化从入门到精通 / 程乾, 刘永, 高博编著. — 北京：北京大学出版社, 2020.10
ISBN 978-7-301-31480-7

Ⅰ.①R… Ⅱ.①程… ②刘… ③高… Ⅲ.①程序语言 – 程序设计 ②统计分析 – 应用软件 Ⅳ.①TP312 ②C819

中国版本图书馆CIP数据核字(2020)第134840号

书　　　名	R语言数据分析与可视化从入门到精通
	R YUYAN SHUJU FENXI YU KESHIHUA CONG RUMEN DAO JINGTONG
著作责任者	程 乾 刘 永 高 博 编著
责 任 编 辑	张云静 孙 宜
标 准 书 号	ISBN 978-7-301-31480-7
出 版 发 行	北京大学出版社
地　　　址	北京市海淀区成府路205 号　100871
网　　　址	http://www.pup.cn　新浪微博：@北京大学出版社
电 子 信 箱	pup7@pup.cn
电　　　话	邮购部 010–62752015　发行部 010–62750672　编辑部 010–62570390
印 刷 者	北京市科星印刷有限责任公司
经 销 者	新华书店
	787毫米×1092毫米　16开本　31.5印张　786千字
	2020年10月第1版　2020年10月第1次印刷
印　　　数	1–4000册
定　　　价	119.00元

前言
Preface

关于本书

R 语言是一个自由、免费、源代码开放的编程语言和环境，是 S 语言的一个分支，多个操作系统都能方便且免费地使用它。R 语言不仅具有众多经常更新的统计分析函数，还具有完整的编程功能和强大的绘图功能。

相比其他流行的编程语言和统计软件，R 语言具有许多特性，如免费和开源、社区强大、资源丰富、帮助系统完备等。随着数据科学的快速发展，R 语言在统计计算、数据分析和可视化，以及机器学习等方面逐渐成为一款重要的工具，并广泛应用于统计、计量经济、物理、生物、教育和心理学等诸多领域。

本书是关于 R 语言数据分析与可视化从入门到精通的指南，较为全面地介绍了 R 语言的常用功能和方法，且紧密围绕实际应用展开。例如，从 R 语言的发展历史到 R 语言的一些常用函数，从数据管理到数据分析，从基础统计到高级统计，从图形生成到图形优化，从分步应用到综合应用等。通过本书，读者可以掌握 R 语言的基本功能和原理，并进一步深入学习更多的相关知识。

本书内容

全书分为 3 篇，共 12 章，具体内容如下。

第 1 篇：入门篇（第 1 章~第 3 章）。本篇将带领读者逐步走进 R 语言的世界，帮助读者对 R 语言形成初步的认识，并学会如何获取和安装 R 语言，以及如何在需要的时候获取帮助。然后介绍 R 语言的一些基础知识，这些知识是灵活应用 R 语言的必要前提。最后重点介绍 R 语言的函数使用方法，同时也会涉及一些其他相关内容，如流程控制和 R 语言环境等。

第 2 篇：进阶篇（第 4 章~第 11 章）。本篇介绍 R 语言数据管理、数据分析和数据可视化的三大威力，包括通过数据获取、导出、整合和清理等操作将零散的数据整合为可以分析处理的数据集的多种方法；并介绍一些常用基础统计和高级统计的实现方法，以及 R 语言的图形生成、图形修饰、外部绘图插件和图形展示等功能。

第 3 篇：实战篇（第 12 章）。本篇通过一个实战案例，综合讲解 R 语言在数据处理与可视化分析方面的实战技能。

本书特点

本书系统地介绍了 R 语言在数据分析和可视化方面的应用，具有以下特点。

（1）理论为辅、实践为主。本书涉及一些必要的理论知识，特别是在数据分析部分，但总体以实践为主，因此几乎每节都有大量的代码，目的就是方便读者实践。

（2）知识全面、系统。本书从内容上按照数据分析的基本流程来编排，在介绍了 R 语言的基础知识后，从数据获取和导出、数据清理和操作、数据分析和可视化方面分别进行了探讨，内容由浅入深、循序渐进。

（3）案例广泛。本书中的案例涉及心理学、社会学、医学、商业和经济等领域，但并不需要读者具备这些领域的专业知识。

（4）除第 12 章外，每章结尾都配有"新手问答"和"小试牛刀"知识模块。"新手问答"主要对读者学习过程中易出现的疑问或容易犯的错误进行针对性的解答；"小试牛刀"结合每章知识及相关技能，列举综合上机案例，让读者在学完一章内容后能及时回顾和练习，旨在让读者巩固知识、学以致用。

读者对象

本书既适用于没有 R 语言编程基础的读者，也可以作为从事数据分析和可视化工作人员的参考用书。通过阅读本书，读者将掌握 R 语言的相关特性及其在数据分析和可视化方面的应用，可极大地提升自己的专业技能，使 R 语言成为真正的数据分析和可视化利器。此外，期望读者在阅读完本书后，能具备编写 R 语言程序、独立解决各类复杂问题的能力。

除了书，您还能得到什么？

（1）赠送：案例源代码。提供书中相关案例的源代码，方便读者学习参考。

（2）赠送：《微信高手技巧随身查》《QQ 高手技巧随身查》《手机办公 10 招就够》三本电子书，"10 招精通超级时间整理术"视频教程，"5 分钟学会番茄工作法"视频教程。

温馨提示：以上资源，请用微信扫描下方任意二维码关注公众号，输入代码 194367，即可获取下载地址及密码。

本书由凤凰高新教育策划，由程乾、刘永、高博三位老师合作创作。在本书的编写过程中，我们竭尽所能地为您呈现最好、最全的实用内容，但仍难免有疏漏和不妥之处，敬请广大读者不吝指正。

读者信箱：2751801073@qq.com

目录
Contents

第 2 篇　进阶篇

第 3 篇 实战篇

第1篇

入门篇

本书的第 1 篇将带领读者走进 R 语言的世界，帮助读者对 R 语言形成初步的认识，并学会如何获取和安装 R 语言，以及如何在需要的时候获取帮助。然后介绍 R 语言的一些基础知识，这些知识是灵活应用 R 语言的必要前提。最后将重点介绍 R 函数的使用方法，同时也会涉及一些其他相关内容，如流程控制和 R 语言环境等。

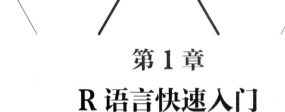

第 1 章
R 语言快速入门

本章导读

近年来，随着大数据分析和机器学习等数据分析技术的兴起，R 语言作为"为统计而生"的语言，越来越多地受到统计分析爱好者及程序员的青睐。通过对本章的学习，读者能掌握 R 语言的基本历史、特点等基础知识，熟悉 R 语言的安装部署及初步使用 RGUI 或 RStudio 等辅助工具的方法，为进一步学习 R 语言做好准备。对 R 语言已有初步了解或使用经验的读者可选择性地跳过此章。

知识要点

通过本章内容的学习，读者能掌握以下知识：

- R 语言的历史
- R 语言的优势和劣势
- R 语言的获取和安装
- R 语言常用的开发工具
- 如何获取 R 语言帮助

1.1 R 语言及其历史

R 语言属于 GNU 系统的一个自由、免费、源代码开放的编程语言和环境，是统计学家为统计计算、数据分析和可视化而设计的，具有高度可扩展性。近几年，R 语言已经成为数据科学中最受欢迎的通用工具之一，并且被广泛应用于统计、计量经济、物理、生物、教育和心理等诸多领域。

1.1.1 R语言的源起

R 语言是 S 语言的一个分支，而 S 语言则是由 John Chambers、Rick Becker 和 Allan Wilks 等人在贝尔实验室开发的一种用来进行数据探索、统计分析和作图的解释型语言。S 语言最初的实现版本主要是 S-PLUS。S-PLUS 是一个商业软件，它基于 S 语言，并被 MathSoft 公司的统计科学部进一步完善。之后，奥克兰大学统计系的 Ross Ihaka 和 Robert Gentleman 基于 S 语言的源代码并结合 Scheme 语言的语法，编写了一个能执行 S 语言的软件。他们以两人名字的首字母将该软件命名为"R"，并公开了该软件的全部源代码，其命令统称为 R 语言。因此 R 语言其实也是 S 语言的一种实现。

1997 年，由 11 人组成的 R 语言开发核心团队正式成立，负责 R 语言的开发和维护。如今 R 语言核心开发团队已经达到 25 人，成员来自世界知名大学和企业。由于 R 语言具备出众的扩展性，其使用者越来越多，同时也吸引了大量的开发者编写自定义函数包供更多人使用。自 2004 年开始，R 语言基金会几乎每年都支持 R 语言社区成员组织的会议，世界各地的 R 语言开发者和用户齐聚一堂，讨论 R 语言的应用与科研方面的成果。此外，自 2008 年开始，国内也定期举行 R 语言会议，以推动 R 语言在我国的普及。

截至 2018 年 12 月，R 语言在 TIOBE 指数中排名第 16 位，反映了 R 语言的流行程度。

1.1.2 R语言的版本更新

2000 年，R 语言在发布了第一个正式版本 (R1.0) 后，在每年的 4 月和 10 月，都会有两次正式版本的发布。目前，R 语言已经推出了超过 70 个版本，当前最新版本是 R4.0.2。源程序大小也由 R 语言核心团队成立时的 959KB 增加到今天的 78.9MB（Windows 版本）。

R 语言的版本更新包括 bug 修正、函数优化，以及添加新的函数。但是新发布的版本并不总能与之前发布的版本完全兼容，更新版本后，部分旧代码可能不能正常运行。因此，更新 R 语言的版本后，需要对现有的代码进行调试。

1.2 R 语言的优势和劣势

使用 R 语言的原因很简单，因为它在统计计算、数据分析和可视化，以及机器学习方面已经成为一款重要的工具，甚至在研究领域已经成为一种"通用"的语言。R 语言有自己的优势和劣势，开发人员和用户只有对其加以了解，才能发挥它的强大能力。

1.2.1 R 语言的优势

R 语言之所以能在众多流行的编程语言和统计软件中脱颖而出，主要是由于其具有以下特点。

1. 免费和开源

SAS、SPSS 和 Stata 等多数商业软件都价格不菲，使用时花费上万元都是很正常的。但是 R 语言却是完全免费的，不需要购买许可证书。R 语言中的各种包和函数非常透明，这使对函数的调整和改良非常便利。只需要把源码调出来，稍加修改就可以了，而这在任何其他统计软件里都近乎奢望。

2. 普适性

R 语言是一款适应性非常强的软件，几乎可以兼容所有的计算机系统，如 Windows、Mac OS 和 Linux，甚至可以在 Pad 和手机上使用。当然，R 语言的普适性还表现在与各种语言和程序都有良好的接口，使其在数据处理过程中能"左右逢源"。

3. 流行性

虽然 R 语言不是最流行的编程语言，但是在数据分析、统计建模与数据可视化方面有着举足轻重的地位，它可以使用户之间的沟通更加方便。

4. 灵活和可重复

R 语言是创建可重复及高质量分析的最佳途径，它拥有数据处理所必需的强大要素。

5. 资源丰富

目前，在 CRAN 网站上可获得超过 1.3 万个扩展包，并且全世界有数以千计的开发者在维护这些扩展包，这些开发者几乎涉及所有的数据科学领域。除了数量庞大的扩展包，还有许多开发者通过个人博客、R-blogger、Stack Overflow、统计之都和微信公众号等途径分享他们的经验和方法。

6. 强大的社区

R 语言在全球范围内拥有活跃的社区，社区中不但有 R 语言的开发者，还有很多用户。开发者积极地共享开源项目和扩展包，而用户有不同的专业背景，可以相互联络，分享想法。如果在使用 R 语言的过程中受到某个问题的困扰，往往通过百度和 Google 都能很好地解决；或者通过在各种论坛上提问，获得大家的帮助。

7. 前沿性

很多 R 语言的用户都是各种领域的专业研究人员，他们很可能会将自己的最新研究成果和算法封装在扩展包里，以供更多的用户学习和使用。

8. 完善的帮助系统

R 语言的每个函数都有统一格式的运行示例，用户可以很方便地调用和查看。

1.2.2 R语言的劣势

当然，R 语言也有劣势，它的内存管理、速度和效率导致其长期为人诟病。由于 R 语言的设计原理，使其数据必须存储在物理内存中，这导致在处理非常大的数据集时会出现问题。不过一些优秀的扩展包已经能够解决上述问题了：Snow 包支持 MPI、PVM、NWS、Socket 通信，可实现并行运算，解决了单线程和内存限制；SparkR 包提供了 R 语言和 Apache Spark 交互的前端，并且可以在 R Shell 中使用 Spark 的分布式计算引擎来分析大规模的数据集。

此外，还有扩展包的可靠性问题。目前可以免费获得成千上万的开源扩展包，然而并不是所有的扩展包都这么优秀，因此在使用扩展包时必须十分谨慎和保持一定的怀疑态度，必要时应该看一下源代码，查找问题所在。

1.3 R 语言的软件获取及安装

如前所述，R 语言由于其开源免费等诸多优势，被越来越多的统计分析爱好者及程序员所青睐，那么对于新手而言如何获取和安装 R 语言呢？本节将讲述 R 语言软件的获取和安装等内容。

1.3.1 获取R语言软件

R 语言可以在 CRAN (Comprehensive R Archive Network) 网站上免费下载，如图 1-1 所示。CRAN 是拥有 R 语言的发布版本、资源包、文档和源代码的网络集合，它是由几十个镜像网站组成的，提供下载安装程序和相应版本的资源包，镜像更新频率一般为 1~2 天，可以单击图 1-1 左侧【CRAN】下方的【Mirrors】链接进入镜像列表。CRAN 针对 Windows、Mac OS 和 Linux 等系统平台有编译好的相应二进制安装包，根据自己的系统平台下载安装即可。

由于国外镜像访问速度比较慢，因此这里建议使用国内镜像，目前国内官方镜像大约有 10 个，推荐使用清华大学镜像。当然，如果对 CRAN 的时效性有特殊要求的话，也可以访问即时更新镜像。

为了帮助大家尽快将 R 语言安装在计算机上，下面将以 Windows、Linux 和 Mac OS 三个主流系统平台为例，向大家介绍 R 语言的安装方法。

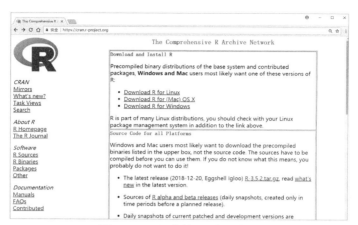

图 1-1　R 语言的 CRAN 主页

1.3.2　在Windows平台上安装

本小节将以 R3.5.2 版本为例，介绍 R 语言在 Windows 7 64-bit 系统中的下载安装方法，具体操作步骤如下。

步骤 1：单击图 1-1 中的【Download R for Windows】链接进入下载界面，继续单击【install R for the first time】链接，如图 1-2 所示。

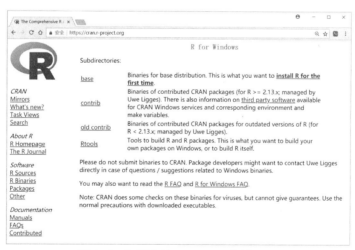

图 1-2　R 语言的 Windows 版本页面

步骤 2：单击【Download R 3.5.2 for Windows】链接后，即可下载所需要的 R 语言软件安装包，如图 1-3 所示。如果需要下载历史版本的安装包，可以单击【Previous releases】链接，选择相应版本的安装包。

步骤 3：双击下载的 R-3.5.2-Win 安装包，启动安装程序，如图 1-4 所示。

步骤 4：选择安装过程使用的语言，为保持运行效果，建议选英文，设定完成后，单击【确定】按钮，如图 1-5 所示。

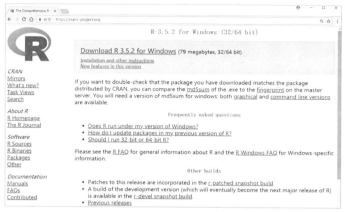

图 1-3　R 3.5.2 for Windows 下载页面

图 1-4　R-3.5.2-Win 安装包下载结果页面

图 1-5　选择语言

步骤 5：接下来是 R 语言安装前的信息提示，主要是 GNU GPL 协议（开源软件组织 GNU 的开源协议之一），单击【Next】按钮，如图 1-6 所示。

步骤 6：按照相关提示选择安装目录，安装目录默认为 "C:\Program Files\R\R-3.5.2"，这里为节约系统盘空间，使用 "d:\Program Files\R\R-3.5.2"，可以直接修改或单击【Browse】按钮选择安装目录，设定完成后单击【Next】按钮，如图 1-7 所示。

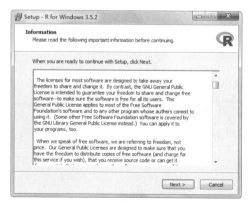

图 1-6　相关信息说明

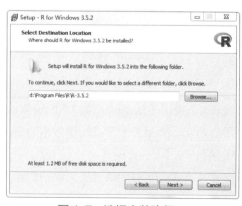

图 1-7　选择安装路径

步骤 7 ：选择需要安装的 R 语言组件，为便于理解 R 语言输出的系统消息，一般必选【Core Files】和【Message translations】两个复选框，可根据自己的操作系统来选择【32-bit Files】或【64-bit Files】，本例选择【64-bit Files】，设定完成后单击【Next】按钮，如图 1-8 所示。

步骤 8 ：指定安装选项，可保持默认选项，设定完成后单击【Next】按钮，如图 1-9 所示。

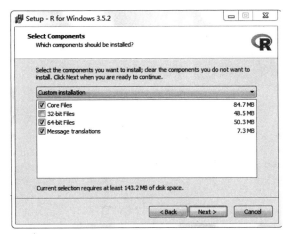
图 1-8　选择需要安装的 R 语言组件

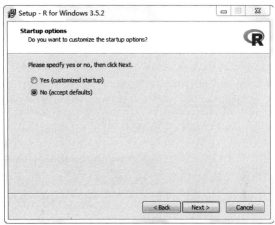
图 1-9　指定安装选项

步骤 9 ：选择是否在【开始】菜单创建快捷方式，设定完成后单击【Next】按钮，如图 1-10 所示。

步骤 10 ：选择默认的附加安装选项，设定完成后单击【Next】按钮，如图 1-11 所示。

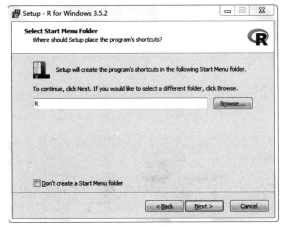

图 1-10　选择是否在【开始】菜单创建快捷方式

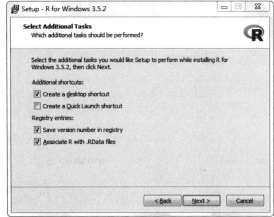
图 1-11　选择默认的附加安装选项

步骤 11 ：开始安装，安装完成后单击【Finish】按钮，如图 1-12 和图 1-13 所示。

步骤 12 ：返回桌面双击 R 图标快捷方式，或在【开始】菜单栏的 R 文件夹下双击 R 图标，即可打开 R 语言的运行界面，如图 1-14 所示。

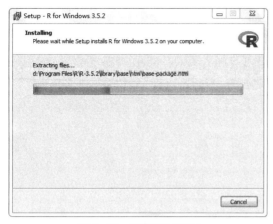

图 1-12　安装进行页面

图 1-13　安装完成页面

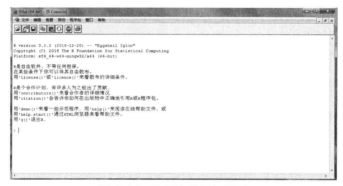

图 1-14　R 语言的运行界面

1.3.3　在Linux平台上安装

本小节使用目前 Linux 家族中应用较为广泛的 Ubuntu 系统，版本号为 Ubuntu Server 16.04.2 LTS，其他 Linux 系统请读者查阅相关系统帮助。

步骤 1：在 Linux 终端输入 "R"，查看系统是否安装了 R 语言，本小节中的 Ubuntu 系统并未安装，如图 1-15 所示。

图 1-15　查看系统是否安装了 R 语言

步骤 2：在终端输入 "sudo apt-get install r-base-core" 指令安装 R 语言，指令运行期间根据系统提示输入密码并确认安装指令，如图 1-16 所示。

步骤 3：安装完成后，在终端输入 "R --version" 指令，可查看 R 语言的安装版本，本小节安装的版本为 R 3.2.3。继续输入 "R" 指令即可运行 R 语言，如图 1-17 所示。

图 1-16　运行指令安装 R 语言　　　　　图 1-17　R 语言安装完成的验证

1.3.4　在 Mac OS 平台上安装

本小节使用的版本号为 Mac OS X 10.11.1，其他版本的操作步骤基本相同。

步骤 1：在 Safari 网页浏览器地址栏中输入 CRAN 官网地址，单击【Download R for (Mac)OS X】链接进入下载页面，如图 1-18 所示。

步骤 2：单击【R-3.5.2.pkg】（当前最新版本）链接后下载二进制安装包，如图 1-19 所示。

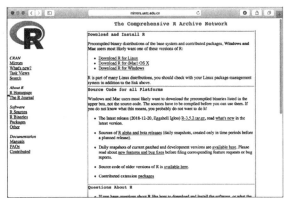

图 1-18　R 语言软件的下载页面

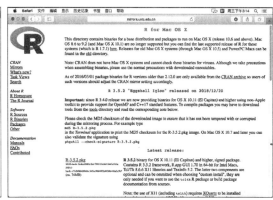

图 1-19　R 语言软件的 Mac OS 平台下载页面

步骤 3：双击下载的二进制安装包，系统会弹出安装导引，单击【继续】按钮，如图 1-20 所示。

步骤 4：系统会请用户阅读相关条款、指定安装位置并输入密码等，均可采取默认操作，相关操作步骤如图 1-21 至图 1-24 所示。

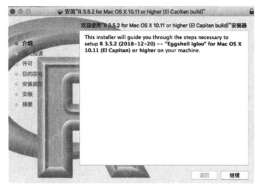

图 1-20　Mac OS 系统的安装导引

11

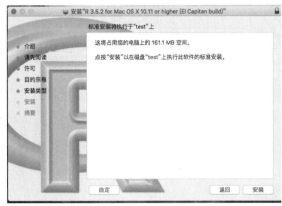

图 1-21　指定安装类型页面　　　　图 1-22　安装确认页面

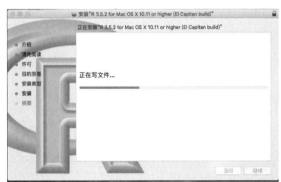

图 1-23　正在安装页面　　　　　　图 1-24　安装完成页面

步骤 5：安装成功后，可在【LaunchPad】中找到 R 语言的图标，如图 1-25 所示。

步骤 6：双击该图标即可运行 R 语言，如图 1-26 所示。

图 1-25　Mac OS LaunchPad 中启动 R 语言界面　　图 1-26　在 Mac OS 系统中启动 R 语言的界面

1.4 R 语言的辅助工具

近年来，随着 R 语言的应用越来越广泛，众多 R 语言编程辅助工具应运而生，其中最有代表性的是 Rstudio 公司的 Rstudio 套件和微软的 Visual Studio R 套件。本节将以 Windows 平台为例，分别介绍 R 语言自带的 GUI 和 Rstudio 套件的安装与使用。

1.4.1 R GUI

在 Windows 平台中安装 R 语言时，除了安装必要的核心文件，还要安装一个叫作 Rgui.exe 的可执行文件。该程序文件就是 R 语言的原始 GUI 界面，如图 1-27 所示。双击该文件，即可进入 R 语言自带的 GUI 界面。

名称	修改日期	类型	大小
open	2018/12/20 9:37	应用程序	19 KB
R.dll	2018/12/20 9:37	应用程序扩展	30,091 KB
R	2018/12/20 9:37	应用程序	103 KB
Rblas.dll	2018/12/20 9:37	应用程序扩展	306 KB
Rcmd	2018/12/20 9:37	应用程序	102 KB
Rfe	2018/12/20 9:37	应用程序	87 KB
Rgraphapp.dll	2018/12/20 9:36	应用程序扩展	315 KB
Rgui	2018/12/20 9:37	应用程序	87 KB
Riconv.dll	2018/12/20 9:37	应用程序扩展	66 KB
Rlapack.dll	2018/12/20 9:39	应用程序扩展	2,678 KB
Rscript	2018/12/20 9:37	应用程序	91 KB
RSetReg	2018/12/20 9:37	应用程序	88 KB
Rterm	2018/12/20 9:37	应用程序	87 KB

图 1-27　R GUI 程序所在的位置页面

R GUI 界面的上方为主菜单栏，包含七个菜单栏和八个快捷菜单。左下方为 R 语言运行的控制台（R Console），R 语言运行的输入和输出均在此。右下方为脚本编辑器，用户可在此创建脚本，如图 1-28 所示。R 语言主窗口的主菜单栏下方的 8 个快捷菜单从左到右依次是：打开程序脚本、加载工作空间、保存工作空间、复制程序脚本、粘贴程序脚本、复制并粘贴程序脚本、中断当前运行程序和打印当前运行控制台输出。

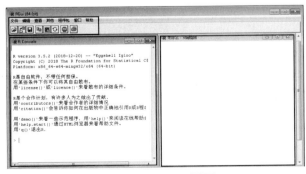

图 1-28　R GUI 界面

R 语言的主窗口标题栏下方是主菜单栏，包含【文件】【编辑】【查看】【其他】【程序包】【窗口】和【帮助】七个子菜单。

（1）【文件】菜单主要用于文件的新建、输入、保存、打印等，如图 1-29 所示。

①【运行 R 脚本文件】：导入已保存的 R 语言程序脚本并输出结果。

②【新建程序脚本】：建立新的 R 语言程序脚本。

③【打开程序脚本】：打开已保存的 R 语言程序脚本。

④【显示文件内容】：显示上一次保存文件的路径下的文件内容。

图 1-29 【文件】子菜单

⑤【加载工作空间】：导入已保存好的工作空间（环境），包括用户定义的对象（向量、矩阵、数据框、函数、列表和因子等）。

⑥【保存工作空间】：保存当前运行的工作空间（环境），包括用户定义的对象（向量、矩阵、数据框、函数、列表和因子等）。

⑦【加载历史】：导入运行的历史（输入）记录。

⑧【保存历史】：保存运行的历史（输入）记录。

⑨【改变工作目录】：更改 R 语言用于读取文件和保存结果的默认工作目录。

⑩【打印】：打印当前窗口的内容。

⑪【保存到文件】：将 R 语言界面的运行记录（含输入、输出）保存为 TXT 文件。

⑫【退出】：退出 R 语言。

（2）【编辑】菜单主要为 R 语言脚本编辑提供复制、粘贴、清空和数据编辑等功能，如图 1-30 所示。

①【复制】：复制被选中的程序文本。

②【粘贴】：将剪贴板上的内容粘贴至光标所在位置。

③【仅粘贴命令行】：仅粘贴剪贴板上文本中的命令运行内容。

④【复制并粘贴】：复制的同时粘贴文本内容。

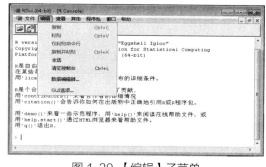

图 1-30 【编辑】子菜单

⑤【全选】：选择程序编辑、输出、LOG 窗口的所有内容。

⑥【清空控制台】：清空程序窗口的所有内容。

⑦【数据编辑器】：对当前工作空间中存在的数据对象进行编辑。

⑧【GUI 选项】：对图形用户界面进行自定义设置。

（3）【查看】菜单用于指定是否显示工具栏和状态栏。

（4）【其他】菜单用于中断程序、补全脚本，以及对当前工作空间对象和路径进行操作，如图 1-31 所示。

①【中断当前的计算】：中断当前程序的脚本运行。

②【中断所有计算】：中断所有程序的脚本运行。

③【缓冲输出】：是否开启程序缓冲输出功能。

④【补全单词】：是否开启输入单词补全功能。

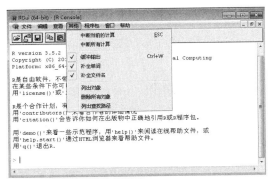

图 1-31　【其他】子菜单

⑤【补全文件名】：是否开启输入文件名称补全功能。

⑥【列出对象】：列出当前工作空间内的 R 对象（向量、矩阵、数据框、函数、列表和因子等）。

⑦【删除所有对象】：删除当前工作空间内的 R 对象（向量、矩阵、数据框、函数、列表和因子等），相当于执行 "rm(list=ls(all=TRUE))" 命令。

⑧【列出查找路径】：列出当前工作空间对象的路径，相当于执行 "search()" 命令。

（5）【程序包】用于加载、安装和更新程序包，如图 1-32 所示。

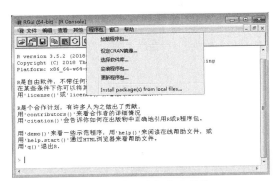

图 1-32　【程序包】子菜单

①【加载程序包】：加载已安装的程序包，相当于运行 "library" 函数。

②【设定 CRAN 镜像】：设定用于下载程序包的默认镜像网址。

③【选择软件库】：选择镜像中具体的软件库，默认选择 "CRAN"。

④【安装程序包】：安装需要运行的程序包。

⑤【更新程序包】：对已安装的程序包进行更新。

⑥【Install package(s) from local files】：从本地已下载的程序包中选择并安装。

（6）【窗口】用于设定 R 语言控制台和 R 语言脚本编辑器放置的位置，包括层叠、水平、垂直等形式。

（7）【帮助】用于指导用户通过多种途径寻求帮助，主要包括控制台、手册（PDF 文件）、R 函数帮助（文本）、搜索帮助和模糊查找对象等多种形式，如图 1-33 所示。

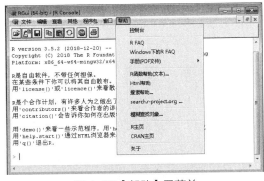

图 1-33　【帮助】子菜单

1.4.2 RStudio

RStudio 是由 RStudio 公司开发的集成 R 语言环境的系列 GUI 工具，是一个自由、开源的 R 语言编程环境，提供了大量的统计计算方法和图形。目前，它包含 RStudio Desktop（免费）、RStudio Server（免费）、RStudio Server Pro（收费）和 RStudio Connect（收费）四种产品。其中，RStudio Desktop 可在 Mac OS X、Linux 和 Windows 平台上运行。

本小节以 RStudio Desktop 1.1.463 为例，详解 RStudio 在 Windows 系统中的安装与界面操作。

1. 安装RStudio

步骤 1：双击【RStudio-1.1.463.exe】安装程序，如图 1-34 所示。

步骤 2：弹出启动安装向导，单击【下一步】按钮开始安装，如图 1-35 所示。

图 1-34　RStudio 安装包下载结果页面

图 1-35　安装向导页面

步骤 3：设定安装目录，为避免系统盘（C 盘）负荷过大，建议不要将 RStudio 安装在 C 盘，这里安装在 D 盘，设定完成后单击【下一步】按钮，如图 1-36 所示。

步骤 4：创建开始菜单文件夹，选用系统默认设置即可，设定完成后，单击【安装】按钮，如图 1-37 所示。

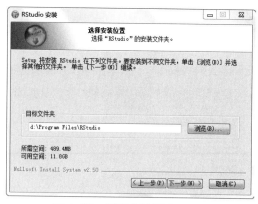

图 1-36　设定安装目录

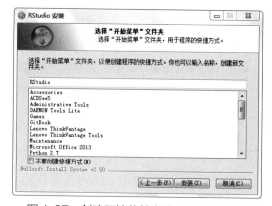

图 1-37　创建开始菜单文件夹页面

步骤 5：开始 RStudio 安装过程，需要 2~3 分钟，如图 1-38 所示。

步骤 6：安装完成后单击【完成】结束安装，如图 1-39 所示。

图 1-38　正在安装页面

图 1-39　安装完成页面

2. RStudio界面操作

RStudio 安装完成后，单击 Windows 系统【开始】菜单栏，在"RStudio"文件夹中找到 RStudio 快捷方式图标，双击该图标即可启动 RStudio。RStudio 界面如图 1-40 所示。

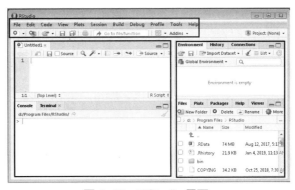

图 1-40　RStudio 界面

界面的最上方区域是 RStudio 菜单栏和快捷菜单栏，菜单栏的子菜单如图 1-41 至图 1-49 所示，菜单栏下方的工作区被划分为四个子区域。

（1）左上方为程序脚本编辑区域，用户可在此区域编辑程序脚本，单击【Run】按钮可运行脚本。

（2）左下方为运行结果输出区域（控制台），此区域既可以输出程序脚本运行结果，也可输出命令行的运行结果。

（3）右上区域为当前工作空间相关信息，可显示当前工作环境加载的 R 语言程序包、R 语言对象（列表、因子、数据框、矩阵、向量等），也可查看 R 语言运行历史等信息。

（4）右下方区域则是当前用户工作目录和 R 语言程序包的相关信息，用户可以在该区域查看当前工作目录下的文件、已安装的 R 语言程序包，单击【Install】和【Update】按钮可分别安装和更新 R 语言包，还可在该区域查看当前绘图和输出、查找 R 函数帮助等。

当然，RStudio 还支持自定义界面布局，用户可在菜单栏中选择【Tools】→【Global Options】→【Panel Layout】选项，根据自己的喜好进行设置。

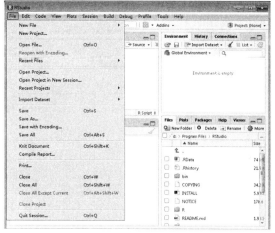

图 1-41 【File】子菜单

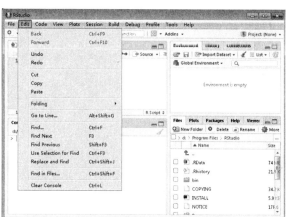

图 1-42 【Edit】子菜单

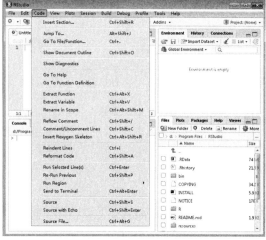

图 1-43 【Code】子菜单

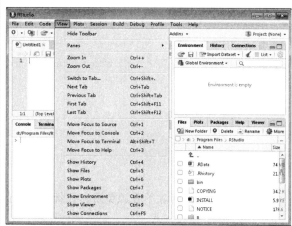

图 1-44 【View】子菜单

图 1-45 【Plots】子菜单

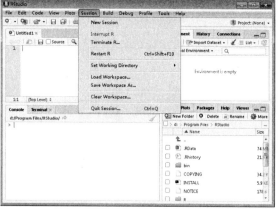

图 1-46 【Session】子菜单

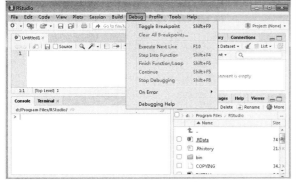

图 1-47　【Debug】子菜单

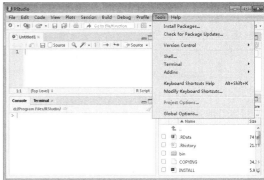

图 1-48　【Tools】子菜单

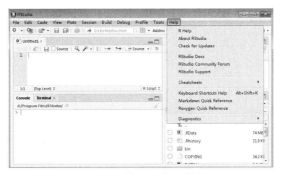

图 1-49　【Help】子菜单

1.4.3　获取帮助

如前所述，R 语言除了开源免费，还拥有强大的资源支持系统。一般而言，读者可以通过两种方法获取 R 语言的帮助。

1. 使用内置帮助函数

R 语言自身包含了大量的内置帮助函数，这些函数均可以在离线环境下使用。下面介绍一些常用的 R 语言内置帮助函数，如表 1-1 所示。

表 1-1　R 语言内置的帮助函数功能及用法示例（部分）

序　号	函 数 名 称	函 数 功 能	用 法 示 例
1	?	查找某个函数帮助	?mean 或 ?"mean" # 查找 mean 函数帮助
2	help	查找某个函数帮助	help(mean) 或 help("mean") # 查找 mean 函数帮助
3	??	查找与某个函数有关的关键词	??mean 或 ??"mean" # 查找与 mean 函数相关的关键字

续表

序 号	函数名称	函 数 功 能	用 法 示 例
4	help.search	查找与某个函数有关的关键词	help.search("mean") # 查找与 mean 函数相关的关键字
5	help.start	显示 R 语言的网页帮助	help.start()
6	apropos	查找与输入字段相匹配的函数与变量	apropos("plot") # 查找与 plot 相匹配的函数与变量
7	find	查找与输入字段相匹配的对象（变量或函数）所属的环境或包	find("plot") # 查找对象名为 plot 所属的环境
8	example	运行函数示例（所有函数）	example(plot) 或 example("plot") # 运行 example 函数示例
9	demo	运行函数演示（个别函数）	demo(nlm) 或 demo("nlm") # 运行 nlm 函数演示
10	RSiteSearch	在 http://search.r-project.org 上检索输入的关键字	RSiteSearch("{logistic regression}") # 在 http://search.r-project.org 上检索关键字 logistic regression

2. 访问相关外部资源

除了内置函数，R 语言还拥有丰富的外部学习资源，读者可以通过以下 6 种途径获取在线帮助及相关的学习资料。

（1）R 语言的邮件列表：R 语言的邮件列表收集了多年来积累的关于 R 语言的各种问题及解决方法，读者可以订阅这些邮件列表，以获取帮助。

（2）RSeek 网站：RSeek 是一个 R 语言的网页搜索引擎，可以查找各种函数，以及 R 语言邮件列表中的讨论和博客文章。

（3）R 语言的博客社区：R-bloggers 是 R 语言主要的博客社区，也是关注 R 语言的社区新闻和小技巧的最佳方式。

（4）Stack Overflow 网站：与 R-bloggers 相同，Stack Overflow 也是一个活跃的 R 语言社区。

（5）R 语言入门中文论坛：R 语言入门中文论坛是专门为国内 R 语言用户提供的在线沟通和交流的平台，用户可以将自己遇到的问题与大家交流分享。

（6）统计之都 R 语言分论坛：这是一个自由探讨统计学和数据科学的平台，由国内一些统计学爱好者组建，其 R 语言分论坛提供了用户在线沟通交流平台。此外，统计之都还定期在全国范围内组织中国 R 语言会议，各行业的 R 语言应用者可将自己的使用经验与大家分享。

1.5 新手问答

问题1：如何选取一款适合自己的R语言界面编程工具？

答：由于 RStudio 具有可创建工程和配置全局环境的优势，且操作简便，因此对于新手而言，使用 RStudio 比较合适。但是，如果试图将 R 语言作为一种系统运行的辅助工具（调用 R 语言数据分析与绘图模块），为确保编程环境的可迁移性和程序调试的便利性，建议使用 R 语言自带的 R GUI。

问题2：如何获取R语言的帮助？

答：可以使用内置帮助函数和访问相关外部资源两种方式来获取 R 语言的帮助。其中，前者可以运行 help(函数名) 等 10 个主要命令实现离线获取 R 语言帮助；后者可以通过访问 R 语言邮件列表等 6 种方式在线获取 R 语言的帮助。

1.6 小试牛刀：练习设置 RStudio 全局选项

【案例任务】

尝试在 RStudio 中设置以下全局选项。

（1）在 D 盘新建 RWorkDir 文件夹，并将 R 语言的默认工作路径设置为该文件夹。

（2）将编辑器字体大小设置为 14，并将编辑器主题设置为 Tomorrow Night Blue。

（3）将下载的R语言扩展包镜像设置为同济大学镜像（China(Shanghai 1)［https］– Tongji University）。

【技术解析】

RStudio 提供了许多全局选项，可在【Tool】子菜单的【Global Options】选项中根据自己的喜好进行设置。

【操作步骤】

步骤 1：在 D 盘新建 RWorkDir 文件夹后，打开【RStudio】，并选择【Tool】子菜单的【Global Options】选项，如图 1-50 所示。

步骤 2：在【General】菜单中找到【Default working directory (when not in project)，并单击【Browse】按钮将 R 语言的工作路径设置为 D:/RWorkDir，如图 1-51 所示。

当然，也可以选择以下菜单进行设置：【Session】→【Set Working Directory】→【Choose Directory】，如图 1-52 所示。

步骤 3：在【Appearance】菜单中找到【Editor Font size】，将字体大小设置为 14，如图 1-53 所示。

图 1-50　打开 RStudio 全局设置界面

图 1-51　在【General】菜单中设置工作路径

图 1-52　在【Session】菜单中设置
工作路径

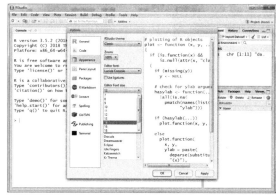

图 1-53　在【Appearance】菜单中设置编辑器的
字体大小

步骤 4：在【Appearance】菜单中找到【Editor theme】，将编辑器主题设置为 14，如图 1-54 所示。

图 1-54　在【Appearance】菜单中设置编辑器主题

步骤 5：在【Packages】菜单中找到【CRAN mirror】并单击【Change】按钮，将下载镜像设置为 China(Shanghai 1)［https］– Tongji University，如图 1-55 所示。

图 1-55　在【Packages】菜单中设置扩展包的下载镜像

本章小结

　　本章详细介绍了 R 语言的源起、为什么使用 R 语言、如何在不同系统平台下获取与安装 R 语言，以及如何使用 R 语言的辅助工具和相关资源等内容。本章为 R 语言的初学者提供了详细的操作示例，可对照本章介绍的操作方法进行练习，以掌握对 R 语言基础技能的运用。

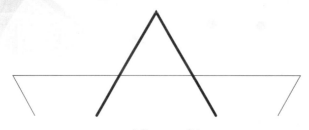

第 2 章
R 语言的编程基础（上）

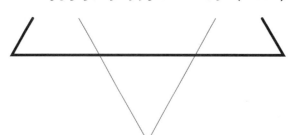

本章导读

　　本章将正式学习用 R 语言编程的一些基础知识，包括 R 语言的对象与变量、数据类型与数据结构、数学运算等。对它们的理解越深入，越能给实际工作带来便利。

知识要点

　　通过本章内容的学习，读者能掌握以下知识：

- ● R 语言的对象和变量
- ● R 语言的常见数据类型
- ● R 语言的常见数据结构，以及各种数据结构间的关系
- ● 使用 R 语言进行数学运算

2.1 对象与变量

R 语言中的所有事物都是对象，如向量、列表、函数和环境等。R 语言的所有代码都是基于对象（object）的操作，而变量则是调用对象的重要手段。

2.1.1 对象

在 R 语言中，对计算机内存的访问是通过对象实现的，下面的代码是 R 语言的对象的几个例子。

```
# 包含 4 个元素的字符型向量
c(" 北京 "," 天津 "," 上海 "," 重庆 ")

# 只有 1 个元素的数值型向量
c(1)
# 或者
1

# 包含 3 个元素的列表
list(c(" 北京 "," 天津 "," 上海 "," 重庆 "),c(1),"Hello World!")

# 函数
function(x,y){
  x^2+y^3
}

# 环境
new.env()
```

以上代码运行结果如下：

```
[1] " 北京 " " 天津 " " 上海 " " 重庆 "

[1] 1

[1] 1

[[1]]
[1] " 北京 " " 天津 " " 上海 " " 重庆 "

[[2]]
[1] 1

[[3]]
[1] "Hello World!"
```

```
function(x,y){
   x^2+y^3
}
```

```
<environment: 0x0000000006ce26f0>
```

上述代码中列举了 5 种对象，它们分别是长度为 4 的字符型向量，长度为 1 的数值型向量，长度为 3 的列表，函数，环境。这些对象将在后面的章节中逐一介绍，它们在 R 语言中扮演着重要的角色。

2.1.2 变量

R 语言与大多数编程语言一样，也支持变量赋值。赋值后就可以通过变量名来读取变量值了，变量的名字称为符号，变量的取值就是对象。正如前面所述，在 R 语言的世界中，所有事物都是对象，变量名也不例外。

在 R 语言中，有多种方式可以对变量进行赋值。下面两段代码的结果是等效的，但本书更推荐第一种赋值方式。

```
# 使用 "<-" 进行赋值
x <- 2
x

# 使用 "=" 进行赋值
x = 2
x
```

以上代码运行结果如下：

```
[1] 2

[1] 2
```

变量名和变量值的位置也可以相互调换，但箭头的方向也要相应地改变。

```
3 -> y
y
```

以上代码运行结果如下：

```
[1] 3
```

为了简便，也可以同时将一个值赋予多个变量名。

```
a <- b <- c <-10
a
b
c
```

以上代码运行结果如下：

```
[1] 10

[1] 10

[1] 10
```

最后，还可以使用 assign() 函数进行赋值。例如：

```
assign("d",10)
d
```

以上代码运行结果如下：

```
[1] 10
```

使用 assign() 函数进行赋值，虽然操作起来相对比较麻烦，使用的频率也不高，但是在有些时候却是十分必要的。例如，在 for 循环的例子中，使用 assign() 函数比直接使用 <- 对 z1 至 z9 进行赋值更加便捷。

```
for (i in 1:9){
  name <- paste("z",i,sep = "")
  assign(name,i:10)
}
z1
z2
z3
z9
```

以上代码运行结果如下：

```
[1]  1  2  3  4  5  6  7  8  9 10

[1]  2  3  4  5  6  7  8  9 10

[1]  3  4  5  6  7  8  9 10

[1]  9 10
```

完成了变量赋值后，就可以使用这些"符号"进行计算了：

```
x^2+y^3-10
```

以上代码运行结果如下：

```
[1] 21
```

在对变量进行赋值时，变量名称可以包含数字、字母、句号 (.) 和下画线 (_) 的任意组合。但是，名称不能以数字或者下画线开头，将 if 和 for 这些系统的保留字作为变量名也是不允许的。另外，在实际编程中最好使用简洁且有意义的名称而不是单个字母，这样才能提供更多的信息 (为方便举例，本书仍然使用单个字母作为变量名)。一般可以参照以下方式进行命名：变量名称使用句号来分开小写字母（variable.name）；或者使用 name 的首字母大写进行区分（variableName）。

通过上面的命名方式可以分析出，R 语言中的变量名是区分大小写的。这与 SQL 语句和 Visual Basic 语言不同。例如，以下代码中分别对 A 和 a 赋予了不同的值：

```
a<- "apple"
A<- 1
a
A
```

以上代码运行结果如下：

```
[1] "apple"

[1] 1
```

2.1.3 变量的列举和删除

如果想知道在当前环境（关于 R 语言的环境将在 3.5 节进行介绍）下有哪些变量和内容，可以使用 ls() 函数。

```
ls()
```

以上代码运行结果如下：

```
[1] "a"     "A"     "b"     "c"     "d"     "i"     "name"  "x"     "y"
[10] "z1"    "z2"    "z3"    "z4"    "z5"    "z6"    "z7"    "z8"    "z9"
```

若还要查看隐藏的变量（变量名称以 . 开头），可以令 all.names 参数为 TRUE，也可以在 pattern 参数中使用正则表达式，这时 ls() 函数只输出符合规则的结果，代码如下：

```
# 列出所有的变量名（包括隐藏变量）
ls(all.names = T)

# 只列出包含字母 "z" 的变量名
ls(pattern = "z")
```

以上代码运行结果如下：

```
[1]  ".Random.seed" "a"            "A"            "b"
[5]  "c"            "d"            "i"            "name"
[9]  "x"            "y"            "z1"           "z2"
[13] "z3"           "z4"           "z5"           "z6"
[17] "z7"           "z8"           "z9"
[1] "z1" "z2" "z3" "z4" "z5" "z6" "z7" "z8" "z9"
```

如果还想了解变量的更多细节，可以使用 ls.str() 函数，它将依次输出变量名称和结构：

```
ls.str()
```

以上代码运行结果如下：

```
a :  chr "apple"
A :  num 1
b :  num 10
c :  num 10
d :  num 10
i :  int 9
name :  chr "z9"
pkgs :  chr [1:11] "datasets" "utils" "grDevices" "graphics" "stats" ...
x :  num 2
y :  num 3
z1 :  int [1:10] 1 2 3 4 5 6 7 8 9 10
z2 :  int [1:9] 2 3 4 5 6 7 8 9 10
z3 :  int [1:8] 3 4 5 6 7 8 9 10
z4 :  int [1:7] 4 5 6 7 8 9 10
z5 :  int [1:6] 5 6 7 8 9 10
z6 :  int [1:5] 6 7 8 9 10
z7 :  int [1:4] 7 8 9 10
z8 :  int [1:3] 8 9 10
z9 :  int [1:2] 9 10
```

browseEnv() 函数也可提供类似的功能，只是它的输出结果为 HTML 格式，如图 2-1 所示。

R objects in .GlobalEnv

date:	2019-二月-01 13:38
user:	ChengQ
nodename:	CHENGQ-DT-PC
sysname:	Windows

Object	(components)	Type	Property
a		character	length: 1
A		numeric	length: 1
b		numeric	length: 1
c		numeric	length: 1
d		numeric	length: 1
i		numeric	length: 1
name		character	length: 1
x		numeric	length: 1
y		numeric	length: 1
z1		numeric	length: 10
z2		numeric	length: 9
z3		numeric	length: 8
z4		numeric	length: 7
z5		numeric	length: 6
z6		numeric	length: 5
z7		numeric	length: 4
z8		numeric	length: 3
z9		numeric	length: 2

图 2-1　browseEnv() 函数的输出结果

如果是在 RStudio 中工作，通常不必使用 ls() 函数和 browseEnv() 函数来查看变量。因为 RStudio

的环境窗口（界面的右上角）会列出这些变量及其结构，如图 2-2 所示。但是，若没有安装 RStudio，或者动态调用变量时，以上两个函数仍然有用。

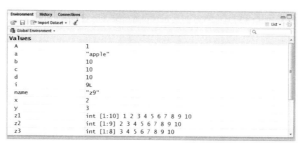

图 2-2　RStudio 环境窗口中的变量及其结构

另外，在编程过程中因为一些原因需要删除变量时，可以用 remove() 函数，或者其缩写 rm() 来完成。

```
x
rm(x)
x
```

以上代码运行结果如下：

```
[1] 2

Error in eval(expr, envir, enclos): 找不到对象 'x'
```

如果要删除当前环境的所有变量，就需要将 rm() 函数的 list 参数设置为 ls()。

```
ls()
rm(list=ls())
ls()
```

以上代码运行结果如下：

```
 [1] "a"     "A"     "b"     "c"     "d"     "i"     "name"  "pkgs"  "y"     "z1"
[11] "z2"    "z3"    "z4"    "z5"    "z6"    "z7"    "z8"    "z9"

character(0)
```

因此，要想删除包含隐藏变量的所有变量，只需在 ls() 中设置 all.names = TRUE 即可。

2.2 数据类型

在 2.1 节，我们已经知道 R 语言的代码都是基于对象的操作。而 R 语言对象有多种类型，其中一些对象是用来储存各种各样的数据的。

2.2.1　常用数据类型

常用的数据类型有数值型（numeric）、字符型（character）、逻辑型（logical）和复数型（complex），而数值型又可以分为整数型（integer）和双精度型（double）。

当给定一种数据时，就可以使用 typeof() 函数来显示它的类型。也可以使用 is.numeric()、is.integer()、is.double()、is.character()、is.logical() 和 is.complex() 等函数来判断数据是否属于相应的类型。另外，还有一个"旧"函数 mode() 也能查看数据的类型。之所以说它是旧函数，主要是因为它保持了与 S 语言的兼容。

2.2.2　特殊值

在 R 语言中，还有 5 种特殊值经常被用到，即 NULL、NAN、NA、Inf 和 -Inf，其中 NA 属于字符型，而 NAN、Inf 和 -Inf 属于双精度型。这些特殊值都有特定的意义。NULL 表示变量为空，NAN（not a number）表示相应的计算是没有数学意义或者是不能正常执行的，NA（not available）就是通常所说的缺失值。NA 在数据分析中经常会遇到，一般情况下，如果没有对 NA 进行处理，那么计算结果往往也是 NA。不过，很多函数都设置有如何处理 NA 的参数。Inf 和 -Inf 则表示正无穷和负无穷。可以通过 is.null()、is.na()、is.nan() 和 is.infinite() 函数来判断一个对象是否为相应的特殊值。

下面是关于特殊值的一些例子。

```
n <- NULL
n
0/0

# c(1,2,3,NA) 为一个向量（将在 2.3 节介绍），
# 它包含 4 个元素，其中最后一个元素为 NA。
# 求它的平均数将返回 NA
mean(c(1,2,3,NA))

# 可以调整 mean() 函数的参数来忽略 NA
mean(c(1,2,3,NA),na.rm = TRUE)
is.infinite(Inf+1)
```

以上代码运行结果如下：

```
NULL

[1] NaN

[1] NA

[1] 2

[1] TRUE
```

2.3 数据结构

数据结构可以理解为一种储存数据的方式。在 R 语言中，常见的数据结构包括向量、矩阵、数组、因子、列表和数据框，其他的数据结构则是在以上几种数据结构的基础上构建的。此外，这些数据结构看似不同，其实是有内在联系的。本节将会介绍这些常见的数据结构，以及它们之间的关系。

2.3.1 向量

向量是 R 语言中最核心、最基础的数据结构。本小节将帮助读者了解向量的类型、向量元素的命名、提取向量子集，以及向量的强制转换。

1. 向量的类型

向量是由一组类型相同的元素组成的序列，这些元素可以是数值型（包括整数型和双精度型）、字符型、逻辑型、复数型，以及原始型（本书不涉及）的其中一种。因此向量类别就可以分为数值向量、字符向量、逻辑向量等。

在正式介绍向量前，需要先理解一下"标量"的概念。我们已经知道向量是 R 语言中最基础的数据结构，因此其他语言中（如 C 语言家族）的标量在 R 语言中是不存在的。其实，R 语言中所谓的标量是一个只包含一个元素，或者长度为 1 的向量。例如：

```
# x 为一个 " 标量 "
x <- 1

# 计算 x 的长度
length(x)

# 判断 x 是否为向量
is.vector(x)
```

以上代码运行结果如下：

```
[1] 1

[1] TRUE
```

对于一个数值型向量来说，它的全部元素都是数值。数值型元素可分为整数型和双精度型，R 语言默认数值是双精度型。有多种方法可以创建一个数值型向量，最常用的方法就是 c() 函数。例如：

```
# 创建一个包含 3 个双精度元素的数值型向量
x <- c(1,2,3)
typeof(x)

# 创建一个包含 3 个整数元素的数值型向量
```

```
y <- c(4L,5L,6L)
typeof(y)
```

以上代码运行结果如下：

```
[1] "double"

[1] "integer"
```

可以将两个以上的元素连接在一起，从而得到一个新的向量。例如：

```
z <- c(x,y)
typeof(z)
```

其运行结果为：

```
[1] "double"
```

在上面的例子中，将一个双精度型的向量（x）和一个整数型的向量（y）连接在一起，其结果变成了一个双精度型的向量（z）。这里产生了两个疑问：为什么能够将两个不同类型的变量"放在"一个变量中；为什么这两个变量是双精度型变量而不是整数型变量。其实，这两个疑问都涉及向量的"强制转换"问题。

可以使用 numeric() 函数、integer() 和 double() 函数来创建一个由 0 组成的指定长度的向量。例如：

```
x <- numeric(8)
y <- integer(8)
z <- double(8)
x
y
z
```

以上代码运行结果如下：

```
[1] 0 0 0 0 0 0 0 0

[1] 0 0 0 0 0 0 0 0

[1] 0 0 0 0 0 0 0 0
```

若要生成相邻元素相差 -1 或者 1（步长）的序列，可以运用 ":" 运算符来实现（":" 运算符其实也是一个函数）。例如：

```
1:10
1:-10
```

以上代码运行结果如下：

```
[1]  1  2  3  4  5  6  7  8  9 10

[1]  1  0 -1 -2 -3 -4 -5 -6 -7 -8 -9 -10
```

"："运算符是 seq() 函数的一个特例，它可以使 seq() 函数更灵活地创建序列。例如：

```
seq(from = 1, to = 10)
seq(from = 1, to = -10)

# 创建3到27且步长为3的序列
seq(from = 3, to = 27, by = 3)

# 创建起点为4、长度为10且步长为2的序列
seq(from = 4, by = 2, length.out = 10)
```

以上代码运行结果如下：

```
[1]  1  2  3  4  5  6  7  8  9 10

[1]  1  0 -1 -2 -3 -4 -5 -6 -7 -8 -9 -10

[1]  3  6  9 12 15 18 21 24 27

[1]  4  6  8 10 12 14 16 18 20 22
```

字符型向量和逻辑型向量的元素是全部由字符串或者逻辑值（TRUE 和 FALSE，其简写为 T 和 F）组成的。下面是字符型向量和逻辑型向量的例子。

```
# 生成两个字符串向量
x <- "R is useful."
y <- c("R","is","useful",".")
x
y

# 生成一个逻辑向量
z <- c(TRUE,TRUE,FALSE,FALSE)
z

# 比较字符向量中处于相同位置的元素是否相等
y == c("R","is","useful",".")
x == y
```

以上代码运行结果如下：

```
[1] "R is useful."

[1] "R"      "is"      "useful" "."

[1]  TRUE  TRUE FALSE FALSE

[1] TRUE TRUE TRUE TRUE
```

```
[1] FALSE FALSE FALSE FALSE
```

在上述代码中，x 和 y 看似一样，实则是两个不同的向量。x 是一个长度为 1 的字符型向量，y 是一个长度为 4 的字符向量。通过 "==" 运算符，可比较 x 和 y 的相应位置上的元素是否相等。实际上，由于 x 的长度为 1，y 的长度为 4，因此 R 语言将自动按照循环补齐的方式来进行比较。

循环补齐就是指在对两个向量使用运算符时，如果两个向量长度不相等，那么 R 语言将重复较短的向量，直到它与另一个向量长度相匹配。

2. 向量元素的命名

在 R 语言中，可以给向量的每个元素命名。通过对向量命名，可以使代码更有意义，可读性更强。读者可以在创建向量时使用 name=value 为其元素指定名称。若向量已经创建，则可通过 names() 函数为该向量的元素指定名称。

```
m <- c(apple = 1,banana = 2,cat = 3, 4)
m
n <- c("A","B","C","D")
names(n)<- c("apple","banana","","dog")
n
# 读取向量的元素名称
names(m)
names(n)
```

以上代码运行结果如下：

```
apple banana    cat
    1      2      3      4

apple banana           dog
  "A"    "B"    "C"    "D"

[1] "apple"  "banana" "cat"        ""

[1] "apple"  "banana" ""          "dog"
```

3. 提取向量子集

在实践中常常要提取向量的子集，即由该向量的部分元素组成的向量。在 R 语言中，向量子集的提取是通过方括号来实现的，具体方式如下。

（1）通过在方括号中指定正整数来返回向量指定位置的元素组成的子向量（注意，R 语言中向量的元素起始位置是 1，而不像其他某些语言是 0）。

（2）通过在方括号中指定负整数来返回向量除去指定位置的元素组成的子向量。

（3）通过在方括号中指定逻辑值向量来返回向量中对应的逻辑值为 TRUE 的元素组成的子向量。

（4）如果向量已经命名，则可以通过在方括号中指定元素的名字来返回相应的子向量。

以下代码是提取向量子集的例子：

```
x <- 1:26
names(x)<- LETTERS  # 大写字母
x

# 通过正整数提取向量子集
x[1]
A
x[4:8]

# 若正整数重复了一次，则元素也会重复一次
x[c(10,10)]

# 若方括号中为小数，则会先截尾再提取子集
x[c(5.3,5.9)]

# 通过负整数提取不包含相应元素的子集
x[-c(12:20)]

# 但方括号中不能同时包含正整数和负整数
x[c(13,-18)]

# 通过逻辑向量提取子集
y <- c(rep(TRUE,10),rep(FALSE,16))
y
x[y]
z <- x > 20
z
x[z]

# 通过元素名称提取子集
x[c("E","L","O")]
```

以上代码运行结果如下：

```
A  B  C  D  E  F  G  H  I  J  K  L  M  N  O  P  Q  R  S  T  U  V  W  X  Y
1  2  3  4  5  6  7  8  9 10 11 12 13 14 15 16 17 18 19 20 21 22 23 24 25
 Z
26


 1


 D E F G H
 4 5 6 7 8


  J  J
```

```
10 10

E E
5 5

A B C D E F G H I J K U V W X Y Z
1 2 3 4 5 6 7 8 9 10 11 21 22 23 24 25 26

Error in x[c(13, -18)]: 只有负下标里才能有零

 [1] TRUE  TRUE  TRUE  TRUE  TRUE  TRUE  TRUE  TRUE  TRUE  TRUE  FALSE
[12] FALSE FALSE FALSE FALSE FALSE FALSE FALSE FALSE FALSE FALSE FALSE
[23] FALSE FALSE FALSE FALSE

A B C D E F G H I J
1 2 3 4 5 6 7 8 9 10

    A     B     C     D     E     F     G     H     I     J     K     L
FALSE FALSE FALSE FALSE FALSE FALSE FALSE FALSE FALSE FALSE FALSE FALSE
    M     N     O     P     Q     R     S     T     U     V     W     X
FALSE FALSE FALSE FALSE FALSE FALSE FALSE FALSE  TRUE  TRUE  TRUE  TRUE
    Y     Z
 TRUE  TRUE

 U  V  W  X  Y  Z
21 22 23 24 25 26

 E  L  O
 5 12 15
```

4. 向量的强制转换

向量的强制转换就是根据一定规则将一种数据类型的向量转换为另一种数据类型的向量。下面先来看几个向量强制转换的例子。

```
# m 是数字字符 "10"
m <- "10"

# n 是数值 3
n <- 3

# 若两者进行求和运算会如何
m + n

# 使用 as.numeric 将 m 强制转换为数值
m <- as.numeric(m)
m + n
```

以上代码运行结果如下：

```
Error in m + n : 二进列运算符中有非数值参数

[1] 13
```

上例中数字字符和数值间的求和运算会报错，不过我们发现，可以先将 "10" 通过 as.numeric() 函数强制转换为 10，再求和就不会报错了。这个例子和本节开始时的那个例子其实代表了两种不同方式的强制转换：显式强制转换和隐式强制转换。显式强制转换就是使用 as.numeric()、as.integer()、as.double()、as.character() 或 as.logical() 等函数显式地将一个向量转换为相应类型的向量。隐式强制转换则是指 R 语言可根据当前具体运算情况和数据类型的灵活性，自动将一种类型的向量转换成另一种更灵活的向量。例如：

```
# 逻辑型向量加数值型向量
TRUE + 1

# 字符型向量加数值型向量
"1" + 1
```

以上代码运行结果如下：

```
[1] 2

Error in "1" + 1 : 二进列运算符中有非数值参数
```

上例中都涉及隐式强制转换，但是为什么 TRUE 加 1 等于 2，而 "1" 加 1 却会报错呢？

原因就是数据类型的灵活性不同。数据类型的灵活性由低到高的排序是逻辑型、整数型、双精度型和字符型。逻辑型的数据灵活性最低，只能被隐式强制转换成其他类型的数据。当逻辑型被强制转化为整数型或双精度型时，TRUE 会转换成 1，FALSE 则会转换成 0，而数值类型的数据将被隐式强制转换成字符型数据。所以在上例中，TRUE+1 的计算过程是 TRUE 先被强制转换为 1，再与 1 相加为 2；"1"+1 的计算过程则是 1 先被强制转换成 "1"，再与 "1" 相加，这时 R 语言就会报错。

2.3.2 矩阵和数组

2.3.1 小节介绍的向量是一维数据的，本小节将讲解两维及以上的数据，即矩阵和数组。它们要求所有的元素必须是相同类型的数据，矩阵是数组的特例，也就是两维数组。另外，适用于向量的性质和方法大多数也适用于矩阵和数组。例如，根据数据类型，也可以分为数值型、逻辑型和字符型的矩阵及数组。下面的内容涉及如何创建矩阵和数组、如何对矩阵和数组命名，以及如何提取矩阵和数组的子集。

1. 创建矩阵和数组

可以用 matrix() 和 array() 函数通过一个向量创建矩阵和数组。例如：

```
# 创建一个 3 行 4 列的数值向量
```

```
# nrow 和 ncol 通常只需设置其中一个即可
x <- matrix(1:12,nrow = 3,ncol = 4)
x

# 创建三维数组，第一维长度为 4，第二维长度为 3，第三维长度为 2
y <- array(letters[1:24],dim = c(4,3,2))
y
```

以上代码运行结果如下：

```
     [,1] [,2] [,3] [,4]
[1,]    1    4    7   10
[2,]    2    5    8   11
[3,]    3    6    9   12

, , 1

     [,1] [,2] [,3]
[1,] "a"  "e"  "i"
[2,] "b"  "f"  "j"
[3,] "c"  "g"  "k"
[4,] "d"  "h"  "l"

, , 2

     [,1] [,2] [,3]
[1,] "m"  "q"  "u"
[2,] "n"  "r"  "v"
[3,] "o"  "s"  "w"
[4,] "p"  "t"  "x"
```

还可以用 diag() 函数创建对角矩阵：

```
diag(x = 1,nrow = 6)
```

其运行结果为：

```
     [,1] [,2] [,3] [,4] [,5] [,6]
[1,]    1    0    0    0    0    0
[2,]    0    1    0    0    0    0
[3,]    0    0    1    0    0    0
[4,]    0    0    0    1    0    0
[5,]    0    0    0    0    1    0
[6,]    0    0    0    0    0    1
```

可以通过 dim() 函数返回矩阵和数组各维度的长度，并以向量的形式展示：

```
dim(x)
dim(y)
```

```
# nrow() 和 ncol() 函数分别表示行数和列数
nrow(x)
ncol(x)

# dim() 函数用于向量时，将返回 NULL
dim(c(2,4,6))
```

以上代码运行结果如下：

```
[1] 3 4

[1] 4 3 2

[1] 3

[1] 4

NULL
```

2. 对矩阵和数组命名

创建矩阵和数组时，R 语言一般使用数字来区分行名、列名，以及其他维度的名称。不过，就像可以对向量命名一样，也可以对矩阵和数组命名。通过命名可使矩阵和数组的各维度更易读和有意义。例如：

```
# 在创建数组时，通过 dimnames 参数设定名称
# dimnames 参数接受列表这种数据结构，列表将在 2.3.4 小节介绍
# 矩阵的命名方式与此相同
z <- array(1:24,dim = c(4,3,2),
           dimnames = list(c("row1","row2","row3","row4"),
                           c("col1","col2","col3"),
                           c("第一组","第二组")
                          )
          )
z
```

以上代码运行结果如下：

```
, , 第一组

     col1 col2 col3
row1    1    5    9
row2    2    6   10
row3    3    7   11
row4    4    8   12

, , 第二组
```

```
      col1 col2 col3
row1   13   17   21
row2   14   18   22
row3   15   19   23
row4   16   20   24
```

dimnames() 函数可对各维度进行命名，或者使用 rownames() 和 colnames() 函数分别对行和列命名。例如：

```
z <- array(1:24,dim = c(4,3,2))
rownames(z)<- c("row1","row2","row3","rows")
colnames(z)<- c("col1","col2","col3")
z
dimnames(z)<- list(c("row1","row2","row3","rows"),
                   c("col1","col2","col3"),
                   c(" 第一组 "," 第二组 ")
                   )
z
```

以上代码运行结果如下：

```
, , 1

      col1 col2 col3
row1    1    5    9
row2    2    6   10
row3    3    7   11
rows    4    8   12

, , 2

      col1 col2 col3
row1   13   17   21
row2   14   18   22
row3   15   19   23
rows   16   20   24

, , 第一组

      col1 col2 col3
row1    1    5    9
row2    2    6   10
row3    3    7   11
rows    4    8   12

, , 第二组
```

```
       col1 col2 col3
row1    13   17   21
row2    14   18   22
row3    15   19   23
rows    16   20   24
```

3. 提取矩阵和数组的子集

提取矩阵和数组子集的方法与向量类似，也是用方括号来实现的。可以通过正整数、负整数、逻辑值和元素名称这 4 种方法来提取，只是涉及的维度比向量多，并且这 4 种方法在不同的维度上可以混用，以下提取子集的方法是等价的。例如：

```
o <- z[c(2,3),2,1]
p <- z[c(-1,-4),2,1]
q <- z[c(2,3),c(FALSE,TRUE,FALSE),c(TRUE,FALSE)]
r <- z[c("row2","row3"),"col2"," 第一组 "]
identical(o,p)
identical(p,q)
identical(q,r)
```

以上代码运行结果如下：

```
[1] TRUE

[1] TRUE

[1] TRUE
```

上例中，identical() 函数的作用是比较两个对象是否相等。

对矩阵和数组取子集时候，有一个细节需要注意：R 语言应默认以尽可能少的维度来呈现子集。下面的代码将分别提取矩阵的一行和一列。在 R 语言中，若某个维度的值是空缺的，则该维度的所有值都会被提取。

```
x <- matrix(1:12,3,4)
# 取矩阵的一行
x1 <- x[1,]

# 取矩阵的一列
x2 <- x[,1]

is.vector(x1)
is.vector(x2)
```

以上代码运行结果如下：

```
[1] TRUE

[1] TRUE
```

无论取的是矩阵的一行还是一列，似乎得到的结果都是向量。如果希望结果依然是矩阵该怎么办呢？办法就是令 [] 中的 drop 参数等于 FALSE。下面的代码将分别生成一个 1\$4 和 4\$1 的矩阵。

```
x3 <- x[1,,drop = FALSE]
x3
is.matrix(x3)
x4 <- x[,1,drop = FALSE]
x4
is.matrix(x4)
```

以上代码运行结果如下：

```
     [,1] [,2] [,3] [,4]
[1,]    1    4    7   10

[1] TRUE

     [,1]
[1,]    1
[2,]    2
[3,]    3

[1] TRUE
```

2.3.3 因子

因子在 R 语言中用于处理分类变量，其设计思想来源于统计学中的名义变量，例如，东北、西北和西南，以及性别、身高和体重。本小节将介绍如何创建因子和改变因子水平。

1. 创建因子

因子的一个重要特点是只能包含预先定义好的元素，这些预先定义好的元素被称为水平（level）。例如：

```
x <- c(7,7,7,3,3,3,1,1,1)
fct <- factor(x)
fct
levels(fct)
```

以上代码运行结果如下：

```
[1] 7 7 7 3 3 3 1 1 1
Levels: 1 3 7

[1] "1" "3" "7"
```

通过向量 *x* 创建了因子 fct，打印出来后发现多了"Levels:1 3 7"这一行，这就是 fct 的因子水平。通过 levels() 函数也可以直接返回因子水平。

有时，通过 gl() 函数创建因子会更便捷：

```
gl(n = 3,k = 3)
```

其运行结果为：

```
[1] 1 1 1 2 2 2 3 3 3
Levels: 1 2 3
```

再看看 fct 的结构：

```
str(fct)
```

其运行结果为：

```
Factor w/ 3 levels "1","3","7": 3 3 3 2 2 2 1 1 1
```

可见，fct 是一个因子，一共有 3 个水平。冒号前后对应起来可知，前 3 个元素对应的是水平 1，"1"；中间 3 个元素对应的是水平 2，"3"；最后 3 个元素对应是的水平 3，"7"。数值型向量 *x* 变成因子 fct 后，元素值似乎变成了字符串，而且每个值都限定在已知的范围中。如果把范围之外的字符串添加到 fcts 中，会有什么结果呢？

```
fct1 <- fct
fct1[10] <- 20
fct1
```

以上代码运行结果如下：

```
Warning in '[<-.factor'('*tmp*', 10, value = 20): invalid factor level, NA
generated

[1] 7    7    7    3    3    3    1    1    1    <NA>
Levels: 1 3 7
```

当向因子中加入水平以外的元素时，R 语言就会给出一个警告，并在相应的位置生成一个 NA。这就是因子的好处，它建立了一种类似于查错的机制以确保数据的准确性。于是在上述情况中就有了两种选择，一种是检查并调整加入的元素，使其在因子水平以内，另一种则是修改因子水平以接纳新的元素，具体实现方式如下：

```
fct2 <- fct3 <- fct
# 将新加入的元素变为 7
fct2[10] <- 7
fct2

# 先改变因子的水平，再加入原水平以外的元素
levels(fct3)<- c(levels(fct3),20,30)
fct3
fct3[c(10,11)] <- c(20,30)
fct3
```

以上代码运行结果如下：

```
[1] 7 7 7 3 3 3 1 1 1 7
Levels: 1 3 7

[1] 7 7 7 3 3 3 1 1 1
Levels: 1 3 7 20 30

[1] 7  7  7  3  3  3  1  1  1  20 30
Levels: 1 3 7 20 30
```

2. 改变因子水平

细心的读者会发现，在本小节最开始的例子中，x 向量的元素是从大到小排列的。但是生成因子 fct 后，它的因子水平却是从小到大排列的了。原来，默认情况下因子的水平是以字母顺序或数字大小排序的，或者是由在 factor() 函数中的 levels 参数的因子水平的顺序进行指定的。然而，有些时候因子水平有自身的顺序，若再按照 R 语言的默认顺序排序是没有意义的。这时往往会使用有序因子。例如，社会调查中常常会使用五点李克特（Likert）量表：非常同意、同意、不确定、不同意和非常不同意。下面生成一个李克特量表问卷题目的结果，看看因子顺序的意义。

```
choices <- c("非常同意","同意","不确定","不同意","非常不同意")
# 有放回地抽取 choices 中的元素，重复 100 次
results <- sample(choices,100,replace = TRUE)

# R 语言默认的因子水平顺序
fct4 <- factor(results)
levels(fct4)

# 生成有序因子
fct5 <- ordered(results,levels = choices)
levels(fct5)
```

以上代码运行结果如下：

```
[1] "不确定"     "不同意"     "非常不同意" "非常同意"     "同意"

[1] "非常同意"   "同意"       "不确定"     "不同意"       "非常不同意"
```

上例中，fct4 的因子水平顺序是"不确定、不同意、非常不同意、非常同意、同意"，这显然不是我们需要的，因此通过 rodered() 函数又生成了一个有序因子，并指定了因子水平的顺序。当然，在 factor() 函数中令 ordered 参数等于 TRUE 也能达到相同的效果。

现在由于某些原因，需要将 fct5 中所有的"不确定"删除：

```
# 提取 fct5 中没有 "不确定" 的子集
fct6 <- fct5[!(fct5 %in% "不确定")]

# 计算 fct6 的长度
```

```
length(fct6)

# 查看 fct6 的因子水平
levels(fct6)
```

以上代码运行结果如下：

```
[1] 75

[1] "非常同意"     "同意"      "不确定"      "不同意"      "非常不同意"
```

我们发现，即使 fct6 中没有了"不确定"，但是其因子水平中仍然保留了"不确定"。如果要彻底删除它，可以使用 droplevels() 函数，代码如下：

```
# 去掉没有使用的因子水平
fct7 <- droplevels(fct6)
levels(fct7)
```

其运行结果如下：

```
[1] "非常同意"     "同意"      "不同意"      "非常不同意"
```

2.3.4 列表

列表是一个由各种对象的有序集合构成的对象。在 R 语言中，列表的应用十分广泛。例如，R 语言的很多函数的输出结果都是列表的形式。列表中包含的对象称为分量，分量可以是不同的数据类型。例如，一个列表可以同时包括数值向量、逻辑向量、矩阵、复数向量、字符数组，以及其他还没有介绍的数据类型，甚至还可以包括列表本身。下面将介绍如何创建列表、如何对列表命名，以及如何提取列表的子集。

1. 创建列表

通过 list() 函数创建一个列表。例如：

```
l <- list("电视机","日本", FALSE,10000)
l
```

其运行结果如下：

```
[[1]]
[1] "电视机"

[[2]]
[1] "日本"

[[3]]
[1] FALSE
```

```
[[4]]
[1] 10000
```

上面的列表中有 4 个分量，前两个分量是字符串，第三个分量是逻辑值，最后一个是数值。

2. 列表的命名

可以在创建列表后给分量指定名称，也可以在创建列表时对每个分量进行命名。当然，就像向量的元素名一样，列表的标签并不是必需的。下面的代码是等价的。

```
l1 <- list(" 电视机 "," 日本 ", FALSE,10000)
names(l1)<- c(" 商品名 "," 进口国 "," 是否打折 "," 价格 ")

l2 <- list(' 商品名 ' = " 电视机 ",' 进口国 ' = " 日本 ",' 是否打折 ' = FALSE,' 价格 '
= 10000)
l2
identical(l1,l2)
```

以上代码运行结果如下：

```
$ 商品名
[1] " 电视机 "

$ 进口国
[1] " 日本 "

$ 是否打折
[1] FALSE

$ 价格
[1] 10000

[1] TRUE
```

下面生成一个更复杂的列表：

```
l3 <- list(
  ' 分量 1' = seq(10,30,by = 3),
  ' 分量 2' = month.name,
  ' 分量 3'= matrix(LETTERS[-c(25,26)],4,6),
  ' 分量 4' = l2
)

# 列表的分量数量，或者列表的长度
length(l3)

# l3 具体内容
l3
```

以上代码运行结果如下：

```
[1] 4

$分量1
[1] 10 13 16 19 22 25 28

$分量2
 [1] "January"   "February"  "March"     "April"     "May"
 [6] "June"      "July"      "August"    "September" "October"
[11] "November"  "December"

$分量3
     [,1] [,2] [,3] [,4] [,5] [,6]
[1,] "A"  "E"  "I"  "M"  "Q"  "U"
[2,] "B"  "F"  "J"  "N"  "R"  "V"
[3,] "C"  "G"  "K"  "O"  "S"  "W"
[4,] "D"  "H"  "L"  "P"  "T"  "X"

$分量4
$分量4$商品名
[1] "电视机"

$分量4$进口国
[1] "日本"

$分量4$是否打折
[1] FALSE

$分量4$价格
[1] 10000
```

上面代码中的列表有 4 个分量，分别命名为"分量 1""分量 2""分量 3"和"分量 4"，涉及数值向量、字符向量、数值矩阵和列表。

3. 提取列表子集

有 3 种方法提取列表中的子集，分别是方括号"[]"、双层方括号"[[]]"和美元符号"$"。当使用方括号提取子集时，可以使用逻辑值或字符来提取，得到的结果也是一个列表；当使用双层方括号提取子集时，只能一次提取一个分量，得到的结果则是分量本身的数据结构；当使用美元符号时，要求列表的分量已经命名。

下面是提取列表子集的示例：

```
# 使用 [] 提取列表的子集
l3[1]
l3["分量2"]
l3[c(FALSE,FALSE,TRUE,TRUE)]
```

```
is.list(l3[2])
# 使用 [[]] 提取列表的子集
l3[[1]]
l3[[c(FALSE,FALSE,TRUE,TRUE)]]
is.matrix(l3[[" 分量 3"]])

# 使用 $ 提取列表的子集
is.matrix(l3$' 分量 3')
```

以上代码运行结果如下：

```
$ 分量 1
[1] 10 13 16 19 22 25 28

$ 分量 2
 [1] "January"   "February"  "March"     "April"     "May"
 [6] "June"      "July"      "August"    "September" "October"
[11] "November"  "December"

$ 分量 3
     [,1] [,2] [,3] [,4] [,5] [,6]
[1,] "A"  "E"  "I"  "M"  "Q"  "U"
[2,] "B"  "F"  "J"  "N"  "R"  "V"
[3,] "C"  "G"  "K"  "O"  "S"  "W"
[4,] "D"  "H"  "L"  "P"  "T"  "X"

$ 分量 4
$ 分量 4$ 商品名
[1] " 电视机 "

$ 分量 4$ 进口国
[1] " 日本 "

$ 分量 4$ 是否打折
[1] FALSE

$ 分量 4$ 价格
[1] 10000


[1] TRUE


[1] 10 13 16 19 22 25 28

Error in l3[[c(FALSE, FALSE, TRUE, TRUE)]]: attempt to select less than
one element in integerOneIndex

[1] TRUE
```

49

```
[1] TRUE
```

上例中，代码"l3[c(FALSE,FALSE,TRUE,TRUE)]"返回了报错信息。前文已经提到，当使用双层中括号提取列表子集时，一次只能提取一个分量。而此代码中出现了两个"TRUE"，故报错。读者可自行将任意一个"TRUE"改为"FALSE"，即可成功运行。

在列表中修改、增加或删除某些分量时，可以使用以下方式：

```
l3$' 分量 1' <- 1:5
l3$' 分量 5' <- letters[1:15]
l3[c(" 分量 2"," 分量 3")] <- NULL
l3
```

以上代码运行结果如下：

```
$ 分量 1
[1] 1 2 3 4 5

$ 分量 4
$ 分量 4$ 商品名
[1] " 电视机 "

$ 分量 4$ 进口国
[1] " 日本 "

$ 分量 4$ 是否打折
[1] FALSE

$ 分量 4$ 价格
[1] 10000

$ 分量 5
 [1] "a" "b" "c" "d" "e" "f" "g" "h" "i" "j" "k" "l" "m" "n" "o"
```

2.3.5 数据框

数据框看起来就像矩阵，有行和列两个维度。但是数据框允许每一列之间的数据类型不同。下面介绍如何创建数据框以及如何提取数据框子集。

1. 创建数据框

可以通过 data.frame() 函数创建数据框。例如：

```
df1 <- data.frame(
  name = c(" 张三 "," 李四 "," 王五 "),
  gender = c(" 男 "," 男 "," 女 "),
  age = c(19,18,18),
  major = c(" 经济学 "," 路桥工程 "," 心理学 ")
```

```
)
df1
df1$name
```

以上代码运行结果如下：

```
name gender age     major
1 张三      男  19     经济学
2 李四      男  18  路桥工程
3 王五      女  18     心理学


[1] 张三 李四 王五
Levels: 李四 王五 张三
```

数据框 df1 一共有 4 列数据，其中 3 列为字符串向量，1 列为数值向量，默认情况下 data.frame 会将字符向量变为因子。为了维持字符串不变，只需要将 stringsAsFactors 参数设置为 FALSE：

```
df1 <- data.frame(
  name = c("张三","李四","王五"),
  gender = c("男","男","女"),
  age = c(19,18,18),
  major = c("经济学","路桥工程","心理学"),
  stringsAsFactors = FALSE
)
df1$name
```

其运行结果为：

```
[1] "张三" "李四" "王五"
```

除了使用 data.frame() 函数创建数据框，还可以通过 as.data.frame() 函数将其他的数据结构转化为数据框：

```
# 将列表转化为数据框
m <- list(x = 1:5,y = 6:10)
m <- as.data.frame(m)

# 将矩阵转化为数据框
n <- matrix(1:12,3,4)
n <- as.data.frame(n)
```

数据框也可以像矩阵那样进行命名：

```
dimnames(m)<- list(
  c("row1","row2","row3","row4","row5"),
  c("col1","col2")
)
m
rownames(n)<- c("row1","row2","row3")
```

```
colnames(n)<- c("col1","col2","col3","col4")
n
```

以上代码运行结果如下：

```
      col1 col2
row1    1    6
row2    2    7
row3    3    8
row4    4    9
row5    5   10

      col1 col2 col3 col4
row1    1    4    7   10
row2    2    5    8   11
row3    3    6    9   12
```

2. 提取数据框子集

可以两种形式提取数据框子集：矩阵的形式和列表的形式。与提取矩阵子集一样，可使用不同的方式（正整数、负整数、逻辑值和字符）提取数据框子集。例如：

```
df1[2:3,-2]
df1[c(FALSE,TRUE,TRUE),c("name","major")]
```

以上代码运行结果如下：

```
name age    major
2 李四  18 路桥工程
3 王五  18   心理学

  name    major
2 李四 路桥工程
3 王五   心理学
```

与矩阵一样，如果只选择其中的一列，其结果将被简化为一个向量。但通过 drop 参数能使结果依然输出为数据框：

```
df1[,"major"]

df1[,"major",drop = FALSE]
```

以上代码运行结果如下：

```
[1] "经济学"    "路桥工程"    "心理学"

  major
1   经济学
2 路桥工程
3   心理学
```

如果按照列表的形式取子集，则有 3 种方式：方括号、双层方括号和美元符号。与列表一样，方括号的取值结果仍然为数据框，双层方括号和美元符号的取值结果则为向量。例如：

```
df1["age"]
df1[["age"]]
df1$age
```

以上代码运行结果如下：

```
  age
1  19
2  18
3  18


[1] 19 18 18


[1] 19 18 18
```

2.3.6　原子向量和递归向量

2.3.1 小节曾提到，向量是 R 语言中最核心、最基础的数据结构。R 语言中的其他对象都是在向量的基础上构建的。向量包括两种类型：原子（atomic）向量和递归（recursive）向量，递归向量也称为列表。区分这两种向量的标准是，原子向量中的所有元素必须是相同类型的数据，而递归向量中的元素可以是不同类型的数据。从这个角度来说，前面介绍的向量、矩阵、数组和因子都是原子向量，而列表和数据框则是递归向量。这里可以将 2.3.1 小节介绍的向量称为"基本"原子向量，以示区分。在以后的章节中，如果没有特别说明，所指的向量都是基本原子向量。

每个向量都有两个基本的属性，即类型和长度。向量类型通过 typeof() 函数来确定，而向量长度可以通过 length() 函数来确定。例如：

```
# 分别创建一个字符向量、矩阵和列表
x <- rep("R",10)
y <- matrix(1:12,3,4)
z <- list(x = 1,y = "R")
u <- as.data.frame(y)

# 查看类型属性
typeof(x)
typeof(y)
typeof(z)
typeof(u)

# 查看长度
length(x)
length(y)
```

```
length(z)
length(u)
```

以上代码运行结果如下：

```
[1] "character"

[1] "integer"

[1] "list"

[1] "list"

[1] 10

[1] 12

[1] 2

[1] 4
```

通过上面的结果可知，原子向量（上例中为字符向量和矩阵）的类型都是它们包含的元素类型，而递归向量（上例中为列表和数据框）的类型则都是 list。另外，矩阵的长度是其元素的数量，而数据框的长度是其列的数量。

向量除了有类型和长度，可能还有其他的属性。正是因为这些额外的属性，才能区分出不同的数据结构。要查看向量额外的所有属性，可以通过 attributes() 函数来实现；要查看额外的单个属性，则可以通过 attr() 函数来实现。

如果一个原子向量只有类型和长度的属性，这种向量就是基本原子向量。现在不仅可以给它的元素指定名称，还可以通过 attributes() 和 attr() 函数来查看它的名字属性：

```
x <- 1:5
attributes(x)
names(x)<- letters[1:5]
attributes(x)
attr(x,"name")
```

以上代码运行结果如下：

```
NULL

$names
[1] "a" "b" "c" "d" "e"

[1] "a" "b" "c" "d" "e"
```

从上面的结果可知，attributes() 函数的输出格式是列表。

因子与一般的原子向量的区别就在于多了两个属性，类（class）和水平（levels）：

```
x <- gl(3,2)
attributes(x)

# 对因子命名后，就会多一个名字属性
names(x)<- letters[1:6]
attributes(x)
```

以上代码运行结果如下：

```
$levels
[1] "1" "2" "3"

$class
[1] "factor"

$levels
[1] "1" "2" "3"

$class
[1] "factor"

$names
[1] "a" "b" "c" "d" "e" "f"
```

如果给原子向量增加一个维度属性，它就变成了矩阵或数组：

```
x <- 1:27
dim(x)<- c(3,3,3)
x
attributes(x)
```

以上代码运行结果如下：

```
, , 1

     [,1] [,2] [,3]
[1,]    1    4    7
[2,]    2    5    8
[3,]    3    6    9

, , 2

     [,1] [,2] [,3]
[1,]   10   13   16
[2,]   11   14   17
[3,]   12   15   18
```

```
, , 3

     [,1] [,2] [,3]
[1,]   19   22   25
[2,]   20   23   26
[3,]   21   24   27

$dim
[1] 3 3 3
```

另一种向量是递归向量。如果一个递归向量只有类型和长度属性（也可以有名字属性），它就是列表。例如：

```
x <- list(a = 6:9,b = c("O","P","Q"),c = c(TRUE,FALSE))
attributes(x)

# 可以用 c() 函数将多个列表组合成一个列表
y <- list(d = matrix(month.name,3,4))
z <- c(x,y)
z
```

以上代码运行结果如下：

```
$names
[1] "a" "b" "c"
$a
[1] 6 7 8 9

$b
[1] "O" "P" "Q"

$c
[1]   TRUE FALSE

$d
     [,1]         [,2]     [,3]          [,4]
[1,] "January"  "April"  "July"        "October"
[2,] "February" "May"    "August"      "November"
[3,] "March"    "June"   "September"   "December"
```

如果要将一个列表转换为原子变量，可使用 unlist() 函数：

```
x <- list(a = 1:3,b = 4:6)
unlist(x)

# 如果列表中分量的数据类型不同，unlist() 函数将采取强制转换
y <- list(a = c(TRUE,TRUE,FALSE),b= 2:7)
unlist(y)
```

以上代码运行结果如下：

```
a1 a2 a3 b1 b2 b3
 1  2  3  4  5  6

a1 a2 a3 b1 b2 b3 b4 b5 b6
 1  1  0  2  3  4  5  6  7
```

数据框是由长度相同的向量构成的列表，因此它也是递归向量。实际上，数据框是在列表的基础上添加了类和行名称这两个属性。例如：

```
x <- list(a = 1:3,b = 4:6)
attributes(x)
y <- as.data.frame(x,row.names = NULL)
attributes(y)
```

以上代码运行结果如下：

```
$names
[1] "a" "b"

$names
[1] "a" "b"

$class
[1] "data.frame"

$row.names
[1] 1 2 3
```

既然向量有原子向量和递归向量之分，那么怎么判断一个向量属于哪种类型呢？很容易就会想到 is.vector() 函数，可以通过设置它的 mode 参数来判断对象是否属于相应的向量。例如：

```
x <- 1:10
is.vector(x,mode = "numeric")

y <- list(1:3,4:6)
is.vector(y,mode = "list")
```

以上代码运行结果如下：

```
[1] TRUE

[1] TRUE
```

然而，使用 is.vector() 函数来判断向量的类型有一个问题：只有在对象是向量，并且除了基本属性和名字属性外没有额外属性的时候，其结果才会返回为 TRUE。由于因子、矩阵、数组和数据框等数据结构都有额外的属性，因此 is.vector() 函数的输出结果将全部是 FALSE，这往往不是我们想要的：

```
x <- gl(3,3)
y <- matrix(1:12,3,4)
z <- as.data.frame(y)
is.vector(x,mode - "any")
is.vector(y,mode = "any")
is.vector(z,mode = "any")
```

以上代码运行结果如下：

```
[1] FALSE

[1] FALSE

[1] FALSE
```

注意，上面的代码中令 mode 等于 "any"，意思是判断对象是否属于原子向量、递归向量和表达式（expression）的其中一种。结果全部返回 FALSE。因此，要判断这些数据结构属于哪种类型的向量，可以使用 is.atomic() 和 is.recursive() 函数。

```
is.atomic(x)
is.atomic(y)
is.recursive(z)
```

以上代码运行结果如下：

```
[1] TRUE

[1] TRUE

[1] TRUE
```

果然，与预想的一样，都是 TRUE。

2.4 数学运算

R 语言作为一种统计分析工具，其数学运算能力是与生俱来的。下面介绍 R 语言在数学运算方面的常用函数，包括基础运算、向量运算和矩阵运算等。当然，R 语言的数学运算函数并不仅限于此。

2.4.1 基础运算

在 R 语言中能轻松实现基本的数学运算，如加、减、乘、除等，示例代码如下：

```
x <- 13
y <- 20
```

```
# 四则运算
x + y
x - y
x * y
y / x

# 求模
y %% x

# 整除
x %/% y

# 取绝对值
abs(-y)
```

以上代码运行结果如下：

```
[1] 33

[1] -7

[1] 260

[1] 1.538462

[1] 7

[1] 0

[1] 20
```

当然，指数运算和对数运算对于 R 语言来说也不在话下：

```
x <- 3
y <- 4
z <- 2

# 指数运算
x^z
y^1/z
sqrt(y)# 由于 z 等于 2，因此 y 的平方根，即 sqrt(y)，与 y^1/z 的结果相等
x^z + y^1/z
exp(x)# 取自然常数 e 的三次方

# 对数运算
log(x)# log() 函数默认情况下以自然常数 e 为底
log(x,base = 3)# 可通过 base 参数改变对数的底
```

```
log10(x)# 以 10 为底 x 的对数
log2(x)# 以 2 为底 x 的对数
```

以上代码运行结果如下：

```
[1] 9

[1] 2

[1] 2

[1] 11

[1] 20.08554

[1] 1.098612

[1] 1

[1] 0.4771213

[1] 1.584963
```

以下为 R 语言中逻辑计算的实现方式。其中 "==" 与 identical() 函数的作用类似，表示比较两个对象是否相等。在 R 语言中之所以会使用双等号，是因为单等号已经被用于赋值。此外，"!=" 与 "==" 的含义相反，表示判断两个对象是否不相等。

```
x <- 20
y <- 18
z <- "20"
# 比较
x == y
as.character(x)!= z
x > y
y <= as.integer(z)
identical(y,as.double(19))
```

以上代码运行结果如下：

```
[1] FALSE

[1] FALSE

[1] TRUE

[1] TRUE

[1] FALSE
```

在介绍指数运算时有一个有趣的现象：x^z + y^1/z 为何能按照我们设想的那种顺序运行呢？（x 的 z 次方与 y 的 $\frac{1}{z}$ 次方之和）。原因是 R 语言中的各种运算符之间是有顺序的，具体可以通过输入 "?Syntax" 来查看，示例代码如下：

```
x <- 3
y <- 4
z <- 2

# 乘除运算优先于加减运算
identical(
    x * y + y * z,
    (x * y)+ (y * z)
)

# 指数运算优先于四则运算
identical(
    x^z + y^1/z,
    (x^z)+ (y^(1/z))
)

# 计算操作符优先于比较操作符
identical(
    x + y >  y + z,
    (x + y)>  (y + z)
)
```

以上代码运行结果如下：

```
[1] TRUE

[1] TRUE

[1] TRUE
```

2.4.2　向量运算

由于在 R 语言中标量实质上是长度为 1 的向量，因此前面介绍的基础运算同样适用于向量，并且向量的运算都是对应于它的每个元素进行的。

```
x <- 1:5
y <- 6:10

# 四则运算
x + y
x + 1   # 当向量与一个标量进行相应计算时，将采用循环补齐的方式进行
```

```
# 指数运算
x^y

# 逻辑运算
x == y
identical(x,y)
```

以上代码运行结果如下：

```
[1]  7  9 11 13 15

[1] 2 3 4 5 6

[1]       1      128     6561   262144 9765625

[1] FALSE FALSE FALSE FALSE FALSE

[1] FALSE
```

在上面代码的逻辑运算中，"=="的输出结果为 x 与 y 的相应元素是否相等，而 identical() 函数的结果是 x 与 y 是否一致。

还可以求向量的统计值，如平均数和标准差等。例如：

```
# 生成 100 个服从标准正态分布的随机数
x <- rnorm(100)

# 平均数、标准差、求和及求积
mean(x)
sd(x)
sum(x)
prod(x)

# 最小值、最大值及全距
min(x)
max(x)
range(x)

# 四分位数
quantile(x,probs = c(0.25,0.50,0.75))
```

以上代码运行结果如下：

```
[1] -0.06041448

[1] 1.041309
```

```
[1] -6.041448

[1] -6.653521e-27

[1] -3.878269

[1] 2.391579

[1] -3.878269   2.391579

         25%        50%        75%
-0.76179564 -0.05269207  0.62781786
```

R 语言中也可进行集合运算，以下是一些有用的实例：

```r
x <- c("东","南","上","下","东","南")
y <- c("上","下","左","右")

# 组合与排列
choose(6,3)# 组合数
factorial(3)# 3 的阶乘 3！
choose(6,3)* factorial(3)# 排列数

# 取并集
union(x,y)

# 取交集
intersect(x,y)

# 取差集
setdiff(x,y)

# 取唯一值
unique(x)

# 检查 x 中的哪些元素在 y 中
x %in% y
```

以上代码运行结果如下：

```
[1] 20

[1] 6

[1] 120

[1] "东" "南" "上" "下" "左" "右"
```

```
[1] "上" "下"

[1] "东" "南"

[1] "东" "南" "上" "下"

[1] FALSE FALSE  TRUE  TRUE FALSE FALSE
```

2.4.3 矩阵运算

若要在 R 语言中进行矩阵运算，可以用以下方式：

```
x <- matrix(
  c(1,0.5,0.33,0.5,0.33,0.25,0.33,0.25,0.2),
  3,3
)
y <- matrix(1:12,3,4)
x
y

# 转置
t(x)

# 矩阵乘积
x %*% y

# 逆矩阵
solve(x)

# 求行列式
det(x)
eigen(x)# 求特征值和特征向量
```

以上代码运行结果如下：

```
     [,1] [,2] [,3]
[1,] 1.00 0.50 0.33
[2,] 0.50 0.33 0.25
[3,] 0.33 0.25 0.20

     [,1] [,2] [,3] [,4]
[1,]    1    4    7   10
[2,]    2    5    8   11
[3,]    3    6    9   12
```

```
       [,1] [,2] [,3]
[1,] 1.00 0.50 0.33
[2,] 0.50 0.33 0.25
[3,] 0.33 0.25 0.20


        [,1]  [,2]  [,3]   [,4]
[1,] 2.99 8.48 13.97 19.46
[2,] 1.91 5.15  8.39 11.63
[3,] 1.43 3.77  6.11  8.45


              [,1]        [,2]        [,3]
[1,]    55.55556  -277.7778    255.5556
[2,] -277.77778  1446.0317 -1349.2063
[3,]  255.55556 -1349.2063  1269.8413


[1] 6.3e-05


eigen()decomposition
$values
[1] 1.4058352465 0.1238027808 0.0003619726


$vectors
            [,1]        [,2]        [,3]
[1,] 0.8278163  0.5437383  0.1380896
[2,] 0.4595150 -0.5159990 -0.7229046
[3,] 0.3218169 -0.6618865  0.6770083
```

2.5 新手问答

问题1：R语言的常用数据类型有哪些？如何进行数据类型转换？

　　答：R 语言常用的数据类型有数值型、字符型、逻辑型和复数型，其中数值型又可以分为整数型和双精度型；通常可以通过 as.numeric()、as.integer()、as.double()、as.character()、as.logical() 和 as.complex() 等函数来进行数据转换；有时 R 语言会根据运算情况和数据类型的灵活性对变量的数据类型进行强制转换。

问题2：如何更改因子的水平及其顺序？

　　答：可通过 levels() 函数来更改因子水平和顺序，例如：

```
x <- factor(c("北京","天津","上海","重庆"))
x
levels(x)<- c("北京","天津","上海","重庆")
x
```

以上代码运行结果为：

```
[1] 北京 天津 上海 重庆
Levels: 北京 上海 天津 重庆

[1] 北京 上海 天津 重庆
Levels: 北京 天津 上海 重庆
```

2.6 小试牛刀：提取数据框子集，并对部分列做统计计算

【案例任务】

使用 R 语言自带的数据集 mtcars，执行以下操作。

（1）选择 mpg、disp、am 三列数据，将其赋值给 mtcars.new，并筛选出 am 为 1 的行。

（2）求 mtcars.news 中 mpg 的平均数和标准差，以及 disp 的和。

【技术解析】

使用 mtcars 的数据结构作为数据框，按照题干顺序提取数据，即可得到最终结果（2.3.5 小节介绍了提取数据框子集的方法，2.4.2 小节介绍了向量运算的函数）。

【操作步骤】

步骤 1：使用 "[]" 提取 mpg，disp，am 三列数据，并将新数据存为 mtcars.new；进一步筛选出 am 列中等于 1 的行，参考代码如下：

```
mtcars.new <- mtcars[,c("mpg","disp","am")]
mtcars.new <- mtcars.new[mtcars.new$am == 1,]
mtcars.new
```

得到的 mtcars.news 为：

```
                mpg  disp  am
Mazda RX4       21.0 160.0 1
Mazda RX4 Wag   21.0 160.0 1
Datsun 710      22.8 108.0 1
Fiat 128        32.4 78.7  1
Honda Civic     30.4 75.7  1
Toyota Corolla  33.9 71.1  1
Fiat X1-9       27.3 79.0  1
```

```
Porsche 914-2   26.0 120.3  1
Lotus Europa    30.4  95.1  1
Ford Pantera L  15.8 351.0  1
Ferrari Dino    19.7 145.0  1
Maserati Bora   15.0 301.0  1
Volvo 142E      21.4 121.0  1
```

步骤 2：使用"$"分别提取 mpg 和 disp 两列，并使用 mean()、sd() 和 sum() 函数求对应列的均值、标准差及和。

```
# mpg 的均值
mean(mtcars.new$mpg)

# mpg 的标准差
sd(mtcars.new$mpg)

# disp 的均值
sum(mtcars.new$disp)
```

得到结果如下：

```
[1] 24.39231

[1] 6.166504

[1] 1865.9
```

本章小结

本章介绍了 R 语言的一些基础知识。首先，R 语言中的所有事物都是对象，常见的对象包括向量、矩阵、数据框、列表和环境等，而变量则是调用对象的手段。当对一个变量名赋值后，就可以通过变量名来读取变量值了，但是需要注意变量名称必须符合一定的规则。其次，介绍了几种常用的数据类型。各种数据类型可以进行强制转换，并存在两种转换方式：显式强制转换和隐式强制转换。此外，有五种特殊值经常被使用，分别是 NULL、NAN、NA、Inf 和 -Inf。再次，不同的数据结构用于储存不同的数据类型。常见的数据结构包括向量、矩阵、数组、因子、列表、数据框等。这些数据看似不同，实则有着紧密的联系：它们可以被归为两种向量，即原子向量和递归向量。传统的向量、矩阵、数组和因子都是原子向量，而列表和数据框则是递归向量。不同的数据结构可以理解为不同的基本属性和额外属性。最后，介绍了 R 语言与其他编程语言一样，能够轻松实现各种数学运算，包括基础运算、向量运算和矩阵运算等。

第 3 章
R 语言的编程基础（下）

本章导读

上一章我们学习了 R 语言的基础操作，包括变量、数据类型、数据结构和数学计算等内容。本章将进一步学习 R 语言的编程基础，从流程控制、函数、R 语言包和环境等方面进行讲解。通过本章的学习，读者应掌握 R 语言的循环、判断等流程控制函数，熟悉 R 语言的函数结构及常用函数，能初步按照业务要求编写相应的 R 包等，为数据分析和图形可视化打下坚实基础。

知识要点

通过本章内容的学习，读者能掌握以下知识：

- R 语言循环和判断等相关流程的控制函数
- R 语言的函数结构
- 常用 R 函数
- R 包的安装及加载
- R 包编译相关操作
- R 语言编程环境

3.1 流程控制

　　R 语言已经得到越来越多数据分析爱好者的青睐，主要原因是它通俗易懂，易于掌握，特别是在流程控制和函数编写方面。由于循环和判断等流程控制语句的存在，使程序员仅使用一小段代码就可以实现复杂的分析计算，这个优点在 R 语言数据处理中尤为明显。面对复杂的逻辑分析和重复性的数据运算，熟练运用 R 语言流程控制语句的数据分析师，往往能轻松实现相应的数据处理。流程控制主要指循环和判断，在 R 语言中，常用的流程控制函数主要包括 repeat、while、for、if…else 和 switch 等，其中，前三个属于循环函数，后两个属于判断函数。

3.1.1 repeat循环

　　repeat 循环就是反复地执行某一段代码，直到告诉它停止为止，该函数类似于 C 语言的 do…while 方法。下面以循环打印"hello word！"为例，演示 repeat 循环的用法，示例代码如下：

```
repeat ({
  message("hello word!")
})
```

　　上例中，message("hello word!") 将不停地运行下去，除非停止执行或关闭 R 进程。为避免循环陷入无休止状态，需要使用 break 语句或 next 语句实现跳出迭代或开始下一次迭代。示例代码如下：

```
repeat ({
  x <- sample(c(1:5), 1)
  message("x = ", x, ",hello word!")
  if (x == 2){
    message("x = ", x, ",执行下一次 repeat 循环！ ")
    next
  }
  if (x == 1){
    message("x = ", x, ",跳出 repeat 循环！ ")
    break
  }
})
```

　　以上代码运行结果如下：

```
x = 2,hello word!
x = 2,执行下一次 repeat 循环!
x = 3,hello word!
x = 1,hello word!
x = 1,跳出 repeat 循环!
```

　　上例中，变量 x 为 repeat 循环提供了判断是否退出或继续执行的依据，第一个 if 语句表示当 x==2 时跳出当前迭代，执行下一个循环；第二个 if 语句则表示当 x==1 时，结束 repeat 循环。

通过上述两个例子不难发现，repeat 循环只适用于反复执行某个固定功能的代码。尽管可以使用 break 和 next 控制循环结束和跳过，但并不适用于已知代码需要执行循环次数的情形，因此，建议慎重或避免使用 repeat 循环。

3.1.2 while循环

while 循环类似于延迟的 repeat 循环加 break 语句。将 repeat 循环的例子稍做改变，即可实现 while 循环，示例代码如下：

```
# 使用 break 语句的 repeat 循环
repeat ({
    x <- sample(c(1:5), 1)
    message("x = ", x, ",hello word!")
    if (x == 1){
        message("x = ", x, ",跳出 repeat 循环! ")
        break}
})

# while 循环
x <- sample(c(1:5), 1)
while (x != 1){
x <- sample(c(1:5), 1)
message("x = ", x, ",hello word!")
}
```

以上代码运行结果如下：

```
x = 4,hello word!

x = 1,hello word!
```

上例中，repeat 循环与 while 循环功能相同，都是当 x==1 时跳出循环。不同的是，前者先执行循环，后判断是否应该跳出循环；而后者则先执行判断，然后决定是否需要执行循环。不难发现，while 循环可能会出现不被执行的情况（当 x=1 时）。

3.1.3 for循环

与 repeat 循环和 while 循环不同，for 循环适用于明确代码需要执行次数的情形。它通过一个迭代器和一个向量参数，每一次循环迭代器变量都会从向量参数中取一个值，并执行程序代码，示例代码如下：

```
i <- c(1:5)
for (x in i){
    message("x = ", x, ",hello word!")
}
```

以上代码运行结果如下：

```
x = 1,hello word!
x = 2,hello word!
x = 3,hello word!
x = 4,hello word!
x = 5,hello word!
```

上例中，迭代器为 x，向量参数为 i，代码 message("x =",x,",hello word!") 被循环执行了 5 次。

for 循环非常灵活，向量参数并不局限于数字，还可以是字符向量、逻辑值或列表，示例代码如下：

```
# 向量参数为字符串
name <- c(" 小明 ", " 小华 ", " 小刚 ", "R 君 ")
for (i in name){
  message(i, " 非常厉害！ ")
}

# 向量参数为逻辑值
x <- c(TRUE, FALSE, NaN, NA)
for (i in x){
  message(" 输出值为 ", i)
}

# 向量参数为列表
x <- list(c(1:5),
          c(" 小明 ", " 小华 ", " 小刚 ", "R 君 "),
          c(TRUE, FALSE, NaN, NA))
for (i in x){
  print(i)
}
```

以上代码运行结果如下：

```
小明非常厉害！
小华非常厉害！
小刚非常厉害！
R 君非常厉害！

输出值为 1
输出值为 0
输出值为 NaN
输出值为 NA

[1] 1 2 3 4 5
[1] " 小明 " " 小华 " " 小刚 " "R 君 "
[1]    1    0 NaN  NA
```

3.1.4 if…else语句

虽然循环解决了重复执行代码的问题，但这远远不够，如果希望程序能够在执行循环的过程中根据特定条件执行特定语句，就需要 if…else 语句的帮忙。当然，if…else 语句也可以脱离循环独立运行。

在 R 语言中，if 语句接受一个逻辑值（长度为 1）作为参数（也称判断条件），当且仅当该值为 TRUE 时才会执行相应代码。此外，if 语句的条件不允许存在缺失值，否则程序会报错。一般 if 语句的条件并非直接是 TRUE 或 FALSE 值，而是一个逻辑表达式，示例代码如下：

```
# if 条件直接为 TRUE
if (TRUE){
    print("if 条件为 TRUE")
}
# if 条件长度超过 1
if (c(TRUE, FALSE)){
    print("if 条件为 TRUE 和 FALSE")
}
# if 条件为缺失值
if (NA){
    print("if 条件为 NA")
}
# if 条件为表达式
x = 10
if (x > 1){
    print("if 条件为表达式 x>1")
}
```

以上代码运行结果如下：

```
'if 条件为 TRUE'

Warning message: the condition has length > 1 and only the
 first element will be used if 条件为 TRUE 和 FALSE

Error:Error in if (NA){ : missing value where TRUE/FALSE  needed

if 条件为表达式 x>1
```

与 if 对应的是 else 语句，如果 if 条件为 FALSE，则程序执行 else 之后的代码。在编程过程中需要注意的是，else 必须与 if 语句的右侧大括号在同一行，否则程序会报错，示例代码如下：

```
# else 语句放置正确
x<--10
if (x>1){
  print("X>1")
} else{
  print("x<1")
}
```

```
# else 语句放置错误
x<--10
if (x>1){
  print("X>1")
}
else{
  print("x<1")
}
```

以上代码运行结果如下：

```
x<1

Error: unexpected 'else' in "else"
```

在编程过程中，if…else 可以反复使用，以便定义多个条件。还可以将 if…else 合起来使用，示例代码如下：

```
# 多个 if...else 用法
x <- -10
if (x > 1){
    print("X>1")
} else if (x > 2){
    print("x>2")
} else if (x > 0){
    print("x>0")
} else if (x <- 2){
    print("x<-2")
} else {
    print("x=0")
}
# ifelse 用法
x <- -10
y <- ifelse(x > 0, "X>0", "X<0")
print(x)
print(y)
```

以上代码运行结果如下：

```
[1] "x<-2"

[1] -10

[1] "X<0"
```

3.1.5 switch语句

程序代码中包含太多的 if…else 语句会间接降低程序代码的可读性。为避免这个问题，可以用

switch 语句来替代，示例代码如下：

```
# if...else 用法
x <- "f"
if (x == "beta"){
    print("beta 分布 ")
} else if (x == "gama"){
    print("gama 分布 ")
} else if (x == "f"){
    print("f 分布 ")
} else if (x == "t"){
    print("t 分布 ")
} else {
    print(" 其他 ")
}
# switch 用法
x <- "f"
switch(x, beta = "beta 分布 ", gama = "gama 分布 ", t = "t 分布 ",
    f = "f 分布 ", " 其他 ")
```

以上代码运行结果如下：

```
[1] "f 分布 "

[1] "f 分布 "
```

上例 switch 函数中的 x 为一个字符串变量，其值为 "f"，其后的 "beta"="beta 分布 " 表示与字符串变量 "beta" 匹配时的返回值，最后的 " 其他 " 表示找不到任何匹配时的返回值（相当于 else 语句）。可见，switch 语句极大地简化了 if…else 语句造成的代码冗长。

3.2 编写 R 函数

R 语言中的流程控制可以帮助处理大批重复且逻辑较为复杂的分析任务，但仅熟练使用流程控制是远远不够的，还需要使其规范化和具有可重复性，这个过程就是编写 R 函数。简言之，R 语言函数就是将一些经常重复使用的程序代码片段加以模块化，并独立出来的 R 对象。下面将讨论 R 语言的函数格式、函数参数、返回值和函数调用等问题。

3.2.1 函数格式

为便于理解，下面将以 hello 函数为例，实现输出 "hello world ！" 到控制台，简单说明 R 语言的函数格式，示例代码如下：

```
hello <- function(){
    out <- "hello world!"
```

```
    return(out)
}
hello()
```

以上代码运行结果如下：

```
[1] "hello world!"
```

上例中的 hello 函数由以下 5 个部分构成。

（1）hello 表示函数名称，其命名方式与变量相同。

（2）<- 表示名称为 hello 的赋值对象。

（3）function 表示定义的 R 对象是函数而不是其他变量。

（4）() 表示函数的输入参数，可以为空，也可以包含一些参数或者递归其他函数参数，本例中默认输入参数为空。

（5）{} 表示函数体，如函数体只有一行，{} 可以省略，函数体内包含函数执行脚本（本例为 out<-"hello world!"）和返回值 return(out)。

3.2.2　函数参数

函数参数是函数实现复杂功能及可重复调用的最关键的部分。一般而言，函数参数可以是变量的任何一种，如向量、矩阵、数据框、列表、因子、逻辑值等，这些参数通过变量的方式添加到函数参数声明的括号中。下面继续对 hello 函数进行改造，添加一个参数声明来实现输出"hello ××"，示例代码如下：

```
hello <- function(name){
    out <- paste("hello", name, "!")
    return(out)
}
hello(name = "R")
```

以上代码运行结果如下：

```
[1] "hello R !"
```

上例中，hello() 函数声明添加了 name 参数，可以改变 name 参数的赋值，实现多次输出"hello ××!"，相比未改编前的 hello 函数更加灵活。当然，在进行函数参数声明和赋值时，并不一定要对每个参数都进行赋值或声明，有以下两种参数声明形式。

1. 缺省参数

缺省参数就是在函数参数声明中对函数的某个参数指定的默认值。仍以改编的 hello 函数为例对缺省参数进行说明，若不对 name 参数做任何声明，直接调用 hello() 函数，看看会出现什么结果，示例代码如下：

```
hello()
```

以上代码运行结果如下：

75

```
Error in paste("hello", name, "!"): 缺少参数 "name", 也没有缺省值
```

显然, hello() 函数发生了错误, 错误信息是参数声明 name 缺失, 也没有默认值。解决该问题的方法有两种: 一种是在调用函数时给 name 赋值; 另一种是使用缺省参数。以 hello 函数为例, 给其加上缺省参数, 示例代码如下:

```
hello <- function(name = NULL){
    out <- paste("hello", name, "!")
    return(out)
}
hello()
hello(name = "R")
```

以上代码运行结果如下:

```
[1] "hello  !"

[1] "hello R !"
```

上例中, 由于给 name 指定了缺省参数 NULL, 因此使 hello 函数在 name 参数赋值缺省的情况下被成功调用!

2. 额外参数

与缺省参数不同, 额外参数允许函数具有除函数体所需输入参数之外的其他参数, 并且不需要在函数参数声明中一一指定。R 语言中称之为点 - 点 - 点 (…) 参数, 该参数具有很大的灵活性, 在编程操作中需小心对待, 以免造成不必要的麻烦。仍以 hello 函数来说明点 - 点 - 点 (…) 参数的运行机制, 示例代码如下:

```
# 调用 hello 函数, 在 name 参数的基础上添加一个 extra 参数
hello(name = "R", extra = "users")
# 改编 hello 函数, 新增额外参数
hello <- function(name = NULL, ...){
    out <- paste("hello", name, "!")
    return(out)
}
hello(name = "R", extra = "users")
hello()
```

以上代码运行结果如下:

```
Error in hello(name = 'R', extra = 'users'): unusedargument (extra =
'users')
 [1] "hello R !"

 [1] "hello  !"
```

上例中, 在未定义额外参数的情况下, 调用 hello 函数必须严格按照 hello 函数定义的参数进行参数声明, 添加其他参数则会导致函数运行报错。添加额外参数后, 函数可正常运行。由此可见,

额外参数可以解决函数参数不确定或需要引用其他函数输出值作为输入参数的难题。但是，添加额外参数后，函数调试会变得异常复杂，这一点在编程实践中应予以注意。

3.2.3　返回值

返回值是指函数运行结果返回给调用者的机制，它是函数经过复杂运行后的结果呈现。函数返回值的内容可以是任何 R 对象。在 R 语言中有以下两种方式可实现函数返回值。

（1）函数最后一行代码的运行值自动返回，前提是最后一行代码不能进行变量赋值。

（2）使用 return 命令清晰指定需要返回的值，并告知函数退出运行。

为避免一些不必要的麻烦，在编程实践中建议使用第（2）种方式定义返回值，下面以 hello 函数为例进行解释说明，示例代码如下：

```
# 最后一行代码返回，存在变量赋值情况（无返回）
hello <- function(name = NULL, ...){
    out <- paste("hello", name, "!")
}
hello(name = "R")

# 最后一行代码返回，不存在变量赋值情况
hello <- function(name = NULL, ...){
    paste("hello", name, "!")
}
hello(name = "R")
# 使用 return 返回
hello <- function(name = NULL, ...){
    out <- paste("hello", name, "!")
    return(out)
}
hello(name = "R")
```

以上代码运行结果如下：

```
[1] "hello R !"

[1] "hello R !"
```

3.2.4　函数调用

函数调用就是调用函数实现相应任务的过程。通常 R 函数有以下两种调用方式。

（1）函数名称 (函数参数) 形式，这种方式最常见。

（2）do.call() 函数形式，使用这种形式时，需要先指定被调用函数的名称，然后以列表形式指定被调用函数的参数值。

以 hello 函数调用为例来说明两种调用方式，示例代码如下：

```
# 直接调用
```

```
hello(name = "R")
# do.call 方式调用
do.call(what = hello, args = list(name = "R"))
```

以上代码运行结果如下：

```
[1] "hello R !"
```

```
[1] "hello R !"
```

3.3 R 语言常用函数

R 语言之所以得到越来越多研究者的青睐，原因之一就是它拥有大量可以实现各种功能的包，这些包的基本要素就是函数。作为 R 语言的使用者，了解并掌握 R 语言常用函数是非常有必要的。下面将从文件操作、基础计算、概率分布和字符处理 4 个方面简要介绍 R 语言的常用函数。

3.3.1 文件操作函数

文件操作函数主要涉及查看目录和文件函数、检查目录和文件函数、创建目录和文件函数、变更目录和文件函数，以及删除目录和文件函数等。

（1）查看目录和文件函数，主要包括 getwd()、list.dirs()、dir()、list.files()、file.info()、system('tree') 等函数，其用法及示例代码如下：

```
# 查看当前工作目录
getwd()
# 查看当前目录或指定目录的子目录
list.dirs(path = getwd(), full.names = F)
# 查看当前目录的子目录及文件
dir()
list.files()
# 查看当前目录的子目录及文件的详细信息
file.info(list.files(), extra_cols = FALSE)
# 查看当前目录及文件权限信息
file.mode(list.files())
# 查看当前目录及文件最近一次修改信息
file.mtime(list.files())
# 查看当前目录及文件大小
file.size(list.files())
# 查看目录结构
system("tree")
```

以上代码运行结果如下：

```
[1] "M:/ExampleScript/Chapter3"
```

```
[1] ""      "image" "tmp1"

[1] "Chapter3.docx" "Chapter3.Rmd"  "image"        "tmp1"

[1] "Chapter3.docx" "Chapter3.Rmd"  "image"        "tmp1"
               size isdir mode           mtime                ctime
Chapter3.docx 714841 FALSE  666 2019-08-25 09:32:04 2019-02-12 18:18:24
Chapter3.Rmd   55392 FALSE  666 2019-08-25 09:32:52 2019-02-12 18:18:24
image             0  TRUE  777 2019-02-13 02:41:26 2019-02-13 02:41:25
tmp1              0  TRUE  777 2019-08-25 09:32:02 2019-08-25 09:32:00
              atime
Chapter3.docx 2019-08-25
Chapter3.Rmd  2019-08-25
image         2019-04-02
tmp1          2019-08-25

[1] "666" "666" "777" "777"

[1] "2019-08-25 09:32:04 CST" "2019-08-25 09:32:52 CST"
[3] "2019-02-13 02:41:26 CST" "2019-08-25 09:32:02 CST"

[1] 714841  55392       0       0
```

（2）检查目录和文件函数，主要包括 file.exists()、file_test() 等函数，其用法及示例代码如下：

```
# 查看 Chapter3/Chapter3.docx 文件是否存在
file.exists("Chapter3/Chapter3.docx")
# 查看 imge 和 Chapter3.docxs 是否是文件或目录
file_test(op = "-d", x = "image")
file_test(op = "-f", x = "Chapter3.docx")
```

以上代码运行结果如下：

```
[1] FALSE

[1] TRUE

[1] TRUE
```

（3）创建目录和文件函数，主要包括 path.expand()、normalizePath()、file.create()、dir.crate()、Sys.chmod()、Sys.umask() 等函数，其用法及示例代码如下：

```
# 将输入文件目录替换为当前系统平台支持的文件目录
path.expand(path = "tmp")
normalizePath(path = "tmp")
# 创建空白文件 tmp.R
file.create("tmp.R")
# 创建空白目录 tmp
dir.create(path = "tmp", recursive = T, mode = "0777")
# 修改 tmp.R 权限（注意：Windows 平台下该命令无效）
```

```
Sys.chmod(paths = "tmp.R", mode = "0777", use_umask = T)
file.mode("tmp.R")
  # 设置系统默认的 umask 值（注意：Windows 平台下该命令无效）
Sys.umask(mode = NA)
```

以上代码运行结果如下：

```
[1] "tmp"

Warning in normalizePath(path.expand(path), winslash, mustWork):
 path[1]="tmp": 系统找不到指定的文件

[1] "M:\\ExampleScript\\Chapter3\\tmp"

[1] TRUE

[1] "666"

[1] "0"
```

（4）变更目录和文件函数，主要包括 file.copy()、file.rename()、file.append() 等函数，其用法及示例代码如下：

```
# 复制 tmp.R 文件至 tmp 文件夹
file.copy(from = "tmp.R", to = "tmp", overwrite = T, recursive = T)
# 将文件 tmp.R 重命名为 tmp1.R
file.rename(from = "tmp.R", to = "tmp1.R")
# 将目录 tmp 重命名为 tmp1
file.rename(from = "tmp", to = "tmp1")
# 将 tmp1.R 追加至 tmp2.R 中
file.append(file1 = "tmp.R", file2 = "tmp1.R")
```

以上代码运行结果如下：

```
[1] TRUE

[1] TRUE

[1] FALSE

[1] TRUE
```

（5）删除目录和文件函数，主要包括 file.remove()、unlink() 等函数，其用法及示例代码如下：

```
# 删除 tmp1.R 和 tmp2.R
file.remove(c("tmp1.R", "tmp.R"))
# 删除 tmp 文件夹及其子文件夹
unlink("tmp", recursive = T)
```

以上代码运行结果如下：

```
[1] TRUE TRUE
```

3.3.2　基础计算函数

基础计算函数主要涉及四则运算函数、数学计算函数、比较计算函数、约数计算函数、向量计算函数和集合计算函数等。

（1）四则运算函数包括加法（+）、减法（-）、乘法（*）、除法（/）、求余数（%%）和求绝对值（abs）等，其用法及示例代码如下：

```
# 定义 x 和 y 变量
x <- 12
x
y <- 4
y
# x 和 y 的加、减、乘、除计算
x + y
x - y
x * y
x/y
# 求余数
x%%y
# 求绝对值
abs(-x)
```

以上代码运行结果如下：

```
[1] 12

[1] 4

[1] 16

[1] 8

[1] 48

[1] 3

[1] 0

[1] 12
```

（2）数学计算函数包括幂、对数、平方根等，其用法及示例代码如下：

```
# 定义 x 和 y 变量
x <- 8
x

y <- 2
```

```
y
# 幂运算
x^y
x^-y
x^(1/y)
# 自然常数 e 的幂
exp(1)

# 自定义底的对数
log(x, base = 2)
# 平方根
sqrt(x)
sqrt(y)
```

以上代码运行结果如下：

```
[1] 8

[1] 2

[1] 64

[1] 0.015625

[1] 2.828427

[1] 2.718282

[1] 3

[1] 2.828427

[1] 1.414214
```

（3）比较计算函数包括等于、大于、大于等于、小于、小于等于、不等于、是否为真、是否为假、和条件、或条件等，其用法及示例代码如下：

```
# 定义 x 和 y 变量
x <- 8
x
y <- 2
y
# 判断等于和不等于
x == x
x == y
x != y
# 判断大于、大于等于、小于和小于等于
x > y
x >= y
x < y
```

```
x <= y
# 判断是否为真
isTRUE(x == y)
# 判断是否为假
isFALSE(x == y)
# 定义 x 和 y 向量
x <- c(1, 0, 1)
y <- c(0, 1, 0)
# 向量的和条件比较
x & y
# x 向量和 y 向量的第一个分量的和条件比较
x && y
# 或条件比较
xor(x, y)
x | y
```

以上代码运行结果如下：

```
[1] 8

[1] 2

[1] TRUE

[1] FALSE

[1] TRUE

[1] TRUE

[1] TRUE

[1] FALSE

[1] FALSE

[1] FALSE

[1] TRUE

[1] FALSE FALSE FALSE

[1] FALSE

[1] TRUE TRUE TRUE

[1] TRUE TRUE TRUE
```

（4）约数计算函数包括取整、向上取整、向下取整、四舍五入等，其用法及示例代码如下：

```
# 定义 x 变量
x <- 6.88889
x
# 取整
trunc(x)
# 向上取整
ceiling(x)
# 向下取整
floor(x)
# 四舍五入
round(x, digits = 3)
```

以上代码运行结果如下：

```
[1] 6.88889
[1] 6
[1] 7
[1] 6
[1] 6.889
```

（5）向量计算函数包括求和、平均值、最大值、最小值、标准差、方差、全距、连乘、累加、累乘、秩次、排序、中位数、分位数等，其用法及示例代码如下：

```
# 定义 x 向量
x <- seq(from = 1, to = 10, by = 1)
x
# 计算 x 向量的求和、平均值、最大值、最小值、标准差、方差、全距
sum(x)
mean(x)
max(x)
min(x)
sd(x)
var(x)
range(x)
# 计算 x 向量的连乘、累加、累乘
prod(x)
cumsum(x)
cumprod(x)
# 计算 x 向量的秩次、排序、中位数和分位数
rank(x)
order(x, decreasing = T)
sort(x, decreasing = T)
median(x)
quantile(x)
```

以上代码运行结果如下：

```
[1]  1  2  3  4  5  6  7  8  9 10

[1] 55
```

```
[1] 5.5

[1] 10

[1] 1

[1] 3.02765

[1] 9.166667

[1] 1 10

[1] 3628800

[1]  1   3   6  10  15  21  28  36  45  55

[1] 1          2        6       24      120      720     5040    40320
[9] 362880 3628800

[1]  1  2  3  4  5  6  7  8  9 10

[1] 10  9  8  7  6  5  4  3  2  1

[1] 10  9  8  7  6  5  4  3  2  1

[1] 5.5

    0%   25%   50%   75%  100%
  3.25  5.50  7.75 10.00
```

（6）集合计算函数包括交集、并集、差集、向量是否相等、取唯一值、查找匹配元素等，其用法及示例代码如下：

```
# 定义 x 和 y 变量
x <- seq(from = 1, to = 10, by = 1)
x
y <- seq(from = 1, to = 20, by = 2)
y
  # 求 x 和 y 的交集、并集和差集
intersect(x, y)

union(x, y)
setdiff(x, y)
  # 判断 x 和 y 是否相等
setequal(x, y)
# 求取 x 的唯一值
unique(x)
  # 查找 x 向量中大于 4 的元素索引
```

```
which(x >= 4)
# 查找 x 在 y 中存在的元素索引
which(is.element(x, y))
上述代码运行结果如下：
```

```
[1]  1  2  3  4  5  6  7  8  9 10

[1]  1  3  5  7  9 11 13 15 17 19

[1] 1 3 5 7 9

[1]  1  2  3  4  5  6  7  8  9 10 11 13 15 17 19

[1]  2  4  6  8 10

[1]  1  2  3  4  5  6  7  8  9 10

[1] FALSE

[1]  4  5  6  7  8  9 10

[1] 1 3 5 7 9
```

3.3.3 概率分布函数

概率分布是用于表述随机变量取值的概率规律，主要包括正态分布、均匀分布、指数分布、Gamma 分布、Beta 分布、t 分布、F 分布和卡方分布。感兴趣的读者可查阅相关资料了解上述分布的定义及相关特征，这里仅介绍 R 语言内置概率分布的随机数生成函数、概率密度函数和累积分布函数等功能函数。

（1）R 语言内置正态分布的随机数生成函数、概率密度函数和累积分布函数，示例代码如下：

```
# 生成 20 个平均数为 0，标准差为 1 的正态分布随机数
x <- rnorm(n = 20, mean = 0, sd = 1)
x

# 求正态向量 x 的概率密度函数值
dnorm(x, mean = 0, sd = 1)

# 求正态向量 x 的累积分布函数值
pnorm(x, mean = 0, sd = 1)
```

上述代码运行结果如下：

```
 [1] -0.07861527  0.19606825 -0.45986732 -0.81111317 -0.79371377
 [6] -0.93180535  0.18395207  1.11766118 -0.06783424  1.68732170
[11] -0.24100996 -0.75785804 -0.54269466  0.26896172  0.20099474
[16] -0.37255934  1.08408829  2.05859069  0.16643952 -0.15028829

 [1] 0.39771138 0.39134729 0.35891219 0.28710972 0.29114632 0.25844584
```

```
[7] 0.39224928 0.21362742 0.39802547 0.09609041 0.38752247 0.29935865
[13] 0.34431537 0.38477030 0.39096471 0.37219448 0.22167072 0.04793850
[19] 0.39345460 0.39446226

[1] 0.4686693 0.5777216 0.3228057 0.2086503 0.2136810 0.1757186
0.5729745
[8] 0.8681441 0.4729588 0.9542292 0.4047737 0.2242680 0.2936700
0.6060204
[15] 0.5796487 0.3547382 0.8608372 0.9802333 0.5660945 0.4402686
```

（2）R 语言内置均匀分布的随机数生成函数、概率密度函数和累积分布函数，示例代码如下：

```
# 生成 20 个 0~10 的服从均匀分布的随机数
x <- runif(n = 20, min = 0, max = 10)
x
# 求服从均匀分布向量 x 的概率密度函数值
dunif(x, min = 0, max = 1)
 # 求服从均匀分布向量 x 的累积分布函数值
punif(x, min = 0, max = 1)
```

以上代码运行结果如下：

```
[1] 2.245649307 7.445555783 6.901446572 8.691643493 8.811735900
[6] 9.479316950 4.343840037 5.519000662 5.069841640 0.001625642
[11] 8.291946410 6.011003035 7.430850356 8.517232367 6.155735073
[16] 1.283098147 7.316052923 0.405191907 9.969611696 8.569339041

[1] 0 0 0 0 0 0 0 0 0 1 0 0 0 0 0 0 0 1 0 0

[1] 1.000000000 1.000000000 1.000000000 1.000000000 1.000000000
[6] 1.000000000 1.000000000 1.000000000 1.000000000 0.001625642
[11] 1.000000000 1.000000000 1.000000000 1.000000000 1.000000000
[16] 1.000000000 1.000000000 0.405191907 1.000000000 1.000000000
```

（3）R 语言内置指数分布的随机数生成函数、概率密度函数和累积分布函数，示例代码如下：

```
# 生成 20 个服从指数分布 e(0.5) 的随机数
x <- rexp(n = 20, rate = 0.5)
x
# 求服从指数分布 e(0.5) 向量 x 的概率密度函数值
dexp(x, rate = 0.5)
# 求服从指数分布 e(0.5) 向量 x 的累积分布函数值
pexp(x, rate = 0.5)
```

上述代码运行结果如下：

```
[1] 0.06612895 3.32194528 1.22505360 2.72949175 1.51328543 1.68729619
[7] 0.58971433 4.86064805 0.98450293 0.79425084 5.23259057 0.17612128
[13] 3.14787329 8.38975707 3.97650442 0.93998877 2.89237890 0.17697924
[19] 0.63903554 2.21451529

[1] 0.03252382 0.81004587 0.45802034 0.74455442 0.53076084 0.56986153
```

```
 [7] 0.25536206 0.91199169 0.38875136 0.32775029 0.92692692 0.08429465
[13] 0.79277221 0.98492743 0.86306545 0.37499422 0.76453417 0.08468739
[19] 0.27350071 0.66953603


 [1] 0.483738089 0.094977067 0.270989832 0.127722792 0.234619578
 [6] 0.215069235 0.372318970 0.044004155 0.305624319 0.336124854
[11] 0.036536538 0.457852673 0.103613896 0.007536287 0.068467275
[16] 0.312502889 0.117732917 0.457656305 0.363249646 0.165231985
```

（4）R 语言内置 Gamma 分布的随机数生成函数、概率密度函数和累积分布函数，示例代码如下：

```
# 生成 20 个服从形状参数为 3，尺度参数为 2 的 gamma 分布的随机数
x <- rgamma(n = 20, shape = 3, scale = 2)
x
# 求服从形状参数为 3，尺度参数为 2 的 gamma 分布向量 x 的概率密度函数值
dgamma(x, shape = 3, scale = 2)

# 求服从形状参数为 3，尺度参数为 2 的 gamma 分布向量 x 的累积分布函数值
pgamma(x, shape = 3, scale = 2)
```

以上代码运行结果如下：

```
 [1]  6.317386  5.042931  8.876513  7.227442  2.247599  8.883344
3.427692
 [8]  2.436724 11.369552  4.018859  5.099779  6.740469  2.191306
5.221806
[15]  2.940425  8.655702  3.614262  8.788494 10.616150  2.964972


 [1] 0.10596243 0.12769900 0.05819082 0.08798936 0.10262607 0.05808171
 [7] 0.13230301 0.10973995 0.02744732 0.13533228 0.12693454 0.09763061
[13] 0.10033445 0.12520473 0.12422100 0.06179065 0.13399613 0.05960898
[19] 0.03487759 0.12476297


 [1] 0.61140874 0.46168121 0.81935710 0.69967514 0.10442280 0.81975418
 [7] 0.24643622 0.12451899 0.92239521 0.32587582 0.46891898 0.65448323
[13] 0.09870988 0.48430405 0.18371381 0.80611305 0.27128918 0.81417293
[19] 0.89901070 0.18676977
```

（5）R 语言内置 Beta 分布的随机数生成函数、概率密度函数和累积分布函数，示例代码如下：

```
# 生成 20 个服从形状参数分别为 1 的 Beta 分布的随机数
x <- rbeta(n = 20, shape1 = 1, shape2 = 1)
x
# 求服从形状参数分别为 1 的 Beta 分布向量 x 的概率密度函数值
dbeta(x, shape1 = 1, shape2 = 1)
# 求服从形状参数分别为 1 的 Beta 分布向量 x 的累积分布函数值
pbeta(x, shape1 = 1, shape2 = 1)
```

以上代码运行结果如下：

```
[1] 0.79660744 0.50467387 0.76645191 0.86073788 0.87875092 0.62002253
[7] 0.79601010 0.04240078 0.62118242 0.16087523 0.29956688 0.08761189
[13] 0.47825123 0.62239782 0.13313218 0.49265633 0.12450115 0.44091870
[19] 0.45921615 0.60026017

[1] 1 1 1 1 1 1 1 1 1 1 1 1 1 1 1 1 1 1 1 1

[1] 0.79660744 0.50467387 0.76645191 0.86073788 0.87875092 0.62002253
[7] 0.79601010 0.04240078 0.62118242 0.16087523 0.29956688 0.08761189
[13] 0.47825123 0.62239782 0.13313218 0.49265633 0.12450115 0.44091870
[19] 0.45921615 0.60026017
```

（6）R 语言内置 t 分布的随机数生成函数、概率密度函数和累积分布函数，示例代码如下：

```
# 生成 20 个服从自由度为 5 的 t 分布随机数
x <- rt(n = 20, df = 5)
x
# 求服从自由度为 5 的 t 分布向量 x 的概率密度函数值
dt(x, df = 5)
# 求服从自由度为 5 的 t 分布向量 x 的累积分布函数值
pt(x, df = 5)
```

以上代码运行结果如下：

```
[1]   0.680986422   1.751271185  -1.080884615   1.138006032  -0.103673831
[6]  -0.869132136  -1.138006529  -2.659956665   0.022885669  -1.051619854
[11] -0.204058414  -0.172098812  -0.778091287  -2.158430150   2.166753835
[16]  1.221889504   0.001106759  -1.120960044  -0.616716720  -0.351029962

[1] 0.29091975 0.09038901 0.20218315 0.19021498 0.37716911 0.24889688
[7] 0.19021488 0.02694900 0.37948742 0.20844615 0.37027843 0.37293991
[13] 0.26941265 0.05265887 0.05207441 0.17334242 0.37960641 0.19374871
[19] 0.30465957 0.35286967

[1] 0.73693354 0.92985382 0.16455150 0.84665397 0.46072910 0.21226116
[7] 0.15334594 0.02244312 0.50868664 0.17055978 0.42317678 0.43505440
[13] 0.23585560 0.04167607 0.95875981 0.86189598 0.50042013 0.15661851
[19] 0.28220808 0.36993628
```

（7）F 分布的随机数生成、概率密度函数和累积分布函数，示例代码如下：

```
# 生成 20 个服从自由度分别为 5 和 10 的 F 分布随机数
x <- rf(n = 20, df1 = 5, df2 = 10)
x
# 求服从自由度分别为 5 和 10 的 F 分布向量 x 的概率密度函数值
df(x, df1 = 5, df2 = 10)
# 求服从自由度分别为 5 和 10 的 F 分布向量 x 的累积分布函数值
pf(x, df1 = 5, df2 = 10)
```

以上代码运行结果如下：

```
[1] 8.5945893 1.6391361 0.6012522 0.1589287 0.8421210 3.3608535
```

```
0.4575666
  [8] 1.0977853 1.8094855 1.0542537 5.9180639 0.8440257 1.3668641
0.2928560
 [15] 0.7292180 0.6838293 0.2017240 7.2167597 0.4960476 0.2107341

 [1] 0.0009697105 0.2442702791 0.6732120987 0.3702128390 0.5743516208
 [6] 0.0392514032 0.6844269557 0.4480501412 0.2010344902 0.4688832582
[11] 0.0049211015 0.5734129088 0.3332970343 0.5896451039 0.6272414068
[16] 0.6459445462 0.4569305748 0.0021213471 0.6875810599 0.4731661640

 [1] 0.99782377 0.76355861 0.29909079 0.02783817 0.45042453 0.95139777
 [7] 0.20084186 0.58099387 0.80136458 0.56103796 0.99153289 0.45151760
[13] 0.68553052 0.09380220 0.38253054 0.35362865 0.04559326 0.99581341
[19] 0.22725746 0.04978388
```

（8）R 语言内置卡方分布的随机数生成函数、概率密度函数和累积分布函数，示例代码如下：

```
# 生成 20 个服从自由度为 5 的卡方分布随机数
x <- rchisq(n = 20, df = 5)
x
# 求服从自由度为 5 的卡方分布向量 x 的概率密度函数值
dchisq(x, df = 5)
# 求服从自由度为 5 的卡方分布向量 x 的累积分布函数值
pchisq(x, df = 5)
```

以上代码运行结果如下：

```
 [1]  1.7919100  4.1681860  1.8372459  0.9566576  5.2853037  0.9049066
 [7]  7.3505200  0.8423011  5.5762829  5.2230705 11.8115579  2.5685044
[13]  6.9647706  7.0754314  9.0261423 11.1611700  3.2784440  3.6156812
[19]  5.0112084 10.1914430

 [1] 0.13021313 0.14079893 0.13215599 0.07712373 0.11500179 0.07281091
 [7] 0.06716156 0.06746624 0.10775354 0.11654732 0.01470288 0.15155338
[13] 0.07512220 0.07277929 0.03954032 0.01869546 0.15324468 0.14994736
[19] 0.12176779 0.02649102

 [1] 0.12287675 0.47453570 0.12882447 0.03401466 0.61793755 0.03013460
 [7] 0.80415066 0.02574285 0.65034633 0.61073251 0.96253688 0.23385533
[13] 0.77672642 0.78490944 0.89197404 0.95172354 0.34285652 0.39403962
[19] 0.58548617 0.93001100
```

3.3.4 字符处理函数

R 语言字符处理函数主要涉及字符串长度计算、拼接、拆分、查找、抽取和替换等函数。此外，R 语言还支持在字符处理时使用正则表达式。

（1）字符串长度计算、拼接和拆分函数主要包括 paste()、paste0()、strsplit() 等函数，示例代码如下：

```
# 计算字符串长度
nchar("R 语言数据可视化 ")
# 拼接字符串
paste("R 语言 ", " 数据可视化 ", sep = "", collapse = "")
paste0("R 语言 ", " 数据可视化 ", collapse = "")
# 拆分字符串
strsplit(x = "A;B;C;D;E;F;G", split = ";", fixed = T)
```

以上代码运行结果如下：

```
[1] 8

[1] "R 语言数据可视化 "

[1] "R 语言数据可视化 "

[[1]]

[1] "A" "B" "C" "D" "E" "F" "G"
```

（2）字符串查找、抽取和替换主要包括 grep()、grepl()、regexpr()、gregexpr()、regexec()、substr()、substring()、sub()、gsub() 等函数，示例代码如下：

```
# 查找字符串
x = c("R 语言数据分析与可视化 ", " 可视化 ", " 如何使用 R 语言 ", " 编写 R 语言函数 ",
"R 软件 ", " 我喜欢 R 语言 ", "R", " 数据分析 ")
x
# 查找字符串向量 x 中包含 'R 语言 ' 的字符并显示出其标号
grep(pattern = "R 语言 ", x = x, ignore.case = FALSE, perl = FALSE,
    value = FALSE, fixed = FALSE, useBytes = FALSE, invert = FALSE)
# 查找字符串向量 x 中包含 'R 语言 ' 的字符并显示其下标
grep(pattern = "R 语言 ", x = x, ignore.case = FALSE, perl = FALSE,
    value = TRUE, fixed = FALSE, useBytes = FALSE, invert = FALSE)
# 查找字符串向量 x 中是否包含 'R 语言 ' 的字符并返回逻辑值
grepl(pattern = "R 语言 ", x = x, ignore.case = FALSE, perl = FALSE,
    fixed = FALSE, useBytes = FALSE)
# 查找字符串向量 x 中 'R 语言 ' 字符所在的位置及匹配的字符长度
regexpr(pattern = "R 语言 ", text = x, ignore.case = FALSE, perl = FALSE,
    fixed = FALSE, useBytes = FALSE)
gregexpr(pattern = "R 语言 ", text = x, ignore.case = FALSE, perl = FALSE,
fixed = FALSE, useBytes = FALSE)
regexec(pattern = "R 语言 ", text = x, ignore.case = FALSE, perl = FALSE,
    fixed = FALSE, useBytes = FALSE)
# 抽取字符串向量 x 中的第 1 个字符至第 3 个字符
substr(x = x, start = 1, stop = 3)
# 抽取字符串向量 x 中的第 2 个字符以后的所有字符
substring(text = x, first = 2, last = 1000000L)
# 将字符串向量 x 中的 'R 语言 ' 替换为 'r 语言 '
```

```
   sub(pattern = "R语言", replacement = "r语言", x = x, ignore.case =
FALSE, perl = FALSE, fixed = FALSE, useBytes = FALSE)
   gsub(pattern = "R语言", replacement = "r语言", x = x, ignore.case =
FALSE, perl = FALSE, fixed = FALSE, useBytes = FALSE)
```

以上代码运行结果如下：

```
  [1] "R语言数据分析与可视化" "可视化"                       "如何使用R语言"
"编写R语言函数"
  [5] "R软件"                     "我喜欢R语言"               "R"
"数据分析"

  [1] 1 3 4 6

  [1] "R语言数据分析与可视化" "如何使用R语言"            "编写R语言函数"
"我喜欢R语言"

  [1]  TRUE FALSE  TRUE  TRUE FALSE  TRUE FALSE FALSE

  [1]  1 -1  5  3 -1  4 -1 -1
  attr(,"match.length")
  [1]  3 -1  3  3 -1  3 -1 -1

  [1] "R语言"  "可视化" "如何使" "编写R"  "R软件"  "我喜欢" "R"
"数据分"

  [1] "语言数据分析与可视化" "视化"                       "如何使用R语言"
"写R语言函数"
  [5] "软件"                     "喜欢R语言"                 ""
"据分析"

  [1] "r语言数据分析与可视化" "可视化"                       "如何使用r语言"
"编写r语言函数"
  [5] "R软件"                     "我喜欢r语言"               "R"
"数据分析"

  [1] "r语言数据分析与可视化" "可视化"                       "如何使用r语言"
"编写r语言函数"
  [5] "R软件"                     "我喜欢r语言"               "R"
"数据分析"
```

上述函数有 pattern、fixed、useBytes、ignore.case 和 perl 五个共同参数，其含义如下。

① pattern 参数：需要查找、抽取和替换的字符模式，参数值可以是字符串也可以是正则表达式。

② fixed 参数：决定将 pattern 参数设定为字符串还是正则表达式，默认为 FALSE，即 pattern 为正则表达式。

③ useBytes 参数：决定是逐字符进行匹配还是根据字符进行匹配，默认为逐字符进行匹配。

④ ignore.case 参数：决定在英文字符模式匹配下是否区分大小写，默认为 FALSE，即区分大小写。

⑤ perl 参数：决定是否使用与 perl 语言兼容的正则表达式，默认为 FALSE，即不使用。

（3）正则表达式。正则表达式是对字符串数据类型进行匹配、判断和提取等操作的一系列逻辑公式。在 R 语言基础环境自带的文本处理函数中，其主要用于指定字符模式的 pattern 参数。在正则表达式语法中较常用是元字符和重复，其中，元字符主要指正则表达式的语法规则中被保留用作特殊用途的字符，包含 []、\、^、$、.、| 和 () 等；重复则表示对匹配字符的次数规定，包含 *、+、?、{n}、{n,} 和 {n,m} 等。上述两规则对应的字符代码的用法如表 3-1 所示。

表 3-1　正则表达式元字符用途说明

字 符 代 码	表 示 含 义	用 途 说 明
[]	匹配括号内任意字符	grep(pattern = "[R 语言]", x = x) # 查找 x 向量中包含"R 语言"中任一字符的字符并返回其下标
\	转义字符	strsplit(x = "R 语言 . 数据分析 . 数据可视化 ", split = "\.") # 按照字符拆分字符串

^	匹配字符串的开始，若将 ^ 置于 "[]" 内的首位，则表示取反义	grep(pattern = "^R", x = x)
		# 查找 x 向量中第一个字符包含"R"的字符并返回其下标
		grep(pattern = "[^R]", x = x)
		# 查找 x 向量中不包含"R"的字符并返回其下标

$	匹配字符串的结束，若将其置于 "[]" 内，则表示匹配字符 "$"	grep(pattern = "R$", x = x)
		# 查找 x 向量中最后一个字符包含"R"的字符并返回其下标
		grep(pattern = "[R$]", x = x)
		# 查找 x 向量中包含"R$"中的字符并返回其下标

.	匹配换行符以外的任意字符，若在 "[]" 内，则表示匹配 "." 字符	grep(pattern = ".", x = x)
		# 查找 x 向量中的任意字符并返回其下标
		grep(pattern = "[.]", x = x)
		# 查找 x 向量中包含"."的字符并返回其下标

|	或者	grep(pattern = "R 语言 | 数据 ", x = x) # 查找 x 向量中包含"R 语言"或"数据"的字符并返回其下标
()	表示字符组，括号内的字符串将作为一个整体被匹配	grep(pattern = "(R 语言)", x = x) # 查找 x 向量中包含"R 语言"的字符并返回其标号
*	前面的字符 (组) 将被匹配零次或多次	grep(pattern = "s*", x = c("abab","abs","d")) # 查找 x 向量中"s"字符被匹配任意次的字符并返回其标号
+	前面的字符 (组) 将被匹配一次或多次	grep(pattern = "s+", x = c("abab","abs","d")) # 查找 x 向量中"s"字符至少被匹配一次的字符并返回其标号

字 符 代 码	表 示 含 义	用 途 说 明
?	前面的字符（组）是可有可无的，并且最多被匹配一次	grep(pattern = "?d", x = c("abab","abs","cd")) # 查找 x 向量中 "d" 字符至多被匹配一次的字符并返回其标号
{n}	匹配确定字符 n 次	grep(pattern = "a{2}", x = c("aabab","abs","cd")) # 查找 x 向量中 "a" 字符被匹配两次的字符并返回其标号
{n,}	至少匹配字符 n 次	grep(pattern = "a{2,}", x = c("aabab","abs","cd")) # 查找 x 向量中 "a" 字符至少被匹配两次的字符并返回其标号
{n,m}	至少匹配 n 次，至多匹配 m 次，要求 m>n	grep(pattern = "a{2,3}", x = c("aabab","abs","aaaacd")) # 查找 x 向量中 "a" 字符至少被匹配两次，至多被匹配三次的字符，并返回其标号

R 语言中除了 base 包常用的字符串处理函数外，stringr 包也可以进行字符串处理。

3.4 R 包

R 包是 R 语言函数、数据、预编译代码以一种定义完善的形式组成的集合，也是 R 语言开放性的重要体现。截至目前，在 CRAN 网站上有超过 1.3 万个 R 语言扩展包，这些扩展包按照涉及的功能被划分为 40 个主题，以任务列表（Task Views）的形式呈献给全世界的 R 语言用户。下面将继续讨论 R 包的管理、调用和自定义 R 包等问题。

3.4.1 R包的管理

R 语言有许多函数可以用来管理包，常用的主要有 4 个，分别是 install.packages()、installed.packages()、update.packages() 和 remove.packages()，这些函数涉及 R 包的安装、更新和卸载。它们的用法示例如下：

```
# 通过 CRAN 仓库方式安装 ggplot2 扩展包
install.packages(pkgs = "ggplot2", lib = "D:/Program Files/R/R-3.5.0/
library", repos = "https://cloud.r-project.org", type = "both")
# 通过本地压缩包方式安装 ggplot2 扩展包
install.packages(pkgs = "D:/ggplot2_3.0.0.tar.gz", lib = "D:/Program
Files/R/R-3.5.0/library", repos = NULL, type = "source")
# 查看已安装的 R 包，并显示前 6 个包
head(installed.packages(lib = "D:/Program Files/R/R-3.5.0/library"))
# 更新当前库内的 R 包
update.packages(lib.loc = "D:/Program Files/R/R-3.5.0/library",
```

```
      ask = FALSE, repos = "https://cloud.r-project.org")
# 卸载 R 包
remove.packages(pkgs = "ggplot2", lib = "D:/Program Files/R/R-3.5.0/library")
```

上述 4 个函数有 3 个共同参数，其含义如下。

（1）pkgs：指定 R 包的名称，可以是多个包含 R 包的名称向量。

（2）lib 或 lib.loc：R 包的安装目录地址，通常可以默认为 R 语言安装目录下的 library 文件夹。

（3）repos：R 包的镜像仓库地址，为提高安装速度，建议设置为国内镜像地址，如阿里云。

除了用上述 4 个常用函数来管理 R 包，也可以使用 RStudio 套件来管理 R 包，这里主要讲解安装和更新 R 包的方法。

（1）使用 RStudio 套件安装 R 包有两种方法。

方法 1：使用 CRAN 方式安装 R 包。

步骤 1：在【Tools】菜单中选择【Install Packages】选项，弹出安装 R 包的窗口，如图 3-1 所示。

步骤 2：使用 CRAN 方式安装 R 包，在弹出的对话框的【Install from】下拉框中选择【Repository(CRAN)】选项，在【Packages(separate multiple with space or comma)】输入框中输入需要安装的 R 包名称，并在【Install to Library】下拉框中选择 R 包的安装目录地址，如图 3-2 所示。

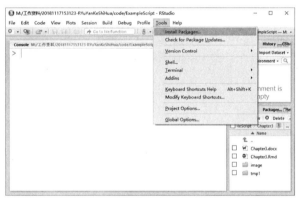

图 3-1　在【Tools】菜单栏中选择【Install Packages】选项

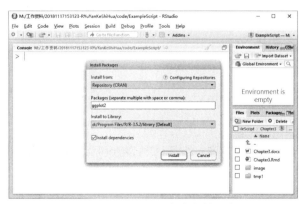

图 3-2　以 CRAN 方式安装 R 包

方法 2：使用本地压缩包方式安装 R 包。

步骤 1：与方法 1 的步骤 1 相同。

步骤 2：使用本地压缩包方式安装 R 包，在弹出的对话框的【Install from】下拉框中选择【Package Archive File(.zip;.tar.gz)】选项，单击【Package archive】输入框右侧的【Browse】按钮，选择需要安装的 R 包本地压缩文件，在【Install to Library】下拉框中选择 R 包的安装目录地址，如图 3-3 所示。

（2）使用 RStudio 套件更新 R 包，具体包含两个步骤。

步骤 1：在【Tools】菜单中选择【Check for Package Updates】选项，弹出更新 R 包的窗口，如图 3-4 所示。

步骤 2：在弹出的对话框中选择需要更新的 R 包，单击【Install Updates】按钮更新 R 包，如图 3-5 所示。

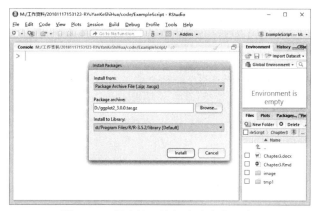

图 3-3　以本地压缩包方式安装 R 包

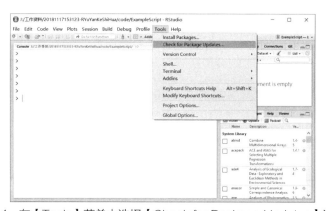

图 3-4　在【Tools】菜单中选择【Check for Package Updates】选项

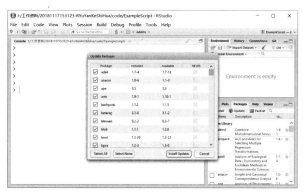

图 3-5　选择 R 包并更新

3.4.2　R 包的加载

打开 R 时，基础包（base 包）将自动被加载到内存中。为节省内存和时间，R 通常不会自动加载 library 目录下的所有包，可以使用 library() 函数和 require() 函数来加载 R 包，示例代码如下：

```
# 使用 library 方式加载 ggplot2 包（library 中存在该包）
result1 <- library("ggplot2")
result1
# 使用 library 方式加载 abc 包（library 中不存在该包）
result2 <- library("abc")
result2
# 使用 require 方式加载 ggplot2 包（library 中存在该包）
result3 <- require("ggplot2")
result3
# 使用 require 方式加载 abc 包（library 中不存在该包）
result4 <- require("abc")
result4
```

以上代码运行结果如下：

```
 [1] "ggplot2"   "stats"     "graphics"  "grDevices" "utils"
"datasets"  "methods"   "base"

 Error in library("abc"): 不存在叫 'abc' 的包

 [1] TRUE

 [1] FALSE
```

上例中，library() 函数和 require() 函数的区别在于，如果 library 目录下存在该 R 包，运行 library() 函数时会返回已加载 R 包的名称，否则系统会抛出异常并停止运行；运行 require() 函数时，系统会根据 R 包存在与否返回 TRUE 或 FALSE，此时程序会继续执行。不难发现，library() 函数在调试程序脚本时抛出了 R 包未被加载的错误，从而可快速找出 R 脚本存在的问题，相反，require()

函数则不会报错。因此，编程实践中推荐使用 library() 函数来加载 R 包。

3.4.3 自定义R包

如前所述，CRAN 网站上有众多 R 包可供使用，但在实际应用中由于业务逻辑的差异，用户更希望构建一套完全贴合自己业务的 R 函数，那么，自定义 R 包就很有必要了。下面将以实现一组数据的描述统计功能的 demo 包为例，使用 RStudio 套件简要介绍如何开发自己的 R 包。

（1）系统环境。本例中使用的相关系统环境如下。

- 操作系统：Windows 10 专业版
- 软件版本：R-3.5.0，RStudio Desktop 1.1.453
- 编码方式：UTF-8

（2）前期准备。目前的 RStudio 套件基本上可以实现通过鼠标单击操作来编译 R 包，但在此之前，需要安装 devtools 包和 roxygen2 包。

- devtools 包：主要用来自动化 R 包的开发任务，它可以避免许多潜在的错误，让开发者更专注于感兴趣的问题，而不必纠结于 R 包的开发
- roxygen2 包：主要用来自动化生成 R 函数帮助文档（Rd 格式文档）和包的 NAMESPACE 文档（命名空间），动态检查需要提供文档的对象并自动生成文档模板

（3）开发过程。相比复杂的代码而言，使用 RStudio 套件编写 R 包能极大简化编译过程中的相关流程，可集中精力于 R 包的功能设计和函数代码的实现。使用 RStudio 套件编写 R 包主要包含以下 6 个步骤。

步骤 1：在菜单栏中选择【File】→【New Project】选项，如图 3-6 所示。

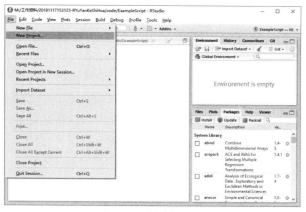

图 3-6　创建新项目

步骤 2：弹出 New Project 窗口，在弹出的窗口中选择【New Directory】选项创建新目录，如图 3-7 所示。

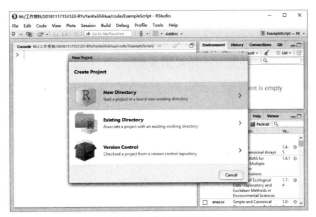

图 3-7　创建新目录

步骤 3：弹出 Project Type 窗口，在其中选择【R Package】选项进入创建空白的 R 包界面，如图 3-8 所示。

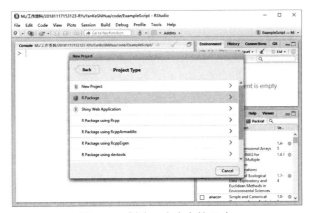

图 3-8　创建一个空白的 R 包

步骤 4：填写 R 包的相关信息，包名为 demo，存储路径为 D:/demo，其余均使用默认设置，如图 3-9 所示。

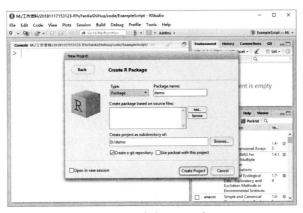

图 3-9　命名 demo 包

完成上述步骤，就意味着已经成功创建了一个最小的可用包 demo，该包的主目录下包含 2 个文件夹和 4 个文件，分别如下。

（1）R 文件夹：放置 R 包所包含的所有 R 函数脚本。

（2）man 文件夹：放置 R 函数对应的帮助文件，可以使用 roxygen2 包来自动生成。

（3）NAMSPACE 文件：指定 R 函数的命名空间，如无特别要求可采用默认设置。

（4）DESCRIPTION 文件：包描述文件，主要包括 Title（包标题）、Version（版本）、Author（作者）、Maintainer（维护者）、Description（包功能描述）、License（许可证授权）、Encoding（编码方式）等对 R 包的基本描述。

（5）demo.Rproj 文件：RStudio 创建 R 包的 Project 文件，读者可根据函数编译的需要进行相关设置。

（6）Rbuildignore 文件：R 包编译过程中可选择忽略的文件，如无特别要求可采用默认设置。

步骤 5：编写需要编译的 R 函数，函数名为 stat.R，其示例代码如下：

```
#' Calculate descriptive statistics for a set of data
#'
#' @description Calculate descriptive statistics for a set of data
#' @param data data frame or matrix, data to be calculated
#' @param na.rm logical,whether NA values should be stripped before the
computation proceeds.
#' @return calculate result
#' @importFrom stats quantile
#' @importFrom stats sd
#' @export stat
#' @examples
#' stat(data = iris[,c(-5)], na.rm = T)
#'
#'

stat <- function(data, na.rm = TRUE){
  out<-t(apply(data,2,function(x, na.rm){
    c(length(x),
      mean(x,na.rm = na.rm),
      sd(x,na.rm = na.rm),
      max(x,na.rm = na.rm),
      min(x,na.rm = na.rm),
      quantile(x,probs = c(0.25,0.5,0.75), na.rm = na.rm))

    }, na.rm = na.rm))
  colnames(out)<- c("n","mean","sd","max","min","25%","50%","75%")
  return(out)
}
```

上述脚本中的 #' 即为 roxygen2 包自动生成的帮助文件的相关设置，其中：

- 第一行 #' 为帮助文档标题
- @description 为函数功能描述
- @param 为函数参数输入说明
- @return 为函数返回值说明
- @importFrom 为 stat 函数引用 stats 包中的 quantile() 函数和 sd() 函数
- @export 表示包输出函数为 stat 函数
- @examples 为函数运行示例

函数脚本编写完成后，输入"devtools::document()"即可生成 stat 函数的帮助文件，其运行结果如图 3-10 所示。

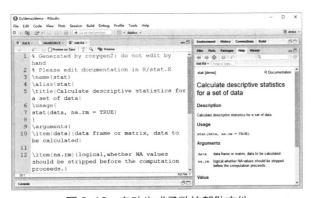

图 3-10　自动生成函数的帮助文件

步骤 6：编辑 DESCRIPTION 文件，对 Title（包标题）、Version（版本）、Author（作者）、Maintainer（维护者）、Description（包功能描述）、License（许可证授权）、Encoding（编码方式）等进行设置，如图 3-11 所示。

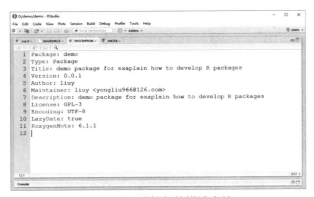

图 3-11　编辑包的描述文件

步骤 7：R 包编译前检查。选择【Build】→【Check Package】选项，运行 R 包编译前的检查（也可运行【devtools::check(document = FALSE)】命令），如图 3-12 所示。

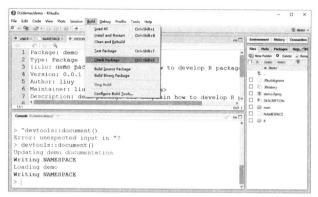

图 3-12　R 包编译前的检查

步骤 8：编译 R 包并安装。选择【Build】→【Install and Restart】选项，编译并本地安装 demo 包，如图 3-13。

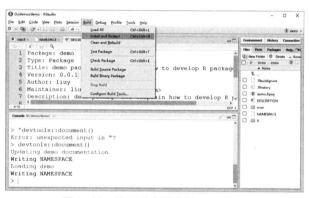

图 3-13　编译并本地安装 demo 包

至此，demo 包全部编写完成！下面可以运行 library(demo);example("stat") 命令测试编写的 R 包，其示例代码及运行结果如图 3-14 所示。

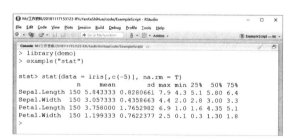

图 3-14　运行测试 demo 包的 stat 函数

如果读者想将编译好的 R 包分发给其他人使用，可选择【Build】→【Build Source Package】选项（也可运行 devtools::build() 命令）或【Build Binary Package】选项（也可运行 devtools::build(binary = TRUE, args = c('-preclean')) 命令），编译源码包或二进制包，然后在主目录下即可看到相应的 R 包。

3.5 环境空间

环境空间涉及 R 语言程序运行的底层设计，它是内核定义的数据结构，由一系列有层次关系的框架构成，每个环境都具有唯一性。它主要用于 R 语言使用环境的加载器，通过加载和运行环境空间，可以在不清楚 R 语言底层细节的情况下，随意使用 R 语言扩展包。下面将介绍 R 语言环境空间的种类、使用方法和特点等问题。

3.5.1 环境空间的种类

通常 R 语言包含 5 种环境，即全局环境、内部环境、父环境、空环境和包环境。

（1）全局环境：也称用户环境，指在当前用户下 R 程序运行的环境空间。

（2）内部环境：通过 "new.env()" 命令创建的环境空间，也可以是匿名的环境空间。

（3）父环境：当前环境空间所处的上一层环境。

（4）空环境：也称顶层环境，指没有父环境的环境空间。

（5）包环境：指 R 包封装的环境空间。

为便于读者理解上述 5 种 R 语言环境空间及相关的操作函数，下面以示例进行说明，代码如下：

```
# 当前环境（全局环境）
environment()
# 内部环境
e <- new.env()
e1
# 环境 e 的父环境
parent.env(e)
# 空环境
emptyenv()
# 包环境
baseenv()
```

以上代码运行结果如下：

```
<environment: R_GlobalEnv>

<environment: R_GlobalEnv>

<environment: R_EmptyEnv>

<environment: base>
```

3.5.2 环境空间的使用方法

R 语言的 base 包提供了一些基础函数，能有效地使用环境空间，具体包括以下函数。

（1）environment: 查看函数的环境空间定义。

（2）environmentName: 查看环境空间的名字。

（3）env.profile: 查看环境空间的属性值。

（4）new.env: 创建一个环境空间。

（5）is.environment: 判断一个对象是否属于环境空间。

（6）ls: 列出当前环境空间中的对象。

（7）search: 查看当前环境空间中加载的 R 包。

（8）exists: 查看指定环境空间中的对象是否存在。

（9）get: 取出指定环境空间中的对象。

（10）assign: 给环境空间中的变量赋值。

（11）rm: 删除环境空间中的对象。

根据函数使用范围，上述函数大致可以分为两类：环境空间的访问操作和环境空间的对象操作。这两类函数操作的用法如下。

1. 环境空间的访问操作

环境空间的访问操作主要包括查看当前函数所在的环境空间、新建环境空间、判断当前对象是否为环境空间、查看环境空间的属性值、设置环境空间的属性值和名称等，示例代码如下：

```
# 查看 mean 函数所在的环境空间
environment(mean)
# 新建环境空间 e
e <- new.env(hash = TRUE, parent = parent.frame(), size = 29L)
# 判断 e 是否为环境空间
is.environment(e)
# 查看 e 的属性值
env.profile(e)
# 设置环境空间的名称
attr(e, "name")<- "e"
# 查看环境空间 e 的名称
environmentName(e)
```

以上代码运行结果如下：

```
<environment: namespace:base>

[1] TRUE

$size
 [1] 29
```

```
$nchains
[1] 0

$counts
 [1] 0 0 0 0 0 0 0 0 0 0 0 0 0 0 0 0 0 0 0 0 0 0 0 0 0 0 0 0 0

[1] "e"
```

2. 环境空间的对象操作

　　环境空间的对象操作主要包括清除当前环境空间的所有对象、给环境空间添加变量、查看环境空间的变量、判断环境空间变量是否存在、取出环境变量中的变量值、给环境空间中的变量赋值和删除环境空间中的变量等，示例代码如下：

```
# 清除当前环境空间中定义的所有对象，并创建新对象
rm(list = ls())
e1 <- new.env(hash = TRUE, parent = parent.frame(), size = 29L)
# 给 e1 环境空间添加变量
e1$x <- c(1, 2, 3, 4, 5, 6)
e1$y <- function(){
    "hello, world!"
}
assign(x = "z", value = "hello, world!", envir = e1)
# 查看当前环境空间和 e1 空间中的变量
ls()
# 查看 e1 环境空间中的变量
ls(e1)
# 判断 e1 环境变量中 x 变量是否存在
exists("y", envir = e1)
# 取出 e1 环境变量中的 x 和 y 值
get("x", envir = e1)

get("y", envir = e1)
 function(){
    "hello, world!"
 }
# 给 e1 环境变量中的 x 重新赋值
assign(x = "x", value = c(66, 67, 69), envir = e1)
get("x", envir = e1)
# 删除 e1 环境空间中的变量
rm(x, envir = e1)
ls(e1)
```

以上代码运行结果如下：

```
[1] "e1"
[1] "x" "y" "z"
[1] TRUE
```

```
[1] 1 2 3 4 5 6
[1] 66 67 69
[1] "y" "z"
```

3.5.3 环境空间的特征

准确地说，环境空间本身也是一种特殊类型的变量，可以像其他变量一样被随意分配和操作，并以参数的形式传递给函数。为高效准确地使用环境空间，有必要先了解 R 语言环境空间的特征。R 语言环境空间具有对象名称唯一性、变量赋值传递性和结构层次性等特点。

（1）对象名称唯一性。对象名称唯一性指的是在不同的环境空间中可以有同名的变量出现，但是在同一环境空间内不允许有同名的变量出现，即使对同一个变量进行多次赋值操作，其每次赋值的内存地址也都不相同，示例代码如下：

```
# 删除当前环境空间的所有对象
rm(list = ls())
# 定义变量 x 并查看其内存地址
x <- "hello, world!"
data.table::address(x)
# 对变量 x 进行赋值并查看其内存地址
x <- 1000
data.table::address(x)
```

以上代码运行结果如下：

```
[1] "000000001CA19050"

[1] "000000001CA18FA8"
```

（2）变量赋值传递性。若把当前环境空间变量赋值给一个新变量，修改原有环境空间中的变量，那么新环境空间中的变量值也会随之改变，其示例代码如下：

```
# 删除当前环境空间的所有对象
rm(list = ls())
# 创建环境空间变量 e1
e1 <- new.env()
# 将环境空间变量 e1 赋值给 e2
e2 <- e1
# 给 e1 环境空间变量赋值
e1$x <- "hello, R!"
# 查看新环境空间变量 e2
e2$x
# 比较 e1 环境和 e2 环境是否相同
identical(e1, e2)
# 查看 e1 和 e2 的环境地址是否相同
data.table::address(e1)
data.table::address(e2)
```

以上代码运行结果如下：

```
[1] "hello, R!"
[1] "000000001C426FE8"
[1] TRUE
[1] "000000001C426FE8"
```

（3）结构层次性。在 R 语言环境变量中，空环境是最顶层的环境空间，然后是 base 包的环境空间，最后是自定义的环境空间。可以通过递归查找父环境空间来探查整个环境空间的层次结构，为此这里编写了一个名为 parent.find() 的函数，示例代码如下：

```
# 删除当前环境空间的所有对象
rm(list = ls())
# 创建环境空间 e1
e1 <- new.env()
parent.find <- function(e){
    print(e)
    if (is.environment(e)& !identical(emptyenv(), e)){
        parent.find(parent.env(e))
    }
}
# 递归查找环境空间 e1 的父空间
parent.find(e1)
```

以上代码运行结果如下：

```
<environment: 0x0000000016afb090>
<environment: R_GlobalEnv>
<environment: package:stats>
attr(,"name")
[1] "package:stats"
attr(,"path")
[1] "d:/Program Files/R/R-3.5.2/library/stats"
<environment: package:graphics>
attr(,"name")
[1] "package:graphics"
attr(,"path")
[1] "d:/Program Files/R/R-3.5.2/library/graphics"
<environment: package:grDevices>
attr(,"name")
[1] "package:grDevices"
attr(,"path")
[1] "d:/Program Files/R/R-3.5.2/library/grDevices"
<environment: package:utils>
attr(,"name")
[1] "package:utils"
attr(,"path")
[1] "d:/Program Files/R/R-3.5.2/library/utils"
```

```
<environment: package:datasets>
attr(,"name")
[1] "package:datasets"
attr(,"path")
[1] "d:/Program Files/R/R-3.5.2/library/datasets"
<environment: package:methods>
attr(,"name")
[1] "package:methods"
attr(,"path")
[1] "d:/Program Files/R/R-3.5.2/library/methods"
<environment: 0x00000000176f46e8>
attr(,"name")
[1] "Autoloads"
<environment: base>
<environment: R_EmptyEnv>
```

从 parent.find() 函数的运行结果可以看出，内部环境 e1 的父环境是全局环境，接着是 base 包环境，以及通过 Autoloads 函数加载的 6 个基础包环境，最顶层环境则是空环境。

3.6 新手问答

问题1：R函数包含哪几个部分？调用函数的方式有哪几种？

答：一个完整的 R 函数包括函数名称、赋值符号、函数定义符号、输入参数、函数体（执行脚本和返回值）5 个部分，在某些情况下函数输入参数和返回值可以缺省。通常可以采用"函数名称 (函数参数)"或 do.call 方式进行调用，如调用取绝对值函数，就可以采用 abs(-5) 和 do.call("abs",args = list(x=-5)) 两种形式。

问题2：如何安装和加载R包？

答：R 语言拥有丰富的扩展包，为获取这些丰富的功能扩展，可以使用 install.packages("PackageName") 命令在线安装 R 包，使用 install.packages("path/PackageName.tar.gz",type="source") 命令离线安装 R 包，也可以通过在 RStudio 中选择【Tools】→【Install Packages】选项来安装 R 包。安装 R 包之后，可以通过 library("PackageName") 或 require("PackageName") 来加载使用 R 包。有一点请读者注意，上述 PackageName 指的是需要安装的 R 包名称。

3.7　小试牛刀：编写函数并实现调用

【案例任务】

函数是实现各种复杂分析的基础，现在要求编写一个名为 CumSum 的函数，实现累加计算并打印计算结果。

【技术解析】

（1）使用 for 循环，循环次数等于待计算向量的长度，每次循环均计算小于等于当次循环对应待计算向量的分量和。

（2）定义函数名称、输入参数和输出参数。

（3）调用函数并实现累加计算。

【操作步骤】

步骤 1：定义函数名称、输入参数和输出参数。

步骤 2：编写函数体，使用 for 循环实现累加计算。

参考代码如下：

```
CumSum <- function(x){
    out <- NULL
    for (i in 1:length(x)){
        out <- c(out, sum(c(x[1:i])))
        print(out)
    }
    return(out)
}
```

步骤 3：调用函数并测试。

参考代码如下：

```
# 测试 CumSum 函数
CumSum(x = c(1, 3, 4, 6, 7))
```

以上代码运行结果如下：

```
[1] 1
[1] 1 4
[1] 1 4 8
[1]  1  4  8 14
[1]  1  4  8 14 21
[1]  1  4  8 14 21
```

本章小结

　　本章从 R 语言流程控制出发，详细介绍了函数编写及调用、常用 R 函数、R 包的管理及开发、R 语言环境空间等内容。首先，R 语言中常用的流程控制主要包括循环和判断，for 循环和 while 循环配合 if…else 判断语句的使用最为广泛，还可以使用 repeat 循环和 switch 语句实现流程控制。其次，流程控制语句的规范化和重复性为函数封装提供了可能，R 语言函数通常由函数名称、赋值对象、定义对象、输入参数和函数体构成。R 包是众多 R 函数按照业务逻辑组成的集合，可以通过 install.packages() 函数和 library() 函数安装并调用，还可以将自编函数进行封装供其他人使用。最后，R 语言中包含全局环境、内部环境、父环境、空环境和包环境这 5 种类型的环境空间，具有对象名称唯一性、变量赋值传递性和结构层次性等特点。本章为 R 语言初学者提供了开发 R 函数和扩展包的相关示例，可以根据相关代码示例进行反复练习，以提高 R 函数和扩展包的开发技能。

第 2 篇

进阶篇

  数据是大数据时代最常见也最宝贵的资源，国内外很多机构都将数据纳入了自身的发展战略，并以数据挖掘分析为目标开发出了一系列数据统计工具。作为一门由统计学家开发的数据分析语言，R 语言在数据处理和统计绘图上有其独特的优势。本篇将介绍 R 语言的数据管理威力，通过数据获取、导出、整合和清理等操作，将零散的数据整合为可以分析处理的数据集。在此基础上，按照基础统计和高级统计两个学习模块进一步介绍 R 语言的数据分析威力。最后将介绍 R 语言的数据可视化威力，包括图形生成、图形修饰、外部绘图插件和图形展示等。

第 4 章
R 语言的数据获取与导出

本章导读

　　本章介绍 R 语言的第一大威力，即数据管理。将从数据获取和导出两个方面进行讲解，力图使读者掌握获取各类数据、将 R 语言的结果写入外部文件和使用 R 语言操作数据库等相关知识，为后续的数据分析和可视化提供数据来源和支持。

知识要点

　　通过本章内容的学习，读者能掌握以下知识：

- 各种类型数据的导入
- 从互联网抓取数据的方法
- 将数据导出到外部文件
- 将数据保存至数据库

4.1 数据获取

数据获取是任何一款致力于数据分析挖掘的工具都必须具备的基础功能。R 语言除了自身拥有丰富的数据集，还可以通过丰富的系统命令和扩展包来获取或导入外部数据。下面将从常用的文本数据、Excel 格式数据出发，探讨 6 种数据的导入方法。

4.1.1 导入R语言系统格式数据

除了自带数据集，R 语言系统本身包含 *.RData 和 *.rds 两种数据存储格式。根据官方手册介绍，这两种数据格式的区别在于：前者既可以存储数据，也可以存储当前工作空间中的所有变量，属于非标准化存储；后者则仅用于存储单个 R 对象，且存储时可以创建标准化档案，属于标准化存储。通过 load() 函数和 readRDS() 函数可以分别实现 *.RData 格式和 *.rds 格式数据的读取。

4.1.2 导入带有分隔符的文本数据

带有分隔符的文本数据形式是常用的数据存储方式之一，该类数据通常以行列结构呈现，列与列之间以固定字符（如逗号、空格、分号等）进行分隔，行与行之间使用换行符进行分隔。它具有格式简单、轻量级、易识别等特点。R 语言通常使用 read.table() 函数来读取此类数据，下面以读取采用逗号进行分隔的 TXT 格式的数据文件为例来说明 read.table() 函数的使用，示例数据如图 4-1 所示。

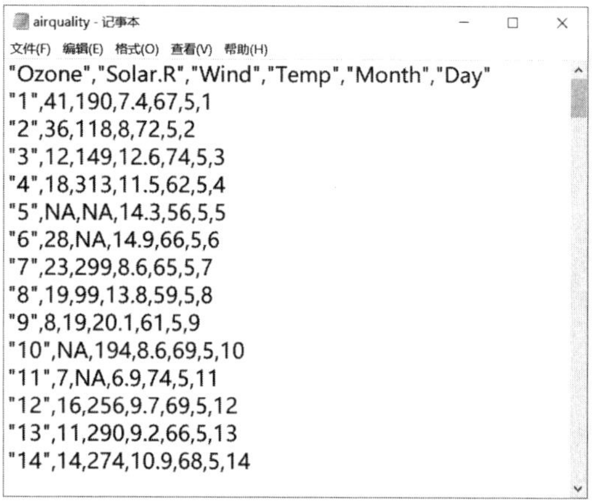

图 4-1 示例数据部分截图

示例代码如下：

```
data <- read.table(file = "airquality.txt", header = T, sep = ",",
stringsAsFactor = F, fileEncoding = "UTF-8")
head(data)
```

以上代码运行结果如下：

```
  Ozone Solar.R Wind Temp Month Day
1    41     190  7.4   67     5   1
2    36     118  8.0   72     5   2
3    12     149 12.6   74     5   3
4    18     313 11.5   62     5   4
5    NA      NA 14.3   56     5   5
6    28      NA 14.9   66     5   6
```

使用 read.table() 函数读取带有分隔符的文本文件需要注意以下 5 个参数的设置问题。

（1）file：需要导入的文本数据文件，其后缀名可以是 txt、dat、csv 等。

（2）header：导入数据时是否带有列标题，默认为 TRUE。

（3）sep：列与列之间的文本分隔符。

（4）stringsAsFactor：导入数据时是否将字符串数据转为因子，默认为 TRUE。

（5）fileEncoding：文本数据的文件编码，如涉及中文字符，建议设置为 GBK，默认设置为 UTF-8。

除了 read.table() 函数，R 语言 base 包还有 read.csv()、read.csv2()、read.delim() 和 read.delim2() 等函数，相关参数设置与 read.table() 函数类似，这里不再赘述。

4.1.3　导入 Excel 数据

在日常数据处理中经常会遇到 Excel 格式的数据，早期 R 语言内置的 base 包中并没有函数可以处理此类数据文件，需要将其转化为其他格式（如 CSV 或 TXT），然后再使用 R 语言内置的 read.table 函数读取。随着 R 语言的兴起，众多 R 语言开发者在 Java、C、Perl 或 C++ 等语言库的基础上编写了大量可读 / 写 Excel 格式数据的 R 扩展包。目前最常用的扩展包有 openxlsx（基于 C++）、xlsx（基于 Java）、XLConnect（基于 Java）和 readxl（基于 C）等，下面将图 4-1 中的数据转存为 Excel 格式文件，并分别演示如何使用上述 4 种扩展包读取 Excel 数据文件。

1. 使用 openxlsx 包读取 Excel 数据文件

openxlsx 包主要通过 getSheetNames() 函数和 read.xlsx() 函数实现 Excel 数据文件的读取，示例代码如下：

```
if (!require("openxlsx")){
  install.packages("openxlsx")
}
data1 <- openxlsx::read.xlsx(xlsxFile = "airquality.xlsx", sheet =
sheet_name[1] )
# head(data1)
data2 <- openxlsx::read.xlsx(xlsxFile = "airquality.xlsx", sheet = 1 )
head(data2)
```

以上代码运行结果如下：

```
Loading required package: openxlsx
Warning: package 'openxlsx' was built under R version 3.5.3
sheet_name <- openxlsx::getSheetNames(file = "airquality.xlsx");sheet_
name
[1] "airquality"

  Ozone Solar.R Wind Temp Month Day
1    41     190  7.4   67     5   1
```

```
2      36      118  8.0     72       5     2
3      12      149 12.6     74       5     3
4      18      313 11.5     62       5     4
5      NA       NA 14.3     56       5     5
6      28       NA 14.9     66       5     6


    Ozone Solar.R Wind Temp Month Day
1      41      190  7.4     67       5     1
2      36      118  8.0     72       5     2
3      12      149 12.6     74       5     3
4      18      313 11.5     62       5     4
5      NA       NA 14.3     56       5     5
6      28       NA 14.9     66       5     6
```

上例中，getSheetNames() 函数主要用于获取当前 Excel 文件中的工作簿名称，此函数非常适合读取多个 Excel 文件且不清楚当前 Excel 文件工作簿名称的情况。read.xlsx() 函数则用于读取当前 Excel 文件指定的工作簿数据，其中，sheet 参数既可以是工作簿名称，也可以是工作簿序号（如 1 表示第 1 个工作簿）。

2. 使用xlsx包读取Excel数据文件

与 openxlsx 包类似，xlsx 包也是通过 read.xlsx() 函数读取 Excel 数据文件的，读取方式同样包括指定工作簿名称和指定工作簿序号两种，示例代码如下：

```
if (!require("xlsx")){
   install.packages("xlsx")
}
# 方式1：指定工作簿序号
data1 <- xlsx::read.xlsx(file = "airquality.xlsx", sheetIndex = 1
,sheetName = NULL)
   head(data)
# 方式2：指定工作簿名称
data <- xlsx::read.xlsx(file = "airquality.xlsx", sheetIndex = NULL
,sheetName = "airquality")
   head(data)
```

以上代码运行结果如下：

```
    Ozone Solar.R Wind Temp Month Day
1      41      190  7.4     67       5     1
2      36      118  8.0     72       5     2
3      12      149 12.6     74       5     3
4      18      313 11.5     62       5     4
5      NA       NA 14.3     56       5     5
6      28       NA 14.9     66       5     6


    Ozone Solar.R Wind Temp Month Day
```

```
1     41       190   7.4    67      5      1
2     36       118   8.0    72      5      2
3     12       149  12.6    74      5      3
4     18       313  11.5    62      5      4
5     NA        NA  14.3    56      5      5
6     28        NA  14.9    66      5      6
```

上例中的 read.xlsx() 函数与 openxlsx 包的 read.xlsx() 函数不仅名称相同，用法也非常类似，建议读者在调用时使用 :: 区分开。两个函数的不同之处在于对参数的设置，xlsx::read.xlsx() 函数读取 Excel 文件主要依赖 file（文件名称）、sheetIndex（工作簿序号）和 sheetName（工作簿名称）这三个参数，而 openxlsx::read.xlsx() 函数则依赖 xlsxFile（文件名称）和 sheet（工作簿序号或工作簿名称）这两个参数。

3. 使用XLConnect包读取Excel数据文件

使用 XLConnect 包读取 Excel 数据文件主要有两种方式：一种是通过使用 loadWorkbook() 函数加载工作簿，然后用 readWorksheet() 函数读取指定工作簿的文件；另一种是直接使用 readWorksheetFromFile() 读取工作簿数据，示例代码如下：

```
if (!require("XLConnect")){
  install.packages("XLConnect")
}
library("XLConnect")
# 方式 1：加载工作簿方式读取
wb <- XLConnect::loadWorkbook(filename = "airquality.xlsx", create = T)
sheet_index <- XLConnect::getSheets(wb)

data <- XLConnect::readWorksheet(wb, sheet = sheet_index[1])
head(data)
# 方式 2：直接读取 Excel 文件
data <- XLConnect::readWorksheetFromFile(file="airquality.xlsx",sheet =
1)
head(data)
```

以上代码运行结果如下：

```
  Ozone Solar.R Wind Temp Month Day
1    41     190  7.4   67     5   1
2    36     118  8.0   72     5   2
3    12     149 12.6   74     5   3
4    18     313 11.5   62     5   4
5    NA      NA 14.3   56     5   5
6    28      NA 14.9   66     5   6

  Ozone Solar.R Wind Temp Month Day
1    41     190  7.4   67     5   1
```

```
2     36      118   8.0    72        5    2
3     12      149  12.6    74        5    3
4     18      313  11.5    62        5    4
5     NA       NA  14.3    56        5    5
6     28       NA  14.9    66        5    6
```

上例中，用方式 1 读取较为麻烦，建议实际应用中直接采用方式 2（调用 readWorksheetFromFile 函数）读取。

4. 使用readxl包读取Excel数据文件

readxl 包是 RStudio 内置读取 Excel 数据文件的专用包，该包主要使用 read_excel() 函数读取 Excel 数据，示例代码如下：

```
if (!require("readxl")){
  install.packages("readxl")
}
data <- readxl::read_excel(path = "airquality.xlsx", sheet = 1, range =
NULL, col_names = TRUE,col_types = NULL,na = "", trim_ws = TRUE)
head(data)
```

以上代码运行结果如下：

```
# A tibble: 6 x 6
  Ozone Solar.R  Wind  Temp Month   Day
  <chr> <chr>   <dbl> <dbl> <dbl> <dbl>
1 41    190       7.4    67     5     1
2 36    118       8      72     5     2
3 12    149      12.6    74     5     3
4 18    313      11.5    62     5     4
5 NA    NA       14.3    56     5     5
6 28    NA       14.9    66     5     6
```

上例中，read_excel() 函数运行时需要注意以下 7 个参数。

（1）path：字符型，Excel 数据文件所在的路径，后缀名既可以是 xls，也可以是 xlsx。

（2）sheet：字符型或整数型，需要读取的工作簿既可以是工作簿名称（字符串），也可以是工作簿的位置序号（正整数）。

（3）range：字符型，读取指定区域的数据，如 B3：D87 表示读取 B3 至 D87 区域的数据。

（4）col_names：逻辑型，判断是否使用第一行作为列名称。

（5）col_type：字符向量或 NULL，读取数据每一列的类型，包含 skip（忽略）、guess（基于被读取的 Excel 文件本身的单元格类型）、logical（逻辑型）、numeric（数值型）、date（日期型）、text（字符串型）或 list（列表型）等可选参数。

（6）na：字符串，被读取的 Excel 文件对缺失值的约定。

（7）trim_ws：逻辑型，判断是否清除数据末尾的空格。

Excel 是数据处理中常用的数据存储格式，R 语言读取它的途径比较多。本小节列举了 4 种读取 Excel 数据的方法，建议优先选用 readxl 包（方便、速度快、无其他限制）和 openxlsx 包（可读 / 写、无其他限制），不建议选用 XLConnect 包和 xlsx 包，因为这两个包都是基于 Java 语言环境的，虽然速度比较快，但是在读 / 写过程中会出现内存和最大读取行数超限等错误。

4.1.4 读取数据库数据

数据库是大规模数据存储的基础手段，数据存储服务是众多以云计算著称的互联网公司的基础服务之一。R 语言在数据库操作方面的资源包十分广泛，根据 CRAN Task View:Database with R（R 语言数据库相关的任务视图）的统计，R 语言有 30 余个 R 包支持各类数据库服务。下面将以关系型数据库为主，介绍目前使用较多的 SQL Server 数据库、MySQL 数据库和 PostgreSQL 数据库的连接与数据读取。

1. 数据库连接

在数据读 / 写前，需要先进行数据库连接。R 语言连接上述数据库通常有两种方式，一种是使用 RODBC 包，配合 Windows 系统自带的 ODBC（Open Database Connectivity，开放数据库连接）方式配置数据源，建立数据库连接；另一种是使用数据库专用 R 包（如 RMySQL 包、RPostgreSQL 包或 RPostgres 包）封装的数据库接口建立数据库连接。下面分别演示这两种方式。

为方便读者的操作实践，在配置之前将用于演示的数据库信息进行如下说明，读者在实践操作中可根据数据库配置情况做相应改动。3 种数据库的配置信息如表 4-1 所示。

表 4-1　3 种数据库的配置信息

数 据 库	软件版本	访问地址	访问端口	用 户 名	密　　码
SQLServer	SQLServer 2012	192.168.1.103	1433	liuy	admin123456
MySQL	MySQL sql-community-8.0.16.0	192.168.1.179	3306	liuy	admin123456
PostgreSQL	PostgreSQL-9.5	192.168.1.111	5432	liuy	admin123456

上述数据库的默认数据库均为 example，且都包含 airquality 表。下面介绍数据库的连接方式。

（1）使用 ODBC 方式连接数据库。使用 ODBC 方式连接数据库的前提是，需要在 Windows 系统下配置 ODBC 数据源。本例将以 Windows 10 自带的 ODBC 数据源（64 位）为例进行介绍，其他系统请查阅系统帮助文档。在配置之前请确认计算机上已安装上述 3 个数据库的 ODBC 数据库驱动，如未安装，请到数据库对应的官网下载安装。

1）配置 SQL Server 数据源

配置 SQL Server 数据源需要 6 个步骤，具体如下。

步骤 1：启动 ODBC 数据源配置，单击【开始】菜单栏，在【Windws 管理工具】文件夹内选择【ODBC 数据源（64 位）】选项，打开 ODBC 数据源配置页面，如图 4-2 所示。

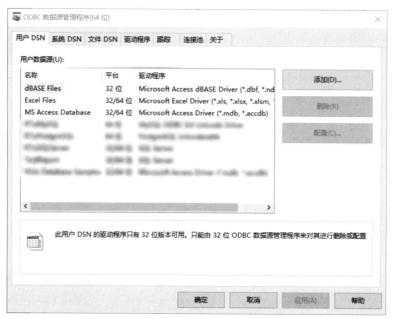

图 4-2　ODBC 数据源配置界面

　　步骤 2：选择数据源驱动程序，单击【添加】按钮，弹出需要安装数据源的驱动程序界面，选择【SQL Server】选项，并单击【完成】按钮，如图 4-3 所示。

　　步骤 3：完善数据源相关信息，包括数据源名称（数据源命名）、数据源描述（数据源用途）和数据服务器地址（数据库服务器所在的 IP 地址），填写完成后单击【下一步】按钮，如图 4-4 所示。

图 4-3　选择 SQL Sever 数据库驱动程序

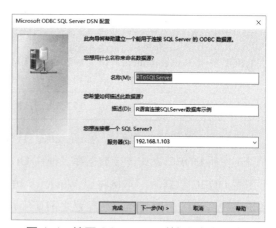

图 4-4　填写 SQL Sever 数据源相关信息

　　步骤 4：配置登录验证，选择【使用用户输入登录 ID 和密码的 SQL Server 验证】单选按钮，选中【连接 SQL Server 以获得其他配置选项的默认设置】复选框并填写登录 ID 和密码，填写完成后单击【下一步】按钮，如图 4-5 所示。

步骤 5：配置默认数据库，选中【更改默认的数据库为】复选框并选择需要访问的数据库名称，【使用 ANSI 引用的标识符】和【使用 ANSI 的空值、填充及警告】保持默认设置即可，完成后单击【下一步】按钮，如图 4-6 所示。

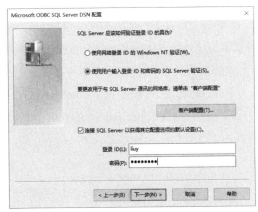

图 4-5　填写 SQL Sever 登录验证信息　　　　图 4-6　配置 SQL Sever 默认的数据库

步骤 6：配置运行参数及测试数据源，设置【更改 SQL Server 系统消息的语言为】为 Simplified Chinese，选中【执行字符数据翻译】【将长时间运行的查询保存到日志文件】和【将 ODBC 驱动程序统计记录到日志文件】复选框，并分别设置日志文件的地址，其余均可采用系统默认设置，完成后单击【完成】按钮，如图 4-7 所示。

步骤 7：系统弹出数据源配置信息对话框，单击【测试数据源】按钮，稍等片刻，系统会出现"测试成功"的提示信息，单击【确定】按钮，即可完成 SQL Server 数据源的配置，如图 4-8 所示。

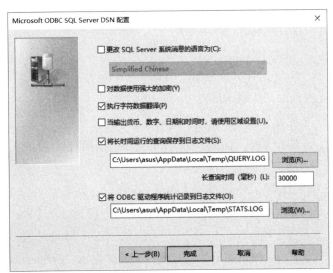

图 4-7　配置 SQL Sever 运行参数　　　　图 4-8　测试 SQL Sever 数据源

2）配置 MySQL 数据源

MySQL 数据源的配置相对较为简单，只需要 3 步即可，具体如下。

步骤 1：启动 ODBC 数据源配置，可参考配置 SQL Server 数据源的步骤 1。

步骤 2：选择数据源驱动程序，单击【添加】按钮，系统会弹出需要安装数据源的驱动程序窗口，选择【MySQL ODBC 8.0 Unicode Driver】选项，并单击【完成】按钮，如图 4-9 所示。

步骤 3：配置数据库连接参数并测试数据源，分别填写【Data Source Name】（数据源名称）和【Description】（数据源描述）。选中【TCP/IP Server】单选按钮，并完善数据库服务器地址，分别填写【Port】（数据库服务器端口）、【User】（用户名）、【Password】（密码）和【Database】（数据库名称）等信息，单击【Test】按钮测试数据库连接，当系统提示"Connection Sucessful"时，说明数据源配置成功，单击【OK】按钮即可，如图 4-10 所示。

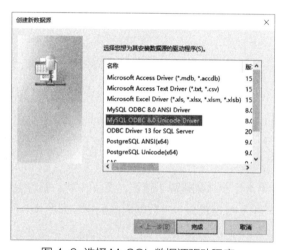

图 4-9 选择 MySQL 数据源驱动程序

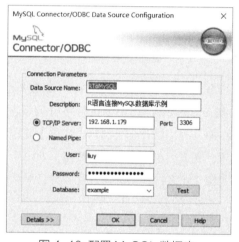

图 4-10 配置 MySQL 数据库
连接参数并测试数据源

3）配置 PostgreSQL 数据源

与配置 MySQL 数据源相同，配置 PostgreSQL 数据源也需要 3 步，具体如下。

步骤 1：启动 ODBC 数据源配置，可参考配置 SQL Server 数据源的步骤 1。

步骤 2：选择数据源驱动程序，单击【添加】按钮，系统会弹出需要安装数据源的驱动程序窗口，选择【PostgreSQL unicode(x64)】选项，并单击【完成】按钮，如图 4-11 所示。

步骤 3：配置数据库连接参数并测试数据源，分别填写【Data Source】（数据源名称）、【Description】（数据源描述）、【Database】（数据库名称）、【Server】（数据库服务器地址）、【Port】（数据库服务器端口）、【User Name】（用户名）、【Password】（密码）等信息，【SSL Mode】使用系统默认设置即可，填写完成后，单击【Test】按钮测试数据库的连接，当系统提示"Connection Sucessful"时，说明数据源配置成功，单击【Save】按钮即可，如图 4-12 所示。

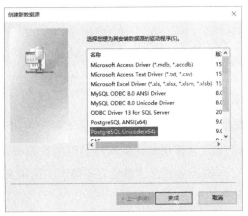
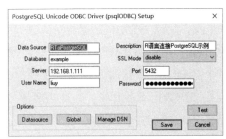

图 4-11　选择 PostgreSQL 数据源驱动程序　　图 4-12　配置 PostgreSQL 数据库连接参数并测试数据源

数据源配置完成后，可通过 RODBC 包的 odbcConnect() 函数连接上述数据库，示例代码如下：

```
library("RODBC")
# 连接 SQL Server
SQLServer<- RODBC::odbcConnect(dsn = 'RToSQLServer',uid = 'liuy',pwd =
'admin123456')
  head(RODBC::sqlTables(SQLServer))
# 连接 MySQL
MySQL<- RODBC::odbcConnect(dsn = 'RToMySQL',uid = 'liuy',pwd =
'admin123456')
  head(RODBC::sqlTables(MySQL))
# 连接 PostgreSQL
PostgreSQL<- RODBC::odbcConnect(dsn = 'RToPostgreSQL',uid = 'liuy',pwd =
'admin123456')
  head(RODBC::sqlTables(PostgreSQL))
RODBC::odbcCloseAll()
```

以上代码运行结果如下：

	TABLE_CAT	TABLE_SCHEM	TABLE_NAME	TABLE_TYPE	REMARKS
1	example	dbo	airquality	TABLE	\<NA\>
2	example	dbo	iris	TABLE	\<NA\>
3	example	dbo	lkzh2019	TABLE	\<NA\>
4	example	sys	trace_xe_action_map	TABLE	\<NA\>
5	example	sys	trace_xe_event_map	TABLE	\<NA\>
6	example	INFORMATION_SCHEMA	CHECK_CONSTRAINTS	VIEW	\<NA\>

	TABLE_CAT	TABLE_SCHEM	TABLE_NAME	TABLE_TYPE	REMARKS
1	example		airquality	TABLE	
2	example		iris	TABLE	

	TABLE_CAT	TABLE_SCHEM	TABLE_NAME	TABLE_TYPE	REMARKS

```
1    example        public airquality        TABLE
2    example        public      iris         TABLE
```

RODBC 包的 odbcConnect() 函数连接数据库需要指定 3 个参数，分别如下。

① dsn：字符型，指定的 ODBC 数据源名称。

② uid：字符型，ODBC 数据源对应数据库可访问用户的用户名。

③ pwd：字符型，ODBC 数据源对应数据库可访问用户的密码。

通过上述 ODBC 数据源配置不难发现，ODBC 方式非常适合连接指定数据库名称的数据源，当需要连接多个数据库的时候，往往需要重复进行 ODBC 数据源配置，这难免有些烦琐。使用 R 语言数据库接口包的方式，则在一定程度上解决了这些问题。

（2）使用数据库接口方式连接数据库。由于目前尚无封装 SQL Sever 数据库接口的相关 R 包，因此这里将以 MySQL 和 PostgreSQL 数据库为例，介绍专用 R 包方式连接数据库的方法。

1）通过 RMySQL 连接 MySQL 数据库

RMySQL 包通过 dbDirver() 函数和 dbConnect() 函数可实现 MySQL 数据库的连接，下面以 MySQL 数据库（见表 4-1）为例进行演示，示例代码如下：

```
library("RMySQL")
if (!require("RMySQL")){
  install.packages("RMySQL")
}
con <- RMySQL::dbConnect(drv = RMySQL::MySQL(),
                         dbname = "example",
                         host = "192.168.1.179",
                         port = 3306,
                         username = "liuy",
                         password = "admin123456")
RMySQL::dbListTables(con)
RMySQL::dbDisconnect(con)
```

以上代码运行结果如下：

```
[1] "airquality" "iris"

[1] TRUE
```

RMySQL 包的 dbConnect() 函数连接数据库需要指定 6 个参数，分别如下。

① drv：数据库驱动参数，可采用 MySQL() 函数指定。

② dbname：字符串型，需要连接的数据库名称。

③ host：字符串型，需要连接的数据库的 IP 地址。

④ port：数值型，需要连接的数据库的端口号。

⑤ username：字符串型，需要连接的数据库的用户名。

⑥ password：字符串型，需要连接的数据库的密码。

2）通过 RPostgreSQL 包连接 PostgreSQL 数据库

与 RMySQL 包相同，RPostgreSQL 包也是通过 dbDirver() 函数和 dbConnect() 函数实现 PostgreSQL 数据库连接的，下面以 PostgreSQL 数据库（见表 4-1）为例进行演示，示例代码如下：

```
if (!require("RPostgreSQL")){
  install.packages("RPostgreSQL")
}
library("RPostgreSQL")
drv = dbDriver("PostgreSQL")
con <- RPostgreSQL::dbConnect(drv,
                              dbname = "example",
                              host = "192.168.1.111",
                              port = 5432,
                              user = "liuy",
                              password = "admin123456")
RPostgreSQL::dbListTables(con)
RPostgreSQL::dbDisconnect(con)
```

以上代码运行结果如下：

```
[1] "airquality" "iris"

[1] TRUE
```

上例中，dbConnect() 函数连接数据库的参数与 RMySQL 包相同，这里不再赘述。

2. 数据读取

建立数据库连接之后，就可以通过 SQL 语句来实现数据库数据的读取了。各类型数据库数据的读取方法如下。

（1）读取 SQL Server 数据库数据。如前所述，example 数据库中已提前导入了 airquality 的数据表，可调用 RODBC 包中的 sqlQuery() 函数读取 airquality 表中的数据，示例代码如下：

```
library("RODBC")
SQLServer<- RODBC::odbcConnect('RToSQLServer',uid='liuy',pwd='adm
in123456')
data<-RODBC::sqlQuery(channel = SQLServer,
                      query = "select * from airquality")
head(data)
RODBC::odbcClose(SQLServer) # 关闭数据库连接
```

以上代码运行结果如下：

```
  Ozone Solar.R Wind Temp Month Day
1   41    190   7.4  67    5    1
2   36    118   8.0  72    5    2
3   12    149  12.6  74    5    3
4   18    313  11.5  62    5    4
```

```
5    NA     NA 14.3   56    5    5
6    28     NA 14.9   66    5    6
```

```
[1] TRUE
```

上例中，sqlQuery() 函数仅需指定两个参数，分别如下。

① channel：数据库连接信息，由 odbcConnect 函数指定的 ODBC 数据源。

② query：执行查询的 SQL 语句。

（2）读取 MySQL 数据库数据。由于连接方式的不同，MySQL 数据库的读取方式也不相同，一种是通过 RODBC 包中的 sqlQuery() 函数读取，另一种是通过 RMySQL 包读取。前一种读取方式与 SQL Server 相同，不再赘述。下面主要介绍使用 RMySQL 包的 dbReadTable() 函数、dbSendQuery() 函数和 dbFetch() 函数读取数据，示例代码如下：

```
library("RMySQL")
if (!require("RMySQL")){
  install.packages("RMySQL")
}
con <- RMySQL::dbConnect(drv=RMySQL::MySQL(),
                         dbname = "example",
                         host = "192.168.1.179",
                         port = 3306,
                         username = "liuy",
                         password = "dmin123456")
RMySQL::dbListTables(con)
# 通过 dbReadTable 指定数据库连接和表名称直接读取
data1 <- RMySQL::dbReadTable(conn = con,
                             name = "airquality")
head(data1)
# 通过 dbSendQuery 配合 dbFetch 函数读取
res <- RMySQL::dbSendQuery(conn = con,
                           statement = "select * from airquality")
data2 <- RMySQL::dbFetch(res = res)
head(data2)
RMySQL::dbDisconnect(con)
```

以上代码运行结果如下：

```
[1] "airquality" "iris"

  Ozone Solar.R Wind Temp Month Day
1    41     190  7.4   67    5    1
2    36     118    8   72    5    2
3    12     149 12.6   74    5    3
4    18     313 11.5   62    5    4
```

```
5    NA       NA 14.3    56       5    5
6    28       NA 14.9    66       5    6

  Ozone Solar.R Wind Temp Month Day
1    41     190  7.4   67     5    1
2    36     118    8   72     5    2
3    12     149 12.6   74     5    3
4    18     313 11.5   62     5    4
5    NA      NA 14.3   56     5    5
6    28      NA 14.9   66     5    6
Warning: Closing open result sets
[1] TRUE
```

上例中，RMySQL 包读取数据有两种方式：第一种是通过 dbReadTable() 指定数据库连接和表名称直接读取；第二种是通过 dbSendQuery() 执行 SQL 语句，然后再通过 dbFetch() 函数解析数据。当需要读取数据表的全部数据时，第一种方式较为简便，但需要进行条件读取（如 where 条件）时，第二种方式则更适合，可根据实际情况进行选择。

（3）读取 PostgreSQL 数据库数据。与 RMySQL 包类似，RPosgreSQL 包读取 PosgreSQL 数据库数据也有直接读取和执行 SQL 语句两种方式，主要涉及 dbReadTable() 和 dbGetQuery() 这两个函数，示例代码如下：

```
library("RPostgreSQL")
drv = dbDriver("PostgreSQL")
con <- RPostgreSQL::dbConnect(drv = drv,
                              dbname = "example",
                              host = "192.168.1.111",
                              port = 5432,
                              user = "liuy",
                              password = "admin123456")
RPostgreSQL::dbListTables(con)
# 使用 dbReadTable 函数直接读取
data1 <- RPostgreSQL::dbReadTable(conn = con,
                                  name = "airquality")
head(data1)
# 使用 dbGetQuery 函数读取
data2 <- RPostgreSQL::dbGetQuery(conn = con,
                   statement = "select * from airquality")
head(data2)
RPostgreSQL::dbDisconnect(con)
```

以上代码运行结果如下：

```
[1] "airquality" "iris"
```

```
      Ozone Solar.R Wind Temp Month Day
1      41     190   7.4   67     5    1
2      36     118    8    72     5    2
3      12     149  12.6   74     5    3
4      18     313  11.5   62     5    4
5      NA      NA  14.3   56     5    5
6      28      NA  14.9   66     5    6

      Ozone Solar.R Wind Temp Month Day
1      41     190   7.4   67     5    1
2      36     118    8    72     5    2
3      12     149  12.6   74     5    3
4      18     313  11.5   62     5    4
5      NA      NA  14.3   56     5    5
6      28      NA  14.9   66     5    6

[1] TRUE
```

上例中的两种数据读取方式，第一种方式无法处理包含有条件查询的情况，第二种方式则可以通过直接执行 SQL 语句实现数据读取，因此在实际应用中建议选择第二种方式。

4.1.5 读取其他统计工具的数据

R 语言除了可以读取文本文件、Excel 文件、数据库等格式的外部数据，还可以读取其他诸如 SPSS、SAS、Stata 等软件的数据。在众多支持数据导入和导出的 R 包中，功能齐全且运行平稳的当属 R 语言核心团队开发的 foreign 包和 Rstudio 公司团队开发的 haven 包。下面将以 foreign 包和 haven 包为例，介绍 R 语言读取 SPSS、SAS 和 Stata 等统计工具数据的方法。

1. 读取SPSS软件数据

SPSS 软件默认数据保存格式为 *.sav，foreign 包中的 read.spss() 函数和 haven 包中的 read_sav() 函数或 read_spss() 函数可读取此类数据。

以 foreign 包自带的 electric.sav 数据集为例，演示使用 R 语言读取 SPSS 软件数据的方法，示例代码如下：

```
# foreign 包读取 electric.sav 数据集
library("foreign")
file<-system.file("files", "electric.sav", package = "foreign")
data<-foreign::read.spss(file = file, use.value.labels = TRUE, to.data.
frame = TRUE, use.missings = TRUE)
head(data)
dim(data)
str(data)
```

以上代码运行结果如下：

```
    CASEID       FIRSTCHD AGE DBP58 EDUYR CHOL58 CGT58 HT58 WT58   DAYOFWK
1       13     NONFATALMI  40    70    16    321     0 68.8  190      <NA>
2       30     NONFATALMI  49    87    11    246    60 72.2  204  THURSDAY
3       53  SUDDEN  DEATH  43    89    12    262     0 69.0  162  SATURDAY
4       84     NONFATALMI  50   105     8    275    15 62.5  152  WEDNSDAY
5       89  SUDDEN  DEATH  43   110    NA    301    25 68.0  148    MONDAY
6      102     NONFATALMI  50    88     8    261    30 68.0  142    SUNDAY
    VITAL10 FAMHXCVR CHD
1     ALIVE      YES   1
2     ALIVE       NO   1
3      DEAD       NO   1
4     ALIVE      YES   1
5      DEAD       NO   1
6      DEAD       NO   1

[1] 240  13

'data.frame': 240 obs.of  13 variables:
 $ CASEID  : num  13 30 53 84 89 102 117 132 151 153 ...
 $ FIRSTCHD: Factor w/ 5 levels "NO CHD","SUDDEN  DEATH",..: 3 3 2 3 2 3
3 3 2 2 ...
 $ AGE     : num  40 49 43 50 43 50 45 47 53 49 ...
 $ DBP58   : num  70 87 89 105 110 88 70 79 102 99 ...
 $ EDUYR   : num  16 11 12 8 NA 8 NA 9 12 14 ...
 $ CHOL58  : num  321 246 262 275 301 261 212 372 216 251 ...
 $ CGT58   : num  0 60 0 15 25 30 0 30 0 10 ...
 $ HT58    : num  68.8 72.2 69 62.5 68 68 66.5 67 67 64.3 ...
 $ WT58    : num  190 204 162 152 148 142 196 193 172 162 ...
 $ DAYOFWK : Factor w/ 7 levels "SUNDAY","MONDAY",..: NA 5 7 4 2 1 NA 1
3 5 ...
 $ VITAL10 : Factor w/ 2 levels "ALIVE","DEAD": 1 1 2 1 2 2 1 1 2 2 ...
 $ FAMHXCVR: Factor w/ 2 levels "NO","YES": 2 1 1 2 1 1 1 1 1 2 ...
 $ CHD     : num  1 1 1 1 1 1 1 1 1 1 ...
 - attr(*, "variable.labels")= Named chr  "CASE IDENTIFICATION NUMBER"
"FIRST CHD EVENT" "AGE AT ENTRY" "AVERAGE DIAST BLOOD PRESSURE 58" ...
  ..- attr(*, "names")= chr  "CASEID" "FIRSTCHD" "AGE" "DBP58" ...
```

上例中，read.spss() 函数读取 *.sav 文件需要指定 4 个关键参数，分别如下。

（1）file：字符型，需要读取的 *.sav 文件路径。

（2）use.value.labels：逻辑型，在读取数据时判断是否将变量的标签值转换为 R 语言因子格式数据，如果变量中出现不满足标签值的数据，将强制转换为 NA。

（3）to.data.frame：逻辑型，判断是否将数据转换为数据框，默认值为 FALSE，即转换为列表。

（4）use.missings：逻辑型，判断是否将原有数据中定义的缺失值转换为 NA，建议设置为 TRUE。

由运行结果不难发现，使用 read.spss() 函数读取数据时，数据中原有的属于字符串型且定义了标签值的数据，将会被默认转换为因子格式，这一点需要特别注意。

haven 包主要通过 read_sav() 函数读取 SPSS 格式的数据，示例代码如下：

```
# haven 包读取 electric.sav 数据集
library("haven")
file<-system.file("files", "electric.sav", package = "foreign")
data<-haven::read_sav(file = file, encoding = NULL, user_na = T)
str(data)
head(data)
dim(data)
```

以上代码运行结果如下：

```
Classes 'tbl_df', 'tbl' and 'data.frame':        240 obs.of   13 variables:
 $ CASEID  : num  13 30 53 84 89 102 117 132 151 153 ...
  ..- attr(*, "label")= chr "CASE IDENTIFICATION NUMBER"
  ..- attr(*, "format.spss")= chr "F4.0"
  ..- attr(*, "display_width")= int 0
 $ FIRSTCHD: 'haven_labelled' num  3 3 2 3 2 3 3 3 2 2 ...
  ..- attr(*, "label")= chr "FIRST CHD EVENT"
  ..- attr(*, "format.spss")= chr "F1.0"
  ..- attr(*, "display_width")= int 0
  ..- attr(*, "labels")= Named num  1 2 3 5 6
  ....- attr(*, "names")= chr  "NO CHD" "SUDDEN  DEATH" "NONFATALMI"
"FATAL   MI" ...
 $ AGE     : num  40 49 43 50 43 50 45 47 53 49 ...
  ..- attr(*, "label")= chr "AGE AT ENTRY"
  ..- attr(*, "format.spss")= chr "F2.0"
  ..- attr(*, "display_width")= int 0
 $ DBP58   : num  70 87 89 105 110 88 70 79 102 99 ...
  ..- attr(*, "label")= chr "AVERAGE DIAST BLOOD PRESSURE 58"
  ..- attr(*, "format.spss")= chr "F3.0"
  ..- attr(*, "display_width")= int 0
 $ EDUYR   : num  16 11 12 8 NA 8 NA 9 12 14 ...
  ..- attr(*, "label")= chr "YEARS OF EDUCATION"
  ..- attr(*, "format.spss")= chr "F2.0"
  ..- attr(*, "display_width")= int 0
 $ CHOL58  : num  321 246 262 275 301 261 212 372 216 251 ...
  ..- attr(*, "label")= chr "SERUM CHOLESTEROL 58 -- MG PER DL"
  ..- attr(*, "format.spss")= chr "F3.0"
  ..- attr(*, "display_width")= int 0
 $ CGT58   : num  0 60 0 15 25 30 0 30 0 10 ...
```

```
 ..- attr(*, "label")= chr "NO OF CIGARETTES PER DAY IN 1958"
 ..- attr(*, "format.spss")= chr "F2.0"
 ..- attr(*, "display_width")= int 0
$ HT58    : num  68.8 72.2 69 62.5 68 68 66.5 67 67 64.3 ...
 ..- attr(*, "label")= chr "STATURE, 1958 -- TO NEAREST 0.1 INCH"
 ..- attr(*, "format.spss")= chr "F5.1"
 ..- attr(*, "display_width")= int 0
$ WT58    : num  190 204 162 152 148 142 196 193 172 162 ...
 ..- attr(*, "label")= chr "BODY WEIGHT, 1958 -- LBS"
 ..- attr(*, "format.spss")= chr "F3.0"
 ..- attr(*, "display_width")= int 0
$ DAYOFWK : 'haven_labelled_spss' num  9 5 7 4 2 1 9 1 3 5 ...
 ..- attr(*, "label")= chr "DAY OF DEATH"
 ..- attr(*, "na_values")= num 9
 ..- attr(*, "format.spss")= chr "F1.0"
 ..- attr(*, "display_width")= int 0
 ..- attr(*, "labels")= Named num  1 2 3 4 5 6 7 9
 ....- attr(*, "names")= chr  "SUNDAY" "MONDAY" "TUESDAY" "WEDNSDAY" ...
$ VITAL10 : 'haven_labelled' num  0 0 1 0 1 1 0 0 1 1 ...
 ..- attr(*, "label")= chr "STATUS AT TEN YEARS"
 ..- attr(*, "format.spss")= chr "F1.0"
 ..- attr(*, "display_width")= int 0
 ..- attr(*, "labels")= Named num  0 1
 ....- attr(*, "names")= chr  "ALIVE" "DEAD"
$ FAMHXCVR: 'haven_labelled' chr  "Y" "N" "N" "Y" ...
 ..- attr(*, "label")= chr "FAMILY HISTORY OF CHD"
 ..- attr(*, "format.spss")= chr "A1"
 ..- attr(*, "display_width")= int 0
 ..- attr(*, "labels")= Named chr  "Y" "N"
 ....- attr(*, "names")= chr  "YES" "NO"
$ CHD     : num  1 1 1 1 1 1 1 1 1 1 ...
 ..- attr(*, "label")= chr "INCIDENCE OF CORONARY HEART DISEASE"
 ..- attr(*, "format.spss")= chr "F1.0"
 ..- attr(*, "display_width")= int 0
- attr(*, "label")= chr "                         SPSS/PC+"

# A tibble: 6 x 13
  CASEID FIRSTCHD    AGE DBP58 EDUYR CHOL58 CGT58   HT58  WT58     DAYOFWK
   <dbl> <dbl+lb> <dbl> <dbl> <dbl>  <dbl> <dbl>  <dbl> <dbl>    <dbl+lbl>
1     13 3 [NONF~    40    70    16    321     0   68.8   190 9 (NA) [MI~
2     30 3 [NONF~    49    87    11    246    60   72.2   204 5 [THURSDA~
3     53 2 [SUDD~    43    89    12    262     0   69     162 7 [SATURDA~
4     84 3 [NONF~    50   105     8    275    15   62.5   152 4 [WEDNSDA~
5     89 2 [SUDD~    43   110    NA    301    25   68     148 2 [MONDAY]
6    102 3 [NONF~    50    88     8    261    30   68     142 1 [SUNDAY]
```

131

```
# ...with 3 more variables: VITAL10 <dbl+lbl>, FAMHXCVR <chr+lbl>,
#   CHD <dbl>
```

```
[1] 240  13
```

与 read.spss() 函数相比，read_sav() 函数的参数较少，分别如下。

（1）file：字符型，需要读取的 *.sav 文件路径，与 read.spss 函数相同。

（2）encoding：字符型，数据文件的字符编码，一般默认为 NULL，即使用与原数据文件相同的编码方式。

（3）user_n：逻辑型，判断是否将原有数据中定义的缺失值转换为 NA，相当于 read.spss 函数的 use.missings 参数。

2. 读取 SAS 软件数据

与 SPSS 软件数据集不同，SAS 软件数据集存储于逻辑库中（逻辑库和数据集可以简单理解为文件夹和数据文件），默认数据保存格式为 *.sas7bdat。foreign 包的 read.ssd() 函数和 haven 包的 read_sas() 函数均可以读取。下面以 haven 包自带的 iris.sas7bdat 数据集为例，分别演示两个函数读取 SAS 数据集的方法。foreign 包的 read.ssd() 函数运行示例如下：

```
data<- foreign::read.ssd(libname = system.file("examples",package
= "haven"),sectionnames = "iris",sascmd = "D:/Program Files/SASHome/
SASFoundation/9.4/sas.exe")
str(data)
head(data)
dim(data)
```

以上代码运行结果如下：

```
Classes 'tbl_df', 'tbl' and 'data.frame':    150 obs.of  5 variables:
 $ Sepal_Length: num  5.1 4.9 4.7 4.6 5 5.4 4.6 5 4.4 4.9 ...
  ..- attr(*, "format.sas")= chr "BEST"
 $ Sepal_Width : num  3.5 3 3.2 3.1 3.6 3.9 3.4 3.4 2.9 3.1 ...
  ..- attr(*, "format.sas")= chr "BEST"
 $ Petal_Length: num  1.4 1.4 1.3 1.5 1.4 1.7 1.4 1.5 1.4 1.5 ...
  ..- attr(*, "format.sas")= chr "BEST"
 $ Petal_Width : num  0.2 0.2 0.2 0.2 0.2 0.4 0.3 0.2 0.2 0.1 ...
  ..- attr(*, "format.sas")= chr "BEST"
 $ Species     : chr  "setosa" "setosa" "setosa" "setosa" ...
  ..- attr(*, "format.sas")= chr "$"
 - attr(*, "label")= chr "IRIS"

# A tibble: 6 x 5
  Sepal_Length Sepal_Width Petal_Length Petal_Width Species
         <dbl>       <dbl>        <dbl>       <dbl> <chr>
1          5.1         3.5          1.4         0.2 setosa
```

```
2              4.9         3           1.4         0.2 setosa
3              4.7         3.2         1.3         0.2 setosa
4              4.6         3.1         1.5         0.2 setosa
5              5           3.6         1.4         0.2 setosa
6              5.4         3.9         1.7         0.4 setosa

[1] 150    5
```

上例中，read.ssd() 函数读取 SAS 数据集有一个前提，即本地安装了 SAS 软件。该函数的参数主要有 3 个，分别如下。

（1）libname：字符型，逻辑库名称，相当于 SAS 数据集存储的文件夹名称。

（2）sectionnames：字符型，数据集名称，注意，只需要给出数据名称，不需要添加文件后缀。

（3）sascmd：字符型，SAS 软件可执行程序安装的路径。

haven 包的 read_sas() 函数运行示例如下：

```
# 使用 haven 包读取 iris.sas7dbat 数据集
file <- system.file("examples", "iris.sas7bdat", package = "haven")
data <- haven::read_sas(data_file = file,
                        encoding = NULL,
                        cols_only = NULL)
str(data)
head(data)
dim(data)
```

以上代码运行结果如下：

```
Classes 'tbl_df', 'tbl' and 'data.frame':    150 obs.of  5 variables:
 $ Sepal_Length: num  5.1 4.9 4.7 4.6 5 5.4 4.6 5 4.4 4.9 ...
  ..- attr(*, "format.sas")= chr "BEST"
 $ Sepal_Width : num  3.5 3 3.2 3.1 3.6 3.9 3.4 3.4 2.9 3.1 ...
  ..- attr(*, "format.sas")= chr "BEST"
 $ Petal_Length: num  1.4 1.4 1.3 1.5 1.4 1.7 1.4 1.5 1.4 1.5 ...
  ..- attr(*, "format.sas")= chr "BEST"
 $ Petal_Width : num  0.2 0.2 0.2 0.2 0.2 0.4 0.3 0.2 0.2 0.1 ...
  ..- attr(*, "format.sas")= chr "BEST"
 $ Species     : chr  "setosa" "setosa" "setosa" "setosa" ...
  ..- attr(*, "format.sas")= chr "$"
 - attr(*, "label")= chr "IRIS"

# A tibble: 6 x 5
  Sepal_Length Sepal_Width Petal_Length Petal_Width Species
         <dbl>       <dbl>        <dbl>       <dbl> <chr>
1          5.1         3.5          1.4         0.2 setosa
2          4.9         3            1.4         0.2 setosa
3          4.7         3.2          1.3         0.2 setosa
```

```
4              4.6            3.1            1.5            0.2 setosa
5              5              3.6            1.4            0.2 setosa
6              5.4            3.9            1.7            0.4 setosa

[1] 150     5
```

相比 foreign 包需要提前安装 SAS 软件，haven 包的 read_sas() 函数则简单得多。该函数只需要指定数据集路径即可，非常方便。该函数的参数也比较少，关键参数主要有 3 个，具体如下。

（1）data_file：字符型，需要读取的文件路径。

（2）encoding：字符型，数据文件的字符编码，一般默认为 NULL，即使用与原数据文件相同的编码方式。

（3）cols_only：字符串，需要读取数据列的列名称，默认为 NULL，即读取全部列。

3. 读取Stata软件数据

Stata 软件的数据格式为 *.dta，foreign 包的 read.dta() 函数和 haven 包的 read_dta() 函数均可读取此类数据。下面以 haven 包自带的 iris.dta 数据集为例，演示 R 语言读取 Stata 软件数据的方法。foreign 包的 read.dta() 函数运行示例如下：

```
# foreign 包的 read.dta 函数读取 iris.dta 数据集
file <- system.file("examples", "iris.dta", package = "haven")
data <- foreign::read.dta(file = file,
                          convert.dates = TRUE,
                          convert.factors = TRUE)
str(data)
head(data)
dim(data)
```

以上代码运行结果如下：

```
'data.frame':      150 obs.of  5 variables:
 $ sepallength: num  5.1 4.9 4.7 4.6 5 ...
 $ sepalwidth : num  3.5 3 3.2 3.1 3.6 ...
 $ petallength: num  1.4 1.4 1.3 1.5 1.4 ...
 $ petalwidth : num  0.2 0.2 0.2 0.2 0.2 ...
 $ species    : chr  "setosa" "setosa" "setosa" "setosa" ...
 - attr(*, "datalabel")= chr ""
 - attr(*, "time.stamp")= chr "26 Feb 2015 15:39"
 - attr(*, "formats")= chr  "%9.0g" "%9.0g" "%9.0g" "%9.0g" ...
 - attr(*, "types")= int  255 255 255 255 10
 - attr(*, "val.labels")= chr   "" "" "" "" ...
 - attr(*, "var.labels")= chr  "Sepal.Length" "Sepal.Width" "Petal.
Length" "Petal.Width" ...
 - attr(*, "version")= int 12
   sepallength sepalwidth petallength petalwidth species
1       5.1        3.5           1.4          0.2   setosa
```

```
2            4.9          3.0          1.4          0.2     setosa
3            4.7          3.2          1.3          0.2     setosa
4            4.6          3.1          1.5          0.2     setosa
5            5.0          3.6          1.4          0.2     setosa
6            5.4          3.9          1.7          0.4     setosa
 [1] 150    5
```

由于开发时间较早，read.dta() 函数仅支持读取 Stata5 至 Stata12 版本的数据，尚不支持高版本，在使用时需要特别注意。该函数包含 3 个主要参数，具体如下。

（1）file：字符型，需要读取的 *.dta 文件路径。

（2）convert.dates：逻辑型，判断是否需要将原数据文件中的日期型数据转换为 R 语言可识别的日期型数据，默认为 TRUE。

（3）convert.factors：逻辑型，判断是否需要将原数据文件中字符型数据的标签值转换为因子，默认为 TRUE。

与 read.dta 函数不同，read_dta() 函数没有对 Stata 软件版本做要求。该函数运行示例如下：

```
# haven 包的 read_dta 函数读取 iris.dta 数据集
file <- system.file("examples", "iris.dta", package = "haven")
data<-haven::read_dta(file = file, encoding = NULL)
str(data)
head(data)
dim(data)
```

以上代码运行结果如下：

```
Classes 'tbl_df', 'tbl' and 'data.frame':     150 obs.of  5 variables:
 $ sepallength: num  5.1 4.9 4.7 4.6 5 ...
  ..- attr(*, "label")= chr "Sepal.Length"
  ..- attr(*, "format.stata")= chr "%9.0g"
 $ sepalwidth : num  3.5 3 3.2 3.1 3.6 ...
  ..- attr(*, "label")= chr "Sepal.Width"
  ..- attr(*, "format.stata")= chr "%9.0g"
 $ petallength: num  1.4 1.4 1.3 1.5 1.4 ...
  ..- attr(*, "label")= chr "Petal.Length"
  ..- attr(*, "format.stata")= chr "%9.0g"
 $ petalwidth : num  0.2 0.2 0.2 0.2 0.2 ...
  ..- attr(*, "label")= chr "Petal.Width"
  ..- attr(*, "format.stata")= chr "%9.0g"
 $ species    : chr  "setosa" "setosa" "setosa" "setosa" ...
  ..- attr(*, "label")= chr "Species"
  ..- attr(*, "format.stata")= chr "%10s"
# A tibble: 6 x 5
  sepallength sepalwidth petallength petalwidth species
       <dbl>      <dbl>       <dbl>      <dbl> <chr>
```

```
1            5.10         3.5          1.40         0.200 setosa
2            4.90         3            1.40         0.200 setosa
3            4.70         3.20         1.30         0.200 setosa
4            4.60         3.10         1.5          0.200 setosa
5            5            3.60         1.40         0.200 setosa
6            5.40         3.90         1.70         0.400 setosa

   [1] 150    5
```

4.1.6 从互联网抓取数据

随着互联网技术尤其是 HTML 技术的不断发展，人们获取数据的途径不再局限于本地标准化文本数据或数据库数据，越来越多的数据行业从业者将目光转向了从互联网抓取所需数据。通过使用数据抓取技术，国内外很多互联网公司获取了具有重要价值的海量数据，并在此基础上搭建了行业数据分析应用，比如：在电商领域，抓取商品、价格、评论及销量数据，对各类商品与商户进行对比分析；在房地产领域，抓取租房、房产买卖信息，分析地段、房价变化；在人力资源领域，抓取职位信息，分析各行业薪资水平与需求情况，从而得到最优解；在在线视频领域，抓取各类节目播放、点击量信息，分析不同类型节目的市场需求改善方案。

通常互联网的数据可以通过开放的数据服务应用程序接口（Application Programming Interface，API）或 Web 数据抓取（Webscraping）技术来获得。第一种方式多用于政府等非盈利部门的公益数据服务，其数据比较规范，获取难度较低（一般都有丰富的使用手册供用户参考）；第二种方式则多以搜索引擎的结果为基础，其数据较为零散，并藏身于众多 HTML 网页中，需要专用工具进行复杂处理，获取难度相对较大。R 语言针对上述两种互联网数据获取方式均有相应的 R 包支持，下面分别介绍并实例演示这两种数据获取方式的 R 语言操作方法。

1. 使用R语言封装的API获取数据

目前 R 语言封装的 API 数据获取包以国外开源数据为主，涉及社会、经济、教育和金融等领域。国内开源 API 数据获取包较少，主要有 rstatscn 包（获取中华人民共和国国家统计局数据）和 quantmod 包（获取股票信息数据）等。下面分别以 rstatscn 包和 OECD 包为例，探讨以 API 方式获取中华人民共和国国家统计局数据（以下简称中国国家统计局）和经济合作与发展组织（以下简称经合组织）数据的方法。

（1）获取中国国家统计局数据。中国国家统计局数据接口的数据指标主要覆盖地域和时间两个维度。其中，地域包含国际数据、国家数据、省数据和主要城市数据等层次，时间维度包含年度数据、季度数据和月度数据等层次，中国国家统计局数据接口网站如图 4-13 所示。

图 4-13　中国国家统计局网站

中国国家统计局开放的所有数据分为 11 个库，通过 rstatscn 包的 statscnDbs() 函数可以查询所有库的详细信息，具体操作如下：

```
# 加载 rstatscn 包
if (!require("rstatscn")){
  install.packages("rstatscn")
}
library("rstatscn")
# 查询数据库信息
db_list <- statscnDbs()
dim(db_list)
head(db_list)
```

以上代码运行结果如下：

```
[1] 11  2

  dbcode              description
1  hgnd      national data, yearly
2  hgjd   national data,  quaterly
3  hgyd     national data, monthly
4  fsnd      province data, yearly
5  fsjd   province data, quaterly
6  fsyd     province data, monthly
```

上述库中的地域维度涵盖了地区信息，通过 statscnRegions() 函数可以获取每一个库所包含的地区信息，示例代码如下：

```
# 获取国家信息
country_list <- statscnRegions(dbcode = "gjnd")
head(country_list)
# 获取省信息
province_list <- statscnRegions(dbcode = "fsnd")
head(province_list)
# 获取主要城市信息
city_list <- statscnRegions(dbcode = "csnd")
head(city_list)
```

以上代码运行结果如下：

```
  regCode           name
1     141           越南
2     144         东帝汶
3     145       哈萨克斯坦
4     146     吉尔吉斯斯坦
5     147       塔吉克斯坦
6     148     土库曼斯坦

   regCode           name
1   110000         北京市
2   120000         天津市
3   130000         河北省
4   140000         山西省
5   150000     内蒙古自治区
6   210000         辽宁省

   regCode           name
1   110000           北京
2   120000           天津
3   130100         石家庄
4   140100           太原
5   150100         呼和浩特
6   210100           沈阳
```

上述 11 个库所涉及的统计指标并不完全相同，通过 statscnQueryZb() 函数可以获取每一个库包含的指标信息，示例代码如下：

```
# 查看国家宏观年度数据库（库号 hgnd）涉及的统计指标
category_list1 <- statscnQueryZb(dbcode = "hgnd")
head(category_list1)
```

以上代码运行结果如下：

```
      dbcode    id isParent                  name pid wdcode
1     hgnd   A01     TRUE                    综合          zb
2     hgnd   A02     TRUE              国民经济核算          zb
3     hgnd   A03     TRUE                    人口          zb
4     hgnd   A04     TRUE            就业人员和工资          zb
5     hgnd   A05     TRUE     固定资产投资和房地产          zb
6     hgnd   A06     TRUE            对外经济贸易          zb
```

查询结果中的"isParent"字段表示当前指标（id 字段）是否还存在下级指标，可以继续查询 id A01 所涉及的下级指标信息，示例代码如下：

```
# 查看国家宏观年度数据库（库号 hgnd）指标 A01 涉及的下一级统计指标
category_list2 <- statscnQueryZb(dbcode = "hgnd",zb = 'A01')
head(category_list2)
```

以上代码运行结果如下：

```
      dbcode      id isParent                      name pid wdcode
1     hgnd   A0101     FALSE                  行政区划 A01     zb
2     hgnd   A0102     FALSE       人均主要工农业产品产量 A01     zb
3     hgnd   A0103      TRUE              法人单位数 A01     zb
4     hgnd   A0104      TRUE          企业法人单位数 A01     zb
5     hgnd   A0105      TRUE          民族自治地方 A01     zb
```

获取指标信息后，可以通过 statscnQueryData() 函数查询指定库的具体指标数据集，如查询 hgnd（宏观年度）的 A0101（行政区划）数据的示例操作如下：

```
data1<-statscnQueryData(zb = 'A0101',
                        dbcode = 'hgnd')
head(data1)
dim(data1)
```

以上代码运行结果如下：

```
                 2018 年 2017 年 2016 年 2015 年 2014 年 2013 年 2012 年 2011 年
地级区划数（个）     333     334     334     334     333     333     333     332
地级市数（个）       293     294     293     291     288     286     285     284
县级区划数（个）    2851    2851    2851    2850    2854    2853    2852    2853
市辖区数（个）       970     962     954     921     897     872     860     857
县级市数（个）       375     363     360     361     361     368     368     369
县数（个）          1335    1355    1366    1397    1425    1442    1453    1456
                 2010 年 2009 年
地级区划数（个）     333     333
地级市数（个）       283     283
县级区划数（个）    2856    2858
市辖区数（个）       853     855
```

| 县级市数（个） | 370 | 367 |
| 县数（个） | 1461 | 1464 |

```
[1] 11 10
```

statscnQueryZb() 函数除了获取指定库的指定指标数据，还可以对库内涉及的省市进行筛选，实现精确查询，如在 fsyd 库（分省年度）内查询广东省（440000）的 A010106（近一年与上年同期食品类居民消费价格指数）数据的示例操作如下：

```
data2 <- statscnQueryData(zb = 'A010106',
                          dbcode = "fsyd",
                          rowcode='zb',colcode='sj',
                          moreWd=list(name = 'reg',value = '440000'))
head(data2)
dim(data2)
```

以上代码运行结果如下：

	2019年7月	2019年6月	2019年5月
食品类居民消费价格指数（上年同期=100）	0.0000	0.0000	0.0000
粮食类居民消费价格指数（上年同期=100）	100.6375	100.5809	100.4356
畜肉类居民消费价格指数（上年同期=100）	105.3735	103.5549	102.3973
肉禽及其制品类居民消费价格指数（上年同期=100）	0.0000	0.0000	0.0000
蛋类居民消费价格指数（上年同期=100）	103.6596	102.7662	101.7257
水产品类居民消费价格指数（上年同期=100）	102.1779	102.0257	101.8764
	2019年4月	2019年3月	2019年2月
食品类居民消费价格指数（上年同期=100）	0.0000	0.00000	0.00000
粮食类居民消费价格指数（上年同期=100）	100.3574	100.32446	100.43911
畜肉类居民消费价格指数（上年同期=100）	101.6128	101.03895	100.84068
肉禽及其制品类居民消费价格指数（上年同期=100）	0.0000	0.00000	0.00000
蛋类居民消费价格指数（上年同期=100）	100.4125	99.62983	99.87855
水产品类居民消费价格指数（上年同期=100）	101.5563	101.41681	102.16266
	2019年1月	2018年12月	
食品类居民消费价格指数（上年同期=100）	0.0000	0.00000	
粮食类居民消费价格指数（上年同期=100）	100.4003	102.11325	
畜肉类居民消费价格指数（上年同期=100）	101.8189	96.33392	
肉禽及其制品类居民消费价格指数（上年同期=100）	0.0000	0.00000	
蛋类居民消费价格指数（上年同期=100）	101.7191	108.49721	
水产品类居民消费价格指数（上年同期=100）	104.0871	104.89600	
	2018年11月	2018年10月	
食品类居民消费价格指数（上年同期=100）	0.00000	0.00000	
粮食类居民消费价格指数（上年同期=100）	102.18463	102.16622	
畜肉类居民消费价格指数（上年同期=100）	95.82573	95.34807	
肉禽及其制品类居民消费价格指数（上年同期=100）	0.00000	0.00000	
蛋类居民消费价格指数（上年同期=100）	109.04896	109.30128	
水产品类居民消费价格指数（上年同期=100）	104.96366	105.03740	

	2018 年 9 月	2018 年 8 月	2018 年 7 月
食品类居民消费价格指数（上年同期 =100）	0.0000	0.00000	0.00000
粮食类居民消费价格指数（上年同期 =100）	102.1385	102.21005	102.31274
畜肉类居民消费价格指数（上年同期 =100）	94.9503	94.59361	94.34499
肉禽及其制品类居民消费价格指数（上年同期 =100）	0.0000	0.00000	0.00000
蛋类居民消费价格指数（上年同期 =100）	109.4827	109.87400	109.92633
水产品类居民消费价格指数（上年同期 =100）	105.1818	105.26589	105.52589

```
[1]  8 13
```

通过上述操作可以总结出获取中国国家统计局数据的步骤：了解库信息、了解省市和指标信息，以及进行精确查询。通过实践操作发现，statscnQueryData() 函数的 zb 参数必须要设定到最小一级指标（指标 id 对应的 isParent 为 FALSE），如果需要获取多个指标的数据，可以通过循环来解决。

（2）获取经合组织数据。经合组织的数据涵盖经济、教育、环境和金融等 10 个主题，目前共有 1342 个数据集，为全世界各领域的研究者提供了丰富的数据检索来源。经合组织的数据接口网站如图 4-14 所示。

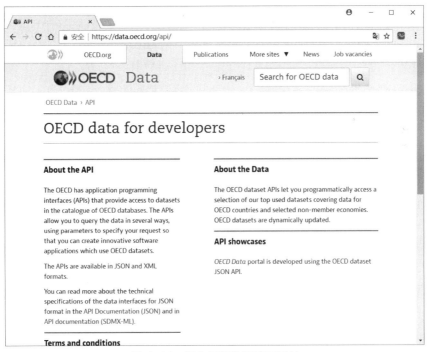

图 4-14　经合组织数据接口网站

通过 OECD 包就可以获取这些数据。与 rstatscn 包类似，OECD 包获取数据包含三个步骤，分别为获取数据集列表信息（get_datasets() 函数）、查看数据集结构（get_data_structure() 函数）和抽取需要的数据（get_dataset() 函数），具体操作如下：

```
if (!require("OECD")){
  install.packages("OECD")
```

```
}
library("OECD")
# 获取数据集列表及信息
dataset_list <- get_datasets()
head(dataset_list,3)
# 模糊检索数据集列表信息
search_result <- search_dataset(string = "unemployment", data = dataset_
list)
head(search_result,3)
# 查看数据集结构
dataset <- "DUR_I"
dataset_structure <- get_data_structure(dataset)
str(dataset_structure,max.level = 1)
head(dataset_structure$COUNTRY,3)
# 抽取 OECD 国家，男性，25~54 岁的数据
filter_list1 <- list(COUNTRY = "OECD", SEX = "MEN", AGE = "2554")
data1 <- get_dataset(dataset = dataset, filter = filter_list1)
head(data1,3)
# 抽取所有国家的数据
filter_list2 <- list(COUNTRY=c(dataset_structure$COUNTRY[,1]))
data2 <- get_dataset(dataset = dataset, filter = filter_list2)
head(data2,3)
```

以上代码运行结果如下：

```
# A tibble: 3 x 2
  id          title
  <fct>       <fct>
1 QNA         Quarterly National Accounts
2 PAT_IND     Patent indicators
3 SNA_TABLE11 11.Government expenditure by function (COFOG)


# A tibble: 3 x 2
  id          title
  <fct>       <fct>
1 DUR_I       Incidence of unemployment by duration
2 DUR_D       Unemployment by duration
3 AVD_DUR     Average duration of unemployment

List of 12
 $ VAR_DESC    :'data.frame':   12 obs.of  2 variables:
 $ COUNTRY     :'data.frame':   53 obs.of  2 variables:
 $ TIME        :'data.frame':   51 obs.of  2 variables:
 $ SEX         :'data.frame':   3 obs.of  2 variables:
 $ AGE         :'data.frame':   7 obs.of  2 variables:
 $ DURATION    :'data.frame':   5 obs.of  2 variables:
```

```
$ FREQUENCY        :'data.frame':    1 obs.of  2 variables:
$ OBS_STATUS       :'data.frame':   15 obs.of  2 variables:
$ UNIT             :'data.frame':  316 obs.of  2 variables:
$ POWERCODE        :'data.frame':   32 obs.of  2 variables:
$ REFERENCEPERIOD:'data.frame':    92 obs.of  2 variables:
$ TIME_FORMAT      :'data.frame':    5 obs.of  2 variables:


   id         label
1 AUS      Australia
2 AUT        Austria
3 BEL        Belgium


# A tibble: 3 x 8
  COUNTRY SEX    AGE   DURATION FREQUENCY TIME_FORMAT obsTime obsValue
  <chr>   <chr> <chr> <chr>    <chr>     <chr>       <chr>      <dbl>
1 OECD    MEN   2554  UN1      A         P1Y         1983        15.5
2 OECD    MEN   2554  UN1      A         P1Y         1984        17.1
3 OECD    MEN   2554  UN1      A         P1Y         1985        16.4


## # A tibble: 3 x 8
##COUNTRY SEX    AGE   DURATION FREQUENCY TIME_FORMAT obsTime obsValue
##   <chr>   <chr> <chr> <chr>    <chr>     <chr>      <chr>    <dbl>
## 1 AUS     MW    1519  UN1      A         P1Y        1978      20.0
## 2 AUS     MW    1519  UN1      A         P1Y        1979      19.3
## 3 AUS     MW    1519  UN1      A         P1Y        1980      21.0
```

限于篇幅，这里仅介绍了两种 R 语言开源数据 API 的访问方法，但就获取数据的步骤而言，各种开源数据的 API 包大同小异，感兴趣的读者可以自行探索。

2. 使用R语言爬虫包获取数据

如前所述，用访问 API 的方式获取数据相对比较简单，适用于开源数据集。若遇到杂乱无章且以 HTML 网页为载体的数据，就需要使用网页爬虫的方式来获取数据了，抓取互联网数据一般由明确抓取任务、分析页面信息、编写爬虫程序和运行爬虫程序 4 个环节构成，不同环节的侧重点不同。目前，基于 R 语言的网页数据爬虫包较多，其中较为有名的有 RCurl 包、crul 包和 rvest 包。前两个包均以 C 语言的 libcurl 库为基础，并进行了优化，后一个包则以简单高效著称。下面就以 rvest 包抓取 CRAN 上的 R 包信息为例，分 4 步介绍 R 语言抓取互联网数据的方法。

（1）明确抓取任务。本次需要抓取 CRAN 上的 R 包信息，具体包含包名、标题、链接地址、功能描述、版本、发布时间和作者等相关信息，抓取结果以数据框形式呈现。

（2）获取 R 包的页面地址。本环节可细分为 4 个操作步骤，具体如下。

步骤 1：获取 R 包的列表页面。在地址栏中输入 CRAN 访问地址，并单击【packages】超链接，跳转至【Contributed Packages】页面，该页面有很多链接，R 包的列表链接也在其中，如图 4-15 所示。

步骤 2：使用谷歌浏览器源代码查看功能找出 R 包的列表链接，选择【查看框架的源代码】选项，进入源代码预览模式，查看当前页面源代码，如图 4-16 所示。

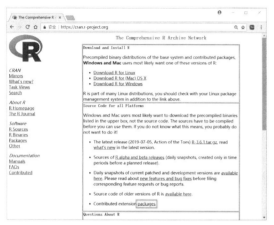

图 4-15　Contributed Packages 页面　　　　　图 4-16　查看当前页面源代码

步骤 3：获取所有 R 包的链接页面，单击【Table of available packages, sorted by name】链接，对应页面如图 4-17 所示。

步骤 4：在地址栏中获取【Available CRAN Packages By Name】页面，如图 4-18 所示。

图 4-17　访问【Table of available packages,　　　图 4-18　获取 R 包的列表页面访问地址
　　　　　sorted by name】标签对应的链接页面

（3）分析页面结构及跳转信息。获取 R 包的页面地址后，需要对页面结构及跳转信息进行分析。本环节可细分为 4 个步骤，具体如下。

步骤 1：在地址栏中输入前面获取的 R 包列表页面的访问地址，打开【Available CRAN Packages By Name】页面，右击选择【查看框架的源代码】选项，进入源代码预览模式，就会发现该页面主要由表格构成（页面标识为 <table> 标签），表格的每一行（页面标识为 <tr> 标签）包括包名、链接地址和标题等内容，如图 4-19 所示。

步骤 2：采用步骤 1 的方式，单击进入"A3"包的介绍页面，如图 4-20 所示。

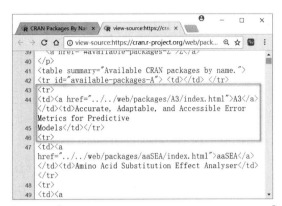

图 4-19 【Available CRAN Packages By Name】　　　图 4-20　"A3 包"的介绍页面
　　　　页面源代码

步骤 3：查看页面源代码，该页面主要由段落（页面标识为 <p> 标签）和表格构成，如图 4-21 所示。

图 4-21　A3 包的介绍页面源代码

（4）编写爬虫程序并运行。获取页面地址及相关结构信息后，就可以着手编写 R 语言爬虫程序了，具体步骤如下。

步骤 1：访问网页并解析页面数据，使用 rvest 包中的 read_html() 函数即可完成，示例代码如下：

```
library("rvest")
url<-"https://cran.r-project.org/web/packages/available_packages_by_
name.html"
x <- read_html(x = url)
```

通常不能通过分别查看页面源代码的方式查看页面的所有信息，为进一步了解页面信息，可以通过 html_structure()、html_name()、html_attrs() 和 html_children() 等函数获取页面结构和页面属性等相关信息，示例代码如下：

```
# 获取页面结构
html_structure(x)
# 获取页面标签名称
html_name(x)
# 获取页面子节点信息
html_children(x)
# 获取页面属性信息
html_attrs(x)
```

步骤 2：按照前面分析的页面结构，若要在解析页面的基础上抽取 R 包的名称、标题及包介绍链接等信息，可以使用 html_nodes()、html_table() 和 html_text() 等函数完成，运行示例如下：

```
library("rvest")
# 抽取 R 包的名称、标题信息
package_list <- html_nodes(x = x, css = "table")%>%
  html_table(header = F, fill = TRUE, trim=T)%>%
  as.data.frame()
# 抽取 R 包的链接信息
library("stringi")
package_url<-data.frame(name=html_nodes(x,"table")%>%
          html_nodes(css = "a")%>%
          html_text(),   # 抽取链接标题（R 包的名称）
           url=html_nodes(x,css = "table")%>%
          html_nodes(css = "a")%>%   # 抽取链接地址
        stringi::stri_extract(regex = '(?<=href=\").*?(?=\")')%>%
        stringi::stri_replace_all_fixed(pattern =
"../..",replacement = "https://cran.r-project.org"))
package_infor<-na.omit(merge(x=as.data.frame(package_list),
                      y=package_url,
                      by.x="X1",
                      by.y = "name"))
head(package_infor,3)
```

以上代码运行结果如下：

```
        X1
1       A3
2    aaSEA
3   abbyyR

X2
1 Accurate, Adaptable, and Accessible Error Metrics for Predictive\
nModels
2                            Amino Acid Substitution Effect
```

```
Analyser
    3                    Access to Abbyy Optical Character Recognition (OCR)
API
                                                                         url
    1          https://cran.r-project.org/web/packages/A3/index.html
    2         https://cran.r-project.org/web/packages/aaSEA/index.html
    3        https://cran.r-project.org/web/packages/abbyyR/index.html
```

上例中有 4 个比较重要的函数，为方便读者理解，特此说明如下。

① %>% 函数：该函数为管道函数，可以将前一个函数运行的结果作为参数输入给后一个函数，省去了频繁进行变量命名的麻烦。

② html_nodes 函数：用于抽取页面节点数据，该函数最重要的参数是 css，即指定 css 标签，包含指定类名称（如 css="table"）和指定 id 名称（css="#tag_id"）两种，感兴趣的读者可查阅 css 相关技术文档或书籍。

③ html_table 函数：用于抽取表格节点数据，可通过设定 header（是否将第一行作为列标题）、fill（是否将单元格内空白数据自动填充为 NA）和 trim（是否自动忽略单元格中的空格）参数实现抽取表格相关数据。

④ html_text 函数：用于抽取节点中的字符串，该函数的 css 参数含义与 html_nodes 函数相同。

此外，代码中涉及的 stri_extract() 函数和 stri_replace_all_fixed() 函数主要用于按正则表达式抽取或替换字符串，相关参数设定读者可以自行查阅 stringi 包的手册文档。

步骤 3：抓取 R 包介绍页面的数据，通过前述的页面分析可知，R 包介绍页面由段落（页面标识为 <p> 标签）和表格（页面标识为 <table> 标签）构成。其中，段落标签的内容主要是 R 包的功能描述；R 包的版本、发布时间和作者等信息则包含在表格标签的数据中，具体字段为 Version:、Published: 和 Author:。下面以 A3 包的介绍页面为例，演示获取 R 包的功能描述、版本、发布时间和作者等数据的方法，示例代码如下：

```
url<-"https://cran.r-project.org/web/packages/A3/index.html"
# 获取 A3 包介绍页面的解析数据
x <- read_html(url)
# 获取 A3 包的功能描述信息
description<-html_node(x = x,css = "p")%>% html_text()
print(description)
# 获取 A3 包的详细信息
details<-html_nodes(x = x,css = "table")%>% '['(1)%>%
  html_table(header = F,fill = TRUE,trim=T)%>% as.data.frame()%>%
  dplyr::filter(X1%in%c("Version:","Depends:","Published:","Suggests:","Author:"))
head(details)
```

以上代码运行结果如下：

```
[1] "Supplies tools for tabulating and analyzing the results of
```

147

predictive models.The methods employed are applicable to virtually any
predictive model and make comparisons between different methodologies
straightforward."

```
   X1                              X2
 1    Version:                     1.0.0
 2  Depends: R ( ≥ 2.15.0), xtable, pbapply
 3  Suggests:          randomForest, e1071
 4 Published:                 2015-08-16
 5    Author:          Scott Fortmann-Roe
```

步骤 4：将程序代码封装为 R 函数。为使爬虫程序能顺利运行，还需要将上述程序脚本进一步封装为函数，以便随时调用。在封装前还需要考虑以下两个问题。

①获取 R 包的详细信息数据需要重复调用爬虫脚本，该如何实现？

②有一万多个包的详细信息页面需要抓取，一旦出现页面抓取错误，该如何确保爬虫程序能继续运行？

第①个问题可以采用将部分脚本封装为 R 函数的方式来解决，具体做法是：将 R 包介绍页面数据的获取脚本封装为 GetPackgeDetail 函数，并分别固定 url 和 out 为输入和输出参数，封装代码如下：

```
GetPackageDetail<-function(url){
 x <- read_html(url)
  description<-html_node(x = x,css = "p")%>%
    html_text()
  details<-html_nodes(x = x,css = "table")%>%
    '['(1)%>%
    html_table(header = F,fill = TRUE,trim=T)%>%
    as.data.frame()
  details[,1]<-stringi::stri_replace_all_fixed(details[,1],pattern  =
":",replacement = "")
  rownames(details)<-c(details[,1])
  keywords<-c("Version","Depends","Imports","Published",
              "Suggests","Author","Maintainer","Contact",
              "License","NeedsCompilation","SystemRequirements")
  out_tmp<-cbind(keywords,NA)
  rownames(out_tmp)<-keywords
  out_tmp[c(intersect(keywords,details$X1)),2]=details[(intersect(keywor
ds,details$X1)),2]
  out<-rbind(c("Description",description),
             out_tmp)
  colnames(out)<-c("keywords","value")
  return(out)
}
# 函数测试
```

```
GetPackageDetail(url = "https://cran.r-project.org/web/packages/A3/
index.html")
```

以上代码运行结果（部分）如下：

```
开始抓取 [ A3 ] 包的信息数据，请等待 ...
[ A3 ] 包的信息数据抓取成功！
开始抓取 [ aaSEA ] 包的信息数据，请等待 ...
[ aaSEA ] 包的信息数据抓取成功！
```

对于第②个问题，可以使用 R 语言的 try 函数来解决，其思路是：当本次数据爬取出现错误时，R 语言会获取错误并进行记录，爬虫子程序将继续运行直到所有页面爬取完毕，封装代码如下：

```
GetPackageInforFromCRAN<-function(url="https://cran.r-project.org"){
  x <- read_html(x = paste0(url,"/web/packages/available_packages_by_
name.html"))
  package_list <- html_nodes(x = x, css = "table")%>%
    html_table(header = F, fill = TRUE, trim=T)%>%
    as.data.frame()
  package_url<-data.frame(name=html_nodes(x,"table")%>%
html_nodes(css = "a")%>% html_text(),  # 抽取链接标题（R包的名称）
  url = html_nodes(x,css = "table")%>%
html_nodes(css = "a")%>%   # 抽取链接地址
  stringi::stri_extract(regex = '(?<=href=\").*?(?=\")')%>%
stringi::stri_replace_all_fixed(pattern  = "../..",replacement = url))
  package_infor<-na.omit(merge(x=package_list,
                               y=package_url,
                               by.x="X1",
                               by.y = "name"))

  out<-NULL
  for (i in 1:nrow(package_infor)){
    cat(" 开始抓取 [",package_infor[i,1],"] 包的信息数据，请等待 ...","\n")
    go<-try({
      tmp<-GetPackageDetail(url = as.character(package_infor[i,3]))
    })
    if ("try-error"%in%class(go)){
      cat("[",package_infor[i,1],"] 包的信息数据抓取失败！ ","\n")
      next
    }else{
      out<-rbind(out, as.character(c(package_infor[i,],tmp[,2])))
      cat("[",package_infor[i,1],"] 包的信息数据抓取成功！ ","\n")
    }
    rm(tmp);gc()# 清理无用变量，释放内存
  }
  colnames(out)<-c("PackageName","Title","Urlid","Description",
                   "Version","Depends","Imports","Published",
```

```
                               "Suggests","Author","Maintainer","Contact",
                               "License","NeedsCompilation","SystemRequirements")
cat("R 包的信息抓取汇总：成功抓取 ",nrow(out)," 个包，",nrow(package_infor)-
nrow(out)," 个包抓取失败！ ","\n")
    return(out)
}
# 函数测试
package_infor<-GetPackageInforFromCRAN(url="https://cran.r-project.org")
head(package_infor,3)
dim(package_infor)
```

以上代码运行结果（部分）如下：

```
开始抓取 [ A3 ] 包的信息数据，请等待 ...
 [ A3 ] 包的信息数据抓取成功！
开始抓取 [ aaSEA ] 包的信息数据，请等待 ...
 [ aaSEA ] 包的信息数据抓取成功！


        PackageName Title
Urlid
    [1,] "A3"        "Accurate, Adaptable, and Accessible Error Metrics for
Predictive\nModels" "1"
    [2,] "aaSEA"     "Amino Acid Substitution Effect Analyser"
"2"
    [3,] "ABACUS"    "Apps Based Activities for Communicating and
Understanding\nStatistics"   "3"
        Description
    [1,] "Supplies tools for tabulating and analyzing the results of
predictive models.The methods employed are applicable to virtually any
predictive model and make comparisons between different methodologies
straightforward."
    [2,] "Given a protein multiple sequence alignment, it is daunting task
to assess the effects of substitutions along sequence length.'aaSEA' package
is intended to help researchers to rapidly analyse property changes caused
by single, multiple and correlated amino acid substitutions in proteins.
Methods for identification of co-evolving positions from multiple sequence
alignment are as described in :  Pelé et al., (2017)<doi:10.4172/2379-
1764.1000250>."
    [3,] "A set of Shiny apps for effective communication and understanding
in statistics.The current version includes properties of normal
distribution, properties of sampling distribution, one-sample z and t
tests, two samples independent (unpaired)t test and analysis of variance."
        Version Depends
    [1,] "1.0.0" "R (≥ 2.15.0), xtable, pbapply"
    [2,] "1.0.0" "R (≥ 3.4.0)"
    [3,] "1.0.0" "R (≥ 3.1.0)"
```

```
      Imports
  [1,] NA
  [2,] "DT (≥ 0.4), networkD3 (≥ 0.4), shiny (≥ 1.0.5), shinydashboard
(≥ 0.7.0), magrittr (≥ 1.5), Bios2cor (≥ 1.2), seqinr (≥ 3.4-5), plotly (≥
4.7.1), Hmisc (≥ 4.1-1)"
  [3,] "ggplot2 (≥ 3.1.0), shiny (≥ 1.3.1)"
      Published     Suggests                                  Author
Maintainer                           Contact
  [1,] "2015-08-16" "randomForest, e1071"            "Scott Fortmann-
Roe"      "Scott Fortmann-Roe <scottfr at berkeley.edu>"    NA
  [2,] "2019-08-01" "knitr, rmarkdown"                "Raja Sekhara
Reddy D.M" "Raja Sekhara Reddy D.M <raja.duvvuru at gmail.com>" NA
  [3,] "2019-09-20" "rmarkdown (≥ 1.13), knitr (≥ 1.22)" "Mintu Nath [aut,
cre]"  "Mintu Nath <dr.m.nath at gmail.com>"          NA
      License                         NeedsCompilation
SystemRequirements
  [1,] "GPL-2 | GPL-3 [expanded from: GPL (≥ 2)]" "no"          NA
  [2,] "GPL-3"                         "no"          NA
  [3,] "GPL-3"                         "no"          NA

[1] 15239  15
```

至此，爬虫程序封装完毕，可以抓取 CRAN 上的 R 包信息了。

4.2 数据导出

使用 R 语言对数据进行处理之后，需要将数据结果保存至外部文件，以便进一步整理形成数据分析报告。下面将以 iris 数据集为例，探讨 4 种常用的数据导出方法。

4.2.1 写入R语言系统格式的数据

如前所述，R 语言系统自带 .RData 和 .rds 两种数据格式，可以使用 save() 函数和 saveRDS() 函数将 R 语言数据处理结果保存为此类数据，示例代码如下：

```
# 将 iris 数据集保存为 rds 文件
saveRDS(object = iris, file = "iris.rds")
# 将 iris 数据集保存为 RData 文件
save(list=c("iris"),file = "iris.RData")
file.exists(c("iris.rds","iris.RData"))
```

以上代码运行结果如下：

```
[1] TRUE TRUE
```

由于数据格式的特殊性，R 语言自带的数据格式并不能被其他工具读取。因此，在实际应用中常常需要将数据结果保存为大多数工具都能读取的格式，如文本文件、Excel 文件或数据库等。

4.2.2 写入文本文件

文本文件因其易读性成为中小规模数据存储的首选。R 语言写入文本文件可以使用 write.csv() 函数和 write.table() 函数完成，示例代码如下：

```
write.csv(x=iris, file = "iris.csv", append = FALSE, row.names = FALSE,
          fileEncoding = "GBK")
write.table(x=iris, file = "iris.txt",append = FALSE,row.names = FALSE,
            sep = ",", fileEncoding = "GBK")
iris1<-read.csv("iris.csv")
iris2<-read.table("iris.txt",sep=",",header = T)
# 验证数据一致性
identical(iris,iris1)
identical(iris,iris2)
```

以上代码运行结果如下：

```
[1] TRUE
[1] TRUE
```

上例中的两个函数有 6 个重要参数，在实际运用中应加以注意，它们分别如下。

（1）x：数据框或矩阵，需要写入的数据集。

（2）file：字符型，需要写入数据文件的名称。

（3）append：逻辑型，判断是否需要在已有数据文件后追加当前数据集。

（4）row.names：逻辑型，判断写入数据时是否将行名称一并写入。

（5）sep：字符型，数据分隔符。

（6）fileEncoding：字符型，写入数据文件的编码，如果数据集中有中文，建议将此参数设置为 GBK，即 fileEncoding="GBK"。

4.2.3 写入Excel文件

4.1.3 小节对 openxlsx、xlsx、readxl 和 XLConnect 包读取 *.xlsx 格式数据进行了简要的对比分析，由于 openxlsx 包可读 / 写，且对内存限制较小，因此实际应用中建议选用 openxlsx 包作为读 / 写 Excel 数据的首选。本小节将以 openxlsx 为例，演示如何将 iris 数据集写入 Excel 文件，示例代码如下：

```
openxlsx::write.xlsx(x = iris, file = "iris_openxlsx.xlsx",
                     asTable = TRUE)
iris3 <- openxlsx::read.xlsx(xlsxFile = "iris_openxlsx.xlsx")

# 验证数据一致性
```

```
identical(iris,iris3)
str(iris3)
str(iris)
```

以上代码运行结果如下：

```
[1] FALSE

'data.frame':    150 obs.of  5 variables:
 $ Sepal.Length: num  5.1 4.9 4.7 4.6 5 5.4 4.6 5 4.4 4.9 ...
 $ Sepal.Width : num  3.5 3 3.2 3.1 3.6 3.9 3.4 3.4 2.9 3.1 ...
 $ Petal.Length: num  1.4 1.4 1.3 1.5 1.4 1.7 1.4 1.5 1.4 1.5 ...
 $ Petal.Width : num  0.2 0.2 0.2 0.2 0.2 0.4 0.3 0.2 0.2 0.1 ...
 $ Species     : chr  "setosa" "setosa" "setosa" "setosa" ...

'data.frame':    150 obs.of  5 variables:
 $ Sepal.Length: num  5.1 4.9 4.7 4.6 5 5.4 4.6 5 4.4 4.9 ...
 $ Sepal.Width : num  3.5 3 3.2 3.1 3.6 3.9 3.4 3.4 2.9 3.1 ...
 $ Petal.Length: num  1.4 1.4 1.3 1.5 1.4 1.7 1.4 1.5 1.4 1.5 ...
 $ Petal.Width : num  0.2 0.2 0.2 0.2 0.2 0.4 0.3 0.2 0.2 0.1 ...
 $ Species     : Factor w/ 3 levels "setosa","versicolor",..: 1 1 1 1 1
1 1 1 1 ...
```

上述代码运行结果显示，write.xlsx() 函数写入的数据集再次读取后，与原数据集存在不一致的现象。分别查看两个数据集的属性后发现：写入数据集经过再次读取后，在 Species 字段的类型发生了变化，原始数据集中该字段为因子型，而写入再读取后该字段变成了字符型。这种针对字符数据读 / 写前后的变量类型差别，读者在实际运用中应予以注意。

4.2.4　写入数据库

文本和 Excel 格式的数据适用于小规模数据存取，当数据体量超过百兆或需要多方协作操作数据的情况下，使用数据库存取数据则方便得多。为与 4.1.4 小节相对应，仍以 RODBC 包为例，分别演示 3 种数据库数据的写入方法。

```
# 将 iris 数据集写入 SQL Server
SQLServer <- RODBC::odbcConnect(dsn = 'RToSQLServer',uid = 'liuy',
pwd = 'admin123456')
RODBC::sqlQuery(channel = SQLServer,
                query = "drop table iris")
RODBC::sqlSave(channel = SQLServer, dat = iris, tablename = 'iris',
               append = F, rownames = FALSE, colnames = FALSE,
               verbose = FALSE, safer = FALSE, addPK = TRUE)
data1<-RODBC::sqlQuery(channel = SQLServer,
                query = "select * from iris")
# 将 iris 数据集写入 MySQL
```

153

```
    MySQL <- RODBC::odbcConnect(dsn = 'RToMySQL',uid = 'liuy',pwd =
'admin123456')
    RODBC::sqlSave(channel = MySQL, dat = iris, tablename = 'iris',
                append = F, rownames = FALSE, colnames = FALSE,
                verbose = FALSE, safer = FALSE, addPK = TRUE)
    data2<-RODBC::sqlQuery(channel = MySQL,
                        query = "select * from iris")
    # 将 iris 数据集写入 PostgreSQL
    PostgreSQL <- RODBC::odbcConnect(dsn = 'RToPostgreSQL',uid = 'liuy',pwd
= 'admin123456')
    RODBC::sqlSave(channel = PostgreSQL, dat = iris, tablename = 'iris',
                append = F, rownames = FALSE, colnames = FALSE,
                verbose = FALSE, safer = FALSE, addPK = TRUE)
    data3<-RODBC::sqlQuery(channel = PostgreSQL,
                        query = "select * from iris")
    # 关闭数据库连接
    RODBC::odbcCloseAll()

    # 验证写入效果
    str(iris)
    str(data1)
    str(data2)
    str(data3)
```

以上代码运行结果如下：

```
    'data.frame':    150 obs.of  5 variables:
     $ Sepal.Length: num  5.1 4.9 4.7 4.6 5 5.4 4.6 5 4.4 4.9 ...
     $ Sepal.Width : num  3.5 3 3.2 3.1 3.6 3.9 3.4 3.4 2.9 3.1 ...
     $ Petal.Length: num  1.4 1.4 1.3 1.5 1.4 1.7 1.4 1.5 1.4 1.5 ...
     $ Petal.Width : num  0.2 0.2 0.2 0.2 0.2 0.4 0.3 0.2 0.2 0.1 ...
     $ Species     : Factor w/ 3 levels "setosa","versicolor",..: 1 1 1 1 1
1 1 1 1 1 ...

    'data.frame':    150 obs.of  5 variables:
     $ SepalLength: num  5.1 4.9 4.7 4.6 5 5.4 4.6 5 4.4 4.9 ...
     $ SepalWidth : num  3.5 3 3.2 3.1 3.6 3.9 3.4 3.4 2.9 3.1 ...
     $ PetalLength: num  1.4 1.4 1.3 1.5 1.4 1.7 1.4 1.5 1.4 1.5 ...
     $ PetalWidth : num  0.2 0.2 0.2 0.2 0.2 0.4 0.3 0.2 0.2 0.1 ...
     $ Species    : Factor w/ 3 levels "setosa","versicolor",..: 1 1 1 1 1 1
1 1 1 1 ...

    'data.frame':    150 obs.of  5 variables:
     $ sepallength: num  5.1 4.9 4.7 4.6 5 5.4 4.6 5 4.4 4.9 ...
     $ sepalwidth : num  3.5 3 3.2 3.1 3.6 3.9 3.4 3.4 2.9 3.1 ...
```

```
$ petallength: num  1.4 1.4 1.3 1.5 1.4 1.7 1.4 1.5 1.4 1.5 ...
$ petalwidth : num  0.2 0.2 0.2 0.2 0.2 0.4 0.3 0.2 0.2 0.1 ...
$ species    : Factor w/ 3 levels "setosa","versicolor",..: 1 1 1 1 1
1 1 1 1 ...

'data.frame':    150 obs.of  5 variables:
$ sepallength: num  5.1 4.9 4.7 4.6 5 5.4 4.6 5 4.4 4.9 ...
$ sepalwidth : num  3.5 3 3.2 3.1 3.6 3.9 3.4 3.4 2.9 3.1 ...
$ petallength: num  1.4 1.4 1.3 1.5 1.4 1.7 1.4 1.5 1.4 1.5 ...
$ petalwidth : num  0.2 0.2 0.2 0CD 0.2 0.4 0.3 0.2 0.2 0.1 ...
$ species    : Factor w/ 3 levels "setosa","versicolor",..: 1 1 1 1 1
1 1 1 1 ...
```

本例中 RODBC 包将数据集写入数据库的函数为 sqlSave()，其涉及的参数主要有 5 个，分别如下。

（1）channel：数据库连接信息。

（2）dat：数据框或矩阵，需要写入的数据集。

（3）tablename：字符型，需要写入的数据表名称。

（4）append：逻辑型，是否将当前数据集追加至数据库已有的表中。

（5）safer：逻辑型，写入当前数据集前是否将数据库中与 tablename 同名的表格删除。

运行结果发现：由于数据库内部机制不同，3 种数据库均将 iris 数据集列名称中的"."忽略，不同的是 SQL Server 保留了大小写，而 MySQL 和 PostgreSQL 则将大写统一转换为小写。

4.3 新手问答

问题1：R语言导入外部数据的方式有哪些，在实践运用中该如何选取？

答：除了自带的数据格式，R 语言共有 5 种方式导入外部数据，分别如下。

（1）使用 read.table() 函数读取文本数据。

（2）使用 openxlsx、xlsx、XLConnect 和 readxl 等包读取 Excel 文件数据。

（3）使用 RODBC、RMySQL 和 RPostgreSQL 包读取 SQL Server、MySQL、PostgreSQL 等数据库数据。

（4）使用 foreign 和 haven 包读取 SPSS、SAS 和 Stata 等统计软件格式数据。

（5）使用开放数据 API 包，如 rstatscn 或 OECD 包，还可以使用 rvest 包和 stringi 包编写爬虫程序抓取网页数据。

在实践运用中，需要根据外部数据的格式、R 语言读取的速度和数据体量来确定，小规模数据集建议使用读取文本数据和 Excel 数据的方式；大规模数据集建议使用数据库方式；如需要读取其他统计软件的数据则可使用 foreign 和 haven 包；如需要获取互联网数据，则需要使用开放数据 API 包或 rvest 包等数据抓取包。

问题2：数据分析完成后，该如何选取合适的数据导出方法将数据结果保存？

答：根据 4.2 节的讲述，可以将数据分析结果按照 R 语言系统支持的数据格式、文本文件、Excel 文件和数据 4 种方式进行保存。这 4 种方式的选取主要取决于后续如何使用这些数据结果。

（1）如只需要将其放置在数据分析报告中，则可将其导出至文本文件和 Excel 文件。

（2）如需要使用 R 语言对其进行再分析，可将其保存为 R 语言系统支持的格式数据，以方便随时调用。

（3）如需要供其他分析工具调用或多人协同使用，则建议直接将其保存至数据库。

4.4 小试牛刀：比较 R 语言读 / 写文件的效率

【案例任务】

读 / 写数据是 R 语言最基础的功能，现在随机生成一批数据，用以比较 R 语言读 / 写文本文件和 Excel 文件的效率。

【技术解析】

（1）使用 rnorm() 函数生成 10 组不同体量的数据。

（2）分别调用 write.table() 函数和 openxlsx::writexlsx() 函数将数据集写入文件，然后再通过 read.table() 函数和 openxlsx::readxlsx() 函数读取这些数据文件。

（3）写入和读取数据期间使用 system.time() 函数记录时间，通过比较不同体量数据集中读 / 写时间的差异，来分析各个函数的读 / 写效率。

【操作步骤】

步骤 1：指定数据集生成参数和数据集保存文件名称，定义循环语句，实验 10 次。

步骤 2：生成数据集，并计算数据集大小和数据集行列数。

步骤 3：分别调用 write.table() 函数和 openxlsx::writexlsx() 函数将数据集写入文件，然后再通过 read.table() 函数和 openxlsx::readxlsx() 函数读取这些数据文件，并使用 system.time() 函数记录时间。

步骤 4：调用 cat() 函数显示循环过程中的相关信息。

参考代码如下：

```
n_row<-seq(2000,2000*10,2000)
n_col<-seq(50,50*10,50)
file<-paste0("dataset",1:10)
for (i in 1:10){
  data<-matrix(c(rnorm(n_row[i]*n_col[i])),nrow = n_row[i])
  colnames(data)<-paste0("col",1:n_col[i])
  data_size<-format(object.size(data),units="Kb")
  time1<-system.time({
    write.table(x=data, file = paste0(file[i],".txt"),
                append = FALSE, row.names = FALSE, sep = ",",
                fileEncoding = "GBK")
  })
  time2<-system.time({
    tmp1<-read.table(file = paste0(file[i],".txt"), sep = ",",
                fileEncoding = "GBK")
  })
  time3<-system.time({
    openxlsx::write.xlsx(x = as.data.frame(data),
                        file = paste0(file[i],".xlsx"),asTable = TRUE)
  })
  time4<-system.time({
tmp2<-openxlsx::read.xlsx(xlsxFile = paste0(file[i],".xlsx"),
sheet = 1 )
  })
  cat(" 数据集: ",file[i],"; 大小: ",data_size,";",nrow(data)," 行
",ncol(data)," 列 ","\n")
  cat("write.table 用时: ",time1[3]," 秒; write.xlsx 用时: ",time3[3]," 秒
","\n")
  cat("read.table 用时: ",time2[3]," 秒; read.xlsx 用时: ",time4[3]," 秒","\n")
  }
```

以上代码运行结果如下：

```
数据集: dataset1 ;大小: 784.8 Kb ; 2000 行 50 列
write.table 用时: 3.94 秒; write.xlsx 用时: 1.69 秒
read.table 用时: 0.95 秒; read.xlsx 用时: 0.4 秒
数据集: dataset2 ;大小: 3131.7 Kb ; 4000 行 100 列
write.table 用时: 14.75 秒; write.xlsx 用时: 5.59 秒
read.table 用时: 4.25 秒; read.xlsx 用时: 1.95 秒
数据集: dataset3 ;大小: 7041.1 Kb ; 6000 行 150 列
write.table 用时: 33.62 秒; write.xlsx 用时: 12.35 秒
read.table 用时: 11.12 秒; read.xlsx 用时: 4.36 秒
数据集: dataset4 ;大小: 12512.9 Kb ; 8000 行 200 列
write.table 用时: 60.53 秒; write.xlsx 用时: 21.91 秒
read.table 用时: 20.34 秒; read.xlsx 用时: 7.89 秒
```

```
数据集：  dataset5 ；大小：  19547.3 Kb ；10000 行 250 列
write.table 用时：  123.78 秒；write.xlsx 用时：  32.66 秒
read.table 用时：  32.31 秒；read.xlsx 用时：  12.4 秒
数据集：  dataset6 ；大小：  28144.2 Kb ；12000 行 300 列
write.table 用时：  207.49 秒；write.xlsx 用时：  49.43 秒
read.table 用时：  48.39 秒；read.xlsx 用时：  17.9 秒
数据集：  dataset7 ；大小：  38303.6 Kb ；14000 行 350 列
write.table 用时：  304.12 秒；write.xlsx 用时：  65.52 秒
read.table 用时：  73.25 秒；read.xlsx 用时：  26.91 秒
数据集：  dataset8 ；大小：  50025.4 Kb ；16000 行 400 列
write.table 用时：  365.09 秒；write.xlsx 用时：  86.97 秒
read.table 用时：  91.87 秒；read.xlsx 用时：  31.28 秒
数据集：  dataset9 ；大小：  63309.8 Kb ；18000 行 450 列
write.table 用时：  469.87 秒；write.xlsx 用时：  111.35 秒
read.table 用时：  113.95 秒；read.xlsx 用时：  46.05 秒
数据集：  dataset10 ；大小：  78156.7 Kb ；20000 行 500 列
write.table 用时：  594.5 秒；write.xlsx 用时：  135.06 秒
read.table 用时：  148.34 秒；read.xlsx 用时：  52.7 秒
```

本章小结

本章详细介绍了 R 语言数据导入和导出的方法。R 语言支持导入 6 种类型的外部数据，包括 R 语言自带的格式数据、文本数据、Excel 文件数据、数据库数据、其他统计软件数据和互联网数据。其中，文本数据和 Excel 文件数据适用于小规模数据集导入，数据库数据则适用于大规模数据集导入，一些不规则且存储于互联网上的数据则可使用开放数据 API 或编写爬虫的方式获取。除了支持多种格式的数据导入，R 语言还可以将数据分析结果导出为 R 语言自带的数据格式、文本数据、Excel 数据和数据库数据等多种外部数据格式。其中，第一种导出方式仅适用于 R 语言内部分析时使用，第二种和第三种适用于将数据结果输出至分析报告或进一步读取分析时使用，最后一种则适用于多种数据分析工具协作时使用。读者在分析实践中可以综合数据规模、读 / 写速度和后续分析需求等因素，选取最适合的数据读 / 写方式。

第 5 章
R 语言的数据管理威力之数据操作

本章导读

　　R 语言的第二大威力即数据管理之数据操作。当获取到统计分析的数据后，往往需要对这些数据进行操作，如数据查看、编辑、筛选、合并、分组和汇总、排序和转换等。R 语言有许多内置函数能实现以上操作，但是应用这些函数时往往有不尽人意之处。因此，开发人员又贡献了许多有用的扩展包，试图使这些工作更容易理解也更高效。

知识要点

　　通过本章内容的学习，读者能掌握以下知识：
- R 语言常用的内置数据操作函数
- 应用数据"宽"变"长"和"长"变"宽"的方法
- apply 函数族
- 数据"分割－应用－组合"策略
- 数据框 SQL 风格的查询
- 应用 dplyr 扩展包

5.1 R 语言内置数据操作函数

在数据分析之初，由于数据的形式多样，往往不能满足数据分析的要求。因此要先对这些数据进行一定的操作。对数据操作包括对数据进行查看、编辑、筛选、合并、分组和汇总、排序和转换等。R 语言提供实现以上数据操作的各种函数，下面将介绍一些常用的内置数据操作函数。

5.1.1 查看和编辑数据

与很多编程语言一样，数据集往往储存在一个变量或对象中，一般不会具体呈现出来。如果想查看数据集到底包含了哪些信息，则需要通过一些命令来实现。第 2 章介绍了一些查看数据的方法，如 ls.str() 函数、str() 函数和 browseEnv() 函数可查看数据的结构；如果使用的是 Rstudio，则可以通过其界面右上角的环境窗口来查看。

除了上面的方法，还可以使用另外 4 种方法来查看数据：直接打印到控制台，或者分别使用 View 函数、head() 函数和 tail() 函数。直接打印到控制台的例子如下：

```
x <- data.frame(a = 1:10,b = 11:20)

# 将数据直接打印到屏幕
x
```

运行结果为：

```
   a  b
1  1 11
2  2 12
3  3 13
4  4 14
5  5 15
6  6 16
7  7 17
8  8 18
9  9 19
10 10 20
```

前面的章节中也经常使用这种方法。但是在 Rstudio 环境下使用这种方法有一个缺点，就是数据有时会"错位"，不方便阅读。例如：

```
x <- data.frame('我的名字特别长' = 1:10,
'我的名字也不短' = 11:20,
'我是第三列' = 21:30 )
x
```

运行结果为：

```
我的名字特别长  我的名字也不短  我是第三列
1              11          21
2              12          22
3              13          23
4              14          24
5              15          25
6              16          26
7              17          27
8              18          28
9              19          29
10             20          30
```

上面的例子中，数据框的列名明显长于对应列数据的长度，从而导致错位。如果数据框中有很多列，那么阅读数据的困难将增大。此外，当数据量比较大时，数据将充满整个数据台。虽然可以通过 Option() 函数来调整全局环境中打印的行数，但仍然不是特别方便。

相对于将数据直接打印到控制台，更推荐使用 View() 函数。调用它时，可以电子表格的形式查看数据。下面以 reshape2 扩展包中的 tips 数据集来举例，该数据集表示一个餐馆服务员几个月中收到的小费信息。如果没有安装 reshape2 扩展包，可先运行 install.packages("reshape2") 来进行安装，如下所示：

```
# 加载扩展包
library(reshape2)

# 使用 View() 函数查看数据集
View(tips)
```

以上代码将在 RStudio 中输出如图 5-1 所示的结果，与在 RGui 中的输出结果类似。

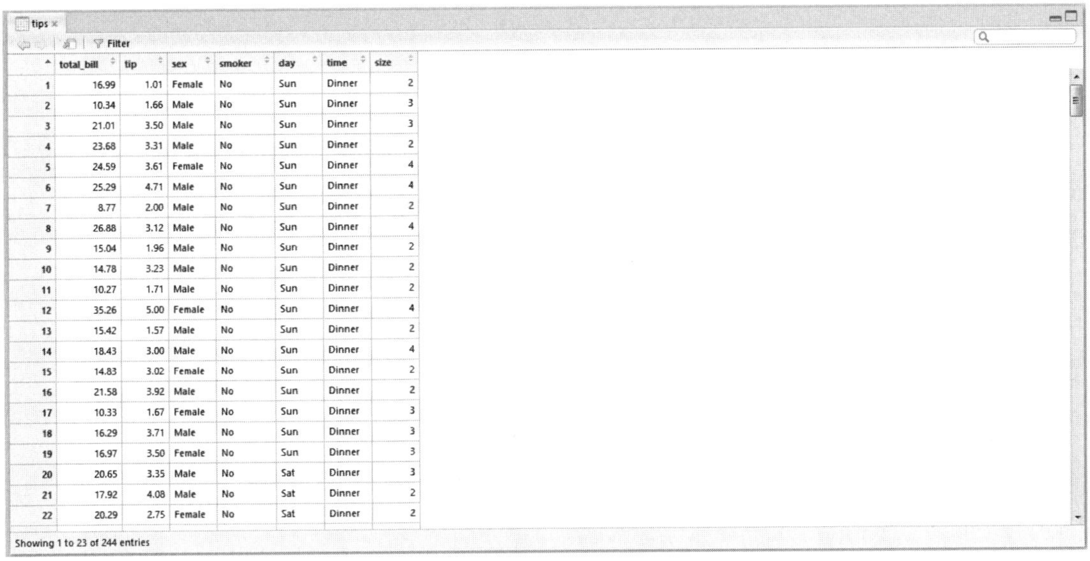

图 5-1　View() 函数的输出结果

以上是如何查看全部数据内容的方法。然而很多时候这些方法并不实用，因为当数据量比较大时，就很难从这些数据中看出问题，同时还会消耗额外的计算资源。因此，更多的时候是使用 head() 函数或 tail() 函数，前者表示查看前几条数据，后者表示查看后几条数据。这两个函数都有一个重要的参数 n，它的默认值为 6，用来调整查看的数据行数，示例代码如下：

```
# 查看前 6 条数据
head(tips)

# 查看后 10 条数据
tail(tips,n = 10)
```

以上代码运行结果如下：

```
  total_bill  tip    sex smoker day   time size
1      16.99 1.01 Female     No Sun Dinner    2
2      10.34 1.66   Male     No Sun Dinner    3
3      21.01 3.50   Male     No Sun Dinner    3
4      23.68 3.31   Male     No Sun Dinner    2
5      24.59 3.61 Female     No Sun Dinner    4
6      25.29 4.71   Male     No Sun Dinner    4


total_bill  tip    sex smoker  day   time size
235     15.53 3.00   Male    Yes  Sat Dinner    2
236     10.07 1.25   Male     No  Sat Dinner    2
237     12.60 1.00   Male    Yes  Sat Dinner    2
238     32.83 1.17   Male    Yes  Sat Dinner    2
239     35.83 4.67 Female     No  Sat Dinner    3
240     29.03 5.92   Male     No  Sat Dinner    3
241     27.18 2.00 Female    Yes  Sat Dinner    2
242     22.67 2.00   Male    Yes  Sat Dinner    2
243     17.82 1.75   Male     No  Sat Dinner    2
244     18.78 3.00 Female     No Thur Dinner    2
```

当数据比较少时，还可直接用 fix() 函数和 edit() 函数来编辑数据。两者之间的差异在于对数据使用 edit() 函数后，将生成一个新数据。如果没有将新数据赋值于变量，它将直接打印到控制台：

```
fix(tips)
```

代码效果如图 5-2 所示。

可见，通过 fix() 函数或 edit() 函数可以直观地修改变量名、数据类型和具体数值，就像在 Excel 和 SPSS 中的修改方式一样。但是当

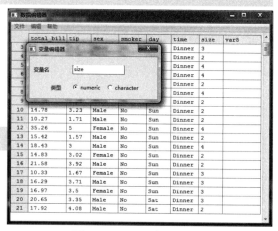

图 5-2 fix() 函数输出结果

数据量特别大时，这种方法并不可取。

5.1.2　筛选

在管理数据时经常会遇到的情况就是筛选数据。例如，在关于某件新产品的客户满意度数据分析中，可能更关注某个年龄段或者某个收入阶层对该新产品的满意度，或者更关注某几项指标，这时就需要对数据进行筛选。

在 R 语言中，除了第 2 章介绍的对各种数据结构筛选子集的方法，还有其他的方法可以选择。其中一个常用方法就是使用 subset() 函数对向量、矩阵和数据框提取子集。其实，subset() 函数的结果与中括号没有什么区别，只是前者更具有可读性，并且允许直接使用列名或变量名。以下代码用于筛选在 reshape2 扩展包的 tips 数据集中，星期天的总消费大于 40 美元、小费小于 1 美元，且不吸烟的男性买单的信息条目，除此之外不需要其他的信息，具体代码如下：

```
# 用第 2 章的方法进行筛选
tips[tips$total_bill > 20 &
    tips$tip > 5 &
    tips$sex == "Male" &
    tips$smoker == "No"&
    tips$day == "Sun",
  c("total_bill","tip","sex","smoker","day")]

# 用 subset() 函数进行筛选
subset(tips,
    subset = total_bill > 20 &
      tip > 5 &
      sex == "Male" &
      smoker == "No"&
      day == "Sun",
    select = c("total_bill","tip","sex","smoker","day")
    )
```

以上代码运行结果如下：

```
    total_bill  tip  sex smoker day
45       30.40 5.60 Male     No Sun
48       32.40 6.00 Male     No Sun
117      29.93 5.07 Male     No Sun


    total_bill  tip  sex smoker day
45       30.40 5.60 Male     No Sun
48       32.40 6.00 Male     No Sun
117      29.93 5.07 Male     No Sun
```

最终得到的结果完全一样。但使用 subset() 函数的可读性更强，它用 sebset 和 select 两个参数分别代表行和列的筛选条件。另外，subset() 函数的筛选条件中直接使用了列名，而不必每次都重复 "tips$"，这就省去了一些不必要的输入操作。

如果想要在第一种方法中节省一些代码，可以使用 with() 函数，其作用是对当前数据构建一个环境，并在该环境中计算表达式。以下代码会得到相同的结果：

```
# 第一种方法的简便形式
with(tips,
     tips[total_bill > 20 &
           tip > 5 &
           sex == "Male" &
           smoker == "No"&
           day == "Sun",
         c("total_bill","tip","sex","smoker","day")])
```

有时候数据量实在太大，为了提高运算效率，往往会从这些数据中随机选择一些样本数据来分析。R 语言提供了一种随机抽样的简单办法：sample() 函数。该函数有 3 个重要参数：size 表示抽样数量、replace 表示是否有放回地抽样、prob 表示按照一定的概率进行抽样，示例代码如下：

```
x <- letters
sample(x,size = 10)

y <- array(LETTERS[1:24],dim = c(3,4,2))
sample(y,size = 10)
```

以上代码运行结果如下：

```
[1] "s" "d" "v" "g" "i" "j" "u" "z" "h" "x"

[1] "T" "C" "F" "K" "D" "M" "A" "X" "J" "I"
```

上面的代码中，对由前 24 个小写字母构成的向量和前 24 个大写字母构成的数据分别抽取数量为 10 的样本，得到的结果都是长度为 10 的向量。

如果对数据框和列表使用 sample() 函数，则得到的结果是对列或分量的随机抽样。这对于列表来说是可以接受的，但对于数据框，还是希望能得到对行的抽样，因此需要使用小技巧：先对行号随机抽样，进而选取相应的行，例如：

```
# 对列表随机抽样
x <- list(a = c(1,3,4),b = letters,c= 3:12,d = month.abb)
sample(x,size = 2)

# 对数据框的行随机抽样
tips[sample(1:nrow(tips),5),]
```

以上代码运行结果如下：

```
$d
 [1] "Jan" "Feb" "Mar" "Apr" "May" "Jun" "Jul" "Aug" "Sep" "Oct" "Nov"
[12] "Dec"

$b
 [1] "a" "b" "c" "d" "e" "f" "g" "h" "i" "j" "k" "l" "m" "n" "o" "p" "q"
[18] "r" "s" "t" "u" "v" "w" "x" "y" "z"

    total_bill  tip    sex smoker  day   time size
146       8.35 1.50 Female     No Thur  Lunch    2
115      25.71 4.00 Female     No  Sun Dinner    3
98       12.03 1.50   Male    Yes  Fri Dinner    2
12       35.26 5.00 Female     No  Sun Dinner    4
11       10.27 1.71   Male     No  Sun Dinner    2
```

5.1.3　合并

在实际数据分析中，往往可以从不同的地方获得数据，这些数据之间有着一定的联系。因此，将这些不同来源的数据合并起来是很有必要的。

关于数据合并，很容易想到使用 paste()、paste0()、c() 和 data.frame() 等函数。例如，paste() 函数和 paste0() 函数可以将向量以字符串的形式拼接起来；c() 函数可以将几个向量合并为更大的向量或列表；data.frame() 函数可以将几个数据框合并起来。

除此之外，也可以使用 cbind() 函数和 rbind() 函数将几个对象合并起来。其中 cbind() 函数按列合并，rbind() 函数按行合并。按行合并时，合并数据的列名称必须一样，但是列的顺序不必一样，示例代码如下：

```
# 按列合并的例子
x <- tips[,c(1,2)]
y <- tips[,c(6,7)]  # 构造两个数据框
z <- cbind(x,y)
head(z)

# 按行合并的例子
a <- tips[sample(1:nrow(tips),100),]
b <- tips[sample(1:nrow(tips),50),][,7:1]  # 构造另外两个数据框，b 的列名称顺序
                                            # 与 a 相反
c <- rbind(a,b)
head(c)
```

以上代码运行结果如下：

```
  total_bill  tip   time size
1      16.99 1.01 Dinner    2
2      10.34 1.66 Dinner    3
```

```
3        21.01 3.50 Dinner       3
4        23.68 3.31 Dinner       2
5        24.59 3.61 Dinner       4
6        25.29 4.71 Dinner       4


    total_bill  tip     sex smoker   day   time size
67       16.45 2.47 Female    No   Sat Dinner    2
154      24.55 2.00   Male    No   Sun Dinner    4
141      17.47 3.50 Female    No  Thur  Lunch    2
196       7.56 1.44   Male    No  Thur  Lunch    2
152      13.13 2.00   Male    No   Sun Dinner    2
73       26.86 3.14 Female   Yes   Sat Dinner    2
```

以上是数据的一些简单直观的合并，然而在数据操作中遇到的实际问题可能会更复杂。例如，在出版物信息数据中，一张数据表储存了作者信息，另一张数据表储存了出版物信息，这两张表可以通过相同字段连接起来。熟悉关系型数据库的读者应该很容易理解，这些相同字段其实就类似于数据库中的主键和外键。由于除了这些相同列以外，数据表的列和宽度均不一样，因此不能使用cbind() 函数和 rbind() 函数。好在 R 语言提供了一个有用的 merge() 函数，示例代码如下：

```
# 构建作者信息表
authors <- data.frame(
    name = I(c("Tukey", "Venables", "Tierney", "Ripley", "McNeil")),
    nationality = c("US", "Australia", "US", "UK", "Australia"),
    deceased = c("yes", rep("no", 4)))
authors
authors.new <- within(authors, # wintin() 与 with() 函数类似，将在 5.1.6 小节
                                # 介绍
{ surname <- name; rm(name)})
authors.new

# 构建著作信息表
books <- data.frame(
    name = I(c("Tukey", "Venables", "Tierney",
             "Ripley", "Ripley", "McNeil", "R Core")),
    other.author = c(NA, "Ripley", NA, NA, NA, NA,"Venables & Smith"),
    title = c("Exploratory Data Analysis",
             "Modern Applied Statistics with S-PLUS",
             "LISP-STAT",
             "Spatial Statistics",
             "Stochastic Simulation",
             "Interactive Data Analysis",
             "An Introduction to R"),
    publishers = c("Addison-Wesley","Springer","Wiley-Interscience",
                  "Springer","Wiley-Interscience",
                  "Wiley","Samurai Media Limited"),
```

```
    year = c(1977,1994,1990,1988,2006,1992,2015))
books

# 合并有相同列名的数据框
merge(authors,books,by = "name")
```

以上代码运行结果如下：

```
        name nationality deceased
1    Tukey          US      yes
2 Venables   Australia       no
3  Tierney          US       no
4   Ripley          UK       no
5   McNeil   Australia       no


  nationality deceased   surname
1          US      yes     Tukey
2   Australia       no  Venables
3          US       no   Tierney
4          UK       no    Ripley
5   Australia       no    McNeil
        name     other.author                                  title
1    Tukey             <NA>            Exploratory Data Analysis
2 Venables           Ripley Modern Applied Statistics with S-PLUS
3  Tierney             <NA>                            LISP-STAT
4   Ripley             <NA>                    Spatial Statistics
5   Ripley             <NA>                 Stochastic Simulation
6   McNeil             <NA>             Interactive Data Analysis
7   R Core Venables & Smith               An Introduction to R
              publishers year
1        Addison-Wesley 1977
2              Springer 1994
3    Wiley-Interscience 1990
4              Springer 1988
5    Wiley-Interscience 2006
6                 Wiley 1992
7 Samurai Media Limited 2015


     name nationality deceased other.author
1   McNeil   Australia       no         <NA>
2   Ripley          UK       no         <NA>
3   Ripley          UK       no         <NA>
4  Tierney          US       no         <NA>
5    Tukey          US      yes         <NA>
6 Venables   Australia       no       Ripley
                              title     publishers year
1         Interactive Data Analysis          Wiley 1992
```

```
2                       Spatial Statistics                Springer 1988
3               Stochastic Simulation Wiley-Interscience 2006
4                            LISP-STAT Wiley-Interscience 1990
5            Exploratory Data Analysis        Addison-Wesley 1977
6 Modern Applied Statistics with S-PLUS            Springer 1994
```

当合并的数据框没有相同的列名时，可用以下方式，得到的结果与前面一样。

```
# 合并没有相同列名的数据框
merge(authors.new,books,by.x = "surname",by.y = "name")
```

上面的例子中，authors 数据框与 books 数据框通过指定参数 by 等于 name 连接起来；而 authors.new 数据框与 books 数据框通过指定参数 by.x 和 by.b 分别等于 surname 和 name 连接起来。代码中 I() 函数的作用是，防止在构建数据框时 name 中的数据被 R 语言自动转为因子。回忆一下，第 2 章介绍过，要避免构建数据框时字符数据被转为因子，可以令 stringsAsFactors 参数等于 F。但这样一来，所有的字符数据都维持了原形。而上面的例子中，只希望 name 维持原形，而 nationality 和 deceased 被转为因子，因此使用 I() 函数是一种可行的办法。

5.1.4 分组和汇总

在数据分析中往往先对数据分组，然后再对每组进行统计汇总。

先介绍几种对数据单纯分组的方法。第一种常用的分组函数就是 cut()，它处理的对象是数值向量，实际上是按照一定的区间将数值向量转换为因子，例如：

```
x <- rnorm(20,10,5)
# 按 c(min(x),5,10,15,max(x)) 区间将 x 分成 4 个区间（组）
# include.lowest 表示第一组是否包含最小值
cut(x,breaks = c(min(x),5,10,15,max(x)),include.lowest = T)

# 可以为每一个组赋予标签
cut(x,breaks = c(min(x),5,10,15,max(x)),
labels = c("第一组","第二组","第三组","第四组"),
include.lowest = T)

# 实际应用中往往是在数据框中生成新列
a <- data.frame(x = x)
a$y <- cut(a$x,breaks = c(min(a$x),5,10,15,max(a$x)),
labels = c("第一组","第二组","第三组","第四组"),
include.lowest = T)
head(a)
```

以上代码运行结果如下：

```
[1] (5,10]      (10,15]     (10,15]    (15,15.8] (10,15]     (10,15]     (5,10]
[8] (5,10]      (5,10]      (5,10]     (5,10]      (5,10]      (15,15.8] [2.76,5]
```

```
[15]  (10,15]    (10,15]    (10,15]    (10,15]    (15,15.8] (10,15]
Levels: [2.76,5] (5,10] (10,15] (15,15.8]


 [1]  第二组 第三组 第三组 第四组 第三组 第三组 第二组 第二组 第二组 第二组
[11]  第二组 第二组 第四组 第一组 第三组 第三组 第三组 第三组 第四组 第三组
Levels: 第一组 第二组 第三组 第四组


          x        y
1  6.807153 第二组
2 13.375427 第三组
3 10.654195 第三组
4 15.347614 第四组
5 14.889938 第三组
6 12.071792 第三组
```

第二种分组方法是用 split() 函数，它通过分组变量以列表的形式将向量或者数据框分割为若干组，示例代码如下：

```
b <- split(a$x,a$y)
str(b)
# 若要将分组结果还原，可使用 unsplit() 函数
c <- unsplit(b,a$y)
c
```

以上代码运行结果如下：

```
List of 4
 $ 第一组 : num 2.76
 $ 第二组 : num [1:7] 6.81 8 7.84 9.29 6.41 ...
 $ 第三组 : num [1:9] 13.4 10.7 14.9 12.1 11.8 ...
 $ 第四组 : num [1:3] 15.3 15.5 15.8

 [1]   3.6733490  9.9784763 10.9403227  7.0281249  0.4545763 11.1149830
 [7]  16.6826347  5.3165796  3.3080835  4.2505676  0.9662163 19.7112420
[13]  13.4840083  5.5958960 13.1517229  3.0015895  1.5865422 10.4788877
[20]  15.1932950 13.4317610
```

分组后，可以进一步使用一些汇总函数。例如，通过 rowsum 分组求和：

```
rowsum(a$x,group = a$y)
```

得到如下结果：

```
              [,1]
第一组    2.757974
第二组   53.150685
第三组  117.337901
第四组   46.716935
```

还可以通过 table() 函数和 xtabs() 函数计算每一组的数量。例如：

```
table(a$y)
# xtabs 与 table 结果一样，只是需要使用公式
xtabs(~ y,a)
```

得到如下结果：

```
第一组   第二组   第三组   第四组
  1      7       9       3


y
第一组   第二组   第三组   第四组
  1      7       9       3
```

关于数据汇总，更灵活的一个函数是 aggregate()。例如：

```
# 按 sex、smoker 计算 tips 数据集中 tatal_bill 和 tip 的平均值
aggregate(tips[,c("total_bill","tip")],list(tips$sex,tips$smoker),mean)

# 也可以使用公式
aggregate(cbind(total_bill,tip)~ sex + smoker,data = tips,mean)
```

以上代码运行结果如下：

```
  Group.1 Group.2 total_bill       tip
1  Female      No   18.10519 2.773519
2    Male      No   19.79124 3.113402
3  Female     Yes   17.97788 2.931515
4    Male     Yes   22.28450 3.051167
     sex smoker total_bill       tip
1 Female     No   18.10519 2.773519
2   Male     No   19.79124 3.113402
3 Female    Yes   17.97788 2.931515
4   Male    Yes   22.28450 3.051167
```

如果对象是以列表的形式呈现，该怎么进行分组汇总呢？此内容将在 5.4 节讨论。

5.1.5 排序

R 语言的排序操作主要涉及 3 个有用的函数：sort()、rank() 和 order()。sort() 函数常用于对数值向量或因子进行排序。例如：

```
x <- c(9,4,4,5,8,6,NA)
y <- factor(rep(c("东","南","西","北"),3),levels = c("东","南","西","北"))
sort(x)
sort(y)
```

以上代码运行结果如下：

```
[1] 4 4 5 6 8 9

[1] 东 东 东 南 南 南 西 西 西 北 北 北
Levels: 东 南 西 北
```

从上例中可以发现，当向量中有 NA 时候，排序后 NA 将被自动舍去。如果要保留 NA，可通过 na.last 参数来控制。

此外，sort() 函数默认以升序排序，如果要以降序排序，可以通过设置 decreasing 参数为 TRUE 来实现，代码如下：

```
# 通过设置 na.last = TRUE，将 NA 置于向量的后面；降序排序
sort(x,na.last = TRUE,decreasing = TRUE)

# 通过设置 na.last = FALSE，将 NA 置于向量的前面；升序排序
sort(x,na.last = FALSE,decreasing = TRUE)
```

以上代码运行结果如下：

```
[1] 9 8 6 5 4 4 NA
```

```
[1] NA 9 8 6 5 4 4
```

rank() 函数的操作对象也是向量，输出的结果为向量的秩，即排名。当向量中出现重复值时，其排名将受 ties.method 参数的影响。ties.method 有以下 6 种可选的方法。

（1）average：平均排名

（2）first：升序排名

（3）last：降序排名

（4）random：随机排名

（5）max：最大排名

（6）min：最小排名。

例如，100 米赛跑中，7 名运动员的成绩分别为 10.23、10.56、11.03、11.25、10.88、10.88 和 12.8，如果相同成绩的那两位运动员并列第三名，用的就是 min 方法；如果他们分别为第四名和第三名，用的就是 last 方法。例如：

```
x <- c(10.23,10.56,11.03,11.25,10.88,10.88,12.8)
rank(x,ties.method = "average")
rank(x,ties.method = "first")
rank(x,ties.method = "max")
```

以上代码运行结果如下：

```
[1] 1.0 2.0 5.0 6.0 3.5 3.5 7.0
```

```
[1] 1 2 5 6 3 4 7

[1] 1 2 5 6 4 4 7
```

如果要对数据框排序，需要执行以下两个步骤。

步骤 1：用 order() 函数对排序列排序，进而返回排序后各个元素的原位置信息。

步骤 2：通过 roder() 函数的输出结果对数据框排序。

初次接触 order() 函数，不容易理解其含义，下面举例说明。

```
x <- c(7,3,10,5)
x
y <- sort(x)
y
z <- order(x)
z
```

以上代码运行结果为：

```
[1]  7  3 10  5

[1]  3  5  7 10

[1] 2 4 1 3
```

上面的代码中，先使用 sort() 函数对 x 排序，返回一个新向量 y；用 order() 函数操作 x，返回一个新向量 z。通过 z 与 y 的关系来理解 order() 函数的意义。y[1] 为 3 时，对应 x[2]，而 2 又对应 z[1]；y[2] 为 5 时，对应 x[4]，而 4 又对应 z[2]，以此类推。z 中的元素其实就是对 x 进行排序后 (y) 的元素在 x 中的位置。

通过 order() 函数完成步骤 1 后，就可以对数据框进行排序了：

```
grades<- data.frame(name = c("Abel","Baron","Charles","David",
                             "Edward","Frank","Gabriel"),
                    time = c(10.23,10.56,11.03,11.25,10.88,10.88,12.8))

# 通过 time 对 grades 数据框排序
grades.ordered <- grades[order(grades$time),]
grades.ordered$rank <- rank(grades.ordered$time,ties.method = "min")
grades.ordered
```

以上代码运行结果为：

```
     name  time rank
1    Abel 10.23    1
2   Baron 10.56    2
5  Edward 10.88    3
6   Frank 10.88    3
```

```
3 Charles 11.03     5
4    David 11.25     6
7 Gabriel 12.80     7
```

如果要依据一列以上的数据对数据框排序，则需要依次在 order 中列举出来。例如下面的代码中，通过日期、时间和用餐人数来对 tips 数据集进行降序排序。注意，tips 中的 day 列为因子，水平为 Fri、Sat、Sun 和 Thur；time 也为因子，水平为 Dinner 和 Lunch。

```
tips.new <- tips

# 为了方便排序，先将 tips$day 和 tips$time 变为因子，并指定因子水平
tips.new$day <- factor(tips.new$day,levels =
c("Thur","Fri","Sat","Sun"))
tips.new$time <- factor(tips.new$time,levels = c("Lunch","Dinner"))

# 对 tips 排序
tips.ordered <- with(
  tips.new,
  tips.new[order(day,time,size,decreasing = T),]
)
head(tips.ordered,10)
```

以上代码运行结果为：

```
    total_bill  tip    sex smoker day   time size
157      48.17 5.00   Male     No Sun Dinner    6
156      29.85 5.14 Female     No Sun Dinner    5
186      20.69 5.00   Male     No Sun Dinner    5
188      30.46 2.00   Male    Yes Sun Dinner    5
5        24.59 3.61 Female     No Sun Dinner    4
6        25.29 4.71   Male     No Sun Dinner    4
8        26.88 3.12   Male     No Sun Dinner    4
12       35.26 5.00 Female     No Sun Dinner    4
14       18.43 3.00   Male     No Sun Dinner    4
45       30.40 5.60   Male     No Sun Dinner    4
```

5.1.6 转换

关于转换，其实在前面的章节中已经讨论过。例如，通过 as.numeric() 和 as.character() 等函数对数据类型进行转换；又如，对一个变量重新赋值，也是一种转换。现在讨论的是如何在一个数据框内部实现转换，首先要用的函数就是 with()。该函数在前面已经提到，其作用是对当前数据构建一个环境，并在该环境中计算表达式，示例代码如下：

```
tips1 <- tips
# 使用 with() 函数在 tips1 中增加一个新列 cost，即总花费
```

```
tips1$cost <- with(tips1,total_bill + tip)
head(tips1)

# 结果与使用 "$" 符号完全一样，但避免了一些重复
tips1$cost <- tips1$total_bill + tips1$tip
```

运行结果为：

```
  total_bill  tip    sex smoker day   time size  cost
1      16.99 1.01 Female     No Sun Dinner    2 18.00
2      10.34 1.66   Male     No Sun Dinner    3 12.00
3      21.01 3.50   Male     No Sun Dinner    3 24.51
4      23.68 3.31   Male     No Sun Dinner    2 26.99
5      24.59 3.61 Female     No Sun Dinner    4 28.20
6      25.29 4.71   Male     No Sun Dinner    4 30.00
```

如果要同时增加一列以上的列，需要用到 within() 函数或 transform() 函数。例如：

```
tips2 <- tips
# 使用 within() 函数在 tips2 中增加两列：cost 和 avg.cost（人均消费）
tips2 <- within(tips2,
                {
                    cost = total_bill + tip
                    avg.cost = cost/size
                })
head(tips2)
tips3 <- tips

# 使用 transform() 函数在 tips3 中增加两列：cost 和 avg.cost（人均消费）
tips3 <- transform(tips3,cost = total_bill + tip ,avg.cost = cost/size)
```

以上代码运行结果如下：

```
  total_bill  tip    sex smoker day   time size avg.cost  cost
1      16.99 1.01 Female     No Sun Dinner    2    9.000 18.00
2      10.34 1.66   Male     No Sun Dinner    3    4.000 12.00
3      21.01 3.50   Male     No Sun Dinner    3    8.170 24.51
4      23.68 3.31   Male     No Sun Dinner    2   13.495 26.99
5      24.59 3.61 Female     No Sun Dinner    4    7.050 28.20
6      25.29 4.71   Male     No Sun Dinner    4    7.500 30.00

Error in eval(substitute(list(...)), '_data', parent.frame()): 找不到对
象 'cost'
```

使用 transform() 函数时，R 语言报错找不到对象 cost。因此需要进行如下调整：

```
# 调整 tranform 中的表达式，将 avg.cost = cost/size 变为 avg.cost = (total_
bill + tip)/size
tips3 <- transform(tips3,cost = total_bill + tip ,avg.cost = (total_bill
```

```
+ tip)/size)
  head(tips3)
```

运行结果为：

```
total_bill  tip     sex smoker day    time size  cost avg.cost
1      16.99 1.01 Female     No Sun Dinner   2 18.00    9.000
2      10.34 1.66   Male     No Sun Dinner   3 12.00    4.000
3      21.01 3.50   Male     No Sun Dinner   3 24.51    8.170
4      23.68 3.31   Male     No Sun Dinner   2 26.99   13.495
5      24.59 3.61 Female     No Sun Dinner   4 28.20    7.050
6      25.29 4.71   Male     No Sun Dinner   4 30.00    7.500
```

成功运行！这也是使用 within() 函数和 transform() 函数的一点区别，即 within() 中新生成的变量（如上面代码中的 cost）可以被后续的代码调用，而 transform() 新生成的变量则无法被后续的代码调用。

5.2 数据重塑

数据重塑可以理解为将"长"数据变为"宽"数据，或者将"短"数据变为"长"数据。宽数据很容易理解，就是每一行代表一次观测。例如，在汽车的性能测试数据中，每一行就代表每一辆汽车每千米的油耗、气缸数、排量和马力等 11 项性能记录。长数据就是用多行来表示对同一个事物的观测。例如，汽车测试数据中用一行表示对汽车一项性能的记录，也就是说一辆汽车会有 11 行不同的记录，分别表示 11 项性能。

数据重塑实际上是基于宽数据分析的需要。我们拥有的数据往往是宽数据，现在要根据数据绘制图形，对于一些习惯于 R 语言的传统绘图系统的用户，利用这些宽数据就可以完成制图；而对于那些热衷于 ggplot2 扩展包制图的用户，则需要先将宽数据变为长数据后，才能完成制图。长数据也适合进行分组汇总的操作。另外，在分析重复测量数据时，也需要使用长数据格式。

R 语言提供了一些数据重塑的内置函数，如 stack()、unstack() 和 reshape() 等函数。然而这些函数都不太容易理解。好在 Hadley Wickham 开发了一个非常有用的数据重塑扩展包：reshape2。对于这个扩展包，用户只需要知道 melt() 和 dcast() 这两个重要函数，就能完成几乎所有的数据重塑工作。

1. melt() 函数

melt 表示融合的意思，用于将长数据变为宽数据。请看下面的示例（在这之前需要先安装 reshape2 扩展包）。

```
library(reshape2)
head(airquality)# airquality 为 R 语言内置 datasets 的关于空气质量的数据集
```

```
airquality.melt <- melt(data = airquality,
                        id.vars = c("Month","Day"),
                        measure.vars = c("Ozone","Solar.
R","Wind","Temp"),
                        variable.name = "index",
                        value.name = "value")
head(airquality.melt)
nrow(airquality.melt)/nrow(airquality)
```

以上代码运行结果如下：

```
  Ozone Solar.R Wind Temp Month Day
1    41     190  7.4   67     5   1
2    36     118  8.0   72     5   2
3    12     149 12.6   74     5   3
4    18     313 11.5   62     5   4
5    NA      NA 14.3   56     5   5
6    28      NA 14.9   66     5   6

  Month Day index value
1     5   1 Ozone    41
2     5   2 Ozone    36
3     5   3 Ozone    12
4     5   4 Ozone    18
5     5   5 Ozone    NA
6     5   6 Ozone    28

[1] 4
```

上面的例子中，通过 melt() 函数将 airquality 数据集中的 ozone、solar.R、wind 和 temp 这 4 列合为一列。其中，id.vars 表示需要作为 id 的列名，指定后，这些列将维持原样。measure.vars 表示需要进行合并的列，一般情况下 R 语言默认将那些没有作为 id 的列进行合并。当然也可以选择部分列进行合并，得到的结果将只有这些列的数据。variable.name 表示合并后分类变量列的名称，默认为 variable。value.name 则表示合并后数值列的名称，默认为 value。

2. dcast()函数

合并数据的反向操作是重铸，也就是将长数据变为宽数据。reshape2 扩展包是通过 dcast() 函数来实现的。下面的例子就是将上面已合并的数据"还原"。

```
airquality.dcast <- dcast(data = airquality.melt,
                          Month + Day ~ index,
                          value.var = "value")
head(airquality.dcast)
```

得到如下结果：

```
  Month Day Ozone Solar.R Wind Temp
```

```
1    5   1    41    190  7.4   67
2    5   2    36    118  8.0   72
3    5   3    12    149 12.6   74
4    5   4    18    313 11.5   62
5    5   5    NA     NA 14.3   56
6    5   6    28     NA 14.9   66
```

通过 dcast() 函数就可顺利将 airquality.melt 还原为 airquality.dcast，airquality.dcast 与 airquality 除了列之间的顺序不一样，其他完全一样。在 dcast 中，"Month + Day ~ index" 是一个 formula 表达式，"~" 前面的部分表示维持原样的列，而 "~" 后面的部分表示需要 "拆分" 或者 "拉长" 为若干列的分类列；value.var 表示需要 "拆分" 或者 "拉长" 为若干列的数值列，若没有指定，则默认以 reshape2 扩展包的 guess_value() 函数进行猜测。uess_value() 函数的猜测策略可通过运行 "?guess_value" 进行查看。

其实 dcast() 函数还有一个非常重要的参数，即 fun.aggregate。它的作用是重铸后，当每个单元格的值不唯一时，决定该采取哪种聚合方法。如果没有设定它，并且重铸后每个单元格的值又不唯一，那么它将默认计算这些值的个数，同时给出一个警告信息，示例代码如下：

```
tips.dcast <- dcast(data = tips,
                    sex + smoker + day + size ~ time,
                    value.var = "total_bill")
head(tips.dcast)
```

得到如下结果：

```
Aggregation function missing: defaulting to length

sex smoker day size Dinner Lunch
1 Female    No Fri    2      1      0
2 Female    No Fri    3      0      1
3 Female    No Sat    1      1      0
4 Female    No Sat    2      8      0
5 Female    No Sat    3      3      0
6 Female    No Sat    4      1      0
```

上面的代码中，当固定了 sex、smoker、day 和 size 列，并对分类列 time 和数值列 total_bill 进行重铸后，出现了不唯一的值。因此最后的结果为这些值的个数。例如，tips.dcast[4,5] 的值为 8，就说明在 sex 等于 Female，smoker 等于 NO，day 等于 Sat，size 等于 2 时，Dinner 有 8 个不同的值。下面将 fun.aggregate 设定为 mean。

```
tips.dcast <- dcast(data = tips,
                    sex + smoker + day + size ~ time,
                    value.var = "total_bill",
                    fun.aggregate = mean)
head(tips.dcast)
```

得到结果如下：

```
     sex smoker day size   Dinner Lunch
1 Female     No Fri    2 22.75000   NaN
2 Female     No Fri    3      NaN 15.98
3 Female     No Sat    1  7.25000   NaN
4 Female     No Sat    2 18.66000   NaN
5 Female     No Sat    3 23.27667   NaN
6 Female     No Sat    4 20.69000   NaN
```

这样，Dinner 和 Lunch 的每个单元格中的值就变成了那些不唯一值的平均数。

5.3 apply 函数族

第 3 章介绍了 for 循环和 while 循环，使用循环可以在各种数据结构上重复地执行同一种操作。虽然循环的逻辑清晰易懂，但在 R 语言中，循环往往是最后的选择，因为 R 语言在进行循环操作时是使用自身来实现的，效率比较低。所以 R 语言有一个特别符合其统计语言出身的特点：向量化。之所以强调向量化，是因为向量化运用了底层的 C 语言，而 C 语言的效率要比高层的 R 语言效率高。

说到 R 语言的向量化运算，就绕不开 apply 函数族。apply 函数族也是 R 语言内置的函数，但是由于其功能的强大性和使用时的复杂性，因此专门用一节来介绍。

apply() 函数族由一组函数组成，主要是为了解决数据向量化运算的问题，以提高运行效率。它的成员有 apply()、lapply()、sapply()、vapply()、mapply()、rapply()、tapply() 和 eapply()，它们可针对不同的数据返回不同的结果。结合使用的频率，本节只介绍前 5 个函数。

5.3.1 apply()函数

apply 函数族中最简单的函数就是 apply()，其作用是将一个函数运用到矩阵或数组的某个维度，它主要有以下 3 个参数。

（1）X：指输入的数据，一般是矩阵或数据框。

（2）FUN：指要使用的函数。

（3）GARGIN：指定函数将要在哪个维度上运行。其中 1 代表行，2 代表列，如果是数组，还可以是更大的数字。

另外，如果还需要指定 FUN 的其他参数，可以跟在后面。

```
x <- matrix(1:24,4,6)
x
```

```
# 计算每一行的最大值
apply(X = x,MARGIN = 1,FUN = max)

# 计算每一列的平均值
apply(X = x,MARGIN = 2,FUN = min)

# 将 x 中的一个元素改变为 NA, 并计算每一行的最大值
x[1,2] <- NA
apply(X = x,MARGIN = 1,FUN = max)

# 加入 max() 函数中处理缺失值的参数
apply(X = x,MARGIN = 1,FUN = max,na.rm = TRUE)
```

以上代码运行结果如下：

```
     [,1] [,2] [,3] [,4] [,5] [,6]
[1,]    1    5    9   13   17   21
[2,]    2    6   10   14   18   22
[3,]    3    7   11   15   19   23
[4,]    4    8   12   16   20   24


[1] 21 22 23 24


[1]  1  5  9 13 17 21


[1] NA 22 23 24


[1] 21 22 23 24
```

上面的代码中，当 MARGIN 等于 1 时，apply() 函数将把 max() 函数应用到 x 的每一行，返回结果为一个长度是 4 的向量；同样地，当 MARGIN 等于 2 时，apply() 函数将把 max() 函数应用到 x 的每一列，返回结果为一个长度是 6 的向量。当 x 中有 NA 时，得到的结果也会有 NA，所以需要指定 mean() 函数的 na.rm 参数为 TRUE。

将 apply() 函数运用到数据的方法也是一样的。下例中，将计算 3 维数组中第 3 维的每个矩阵元素的平均值，得到一个长度为 2 的向量。

```
x <- array(1:24,dim = c(3,4,2))
x
apply(x,MARGIN = 3,FUN = mean )
```

以上代码运行结果如下：

```
, , 1

     [,1] [,2] [,3] [,4]
[1,]    1    4    7   10
```

```
[2,]    2    5    8   11
[3,]    3    6    9   12

, , 2

      [,1] [,2] [,3] [,4]
[1,]   13   16   19   22
[2,]   14   17   20   23
[3,]   15   18   21   24

[1]  6.5 18.5
```

如果 MARGIN 参数为向量，结果会如何呢？请看下面的例子：

```
apply(x,MARGIN = c(1,3),FUN = mean )
```

得到如下结果：

```
      [,1] [,2]
[1,]  5.5 17.5
[2,]  6.5 18.5
[3,]  7.5 19.5
```

上面的运算过程似乎不是很清楚，换成下面这种方式就容易理解了。

```
apply(x,MARGIN = c(1,3),FUN = paste,collapse = "-" )
```

得到如下结果：

```
      [,1]         [,2]
[1,] "1-4-7-10"   "13-16-19-22"
[2,] "2-5-8-11"   "14-17-20-23"
[3,] "3-6-9-12"   "15-18-21-24"
```

运算中，当数组的第 1 维和第 3 维固定后，只有第 2 维度，也就是只有列可以变动。整段代码的作用就是将 paste() 函数应用到 x 数组的每一行元素中，并以 "-" 间隔。

还可以在 apply() 函数中使用自编函数或匿名函数，这样 apply() 函数就更灵活了。例如：

```
apply(x,MARGIN = 3,
     FUN = function(x){
         list(range = range(x),mean =mean(x))
     } )
```

得到如下结果：

```
[[1]]
[[1]]$range
[1]  1 12

[[1]]$mean
```

```
[1] 6.5


[[2]]
[[2]]$range
[1] 13 24

[[2]]$mean
[1] 18.5
```

5.3.2 lapply()函数

lapply() 函数允许输入数据为原子向量或递归向量，并将一个函数应用于它的每一个元素或者分量，结果为与输入数据长度相同的列表。它主要有两个参数——X 和 FUN，意义与 apply() 函数类似，示例代码如下：

```r
# 输入为向量时
x <- 1:5
lapply(x,function(x){x^3})

# 输入为矩阵时
y <- matrix(1:4,2,2)
lapply(x,max)

# 输入为列表时
z <- list(x)
lapply(x,function(x){x^3})

# 输入为数据框时
d <- data.frame(x = 1:5,y = 6:10)
lapply(d,max)
```

以上代码运行结果如下：

```
[[1]]
[1] 1

[[2]]
[1] 8

[[3]]
[1] 27

[[4]]
[1] 64
```

```
[[5]]
[1] 125

[[1]]
[1] 1

[[2]]
[1] 2

[[3]]
[1] 3

[[4]]
[1] 4

[[5]]
[1] 5

[[1]]
[1] 1

[[2]]
[1] 8

[[3]]
[1] 27

[[4]]
[1] 64

[[5]]
[1] 125

$x
[1] 5

$y
[1] 10
```

上述代码中，无论输入为向量、矩阵、列表还是数据框，输出结果的长度均与输入长度一样（矩阵的长度为其元素的个数）。需要注意的是，当输入为矩阵时，lapply() 函数会将 FUN 中的函数应用于每个值，而不是按照列或行进行应用；如果输入为数据框，lapply() 函数则会将 FUN 中的函数应用于每一列。

5.3.3　sapply()函数

lapply() 函数的输出结果为一个列表，但有时需要输出向量、矩阵或数组，这时就需要用到 sapply() 函数。sapply() 函数其实是 lapply() 函数的灵活版本，除了 lapply 的参数外，它还多了 simplify 和 USE.NAMES 这两个参数。其中 simplify 默认为 TRUE，表示要求输出结果为向量或矩阵，在必要时还可以令 simplify 等于 array，表示输出结果为数组；USE.NAMES 为 TRUE 时，表示当输入为字符串时，将以字符串为输出命名。当 simplify 和 USE.NAMES 都为 FALSE 时，sapply() 函数的输出结果与 lapply() 函数是完全一样的，例如：

```
# simlify 和 USE.NAMES 默认为 TRUE
sapply(d,max)

# 当输入为字符串且 USE.NAMES 为 TRUE 时
sapply(LETTERS[1:5],function(x)paste(x,'-',x))

# simlify 和 USE.NAMES 为 TRUE 时，与 lapply() 函数结果一样
sapply(d,max,simplify = FALSE,USE.NAMES = FALSE)
```

以上代码运行结果如下：

```
x  y
5 10

      A         B         C         D         E
"A - A" "B - B" "C - C" "D - D" "E - E"

$x
[1] 5

$y
[1] 10
```

5.3.4　vapply()函数

vapply() 函数与 sapply() 函数类似，只是多了一个 FUN.VALUE 参数。正是由于这个参数，使 vapply() 函数较 sapply() 函数多了一层类似于返回值的"模板"信息，进而更容易发现错误，示例代码如下：

```
x <- list(a = 1:4,b = 5:8,c = 9:13)
sapply(x,function(x){x +10})
vapply(x,function(x){x +10},FUN.VALUE = numeric(4))
```

得到如下结果：

```
$a
```

```
[1] 11 12 13 14

$b
[1] 15 16 17 18

$c
[1] 19 20 21 22 23

Error in vapply(x, function(x){: 值的长度必须为 4,
  但 FUN(X[[3]]) 结果的长度却是 5
```

对于 sapply() 函数来说，当结果无法输出为向量或矩阵时，就会自动返回为列表，这是它的"聪明"之处。但是这可能会导致一些潜在的问题。如上面的情况，x[[1]] 和 x[[2]] 的长度都是 4，而 x[[3]] 的长度却为 5，后者可能是在输入时出错的。但是 sapply() 函数会继续输出为列表，并没有报错。因此在实际分析中较难发现这个错误。而 vapply() 函数可以通过 FUN.VALUE 参数提前设置一个返回值的模板，如果返回值与这个模板冲突，就会报错。

5.3.5 mapply()函数

mapply() 函数是 sapply() 函数的多变量版本。在 sapply() 函数中，FUN 参数指定的函数只能同时接受一个向量，而 mapply() 函数中的 FUN 参数指定的函数则可以同时接受多个向量。

```
mapply(FUN = function(x,y)c(x + y, x * y), 2:8, 4:10)
```

得到如下结果：

```
      [,1] [,2] [,3] [,4] [,5] [,6] [,7]
[1,]    6    8   10   12   14   16   18
[2,]    8   15   24   35   48   63   80
```

可见 FUN 中指定的函数可以同时接受 2:8 和 4:10 这两个向量。

5.4 plyr 扩展包

apply 函数族给人的感觉是庞杂的，并且函数之间缺乏规律性，所以经常需要重新阅读帮助文档才能回忆起各个函数的具体使用方法。因此 Hadley Wickham 又开发了 plyr 程序扩展包，这个程序扩展包完全能代替 apply 函数族，并进一步拓展了 apply 函数族的功能。

plyr 扩展包的主要目的是实现数据处理中的"分割－应用－组合"（split-apply-combine）策略。"分割－应用－组合"策略就是指将一个问题分割成更容易操作的部分，再对每一部分进行独立的操作，最后将各部分的操作结果组合起来。例如，在一个数据框中，可以将数据分为若干类，并且对这些类进行函数操作，最后将结果组合为想要的数据结构。

　　plyr 扩展包里面有很多函数，它的主要函数可以用 **ply 来概括。第一个 "*" 表示输入数据的结构，可选的数据结构包括 a（array）、d（data.frame）和 l（list）；第二个 "*" 表示输出数据的结构，可选的结构除了前面的三种以外，还有 "_"，表示不输出，它的结果常用于绘图和建立缓存。因此，根据输入与输出数据，可将 plyr 扩展包划分为 12 个主要函数，如表 5-1 所示。

表 5-1　plyr 扩展包的 12 个主要函数

输　入	输出数组	输出数据框	输出数据列表	无　输　出
数组	aaply	adply	alply	a_ply
数据框	daply	ddply	dlply	d_ply
列表	daply	ldply	llplyr	l_ply

　　这 12 个主要函数看起来多，实际上却有很强的规律性。对于 **ply() 函数来说，按照其输入数据的结构可以分为三类：a*ply()、d*ply() 和 l*ply()。这三类的参数各不相同。

```
a*ply(.data, .margins, .fun, ..., .progress = "none")
d*ply(.data, .variables, .fun, ..., .progress = "none")
l*ply(.data, .fun, ..., .progress = "none")
```

　　以上三类函数的切割方式有所不同，a*ply() 函数按照维度对数组进行 "切片"；d*ply() 函数按照一列或多列将数据框分为若干子集；l*ply() 函数将列表的每个分量作为子集。三类函数中，所有参数的名称均以 "." 开头。其中，.data 表示输入数据；.margins 或 .variables 用来描述输入数据将如何被分割为若干部分；.margins 表示数组的边际，与 apply 的 MARGIN 参数类似，也可以为向量；.variables 表示分组变量，可以有多个变量；.fun 表示应用于数据各部分的函数，如果没有指定 .fun，则表示从一种数据结构变为另一种数据结构；… 表示传递给 .fun 的其他参数；.progress 是进度条的类型，none 表示不显示进度条，此外还有 text、tk 和 win 三种进度条。下面以 datasets 包的鸢尾花数据集 iris 和 iris3 为例进行说明。

```
library(plyr)
iris.set <- iris
iris3.set <- iris3
class(iris)
class(iris3)

# 不指定 .fun, 进行数据结构的转换
iris.set1 <- dlply(iris.set,.variables = "Species")
str(iris.set1)
str(iris3.set1)
```

以上代码运行结果如下：

```
[1] "data.frame"

[1] "array"
```

```
List of 3
 $ setosa    :'data.frame': 50 obs.of  5 variables:
  ..$ Sepal.Length: num [1:50] 5.1 4.9 4.7 4.6 5 5.4 4.6 5 4.4 4.9 ...
  ..$ Sepal.Width : num [1:50] 3.5 3 3.2 3.1 3.6 3.9 3.4 3.4 2.9 3.1 ...
  ..$ Petal.Length: num [1:50] 1.4 1.4 1.3 1.5 1.4 1.7 1.4 1.5 1.4 1.5 ...
  ..$ Petal.Width : num [1:50] 0.2 0.2 0.2 0.2 0.2 0.4 0.3 0.2 0.2 0.1 ...
  ..$ Species     : Factor w/ 3 levels "setosa","versicolor",..: 1 1 1 1
1 1 1 1 1 ...
  ..- attr(*, "vars")= chr "Species"
 $ versicolor:'data.frame': 50 obs.of  5 variables:
  ..$ Sepal.Length: num [1:50] 7 6.4 6.9 5.5 6.5 5.7 6.3 4.9 6.6 5.2 ...
  ..$ Sepal.Width : num [1:50] 3.2 3.2 3.1 2.3 2.8 2.8 3.3 2.4 2.9 2.7 ...
  ..$ Petal.Length: num [1:50] 4.7 4.5 4.9 4 4.6 4.5 4.7 3.3 4.6 3.9 ...
  ..$ Petal.Width : num [1:50] 1.4 1.5 1.5 1.3 1.5 1.3 1.6 1 1.3 1.4 ...
  ..$ Species     : Factor w/ 3 levels "setosa","versicolor",..: 2 2 2 2
2 2 2 2 2 ...
  ..- attr(*, "vars")= chr "Species"
 $ virginica :'data.frame': 50 obs.of  5 variables:
  ..$ Sepal.Length: num [1:50] 6.3 5.8 7.1 6.3 6.5 7.6 4.9 7.3 6.7 7.2 ...
  ..$ Sepal.Width : num [1:50] 3.3 2.7 3 2.9 3 3 2.5 2.9 2.5 3.6 ...
  ..$ Petal.Length: num [1:50] 6 5.1 5.9 5.6 5.8 6.6 4.5 6.3 5.8 6.1 ...
  ..$ Petal.Width : num [1:50] 2.5 1.9 2.1 1.8 2.2 2.1 1.7 1.8 1.8 2.5 ...
  ..$ Species     : Factor w/ 3 levels "setosa","versicolor",..: 3 3 3 3
3 3 3 3 3 ...
  ..- attr(*, "vars")= chr "Species"
 - attr(*, "class")= chr [1:2] "split" "list"
 iris3.set1 <- alply(iris3.set,.margins = 3)

List of 3
 $ 1: num [1:50, 1:4] 5.1 4.9 4.7 4.6 5 5.4 4.6 5 4.4 4.9 ...
  ..- attr(*, "dimnames")=List of 2
  ....$ : NULL
  ....$ : chr [1:4] "Sepal L." "Sepal W." "Petal L." "Petal W."
 $ 2: num [1:50, 1:4] 7 6.4 6.9 5.5 6.5 5.7 6.3 4.9 6.6 5.2 ...
  ..- attr(*, "dimnames")=List of 2
  ....$ : NULL
  ....$ : chr [1:4] "Sepal L." "Sepal W." "Petal L." "Petal W."
 $ 3: num [1:50, 1:4] 6.3 5.8 7.1 6.3 6.5 7.6 4.9 7.3 6.7 7.2 ...
  ..- attr(*, "dimnames")=List of 2
  ....$ : NULL
  ....$ : chr [1:4] "Sepal L." "Sepal W." "Petal L." "Petal W."
 - attr(*, "class")= chr [1:2] "split" "list"
```

可见，对于 **plyr() 函数，若不在 .fun 中指定应用函数，它的作用仅仅是将数据集从一种结构转换为另一种结构。

在下面的代码中，自定义了两个函数 model1() 和 model2()。这两个函数实质上是一样的，都是用于对相同变量做线性回归，差别仅在于数据集对象的差异，如列名不一样。其中 lm 的输入数据必须是数据框，所以 model2 中使用了 as.data.frame() 函数，iris.lm 中使用了进度条参数。最后，iris.lm 和 iris3.lm 的结果都是分别对鸢尾花的花瓣长度和宽度进行回归。

```
model1 <- function(df){
  lm(Petal.Length ~ Petal.Width + 1,data = df)
}
iris.lm <- dlply(iris.set,.variables = "Species",.fun = model1,.progress
= "text")
iris.lm

model2 <- function( df){
  lm('Petal L.' ~ 'Petal W.' + 1,data = as.data.frame(df))
}
iris3.lm <- alply(iris3.set,.margins = 3,.fun = model2)
iris3.lm
```

以上代码运行结果如下：

```
    |
    |                                                                        |   0%
    |
    |=====================                                                   |  33%
    |
    |=================================================                       |  67%
    |
    |=======================================================================| 100%
$setosa

Call:
lm(formula = Petal.Length ~ Petal.Width + 1, data = df)

Coefficients:
(Intercept)Petal.Width
    1.3276        0.5465


$versicolor

Call:
lm(formula = Petal.Length ~ Petal.Width + 1, data = df)

Coefficients:
 (Intercept)Petal.Width
```

```
          1.781          1.869


$virginica

Call:
lm(formula = Petal.Length ~ Petal.Width + 1, data = df)

Coefficients:
(Intercept)Petal.Width
      4.2407        0.6473


attr(,"split_type")
[1] "data.frame"
attr(,"split_labels")
      Species
1      setosa
2 versicolor
3  virginica


$'1'

Call:
lm(formula = 'Petal L.' ~ 'Petal W.' + 1, data = as.data.frame(df))

Coefficients:
(Intercept)'Petal W.'
      1.3276        0.5465


$'2'

Call:
lm(formula = 'Petal L.' ~ 'Petal W.' + 1, data = as.data.frame(df))

Coefficients:
(Intercept)'Petal W.'
      1.781          1.869


$'3'

Call:
lm(formula = 'Petal L.' ~ 'Petal W.' + 1, data = as.data.frame(df))
```

```
Coefficients:
(Intercept)'Petal W.'
     4.2407        0.6473


attr(,"split_type")
[1] "array"
attr(,"split_labels")
          X1
1     Setosa
2 Versicolor
3  Virginica
```

5.5 用 sqldf() 函数实现数据框的 SQL 风格查询

　　sqldf 扩展包的 sqldf() 函数可以让用户直接使用 SQL 语句进行数据框查询。如果还没有安装这个包，请先运行此命令进行安装：install.packages("sqldf")。

　　下面介绍 sqldf() 函数神奇的地方。

```
library(sqldf)
head(sqldf("select * from tips where day = 'Sun'"))
```

以上代码运行结果如下：

```
Loading required package: gsubfn
Loading required package: proto
Loading required package: RSQLite

  total_bill  tip    sex smoker day    time size
1      16.99 1.01 Female     No Sun Dinner    2
2      10.34 1.66   Male     No Sun Dinner    3
3      21.01 3.50   Male     No Sun Dinner    3
4      23.68 3.31   Male     No Sun Dinner    2
5      24.59 3.61 Female     No Sun Dinner    4
6      25.29 4.71   Male     No Sun Dinner    4
```

　　加载 sqldf 扩展包时，gsubfn、proto 和 RSQLite 这 3 个依赖包也会自动载入。一般情况下，sqldf() 函数只需一个参数就能完成工作，即一段 SQL 语句。上面的代码选取了 tips 数据框中 day 为 "Sun" 的子集。

　　也可以选择一列数据：

```
head(sqldf("select total_bill from tips"))
```

得到如下结果：

```
  total_bill
1      16.99
2      10.34
3      21.01
4      23.68
5      24.59
6      25.29
```

可见，sqldf() 函数的输出结果也是数据框，即使是选择一列数据。

还可计算一个新列对并其命名：

```
head(sqldf("select *,total_bill + tip as cost from tips"))
```

得到如下结果：

```
  total_bill  tip    sex smoker day   time size  cost
1      16.99 1.01 Female     No Sun Dinner    2 18.00
2      10.34 1.66   Male     No Sun Dinner    3 12.00
3      21.01 3.50   Male     No Sun Dinner    3 24.51
4      23.68 3.31   Male     No Sun Dinner    2 26.99
5      24.59 3.61 Female     No Sun Dinner    4 28.20
6      25.29 4.71   Male     No Sun Dinner    4 30.00
```

对数据排序也是很方便的：

```
head(sqldf("select * from tips order by total_bill,tip"))
```

得到如下结果：

```
  total_bill  tip    sex smoker day   time size
1       3.07 1.00 Female    Yes Sat Dinner    1
2       5.75 1.00 Female    Yes Fri Dinner    2
3       7.25 1.00 Female     No Sat Dinner    1
4       7.25 5.15   Male    Yes Sun Dinner    2
5       7.51 2.00   Male     No Thur  Lunch    2
6       7.56 1.44   Male     No Thur  Lunch    2
```

再看看分组汇总：

```
sqldf("select sex,time,
       count()as count ,
       avg(total_bill)as bill_avg,
       stdev(total_bill)as bill_stdev
       from tips group by sex,time")
```

得到如下结果：

```
     sex   time count bill_avg bill_stdev
1 Female Dinner    52 19.21308   8.202085
```

```
2  Female    Lunch    35 16.33914    7.500803
3    Male   Dinner   124 21.46145    9.460974
4    Male    Lunch    33 18.04848    7.953435
```

除了前面的一些操作，sqldf() 函数还能实现诸如表连接、嵌套查询等操作，使用过程相当方便。但是，它也有一些局限性。

（1）sqldf() 函数基于 SQLite 数据库。SQLite 数据库内置的分组汇总函数十分有限，有时并不能满足实际需求。

（2）使用 SQL 语句在实现某些操作时会很难，如基于排序的筛选。

（3）生成动态 SQL 语句时，需要使用大量的字符串粘贴函数才能完成。

5.6 dplyr 扩展包

dplyr 扩展包是由 Hadley Wickham 开发的另一个十分流行的数据操作包，它把关注点集中在了 tibble 这种数据结构上。这种数据结构是对数据框的重构，在呈现大型数据集时非常友好。

如果还没有安装 dplyr，请运行 install.packages("dplyr") 命令。此外，本节会使用 nycflights13 扩展包中的 flights 数据集，该数据集来源于美国运输统计局，包含了 2013 年从纽约飞往各地的 336 776 次航班的信息。如果没有安装 nycflights13，请运行 install.packages("nycflights13") 命令。

安装成功后，查看 flights 的数据结构，示例代码如下：

```
library(nycflights13)
# 查看 flights 数据集
flights
```

得到如下结果：

```
# A tibble: 336,776 x 19
    year month    day dep_time sched_dep_time dep_delay arr_time
   <int> <int> <int>    <int>          <int>     <dbl>    <int>
 1  2013     1     1      517            515         2      830
 2  2013     1     1      533            529         4      850
 3  2013     1     1      542            540         2      923
 4  2013     1     1      544            545        -1     1004
 5  2013     1     1      554            600        -6      812
 6  2013     1     1      554            558        -4      740
 7  2013     1     1      555            600        -5      913
 8  2013     1     1      557            600        -3      709
 9  2013     1     1      557            600        -3      838
10  2013     1     1      558            600        -2      753
# ...with 336,766 more rows, and 12 more variables: sched_arr_time
<int>,
```

```
#    arr_delay <dbl>, carrier <chr>, flight <int>, tailnum <chr>,
#    origin <chr>, dest <chr>, air_time <dbl>, distance <dbl>, hour
<dbl>,
#    minute <dbl>, time_hour <dttm>
```

flights 已经是一个 tibble 类的数据框了，它与一般数据框的区别是，当打印到控制台上时可附带更多的信息。例如，行数和列数，每一列的数据类型，少量的数据示例及省略的行数、列数和列名。

下面对 dplyr 扩展包的几个重要函数进行介绍，包括变量 (列) 筛选函数 select()、行筛选函数 filter()、排序函数 arrange()、变量转换函数 mutate()、分组函数 group_by()、数据汇总函数 summarise()、表连接函数 join()、随机抽样函数 sample_n() 和 sample_frac()，以及管道函数 %>%。从这些函数的命名来看，也有 SQL 查询语句的风格。

select() 函数用于选择需要的变量用作后续的分析，示例代码如下：

```
library(dplyr)
# 使用 select() 函数选择（列）变量
head(select(flights,year,flight,dest))
```

得到如下结果：

```
# A tibble: 6 x 3
   year flight dest
  <int>  <int> <chr>
1  2013   1545 IAH
2  2013   1714 IAH
3  2013   1141 MIA
4  2013    725 BQN
5  2013    461 ATL
6  2013   1696 ORD
```

如果要从数据中删除一些变量，可以在这些变量前添加负号（-）。此外，在 select() 函数中还可以使用一些辅助函数来完成列的匹配操作，这使选取变量的过程变得更加灵活。这些函数包括 starts_with()、ends_with()、contains()、matches()、num_range()、one_of() 和 everything() 等，例如：

```
# 选取以 "d" 为首字母的变量
head(select(flights,starts_with("d")))

# 选取包含 "lay" 的变量
head(select(flights,contains("lay")))

# 选取最后单词为 "time" 的变量
head(select(flights,matches(".time")))
```

以上代码运行结果如下：

```
# A tibble: 6 x 5
    day dep_time dep_delay dest  distance
```

```
     <int>      <int>      <dbl> <chr>      <dbl>
1       1        517          2 IAH         1400
2       1        533          4 IAH         1416
3       1        542          2 MIA         1089
4       1        544         -1 BQN         1576
5       1        554         -6 ATL          762
6       1        554         -4 ORD          719


# A tibble: 6 x 2
  dep_delay arr_delay
      <dbl>     <dbl>
1         2        11
2         4        20
3         2        33
4        -1       -18
5        -6       -25
6        -4        12


# A tibble: 6 x 5
  dep_time sched_dep_time arr_time sched_arr_time air_time
     <int>          <int>    <int>          <int>    <dbl>
1      517            515      830            819      227
2      533            529      850            830      227
3      542            540      923            850      160
4      544            545     1004           1022      183
5      554            600      812            837      116
6      554            558      740            728      150
```

filter() 函数用于根据条件对数据的列或者记录进行筛选，示例代码如下：

```
# 选取在 3 月 15 日起飞，并且飞行距离大于 1000 的 AS 或者 HA 航空公司的航班信息
filter(flights,month == 3 , day == 15,
distance > 1000,
carrier == "AS"| carrier == "HA")


# 对比 5.1.2 小节介绍的行筛选方法
with(flights,
     flights[month == 3 & day == 15 & distance > 1000 & (carrier == "AS"|
carrier == "HA"),])
```

以上代码运行结果如下：

```
# A tibble: 3 x 19
   year month   day dep_time sched_dep_time dep_delay arr_time
  <int> <int> <int>    <int>          <int>     <dbl>    <int>
1  2013     3    15      722            725        -3     1040
2  2013     3    15     1001           1000         1     1551
```

```
3   2013       3       15      1818                1820             -2      2144
# ...with 12 more variables: sched_arr_time <int>, arr_delay <dbl>,
#   carrier <chr>, flight <int>, tailnum <chr>, origin <chr>, dest <chr>,
#   air_time <dbl>, distance <dbl>, hour <dbl>, minute <dbl>,
#   time_hour <dttm>


# A tibble: 3 x 19
    year month    day dep_time sched_dep_time dep_delay arr_time
   <int> <int>  <int>    <int>          <int>     <dbl>    <int>
1   2013     3     15      722            725        -3     1040
2   2013     3     15     1001           1000         1     1551
3   2013     3     15     1818           1820        -2     2144
# ...with 12 more variables: sched_arr_time <int>, arr_delay <dbl>,
#   carrier <chr>, flight <int>, tailnum <chr>, origin <chr>, dest <chr>,
#   air_time <dbl>, distance <dbl>, hour <dbl>, minute <dbl>,
#   time_hour <dttm>
```

显然，使用 filter() 函数与传统方法的结果完全一样，不过筛选过程要清晰一些。

回忆一下，5.1.5 小节介绍排序时，对数据框排序有以下两个步骤。

步骤 1：用 order() 函数对排序列进行排序，进而返回排序后各个元素的原位置信息。

步骤 2：通过 roder() 函数的输出结果对数据框排序。

现在有了 arrange() 函数就不用那么复杂了。如果依据多列数据排序，只需按列的顺序写进 arrange() 函数即可。如果是逆序排，只需在变量前面加负号或使用 rev() 函数即可。注意，逆排序中使用负号的情况仅限于数值变量。

```
# 依次按 month、day、carrier、origin 和 dest 这几个列对 flights 排序
head(arrange(flights,-month,-day,carrier,origin,dest))
```

以上代码运行结果如下：

```
# A tibble: 6 x 19
    year month    day dep_time sched_dep_time dep_delay arr_time
   <int> <int>  <int>    <int>          <int>     <dbl>    <int>
1   2013    12     31     1234           1240        -6     1440
2   2013    12     31      622            620         2      823
3   2013    12     31     1133           1135        -2     1340
4   2013    12     31     1540           1550       -10     1733
5   2013    12     31      829            830        -1      930
6   2013    12     31     1158           1200        -2     1257
# ...with 12 more variables: sched_arr_time <int>, arr_delay <dbl>,
#   carrier <chr>, flight <int>, tailnum <chr>, origin <chr>, dest <chr>,
#   air_time <dbl>, distance <dbl>, hour <dbl>, minute <dbl>,
#   time_hour <dttm>
```

dplyr 扩展包中的转换函数是 mutate()，借助这个函数可以同时修改和增加若干个变量。与 R

语言的内置转换函数 transform() 相比，它的优势是可在同一段代码中使用刚建立的新变量。例如，下面的代码中，同时计算飞行节约的时间和平均每小时所节约的时间。

```
# 计算飞行节约的时间和平均每小时所节约的时间
flights1<- mutate(flights,
                  gain = arr_delay - dep_delay,
                  gain_per_hour = gain / (air_time / 60)
)
head(flights1$gain)
head(flights1$gain_per_hour)
```

以上代码运行结果如下：

```
[1]   9  16  31 -17 -19  16

[1]  2.378855  4.229075 11.625000 -5.573770 -9.827586  6.400000
```

上面的代码中，arr_delay 表示到达延误时间，dep_delay 表示起飞延误时间。负值表示提前达到或提前起飞。arr_delay 减 dep_delay 表示节约的飞行时间。

mutate() 函数有三个变式，分别为 mutate_all() 函数、mutate_if() 函数和 muatae_at() 函数，它们的作用是缩短代码长度，使变量转换更加灵活。具体使用可通过 ?mutate_all、?mutate_if 和 ?muatae_at 查看帮助文档。

group_by() 函数和 summarise() 函数往往一起使用，先对数据集进行分组，然后再按组进行汇总，例如：

```
# 按航空公司进行分组
flights2 <- group_by(flights,carrier)
group_vars(flights2)# 查看分组变量
group_size(flights2)# 查看各组的行数

# 对各航空公司数据进行汇总
flights3 <- summarise(flights2,
                      dep_delay_mean = mean(dep_delay,na.rm = TRUE),
                      arr_delay_mean = mean(arr_delay,na.rm = TRUE),
                      distance_sd = sd(distance,na.rm = TRUE))
flights3
```

以上代码运行结果如下：

```
[1] "carrier"

[1] 18460 32729   714 54635 48110 54173   685  3260   342 26397    32
[12] 58665 20536  5162 12275   601
# A tibble: 16 x 4
   carrier dep_delay_mean arr_delay_mean distance_sd
   <chr>            <dbl>          <dbl>       <dbl>
```

```
 1 9E              16.7          7.38          322.
 2 AA               8.59         0.364         638.
 3 AS               5.80        -9.93            0
 4 B6              13.0          9.46          704.
 5 DL               9.26         1.64          660.
 6 EV              20.0         15.8           287.
 7 F9              20.2         21.9             0
 8 FL              18.7         20.1           161.
 9 HA               4.90        -6.92            0
10 MQ              10.6         10.8           226.
11 OO              12.6         11.9           206.
12 UA              12.1          3.56          799.
13 US               3.78         2.13          584.
14 VX              12.9          1.76           88.0
15 WN              17.7          9.65          410.
16 YV              19.0         15.6           160.
```

flights3 的第一列为分类变量，其他的列为各种汇总数据。summarise() 函数与 mutate() 函数一样，也有三个变式：summarise_all() 函数、summarise_if() 函数和 summarise_at() 函数。

前面介绍过，可用 merge() 函数实现数据框的合并，而 dplyr 扩展包中提供了更多的合并函数。这些函数与 SQL 语句的表连接语句一样，可在数据框之间进行连接，并且这些函数命令与 SQL 语句的表连接语句也很相似。例如，inner_join() 函数用于内连接，left_join() 函数和 right_join() 函数用于左右连接，而 full_join() 函数则用于完全连接。下面用 inner_join() 函数达到与 merge() 函数相同的效果，示例代码如下：

```
authors <- data.frame(
    name = I(c("Tukey", "Venables", "Tierney", "Ripley", "McNeil")),
    nationality = c("US", "Australia", "US", "UK", "Australia"),
    deceased = c("yes", rep("no", 4)))
books <- data.frame(
    name = I(c("Tukey", "Venables", "Tierney",
            "Ripley", "Ripley", "McNeil", "R Core")),
    other.author = c(NA, "Ripley", NA, NA, NA, NA,"Venables & Smith"),
    title = c("Exploratory Data Analysis",
            "Modern Applied Statistics with S-PLUS",
            "LISP-STAT",
            "Spatial Statistics",
            "Stochastic Simulation",
            "Interactive Data Analysis",
            "An Introduction to R"),
    publishers = c("Addison-Wesley","Springer","Wiley-Interscience",
            "Springer","Wiley-Interscience",
            "Wiley","Samurai Media Limited"),
    year = c(1977,1994,1990,1988,2006,1992,2015))
```

```
inner_join(authors,books,by = "name")
```

以上代码运行结果如下：

```
    name nationality deceased other.author
1   Tukey          US      yes         <NA>
2 Venables   Australia       no       Ripley
3 Tierney          US       no         <NA>
4  Ripley          UK       no         <NA>
5  Ripley          UK       no         <NA>
6  McNeil   Australia       no         <NA>
                                 title          publishers year
1             Exploratory Data Analysis     Addison-Wesley 1977
2 Modern Applied Statistics with S-PLUS          Springer 1994
3                            LISP-STAT Wiley-Interscience 1990
4                    Spatial Statistics          Springer 1988
5                  Stochastic Simulation Wiley-Interscience 2006
6             Interactive Data Analysis              Wiley 1992
```

用内置函数 sample() 对数据框随机抽样需要两步：先对行号随机抽样，再选取相应的行。而 dplyr 提供的抽样函数 sample_n() 和 sample_frac()，则可以一步到位地实现对数据框的随机抽样。前者可随机选出指定个数（样本容量）的样本数，后者可随机选出指定百分比的样本数，示例代码如下：

```
sample_n(flights,size = 10)

sample_frac(flights,size = 0.05)
```

以上代码运行结果如下：

```
# A tibble: 10 x 19
    year month   day dep_time sched_dep_time dep_delay arr_time
   <int> <int> <int>    <int>          <int>     <dbl>    <int>
 1  2013     6    21      955           1000        -5     1227
 2  2013     9     4     1125           1129        -4     1328
 3  2013     1    21      853            858        -5     1145
 4  2013    10     5      736            740        -4     1021
 5  2013     1     6     1718           1725        -7     1906
 6  2013     5     9      654            700        -6      926
 7  2013     8    14     1458           1455         3     1813
 8  2013    12    16     1521           1520         1     1817
 9  2013     2     4     1031           1021        10     1347
10  2013     4    24      752            759        -7     1012
# ...with 12 more variables: sched_arr_time <int>, arr_delay <dbl>,
#   carrier <chr>, flight <int>, tailnum <chr>, origin <chr>, dest <chr>,
#   air_time <dbl>, distance <dbl>, hour <dbl>, minute <dbl>,
#   time_hour <dttm>
```

```
# A tibble: 16,839 x 19
    year month    day dep_time sched_dep_time dep_delay arr_time
   <int> <int> <int>    <int>          <int>     <dbl>    <int>
 1  2013    11     4      813            020        -7     1250
 2  2013     4    11      925            930        -5     1234
 3  2013     1    29      648            655        -7      854
 4  2013     2    12     1542           1545        -3     1820
 5  2013     3    30     1808           1810        -2     2116
 6  2013     7    24      752            615        97      936
 7  2013     3    27     1009           1015        -6     1219
 8  2013     8    13     2104           2051        13       47
 9  2013     8     1      917            915         2     1238
10  2013     3    19      557            600        -3      909
# ...with 16,829 more rows, and 12 more variables: sched_arr_time <int>,
#   arr_delay <dbl>, carrier <chr>, flight <int>, tailnum <chr>,
#   origin <chr>, dest <chr>, air_time <dbl>, distance <dbl>, hour
<dbl>,
#   minute <dbl>, time_hour <dttm>
```

最后介绍的 dplyr 扩展包函数是管道函数 %>%，它可以通过不断地叠加，减少代码量和中间变量，以及帮助用户形成清晰的分析思路。在叠加过程中，%>% 左边的结果将作为右边函数的第一个参数。下面思考一个数据操作过程：随机抽取 flights 数据集中 10% 的样本后，筛选 carrier、month、day、dep_delay、arr_delay、air_time 及 distance 这几列变量，计算飞行节约的时间和平均每小时所节约的时间，最后按照航空公司代号和月份，分别求 gain 和 distance 的平均值。如果用传统的方法，会将中间计算过程的结果储存为若干个中间变量，然后重复相同的运算。但是有了管道函数，就可以轻松且清晰地实现以上操作，示例代码如下：

```
flights4 <- flights  %>%
  sample_frac(size = 0.1)%>%
  select(one_of("carrier","month","day",
                "dep_delay","arr_delay",
                "air_time","distance"))%>%
  mutate(gain = arr_delay - dep_delay,
         gain_per_hour = gain / (air_time / 60))%>%
  group_by(carrier,month)%>%
  summarise(gain = mean(gain,na.rm = TRUE),distance = mean(distance,na.
rm =TRUE))
  flights4
```

以上代码运行结果如下：

```
flights4
# A tibble: 182 x 4
# Groups:   carrier [?]
   carrier month    gain distance
```

```
      <chr>    <int>   <dbl>     <dbl>
 1 9E           1    -7.49       479.
 2 9E           2    -8.60       450.
 3 9E           3    -10.2       489.
 4 9E           4    -7.17       533.
 5 9E           5    -14.4       493.
 6 9E           6    -7.42       591.
 7 9E           7    -5.90       536.
 8 9E           8    -9          484.
 9 9E           9    -16.1       622.
10 9E          10    -12.3       621.
# ...with 172 more rows
```

5.7 新手问答

问题1：apply函数簇中的lapply()、sapply()和vapply()函数有何异同？

答：lapply()、sapply() 和 vapply() 这三个函数的作用很相似，都接受一个原子向量或递归向量和一个函数，并将函数应用于每个元素。它们之间的不同之处主要在于返回值。lapply() 函数的返回值为一个列表；sapply() 函数的返回值默认为向量、矩阵或数组，且当参数 simplify 和 USE.Names 都为 FALSE 时，sapply() 函数与 lapply() 函数的作用完全一样；vapply() 函数则与 sapply() 函数类似，只是多了一个 FUN.VALUE 参数，用于检查返回值是否符合预先设定的"模板"。

问题2：本章介绍的数据框行筛选方法有哪些？

答：数据框行筛选有多种实现方法，本章介绍了常用的 5 种。

（1）使用中括号指定筛选条件。

（2）使用 with() 函数，可以认为是第一种方法的简略版本。

（3）使用内置函数 subset()，该函数的可读性更好。

（4）使用 sqldf 扩展包的 sqldf() 函数，该函数提供了 SQL 风格的查询方式，只需在 SQL 语句中设置 where 条件即可。

（5）使用 dplyr 扩展包的 filter() 函数。

5.8 牛刀小试：对矩阵各列使用不同的函数

【案例任务】

x 是一个 5×4 的数值矩阵（见下方代码），现要求对 x 的各列进行如下操作：
求第一列的平均数、第二列的标准差、第三列的全距，以及第四列的 10 倍。

```
x <- matrix(1:20,nrow = 5,ncol = 4)
```

【技术解析】

题干中要求对矩阵的每列进行不同的操作，可以考虑 5.4 节介绍的"分割－应用－组合"策略。即将 x 按列拆分，并对每一个列应用不同的函数，最后将结果组合在一起。由于对每列应用不同的函数将得到不同长度的向量，因此将这些结果组合成列表比较合适。综上所述，使用 plyr 扩展包的 alply() 函数即可解决以上问题。

【操作步骤】

步骤 1：查看数据。

```
x
```

得到如下结果：

```
     [,1] [,2] [,3] [,4]
[1,]    1    6   11   16
[2,]    2    7   12   17
[3,]    3    8   13   18
[4,]    4    9   14   19
[5,]    5   10   15   20
```

步骤 2：建立函数名称向量 funs；并且在 x 中添加代表每列顺序的辅助行，将结果另存为 x1。

```
# 添加代表每列顺序的辅助行
x1 <- rbind(1:4,x)
x1

# 函数名称向量，其中 "'*'" 表示求乘积
funs <- c("mean","sd","range","'*'")
funs
```

以上代码运行结果为：

```
     [,1] [,2] [,3] [,4]
[1,]    1    2    3    4
[2,]    1    6   11   16
[3,]    2    7   12   17
[4,]    3    8   13   18
```

```
[5,]    4     9    14    19
[6,]    5    10    15    20

[1] "mean"  "sd"    "range" "!*!"
```

步骤 3：使用 alply() 函数将 funs 中的函数应用到 x1 中相应的列。这里有一个小技巧：在 alply() 函数的 .fun 参数中编写匿名函数，可用于根据 x1 中的辅助行找到 funs 中的相应函数名；通过 parse() 函数将 paste0() 函数拼接成的字符串解析为表达式；最后用 eval() 计算表达式。

```
library(plyr)
# 使用 alply() 函数
alply(x1,
      .margins = 2,# 选取按列计算
      .fun = function(x,funs.vec){# 匿名函数，用于选取 funs 中的函数
        if(x[1] != 4){
          eval(parse(text = paste0(funs[x[1]],"(x[-1])")))# 解析及计算表达式
        } else {
          eval(parse(text = paste0(funs[x[1]],"(x[-1],10)")))
        }
      },
      funs.vec = funs)
```

以上代码运行结果为：

```
$'1'
[1] 3

$'2'
[1] 1.581139

$'3'
[1] 11 15

$'4'
[1] 160 170 180 190 200

attr(,"split_type")
[1] "array"
attr(,"split_labels")
  X1
1  1
2  2
3  3
4  4
```

本章小结

  本章介绍了 R 语言的第二大数据管理威力：数据操作。在分析数据时，并不是所有的数据都符合分析要求，并且常常需要随着统计方法、相关函数的改变而对数据做出调整。本章先介绍了 R 语言的一些常用内置操作函数，然后介绍了在"长"数据和"短"数据之间的"自由切换"。R 语言中的循环运算的效率比较低，所以往往需要对数据进行"向量化"操作，apply 函数族就是一种"向量化"的操作方法。但是，apply 函数族的命名和使用方式缺乏规律性，并且让人感觉很庞杂。因此，plyr 扩展包的 **ply() 函数提供了一种统一的、更容易理解的数据操作策略：分割－应用－组合。对熟悉 SQL 查询语句的用户来说，sqldf 扩展包提供了一种在 R 语言中直接输入 SQL 查询语句对数据进行操作的方法。最后，dplyr 扩展包更专注于 tibble 数据结构（一种数据框结构），并提供了一系列丰富的操作函数。

第 6 章
R 语言的数据分析威力之基本统计

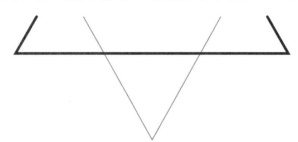

本章导读

　　本章的主要内容是 R 语言的第二大威力 —— 数据分析之基本统计，将从描述性统计、卡方检验、相关分析、均值差异检验和回归分析这 5 个方面进行介绍，力图使读者掌握基本的数据统计原理和 R 语言实操方法等。

知识要点

　　通过本章内容的学习，读者能掌握以下知识：

- R 语言中计算各种描述性统计量的方法
- 运用 R 语言进行卡方检验
- 运用 R 语言进行相关分析
- 运用 R 语言进行均值差异检验
- 运用 R 语言进行回归分析

6.1 描述性统计

描述性统计是用来概括和表述事物的整体状况，以及事物之间的关联、类属关系的统计方法。通过描述性统计，可以仅使用几个统计值来表示数据的基本特征。

描述性统计通常涉及数据的集中趋势、离散程度、偏度、峰度、百分位数和数量等指标，当然还有统计图和变量。这些指标能加深我们对数据本身的认识，其中集中趋势包括平均数、中位数和众数等，离散程度包括极差、平均差、标准差、方差和变异系数。

6.1.1 描述性统计量

我们已经接触了一些在 R 语言中实现集中趋势、离散程度统计量，以及关于数量的函数，如 mean()、sd()、max()、min()、range() 和 table() 等。本节将先对这些统计量做一个回顾，并且拓展更多的函数。变量的相关知识点将在 6.3 节介绍，统计图将在第 8~11 章介绍。本章也会涉及一些统计图，但不是重点。

下面将借助 R 语言内置数据集 airquality 来介绍描述性统计的概念，该数据集包含了 1973 年 5~9 月纽约市每天的空气质量测量数据。关于 airquality 的一些描述性统计代码示例如下：

```
head(airquality)
# 集中趋势
mean(airquality$Ozone,na.rm = TRUE)
median(airquality$Ozone,na.rm = TRUE)# 中位数

# 在 R 语言中没有直接求众数的方法，但可以用以下代码来解决
which.max(table(airquality$Temp))# 假设 Temp 为离散数据
Densit <- density(airquality$Temp)# 假设 Temp 为连续数据 densit$x[which.
max(densit$y)]

# 离散趋势
max(airquality$Ozone,na.rm = TRUE)-
 min(airquality$Ozone,na.rm = TRUE)# 极差
Ozone.rm.na <- with(
  airquality,
  Ozone[is.na(Ozone)== FALSE]
)# 先选取 Ozone 中所有非空元素组成的子集
sum(abs(Ozone.rm.na-mean(Ozone.rm.na)))/length(Ozone.rm.na)# 再求平均差
sd(airquality$Ozone,na.rm = TRUE)# 标准差
var(airquality$Ozone,na.rm = TRUE)# 方差
with(
airquality,
sd(Ozone,na.rm = TRUE)/mean(Ozone,na.rm = TRUE)* 100
)# 变异系数
```

```
# 峰度和偏度（需要先安装 moments 扩展包：install.packages("monents")
library(moments)
skewness(airquality$Ozone,na.rm = TRUE)# 偏度
kurtosis(airquality$Ozone,na.rm = TRUE)# 峰度

# 百分位数
quantile(airquality$Ozone,probs = seq(0,1,by = 0.1),na.rm = TRUE)

# Turkey 五数：最小值、25 百分位数、中位数、75 百分位数和最大值
fivenum(airquality$Ozone,na.rm = TRUE)

# 数量
length(airquality$Month)
table(airquality$Month)
```

以上代码运行结果如下：

```
  Ozone Solar.R Wind Temp Month Day
1    41     190  7.4   67     5   1
2    36     118  8.0   72     5   2
3    12     149 12.6   74     5   3
4    18     313 11.5   62     5   4
5    NA      NA 14.3   56     5   5
6    28      NA 14.9   66     5   6

[1] 42.12931

[1] 31.5

81
25

[1] 80.06266

[1] 167

[1] 26.35018

[1] 32.98788

[1] 1088.201

[1] 78.30151

[1] 1.225681
```

```
[1] 4.184071

    0%   10%   20%   30%   40%   50%   60%   70%   80%   90%  100%
1.0  11.0  14.0  20.0  23.0  31.5  39.0  49.5  73.0  87.0 168.0

[1]   1.0  18.0  31.5  63.5 168.0

[1] 153

  5   6   7   8   9
 31  30  31  31  30
```

mean() 函数中有一个特别有用的参数 trim。当指定 trim 时（0~0.5 的数），表示先在数据两端各自截断相应比例的最大值和最小值，再计算平均数。这时的平均数叫算数截断平均数。算数截断平均数在数据两端出现极端值时，能更有效地代表数据的集中趋势。例如：

```
# 算数截断平均数
mean(airquality$Ozone,na.rm = TRUE,trim = 0.1)
```

得到如下结果：

```
[1] 37.79787
```

6.1.2 列联表

table() 函数可以创建列联表。下面将使用 vcd 扩展包的 Arthritis 数据集进行讲解，该数据集来源于 Koch 和 Edwards 在 1988 年开展的一项关于类风湿关节炎新疗法的双盲临床试验的研究实验数据。如果没有安装 vcd 扩展包，请先运行 install.packages("vcd")。另外，当列联表多于二维度时，ftable() 函数提供了一种更紧凑的呈现方式，示例代码如下：

```
library(vcd)
head(Arthritis)
# 二维度列联表
table.2D <- table(Arthritis$Treatment,Arthritis$Sex)
table.2D

# 三维度列联表
table.3D <- table(Arthritis$Treatment,Arthritis$Sex,Arthritis$Improved)
table.3D

# 可以让 tabel.3D 更好看一些
library(plyr)
library(dplyr)
adply(table.3D,.margins = 1:2)%>%
  setNames(c("Treatment","Sex","None","Some","Marked"))
```

```
# 紧凑的呈现方式
ftable(table.3D)
```

以上代码运行结果如下：

```
  ID Treatment  Sex Age Improved
1 57  Treated  Male  27    Some
2 46  Treated  Male  29    None
3 77  Treated  Male  30    None
4 17  Treated  Male  32    Marked
5 36  Treated  Male  46    Marked
6 23  Treated  Male  58    Marked


          Female Male
Placebo     32    11
Treated     27    14
, ,  = None


          Female Male
Placebo     19    10
Treated      6     7

, ,  = Some


          Female Male
Placebo      7     0
Treated      5     2

, ,  = Marked


          Female Male
Placebo      6     1
Treated     16     5

Treatment    Sex None Some Marked
1   Placebo Female   19    7      6
2   Treated Female    6    5     16
3   Placebo   Male   10    0      1
4   Treated   Male    7    2      5

             None Some Marked
```

```
Placebo Female    19      7       6
        Male      10      0       1
Treated Female     6      5      16
        Male       7      2       5
```

由上面的代码可知，如果要用 table() 函数创建列联表，只需要将相应的变量作为参数写进函数即可。R语言也提供了创建列联表的另一种选择——xtabs() 函数。xtabs() 函数的特点是，以公式（而非变量）形式作为输入参数。例如，下面的代码将得到与 tabel.2D 和 tabel.3D 类似的结果。

```
# 结果类似于 tabel.2D
xtabs(~ Treatment + Sex,data = Arthritis)
# 结果类似于 tabel.3D
xtabs(~ Treatment + Sex + Improved,data = Arthritis)
```

得到如下结果：

```
          Sex
Treatment Female Male
   Placebo    32   11
   Treated    27   14

, , Improved = None

          Sex
Treatment Female Male
   Placebo    19   10
   Treated     6    7

, , Improved = Some

          Sex
Treatment Female Male
   Placebo     7    0
   Treated     5    2

, , Improved = Marked

          Sex
Treatment Female Male
   Placebo     6    1
   Treated    16    5
```

table 和 xtabs 得到的是频数表，如果想要得到频率表，可以使用 prob.table() 函数，它通过 margins 参数指定频率分母的维度，默认将所有数值相加作为分母。例如：

```
# 默认将所有数值相加作为分母
prop.table(table.2D)
```

```
# 按行计算频率
prop.table(table.2D,margin = 1)

# 按列计算频率
prop.table(table.2D,margin = 2)

           Female        Male
Placebo 0.3809524 0.1309524
Treated 0.3214286 0.1666667

           Female        Male
Placebo 0.7441860 0.2558140
Treated 0.6585366 0.3414634

           Female        Male
Placebo 0.5423729 0.4400000
Treated 0.4576271 0.5600000
```

addmargins() 函数可以在列联表中加入边际边，默认边际边为求和，也可以通过 FUN 参数指定其他计算。另外，vcd 扩展包的 mar_table() 函数也可以同时加入按行或列求和的边际边。

```
# 按行求和
addmargins(table.2D,margin = 1)

# 分别按行和列求和
addmargins(table.2D,margin = 1:2)
mar_table(table.2D)

# 按列求平均
addmargins(table.2D,margin = 2,FUN = mean)
```

上述代码运行结果如下：

```
        Female Male
Placebo     32   11
Treated     27   14
Sum         59   25

        Female Male Sum
Placebo     32   11  43
Treated     27   14  41
Sum         59   25  84

        Female Male TOTAL
Placebo     32   11    43
Treated     27   14    41
```

```
TOTAL       59    25    84

        Female Male mean
Placebo   32.0 11.0 21.5
Treated   27.0 14.0 20.5
```

如果只需要计算边际求和的结果，可以使用 margin.table() 函数，示例代码如下：

```
margin.table(table.2D,margin = 1)
margin.table(table.2D,margin = 2)
```

得到如下结果：

```
Placebo Treated
    43      41

Female   Male
59      25
```

6.1.3 同时呈现多个统计量

6.1.1 小节介绍的函数都是一次输出一个统计量，如果能一次输出多个统计量，将明显减少代码量、提高效率。下面用 ggplot2 扩展包中的 diamonds 数据集为例，对相关方法进行说明。该数据集包含了近 54 000 颗钻石的价格和其他特征。如果还没有安装 ggplot2 扩展包，请运行 install.packages("ggplot2")。

先查看一下 diamonds 数据集：

```
library(ggplot2)
head(diamonds)
```

得到如下结果：

```
# A tibble: 6 x 10
  carat cut        color clarity depth table price     x     y     z
  <dbl> <ord>      <ord> <ord>   <dbl> <dbl> <int> <dbl> <dbl> <dbl>
1 0.23  Ideal      E     SI2      61.5    55   326  3.95  3.98  2.43
2 0.21  Premium    E     SI1      59.8    61   326  3.89  3.84  2.31
3 0.23  Good       E     VS1      56.9    65   327  4.05  4.07  2.31
4 0.290 Premium    I     VS2      62.4    58   334  4.2   4.23  2.63
5 0.31  Good       J     SI2      63.3    58   335  4.34  4.35  2.75
6 0.24  Very Good  J     VVS2     62.8    57   336  3.94  3.96  2.48
```

diamonds 数据集中一共有 10 列变量。现在要求的是部分变量的最大值、最小值、平均数、中位数、标准差、偏度和峰度等的统计量。首先想到的方法是使用 apply 函数族和 plyr 扩展包，其实现方式如下：

```
# 先创建一个自编函数
func1 <- function(x,...){
    library(moments)# 默认已经安装了moments扩展包
    Mx <- round(max(x,...),digits = 1)
    Mn <- round(min(x,...),digits = 1)
    M <- round(mean(x,...),digits = 1)
    Med <- round(median(x,...),digits = 1)
    Sd <- round(sd(x,...),digits = 1)
    Skew <- round(skewness(x,...),digits = 1)
    Kurt <- round(kurtosis(x,...),digits = 1)
    return(c(Mx = Mx,Mn = Mn,M = M,Med = Med,
            Sd=Sd,Skew = Skew,Kurt = Kurt))
}

# 使用apply函数族
sapply(diamonds[,"carat"],func1,na.rm = TRUE)
sapply(diamonds[,"price"],func1,na.rm = TRUE)

# 使用plyr扩展包中的adply()函数
adply(as.matrix(diamonds[,c("carat","price")]),
        .margins = 2,
        func1,na.rm = TRUE)
```

上述代码运行结果如下：

```
      carat
Mx    5.0
Mn    0.2
M     0.8
Med   0.7
Sd    0.5
Skew  1.1
Kurt  4.3


       price
Mx   18823.0
Mn     326.0
M     3932.8
Med   2401.0
Sd    3989.4
Skew     1.6
Kurt     5.2


      X1     Mx    Mn      M    Med      Sd Skew Kurt
1 carat      5   0.2    0.8    0.7     0.5  1.1  4.3
2 price  18823 326.0 3932.8 2401.0  3989.4  1.6  5.2
```

类似于上例中的 func1() 函数，其实已经有现成的函数可以一次性输出多个统计量。summary() 函数就是其中之一，示例代码如下：

```
summary(diamonds)
```

上述代码运行结果如下：

```
     carat              cut          color         clarity
 Min.:0.2000    Fair     : 1610   D: 6775    SI1    :13065
 1st Qu.:0.4000 Good     : 4906   E: 9797    VS2    :12258
 Median :0.7000 Very Good:12082   F: 9542    SI2    : 9194
 Mean   :0.7979 Premium  :13791   G:11292    VS1    : 8171
 3rd Qu.:1.0400 Ideal    :21551   H: 8304    VVS2   : 5066
 Max.:5.0100                      I: 5422    VVS1   : 3655
                                  J: 2808    (Other): 2531
     depth           table           price            x
 Min.:43.00     Min.:43.00     Min.:  326    Min.: 0.000
 1st Qu.:61.00  1st Qu.:56.00  1st Qu.:  950 1st Qu.: 4.710
 Median :61.80  Median :57.00  Median : 2401 Median : 5.700
 Mean   :61.75  Mean   :57.46  Mean   : 3933 Mean   : 5.731
 3rd Qu.:62.50  3rd Qu.:59.00  3rd Qu.: 5324 3rd Qu.: 6.540
 Max.:79.00     Max.:95.00     Max.:18823    Max.:10.740

       y               z
 Min.: 0.000    Min.: 0.000
 1st Qu.: 4.720 1st Qu.: 2.910
 Median : 5.710 Median : 3.530
 Mean   : 5.735 Mean   : 3.539
 3rd Qu.: 6.540 3rd Qu.: 4.040
 Max.:58.900    Max.:31.800
```

summary() 函数是 R 语言的内置统计量集合函数。当数据为数值时，它输出最小值、第 1 四分位数，中位数、平均数、第 3 四分位数和最大值；当数据为因子或类别时，它输出各个水平或类别的数量。上面的代码中，summary() 函数的数据结果为 diamonds 各列的统计量。

也有许多扩展包提供了统计量集合函数。经常用到的函数包括 Hmisc 扩展包中的 describe() 函数、psych 扩展包中的 describe() 函数，以及 pastecs 扩展包中的 stat.desc() 函数。这些扩展包在首次使用时都需要先安装，以下是 Hmisc 扩展包中 describe() 函数的示例：

```
library(Hmisc)
describe(diamonds)
```

上述代码运行结果如下：

```
Loading required package: lattice
Loading required package: survival
Loading required package: Formula
```

```
Attaching package: 'Hmisc'
The following objects are masked from 'package:dplyr':

    src, summarize
The following objects are masked from 'package:plyr':

    is.discrete, summarize
The following objects are masked from 'package:base':

format.pval, units


diamonds

 10  Variables      53940  Observations
--------------------------------------------------------------------------
carat
        n  missing distinct      Info      Mean       Gmd      .05      .10
    53940        0      273     0.999    0.7979    0.5122     0.30     0.31
      .25      .50      .75      .90      .95
0.40   0.70     1.04      1.51      1.70

lowest : 0.20 0.21 0.22 0.23 0.24, highest: 4.00 4.01 4.13 4.50 5.01
--------------------------------------------------------------------------
cut
        n  missing distinct
    53940        0        5

Value           Fair      Good Very Good    Premium      Ideal
Frequency       1610      4906     12082      13791      21551
Proportion     0.030     0.091     0.224      0.256      0.400
```

……（省略余下的内容）……

以上代码很简单，但是输出的结果却让很多人觉得很复杂。当加载 Hmisc 扩展包时，R 语言提示同时加载了三个依赖包：lattice、survival 和 Formula。此外，R 语言还提示 Hmisc 中的一些函数名称与已经加载的扩展包中的部分函数名称相同并覆盖了那些函数，如 dplyr 扩展包中的 scr() 函数和 summarize() 函数，plyr 扩展包中的 is.discrete() 函数和 summarize() 函数，以及 base 包中的 format.pval() 函数和 units() 函数。有两种方法可重新使用这些被覆盖的函数，第一种是重新加载这些函数所在的扩展包；第二种是调用这些函数，在前面写明函数所在扩展包的名字，并且中间以双冒号（::）分隔，如 dplyr::summarize()。

一般推荐使用第二种方法。即使函数没有被覆盖，在前面写清楚所属的包，也是一种好习惯。Hmisc 扩展包的 describe() 函数主要用来输出观测值数量、缺失值数量、唯一值数量、平均值和分位数，以及最小的 5 个值和最大的 5 个值。当输入是数据框时，会根据每一列的数据类型分别输出合适的值，并以虚线隔开。

psych 扩展包的 describe() 函数输出的结果更丰富，包括数据量、均值、标准差、中位数、截断均值（默认截断比例为 0.1）、中位数绝对离差、最小值、最大值、全距、偏度、峰度和标准误。同样以 diamonds 数据集为例：

```
library(psych)
describe(diamonds)
```

得到如下结果：

	vars	n	mean	sd	median	trimmed	mad	min	max
carat	1	53940	0.80	0.47	0.70	0.73	0.47	0.2	5.01
cut*	2	53940	3.90	1.12	4.00	4.04	1.48	1.0	5.00
color*	3	53940	3.59	1.70	4.00	3.55	1.48	1.0	7.00
clarity*	4	53940	4.05	1.65	4.00	3.91	1.48	1.0	8.00
depth	5	53940	61.75	1.43	61.80	61.78	1.04	43.0	79.00
table	6	53940	57.46	2.23	57.00	57.32	1.48	43.0	95.00
price	7	53940	3932.80	3989.44	2401.00	3158.99	2475.94	326.0	18823.00
x	8	53940	5.73	1.12	5.70	5.66	1.38	0.0	10.74
y	9	53940	5.73	1.14	5.71	5.66	1.36	0.0	58.90
z	10	53940	3.54	0.71	3.53	3.49	0.85	0.0	31.80

	range	skew	kurtosis	se
carat	4.81	1.12	1.26	0.00
cut*	4.00	-0.72	-0.40	0.00
color*	6.00	0.19	-0.87	0.01
clarity*	7.00	0.55	-0.39	0.01
depth	36.00	-0.08	5.74	0.01
table	52.00	0.80	2.80	0.01
price	18497.00	1.62	2.18	17.18
x	10.74	0.38	-0.62	0.00
y	58.90	2.43	91.20	0.00
z	31.80	1.52	47.08	0.00

不过 pastecs 扩展包中的 stat.desc() 函数提供的操作更灵活，它可以通过设置不同的参数来调整输出的统计量。例如，可以通过设置 basic=TRUE（默认）来计算观测值、空值和缺失值的数量，计算最大值、最小值、值域以及求和；通过设置 desc=TRUE，计算中位数、平均数、均值标准误、95% 置信区间、方差、标准差，以及变异系数；通过设置 norm=TRUE，可计算正态分布的统计量，如峰度、偏度，及其显著程度，示例代码如下：

```
library(pastecs)
# 为了便于显示，将显示的小数点位数设置为 3
options(digits = 3)
stat.desc(diamonds,basic = FALSE,desc = FALSE)
```

```
# 还原小数点显示位数默认值为（7）
options(digits = 7)
```

上述代码运行结果如下：

```
              carat   cut color clarity    depth     table price          x
nbr.val   5.39e+04    NA    NA      NA  53940.00  53940.00 53940   53940.00
nbr.null  0.00e+00    NA    NA      NA      0.00      0.00     0       8.00
nbr.na    0.00e+00    NA    NA      NA      0.00      0.00     0       0.00
median    7.00e-01    NA    NA      NA     61.80     57.00  2401       5.70
mean      7.98e-01    NA    NA      NA     61.75     57.46  3933       5.73
std.dev   4.74e-01    NA    NA      NA      1.43      2.23  3989       1.12
                  y         z
nbr.val   53940.00  5.39e+04
nbr.null      7.00  2.00e+01
nbr.na        0.00  0.00e+00
median        5.71  3.53e+00
mean          5.73  3.54e+00
std.dev       1.14  7.06e-01
```

分析数据时，要先对数据进行分组，然后再计算数据的描述性统计量。这也有很多选择，如 R 语言内置的 aggregate() 函数和 by() 函数，当然也可以使用 apply 函数族、plyr 扩展包和 dplyr 扩展包的函数。此外，psych 扩展包也提供了该包中 describe() 函数的分组版本 describeBy()。

6.2 计数数据的检验

使用 table() 函数和 xtabs() 函数计算各种类别的数量往往只是第一步。如果还想知道各种类别间的数量差异是确实存在还是一种"巧合"，就需要对计数数据进行差异检验，这种检验有非常重要的意义。例如，想知道某项新颁布政策的民意调查中，持同意、不置可否、不同意这三种态度的群体人数是否有统计上的差异，或者想知道某企业具有初级、中级和高级职称的员工构成是否与同类企业的员工构成一致，再或者想知道某项关于人格与他人行为的一致性程度的心理学研究中，不同人格类型、不同行为一致性的人群之间的数量是否存在显著差异。

对计数数据的检验方法主要是卡方检验，下面先介绍卡方检验的基本原理和类型，再介绍在 R 语言中实现卡方检验的方法。

6.2.1　卡方检验的基本原理

卡方检验是用来检验样本观测次数与理论或总体次数间差异性的推断性统计方法，其原理是比较观测值与理论值之间的差异。两者之间的差异越小，检验的结果越不容易达到显著水平；反之，检验结果越可能达到显著水平。

卡方检验有以下 3 个基本假设。

（1）各类别相互排斥、互不包容，即每一个观测值只能被划分到一种类别中。

（2）观测值之间是相互独立的，即一个观测值的产生对另一个观测值的产生没有影响。例如，一个人对某手机品牌的爱好和选择，影响了他的家人对相同品牌的选择，观测值之间就不是相互独立的。

（3）理论次数不能太小。每一个单元格中的理论值应该至少在 5 以上。一些统计学家还认为，当自由度等于 1 时，每个单元格的理论次数不能低于 10。

因研究的问题不同，卡方检验可以细分为两种类型：配合度检验和独立性检验。

配合度检验用来检验单一变量中各个类别的实际观测次数与理论次数是否存在差异。配合度检验又可以分为以下 3 种情况。

（1）无差假设，即各类别之间在总体次数上没有差异。例如，关于政策民意调查的研究中，不同态度群体人数的差异问题。

（2）理论与经验概率，即各类别次数比与经验或经验概率之间的差异问题。例如，比较企业现有职工的职称构成与同类企业职工的职称构成是否有差异。

（3）连续变量拟合检验。如检验一列连续数据是否服从某种分布。

独立性检验用于检验两个及以上的分类变量之间是否具有独立性。例如，对不同人格类型、不同行为一致性的人群间的数量差异检验就是独立性检验。

6.2.2 在R语言中实现卡方检验

虽然卡方检验有两种类型，但是在 R 语言中都可以通过 chisq.test() 函数来实现，只需要设置相关参数即可，下面是该函数的用法：

```
chisq.test(x, y = NULL, correct = TRUE,p = rep(1/length(x), length(x)),
rescale.p = FALSE,simulate.p.value = FALSE, B = 2000)
```

其中 x 是数值向量、因子或者矩阵，y 是数值向量或因子。当 x 是因子时，y 也必须是一个相同长度的因子；如果 x 是一个矩阵，那么 y 就会被自动忽略。correct 用于单元格的数值小于 5 时的连续矫正，只能用于 2×2 的列联表。p 表示与 x 长度相同的概率向量。其他参数意义可通过 "?chisq. test" 查看。

当 x 只有一行或一列矩阵，或者 x 是向量且 y 没有给出时，chisq.test() 函数将执行配合度检验。这时，如果 p 没有给出，则默认 p 中的元素相等，这种情况就是无差假设。如果有指定 p，就是比较观测概率与经验或理论概率是否相同。用 chisq.test() 函数对连续变量的拟合优度检验相对比较复杂，稍后会举例说明。当 x 至少为两行两列的矩阵，或者 x 和 y 是长度相同的因子时，chisq.test() 函数将执行独立性检验。

例如，一家市场调查公司正在分析某工厂刚开发的 5 种玩具的受欢迎程度。工作人员随机抽取了 45 名儿童，让这些儿童从这 5 种玩具中挑选自己最喜欢的一种。儿童的选择结果储存在向量 toys 中。那么 5 种玩具的受欢迎程度是否一样呢？以下是具体代码：

```
# 45 名儿童对 5 种新开发的玩具的选择结果
toys <- c(8,9,6,20,7)
# 检验这 5 种玩具的受欢迎程度是否相同
chisq.test(toys)
# 参数 p 中每个元素默认相同
# 故设置 p=rep(0.2,5)，与默认情况完全一样
chisq.test(toys,p = rep(0.2,5))
```

以上代码运行结果如下：

```
    Chi-squared test for given probabilities

data:  toys

X-squared = 13, df = 4, p-value = 0.01128

    Chi-squared test for given probabilities

data:  toys
X-squared = 13, df = 4, p-value = 0.01128
```

由结果可知，经过卡方检验，卡方值为 13，自由度为 4，p 值为 0.01128<0.05，因此可以推断这 5 种新玩具的受欢迎程度差异显著。如果没有指定 p 参数，函数默认 p 中的所有元素相等，即都为 0.2。

在前期调查中，工作人员得知那 5 个新玩具是各自根据某项独有特征设计的，而前期研究表明，儿童对这五种特征的喜爱程度占比分别为 0.12、0.19、0.14、0.36 和 0.19。那么，这次调查结果与前期研究的数据是否吻合呢？以下为实现代码：

```
# 基于前期研究确定的理论比例
p <- c(0.12,0.19,0.14,0.36,0.19)
# 检验调查结果与前期研的数据是否吻合
chisq.test(toys,p = p)
```

得到结果如下：

```
    Chi-squared test for given probabilities

data:  toys
X-squared = 1.716, df = 4, p-value = 0.7878
```

结合前面的分析结果可知，虽然 5 种玩具的受欢迎程度不同，但这些不同与前期研究的结论是吻合的（$p > 0.05$）。

chisq.test() 函数对连续变量的拟合优度检验要复杂一些，需要事先确定要拟合的理论分布，并

根据理论分布计算各个数据点的理论频数，例如：

```
# 设定随机种子数
set.seed(123)
norm <- rnorm(10000)

# 查看最大值和最小值
norm.max <- max(norm)
norm.max
norm.min <- min(norm)
norm.min

# 分组
norm.cut <- cut(norm,breaks = c(-4,-3,-2,-1,0,1,2,3,4))

# 计算各组数量
norm.table <- table(norm.cut)
norm.table

# 检验是否拟合正态分布
norm.p <- pnorm(c(-3,-2,-1,0,1,2,3,4),mean(norm),sd(norm))
p.norm <- c(norm.p[1],norm.p[2] - norm.p[1],
            norm.p[3] - norm.p[2],norm.p[4] - norm.p[3],
            norm.p[5] - norm.p[4],norm.p[6] - norm.p[5],
            norm.p[7] - norm.p[6],1 - norm.p[7])
chisq.test(x= norm.table,p = p.norm)
```

以上代码运行结果如下：

```
[1] 3.847768

[1] -3.84532

norm.cut
(-4,-3] (-3,-2] (-2,-1]  (-1,0]   (0,1]   (1,2]   (2,3]   (3,4]
     13     219    1380    3429    3383    1355     206      15


    Chi-squared test for given probabilities

data:  norm.table
X-squared = 1.057, df = 7, p-value = 0.9939
```

不过，如果要进行拟合优度检验，ks.test() 函数是一种更好的选择。这个函数执行 Kolmogorov-Smirnov 检验。下面的代码结果同样显示数据服从正态分布（p=0.9595）。

```
ks.test(norm,y = "pnorm")
```

得到如下结果：

```
    One-sample Kolmogorov-Smirnov test

data:  norm
D = 0.0050672, p-value = 0.9595
alternative hypothesis: two-sided
```

如果要对二维列联表进行独立性检验，只需要让 chisq.test() 函数的 x 参数是一个矩阵，或者让 x 和 y 参数是向量（或同因子）。例如，想知道在 vcd 扩展包的 Arthritis 数据集中，男性和女性在接受两种实验处理时的人数是否一致，以及这种治疗风湿性关节炎的新疗法是否有效，示例代码如下：

```
# 当 x 是矩阵时
table1 <- table(Arthritis$Treatment,Arthritis$Sex)
table1

table2 <- table(Arthritis$Treatment,Arthritis$Improved)
table2

chisq.test(x = table1)
chisq.test(x = table2)

# 当 x 和 y 都是因子时
chisq.test(x = Arthritis$Treatment,y = Arthritis$Sex)
chisq.test(x = Arthritis$Treatment,y = Arthritis$Improved)
```

得到如下结果：

```
          Female Male
  Placebo     32   11
  Treated     27   14


          None Some Marked
  Placebo   29    7      7
  Treated   13    7     21


   Pearson's Chi-squared test with Yates' continuity correction
data:  table1
X-squared = 0.38378, df = 1, p-value = 0.5356
   Pearson's Chi-squared test

data:  table2
X-squared = 13.055, df = 2, p-value = 0.001463


   Pearson's Chi-squared test with Yates' continuity correction
```

```
data: Arthritis$Treatment and Arthritis$Sex
X-squared = 0.38378, df = 1, p-value = 0.5356

 Pearson's Chi-squared test

data: Arthritis$Treatment and Arthritis$Improved
X-squared = 13.055, df = 2, p-value = 0.001463
```

上面的代码结果显示，男性和女性在接受两种实验处理时的人数是一致的，因为卡方检验结果 p 值为 0.5356，大于 0.05；这种新疗法确实有效，因为卡方检验的分析结果 p 值为 0.001463，远小于 0.05。另外，这两种数据结构的卡方检验结果也是完全一样的。

6.3 相关分析

事物之间总是相互联系的，因此在分析数据时应知道不同变量之间的相关程度。例如，降雨量与空气湿度之间的关系，智商与学习成绩之间的关系，以及广告投入与销售额之间的关系等。这种关系可以用相关系数来表示，相关系数的绝对值越大，说明变量之间的关系越紧密。相关系数的符号代表相关的方向。

6.3.1 相关的类型

根据不同的数据类型，可以计算不同的相关系数，如皮尔逊相关系数、斯皮尔曼相关系数、肯德尔相关系数、偏相关系数、点二列相关、二列相关和 φ 相关等。

皮尔逊相关系数又叫积差相关，是统计分析中最常用的一种相关系数，主要描述两个连续变量的线性相关程度。皮尔逊相关系数有以下 4 个适用条件。

（1）两个变量都是连续变量。

（2）两个变量的总体都是正态分布，或者至少是接近正态分布的单峰分布。

（3）两个变量之间的关系为线性关系。

（4）样本量应该大于 30。如果没有满足上述条件，计算出来的相关系数将不能有效说明变量之间的关系。

当皮尔逊相关系数的适用条件无法满足时，斯皮尔曼相关系数是一种比较好的选择。斯皮尔曼相关系数是一种等级相关系数，它不要求两个变量是连续的（实际上即使变量是连续的，在计算的时候也会先将变量按大小顺序转换为等级的），也对分布和样本量没有要求（当然，样本量越大，精确度也越高）。肯德尔 τ 系数的作用与斯皮尔曼相关系数相同。

斯皮尔曼相关系数和肯德尔 τ 系数都是两列等级数据求相关。当对三列及以上等级数据求相关时，就要使用肯德尔 W 系数。肯德尔 W 系数用来描述多个评判者对多个对象评判结果的一致性。

偏相关系数是指在计算两个连续变量的相关时，先控制一个或多个连续变量后，再计算它们之间的相关大小。

有时我们会碰到一个变量是连续数据，而另一个变量只有两个可能值的情况。我们将第二个变量称为二分变量，如吸烟与否、结婚与否、合格与否及成功与否。吸烟与否和结婚与否这些二分变量是人为不可分的，因此常称为真正的二分名义变量。有时一个变量是双峰分布的连续变量，只是人为的划分为二分变量，并非真正的二分变量，如合格与否和成功与否等。同时，将连续变量划分为二分变量时，应尽量使分界点接近平均数。因此连续变量与真正的二分变量之间的相关叫点二列相关（point-biserial correlation），连续变量与人为划分的二分变量之间的相关叫二列相关（biserial correlation）。

如果两个变量都是二分变量，那么它们之间的关系就可以用 φ 相关来讨论。

6.3.2　各种相关系数计算在R语言中的实现

R 语言中提供了许多函数来实现 6.3.1 小节提到的相关系数，其中最常用的就是 cor() 函数，它可以计算皮尔逊相关系数、斯皮尔曼相关系数和肯德尔 τ 系数。该函数的调用格式如下：

```
cor(x, y = NULL, use = "everything",method = c("pearson", "kendall",
"spearman"))
```

其中，x 是数值向量、矩阵或者数据框，y 在默认条件下为 NULL，也可以为向量、矩阵和数据框，只是要和 x 的各维度相对应。use 表示数据中缺失值（NA）的处理方式，一共有 5 种可选方式：默认方式为 everything，表示当出现 NA 时，函数会返回 NA；all.obs 表示遇到 NA 时会报错；complete.obs 和 na.or.complete 处理方式类似，它们都是对有 NA 的行进行删除，不同之处在于，如果经过处理后没有完整的数据行，前者会报错，而后者则会返回 NA；pairwise.complete.obs 的作用是依次比较多对变量，并把两个变量相互之间的缺失行剔除，然后用余下的数据计算两者的相关系数。method 参数则是指定计算相关的种类，并分别对应刚才提到的三种相关系数。下面以 R 语言的内置数据集 USArrests 为例说明 cor() 函数，这个数据集合包含了 1973 年美国 50 个州的犯罪率指标，以下是示例代码：

```
# 查看数据
head(USArrests)
# 计算两列变量间的皮尔逊相关系数、斯皮尔曼相关系数和肯德尔 τ 系数
cor(x = USArrests$Murder,y = USArrests$Assault,method = "pearson")
cor(x = USArrests$Murder,y = USArrests$Assault,method = "spearman")
cor(x = USArrests$Murder,y = USArrests$Assault,method = "kendall")
# 同时计算多个变量之间的两两相关
cor(x = USArrests,method = "pearson")
```

以上代码运行结果如下：

```
        Murder Assault UrbanPop Rape
```

```
Alabama        13.2        236        58 21.2
Alaska         10.0        263        48 44.5
Arizona         8.1        294        80 31.0
Arkansas        8.8        190        50 19.5
California       9.0        276        91 40.6
Colorado         7.9        204        78 38.7

[1] 0.8018733


[1] 0.8172735


[1] 0.6155109


            Murder    Assault    UrbanPop      Rape
Murder    1.00000000 0.8018733 0.06957262 0.5635788
Assault   0.80187331 1.0000000 0.25887170 0.6652412
UrbanPop  0.06957262 0.2588717 1.00000000 0.4113412
Rape      0.56357883 0.6652412 0.41134124 1.0000000
```

上例中，Murder 和 Assaulit 之间的皮尔逊相关系数和斯皮尔曼相关系数比较接近，但是与肯德尔 τ 系数有较大差异。例如，当输入为一个矩阵或数据框时，cor() 函数将计算变量两两之间的相关，并得到一个相关矩阵。

如果要计算偏相关系数，就要借助 ggm 扩展包中的 pcor() 函数了。pcor() 函数的调用格式如下：

```
pcor(u, S)
```

其中 u 是一个长度大于 1 的整数向量，它的第一个元素和第二个元素表示要计算相关系数的下标，其他元素表示作为控制变量的下标。S 为变量的协方差矩阵，可通过 cov() 函数计算得到。cov() 函数的用法与 cor() 函数类似。例如：

```
library(ggm)
pcor(c(1,2,3,4),cov(USArrests))
```

得到如下结果：

```
[1] 0.7042885
```

上例中，当控制了 UrbanPop 和 Rape 这两个变量的影响后，Murder 和 Assault 之间的相关系数约为 0.704，小于没有控制上述变量时的相关系数。

当对两列以上等级数据求肯德尔 W 系数时，可以使用 vegan 扩展包的 kendall.global() 函数，不过第一次运行时需要先安装扩展包，示例代码如下：

```
library(vegan)
x <- data.frame(col1 = c(4,1,2.5,6,2,5),
                col2 = c(5,1,2,5,3,5),
                col3 = c(3.5,1.5,1.5,5,3.5,6),
```

```
              col4 = c(5,2,2,4,2,6),
              col5 = c(4,1,2,5,3,6))
kendall.global(x)
```

以上代码运行结果如下：

```
$Concordance_analysis
                Group.1
W          8.933333e-01
F          3.350000e+01
Prob.F     1.790891e-08
Chi2       2.233333e+01
Prob.perm  1.000000e-03

attr(,"class")
[1] "kendall.global"
```

上例中，肯德尔 W 相关系数为 0.89，另一个重要的值是 Prob.F，它可以说明对 W 的 F 检验是否显著。

在两列变量中，如果一列是二分变量，另一列是连续变量，计算它们之间的向量系数就是点二列相关或二列相关。计算点二列相关有两种方式，一种是使用 cor() 函数计算皮尔逊相关系数，另一种是使用 ltm 扩展包中的 biserial.cor() 函数。计算二列相关也有两种方式，一种是使用 psych 扩展包中的 biserial() 函数，另一种是使用 polycor 扩展包中的 polyserial() 函数。

下面的例子中，将使用同一批数据计算点二列相关系数和二列相关系数。数据来源于 ltm 扩展包中的 LSAT 数据集，该数据包含了美国法学院入学考试中 5 道题的测试结果，现在要求这 5 道题的总分与第 1 题之间的相关。计算这样的相关是有实际意义的，它能说明第 1 题对学生的区分能力。虽然点二列相关和二列相关有不同的使用条件，但这里仅为了介绍函数，具体代码如下：

```
library(ltm)
library(psych)
# 使用 cor() 函数计算总分值与第 1 题之间的点二列相关系数
cor(x = rowSums(x = LSAT),y = LSAT[[1]])

# 使用 ltm::biserial.cor() 函数计算总分值与第 1 题之间的点二列相关系数
biserial.cor(x = rowSums(LSAT), y = LSAT[[1]])

# 使用 psych::biserial() 函数计算总分值与第 1 题之间的二列相关系数
biserial(x = rowSums(LSAT),y = LSAT[[1]])

# 使用 polycor::polyserial() 函数计算总分值与第 1 题之间的二列相关系数
polyserial(x = rowSums(LSAT),y = LSAT[[1]])
```

得到如下结果：

```
[1] 0.3620104
```

```
[1] -0.3620104

               [,1]
[1,] 0.6705584

[1] 0.6708939
```

从上例中可以发现，使用 cor() 函数和 biserial.cor() 函数计算得到的点二列相关在数值上是一样的，但是方向相反。要让两者的计算结果完全相等，可以通过改变 biserial.cor() 函数的 level 参数实现。这个参数表示二分变量中哪一个可作为参照水平，默认值是 1，可以将它设置为 2 来达到刚才的目的。结果也显示，biserial() 函数和 polyserial() 函数计算的二列相关系数有略微的差异（0.6706 和 0.6709），并且与 cor() 函数和 biserial.cor() 函数计算的点二列相关系数是不同的。例如：

```
# 改变 ltm::biserial.cor() 函数的 level 参数值，使其结果与 cor() 函数一致
biserial.cor(x = rowSums(LSAT), y = LSAT[[1]],level = 2)
```

得到如下结果：

```
[1] 0.3620104
```

当两个变量都是二分变量时，计算它们之间的相关就要用到 ϕ 相关系数。在 R 语言中，ϕ 相关系数的计算可以用 psych 扩展包的 phi() 函数来实现。例如：

```
x <- matrix(c(100,60,90,160),ncol = 2)
phi(x)
```

得到如下结果：

```
[1] 0.26
```

6.4 t 检验

在研究和实际工作中，最常见的比较就是两组对象之间的均值比较。例如，将两种教学方法用于两组学生，从而观察这两种方法对学生学习成绩的提高是否一样；比较服用了降压药后，患者的舒张压是否下降。通常获得的学习成绩和舒张压数都是连续数据，因此这种情况下最常用的统计检验方法是 t 检验。t 检验是一种推论统计方法，它根据得到的样本数据之间的差异来推测样本所代表的总体之间的差异是否显著。在前面的两个例子中，前者的被试是不同的学生，对应的是独立样本 t 检验；后者的被试是同一批患者，对应的是非独立样本 t 检验。

6.4.1 独立样本t检验

在室内进行橄榄球运动，是否与在室外进行橄榄球运动的射门得分距离一样？很多赛事评论员认为，由于户外天气因素的影响，在室外想要射门得分更困难，因此相应的距离会更短。真是这样的吗？我们希望通过历史数据来说明这个问题。下面将使用 nutshell 扩展包中的 field.goals 数据集进行说明，它包含了 2015 年美国职业橄榄球大联盟的射门得分数据，我们会对这组数据进行独立样本 t 检验。

在此之前，先看一下 R 语言中进行独立样本 t 检验 t.test() 函数的调用格式：

```
t.test(x, y = NULL,alternative = c("two.sided", "less", "greater"),mu =
0, paired = FALSE, var.equal = FALSE, conf.level = 0.95, ...)
```

x 和 y 是用于均值比较的数值向量。当 y 为 NULL 时，表示为单样本 t 检验（本书没有涉及）。alternative 表示指定假设检验的备择检验类型，two.sided 表示双侧检验，less 表示左侧检验，greater 表示右侧检验。mu 参数是一个数值，默认为 0。当检验为单样本 t 检验时，表示 x 所代表的总体均值是否与 mu 中指定的值相等；当检验为双样本 t 检验时，表示 x 和 y 代表的总体均值之差是否与 mu 中所指定的值相等。paired 参数将在 6.4.2 小节介绍。var.equal 参数表示指定方差是否齐性，默认为 FAlSE（这与大多数统计软件不同），并使用 Welsh 方法修正自由度；当 var.equal 设置为 TRUE 时，认为方差齐性。最后，conf.levels 表示假设检验的置信水平，默认值为 0.95。示例代码如下：

```
library(nutshell)
data(field.goals)
# 分别取室外射门得分的距离数据向量和室内射门得分的距离数据向量
out.data <- field.goals$yards[field.goals$stadium.type == "Out"]
in.data <- field.goals$yards[field.goals$stadium.type == "In"]

# 独立样本 t 检验，假设两者之间无差异
t.test(in.data,out.data,alternative = "two.sided",var.equal = TRUE)
```

以上代码运行结果如下：

```
    Two Sample t-test

data:  in.data and out.data
t = 1.0677, df = 911, p-value = 0.286
alternative hypothesis: true difference in means is not equal to 0
95 percent confidence interval:
 -0.7221775  2.4453689
sample estimates:
mean of x mean of y
 36.84239  35.98080
```

结果显示，虽然室内射门得分距离比室外射门得分距离远了约 1 码，但是独立样本 t 检验表明，这种差异是由随机误差造成的。

t.test() 函数还有一种使用"公式"的调用格式，其中"~"左边是数值向量，右边是二分变量。这种调用格式用在上例中会更便捷：

```
# 在 field.goals 数据集中筛选室外射门和室内射门的得分距离数据
data1 <-dplyr::filter(field.goals,stadium.type %in% c("Out","In"))

# 独立样本 t 检验，假设两者之间无差异
t.test(yards ~ stadium.type,data1,
alternative ="two.sided",var.equal = TRUE)
```

以上代码运行结果如下：

```
    Two Sample t-test

data:  yards by stadium.type
t = 1.0677, df = 911, p-value = 0.286
alternative hypothesis: true difference in means is not equal to 0
95 percent confidence interval:
 -0.7221775  2.4453689
sample estimates:
 mean in group In mean in group Out
        36.84239          35.98080
```

下面这个例子中用到的数据集是 R 语言的内置数据集 InsectSprays。这个数据集储存了用不同的杀虫剂后，各块实验地中昆虫的数目。这里希望知道杀虫剂 C 的效果是否比杀虫剂 D 的效果好，因此只筛选了杀虫剂 C 和杀虫剂 D 的数据，具体代码如下：

```
head(InsectSprays)
# 筛选数据
data2 <- dplyr::filter(InsectSprays,spray %in% c("C","D"))

# 独立样本 t 检验，假设使用杀虫剂 C 后的昆虫数目比使用杀虫剂 D 后的昆虫数目少
t.test(count ~ spray,data2,alternative = "less",var.equal = TRUE)
```

以上代码运行结果如下：

```
  count spray
1    10     A
2     7     A
3    20     A
4    14     A
5    14     A
6    12     A
```

```
     Two Sample t-test

data:  count by spray
t = -3.0782, df = 22, p-value = 0.002749
alternative hypothesis: true difference in means is less than 0
95 percent confidence interval:
      -Inf -1.252793
sample estimates:
mean in group C mean in group D
     2.083333        4.916667
```

结果表明，使用杀虫剂 C 后的昆虫数目（2.083）显著（p < 0.05）小于使用杀虫剂 D 后的昆虫数目（4.917）。也就是说，杀虫剂 C 的效果比杀虫剂 D 的效果好。

6.4.2　非独立样本t检验

关于两组数据间均值 t 检验的另外一种情况，就是非独立样本 t 检验或配对样本 t 检验。例如，医学实验中的数据常常是配对数据，先后给一批被试吃两种安眠药，然后分别记录其睡眠增加的时长。那么这两种安眠药增加睡眠时长的效果是否一样呢？ R 语言的内置 sleep 数据集就记录着这样的实验数据。

在 R 语言中进行非独立样本 t 检验的函数同样是 t.test()。不同的是，要将 paired 参数设置为 TRUE，示例代码如下：

```
head(sleep)
t.test(extra ~ group,data = sleep,paired = TRUE,alternative = "two.
sided")
```

代码运行结果如下：

```
  extra group ID
1   0.7     1  1
2  -1.6     1  2
3  -0.2     1  3
4  -1.2     1  4
5  -0.1     1  5
6   3.4     1  6

     Paired t-test

data:  extra by group
t = -4.0621, df = 9, p-value = 0.002833
alternative hypothesis: true difference in means is not equal to 0
95 percent confidence interval:
```

```
 -2.4598858 -0.7001142
sample estimates:
mean of the differences
                  -1.58
```

这两种安眠药平均增加睡眠的时间相差 1.58 个小时，同时 p 值约为 0.0028，远小于 0.05。因此可以拒绝原假设，推断这两种安眠药的效果是不同的。不过需要注意的是，由于进行的是双侧 t 检验，可零假设"两种安眠药对增加使用者睡眠时间的效果一样"。如果假设"第 1 种安眠药的效果低于第 2 种安眠药的效果"，就需要使用左侧检验。例如：

```
t.test(extra ~ group,data = sleep,paired = TRUE,alternative = "less")
```

得到如下结果：

```
    Paired t-test

data:  extra by group
t = -4.0621, df = 9, p-value = 0.001416
alternative hypothesis: true difference in means is less than 0
95 percent confidence interval:
      -Inf -0.8669947
sample estimates:
mean of the differences
                  -1.58
```

结果表明，第 1 种安眠药的效果确实显著低于第 2 种安眠药的效果（p 值约为 0.0014）。

6.4.3 对t检验的前提假设进行检验

对于独立样本 t 检验来说，有以下 3 个前提条件需要满足。

（1）每次观测必须是独立的。

（2）两个样本来自的两个总体分布必须是正态分布。

（3）两个总体的方差相等或方差齐性。

对于非独立样本 t 检验来说，有以下两个前提条件需要满足。

（1）每一种处理条件内，观测是彼此独立的。

（2）两个总体之差的分布是正态分布。非独立样本 t 检验对两个总体的方差齐性没有要求。

一般来说，当轻微违反前提条件时，t 检验有一定的稳健性。如果严重违反前提条件（如分布明显不是正态的，或者方差明显具有不齐性），这时就不能使用 t 检验，而要考虑其他的统计检验方法，如非参数检验（将在 6.6 节介绍）。

对于观测的独立性假设，一般是依赖于对整个过程的理解和认识而确定的。正态拟合优度检验在 6.2 节已经介绍。本节关注的重点是对独立样本 t 检验中总体方差齐性前提的检验。

关于方差齐性检验，常用的函数是 R 语言内置的 var.test() 和 bartlett.test()，前者执行 Hartley 为最大 F 值的检验，后者执行 Bartlett 检验。为了与 SPSS 等统计软件的默认方差齐性检验结果一致，car 扩展包的 levene.test() 函数提供了另一种选择，该函数执行的是 Levene 检验。下面根据 6.4.1 小节的两个例子，判断数据是否满足方差齐性的前提。

```
library(car)
# 对两组射门得分距离数据进行方差齐性检验
var.test(yards ~ stadium.type,data1)
bartlett.test(yards ~ stadium.type,data1)

# 对使用两种杀虫剂后的昆虫数目进行方差齐性检验
var.test(count ~ spray,data2)
bartlett.test(count ~ spray,data2)
```

以上代码运行结果如下：

```
    F test to compare two variances

data:  yards by stadium.type
F = 1.2989, num df = 183, denom df = 728, p-value = 0.02057
alternative hypothesis: true ratio of variances is not equal to 1
95 percent confidence interval:
 1.040550 1.647557
sample estimates:
ratio of variances
        1.298915


    Bartlett test of homogeneity of variances

data:  yards by stadium.type
Bartlett's K-squared = 5.2522, df = 1, p-value = 0.02192
leveneTest(yards ~ stadium.type,data1)
Levene's Test for Homogeneity of Variance (center = median)
      Df F value    Pr(>F)
group  1 10.957 0.0009691 ***
      911
---
Signif.codes:  0 '***' 0.001 '**' 0.01 '*' 0.05 '.' 0.1 ' ' 1


    F test to compare two variances

data:  count by spray
F = 0.62273, num df = 11, denom df = 11, p-value = 0.4447
alternative hypothesis: true ratio of variances is not equal to 1
95 percent confidence interval:
 0.1792708 2.1631862
sample estimates:
```

```
ratio of variances
        0.6227328


    Bartlett test of homogeneity of variances

data:  count by spray
Bartlett's K-squared = 0.58466, df = 1, p-value = 0.4445
leveneTest(count ~ spray,data2)
Levene's Test for Homogeneity of Variance (center = median)
      Df F value Pr(>F)
group  1      0       1
      22
```

在第一个例子中，3 种方差齐性检验方法的结果都指向了方差不齐性（p 值均小于 0.05）。因此在前面的独立样本 t 检验中，将 t.test() 函数的 var.equal 设置为 TRUE 显然是不明智的。相反，应将其设置为 FALSE，进而用 Welsh 方法修正自由度。或者使用 6.6 节的非参数检验方法。第二个例子中，3 种方差齐性检验方法的结果都指向了方差齐性，因此前面的 t 检验结果比较可信（还得考虑其他两个前提假设）。

6.5 方差分析

方差分析用于两个或两个以上处理条件之间平均数的差异检验，虽然可以用 t 检验来处理两组数据的均值差异显著性问题，但在比较两组以上数据的均值时，t 检验就不适用了。例如，某公司在一次市场调查中，共调查了 100 位客户购买使用该公司产品的年限，以及客户对该公司产品的满意度。该公司将客户分成了 3 种类型，分别为短期客户（少于 1 年）、中期客户（1~5 年）和长期客户（超过 5 年）。该公司想知道不同类型的客户对产品的满意度是否存在显著的差异。这就是方差分析要处理的问题之一。

6.5.1 方差分析的基本术语

在介绍方差分析在 R 语言中的实现前，先对一些重要的术语进行回顾。在一项关于药物对中度甲状腺机能亢进症患者治疗效果的医学实验研究中，研究者将 20 位患者随机分为两组，一组使用甲巯咪唑进行治疗，另一组使用丙硫氧嘧啶进行治疗，然后记录治疗结束两周后，患者的甲状激素水平。

这个医学实验研究中有两种治疗方案（服用甲巯咪唑或丙硫氧嘧啶），代表治疗方案的两个水平。这是一个组间设计，因为每位患者仅接受一种药物的治疗，没有患者同时接受两种药物的治疗。

实验中，治疗方案是自变量，而甲状腺激素水平是因变量。接受甲巯咪唑和丙硫氧嘧啶治疗的人数都是 10 人，也就是每种治疗的观测数相等，所以这种设计也称为平衡设计。如果每个水平下的观测数不相等，就称为非平衡设计。

此外，由于只有一个自变量，因此这种设计又叫单因素方差分析或单因素组间方差分析。方差分析主要通过 F 值检验来进行，如果检验效果显著，则说明这两种治疗方案对中度甲状腺机能亢进症患者的治疗效果不一样。

现在假设研究者调整了实验设计，对 20 位患者都使用丙硫氧嘧啶进行治疗，然后分别记录治疗结束 2 周和 4 周后，患者的甲状腺激素的水平。在调整后的实验设计中，时间间隔就变成了两个水平（治疗结束 2 周和 4 周后）的组内因素，因为对每位患者都记录了两次甲状腺激素水平，因此这种设计称为单因素组内方差分析或重复测量方差分析。如果方差分析结果显著，则说明丙硫氧嘧啶在两个时间段的效果不同。

再调整一下实验设计，假设研究者对治疗方案和时间间隔这两个因素都感兴趣，于是他将前面两个实验设计合并起来，仍然将患者随机分成两个组，一组服用甲巯咪唑，另一组服用丙硫氧嘧啶；并且对每位患者在治疗结束 2 周和 4 周后都做了甲状腺激素水平的测量。当治疗方案和时间间隔都成为方差分析的因素时，既可以分别分析它们的影响，即两者的主效应，又可以分析它们的交互效应。当实验设计中包含了两个及两个以上的因素时，就称为多因素方差分析。如果在多因素方差分析中既包含组间因素，又包含组内因素，就叫混合设计方差分析。上面这个例子就是双因素混合设计方差分析。

再进一步拓展，研究资料表明甲状腺激素水平还受体质量指数的影响，体质量指数不是本次研究的对象，但可能对实验结果产生干扰，因此需要加以控制。在进行方差分析时，可对体质量指数的影响进行统计性调整，这种方法就叫协方差分析，其中的体质量指数就叫协变量。

6.5.2　aov()函数

一个 aov() 函数能实现 6.5.1 小节介绍的所有类型的方差分析（但不仅限于此）。aov() 的基本调用格式如下：

```
aov(formula,data)
```

其中 formula 参数以公式的形式指定方差分析的类型，如 y ~ A 表示单因素组间设计方差分析或单因素非重复测量方差分析。y 为因变量，A 为自变量。data 指定用于方差分析的数据，y 和 A 必须包含在 data 中。

其实前面就已经接触了"公式"，它常常用来描述变量之间的关系，或者指定一组数学模型。在 aov() 函数中，各种类型的方差分析就是通过公式来指定的。公式中会出现一些符号，表 6-1 列举了这些符号的含义。假设 y 为因变量，A、B 和 C 为自变量。

表 6-1　公式中的符号含义

符　号	含　义
.	分隔符号，左边为响应变量（因变量），右边为自变量。例如 A 预测 y，代码为 y ~ A
+	分隔自变量，表示变量之间的线性关系。例如 A 和 B 预测 y，代码为 y ~ A + B
:	自变量间的交互作用。例如 A 和 B 间的交互作用为 A:B
*	变量间所有可能的效应。例如 y ~ A * B * C 可展开为 y ~ A + B + C + A:B + A:C + B:C + A:B:C
^	表示交互项达到某个次数。例如 y ~ (A + B + C)^2 可展开为 y ~ A + B + C + A:B + A:C + B:C
.	表示除了因变量的所有变量。例如一个数据框包含了 A、B、C 和 y 四个变量，代码 y ~ . 可展开为 y ~ A + B + C
-	表示从公式中去除某个变量。例如 y ~ A * B - A:B 可展开为 y ~ A + B
-1	删除截距项。例如 y ~ A + B - 1
0	删除截距项。例如 y ~ A + B + 0
I()	放在 I() 中的表达式按照算数意义进行解释。例如 y ~ A + I(B + C) 表示 A 作为一个自变量，B 和 C 的和作为另一个自变量，y 作为因变量

表 6-2 列举了常见方差分析类型的公式，其中一些是前面介绍过的。

表 6-2　常见方差分析类型的公式

类　型	公　式
单因素非重复测量方差分析	y ~ A
含有一个协变量的单因素方差分析	y ~ x + A
两因素非重复测量方差分析	y ~ A + B
含两个协变量的两因素非重复测量方差	y ~ x1 + x2 + A * B
单因素重复测量方差分析	y ~ A + Error(Subject/A)
两因素混合设计的方差分析	y ~ B + A + Error(Subject/A)

6.5.3　单因素非重复测量方差分析

　　什么职业的声望最高？如果你对声望很看重，那么你在进行职业选择的时候就会关注这个因素。下面将使用 car 扩展包中的 Prestige 数据集来进行说明，它来源于 1971 年加拿大的人口普查中关于职业的数据，包含了各种职业在职人员的平均受教育年限（education）、平均收入（income）、女性占比（women）、声望指数（prestige）、职业代码（census）和职业类型（type）。我们关注的是 prestige 和 type 这两个变量。在变量 type 中，bc 代表蓝领，prof 代表从事管理或技术方面的工作，wc 代表白领，具体示例代码如下：

```
library(car)
# 查看数据
head(Prestige)

# 各组样本大小
table(Prestige$type)

# 各组均值
aggregate(prestige ~ type,data = Prestige,FUN = mean)

# 各组标准差
aggregate(prestige ~ type,data = Prestige,FUN = sd)

# 非重复测量方差分析
fit1 <- aov(prestige ~ type,data = Prestige)
summary(fit1)
```

以上代码运行结果如下：

	education	income	women	prestige	census	type
gov.administrators	13.11	12351	11.16	68.8	1113	prof
general.managers	12.26	25879	4.02	69.1	1130	prof
accountants	12.77	9271	15.70	63.4	1171	prof
purchasing.officers	11.42	8865	9.11	56.8	1175	prof
chemists	14.62	8403	11.68	73.5	2111	prof
physicists	15.64	11030	5.13	77.6	2113	prof

```
  bc prof   wc
  44   31   23

  type prestige
1   bc 35.52727
2 prof 67.84839
3   wc 42.24348

  type  prestige
1   bc 10.023701
2 prof  8.677091
3   wc  9.515816
```

	Df	Sum Sq	Mean Sq	F value	Pr(>F)
type	2	19776	9888	109.6	<2e-16 ***
Residuals	95	8571	90		

```
---
Signif.codes:  0 '***' 0.001 '**' 0.01 '*' 0.05 '.' 0.1 ' ' 1
4 observations deleted due to missingness
```

从上面代码的输出结果可知，三种职业大类中，分别有 44、31 和 23 种具体职业，因此这是一个不平衡设计。均值显示从事 prof 类的声望指数最高，其次是从事 wc 类的，而从事 bc 类的声望最低。标准显示各组内部差异相对一致，在 8.68 到 10.02 间浮动。方差分析结果显示，各种职业大类的声望指数存在非常显著的差异。

gplots 扩展包中的 plotmeans() 函数可以绘制各组带有置信区间的均值折线图。图 6-1 就展示了带有 95% 置信区间的各职业大类的声望指数均值，可以清楚地看到它们之间的差异，实现代码如下：

```
# 绘制各组的均值和置信区间图
library(gplots)
plotmeans(prestige ~ type,data = Prestige,xlab = "type",
ylab = "prestige",main = "Mean Plot with 95% CI")
```

从前面的方差分析中可以得出一个结论，各种职业大类的声望指数存在非常显著的差异，但目前还并不清楚哪种职业大类的声望指数与其他大类不同。通过多重比较就可以解决这个问题。R 语言提供了多种可以进行多重比较的函数。例如内置函数 TukeyHSD()、laercio 扩展包的 LTukey() 函数、multcomp 扩展包的 glht() 函数可用于 Tukey 多重比较和 Dunnett 多重比较，laercio 扩展包的 LDuncan() 函数可用于 Duncan 多重比较，asbio 扩展包的 pairw.anova() 函数可分别用于 Tukey、LSD、Scheffe、

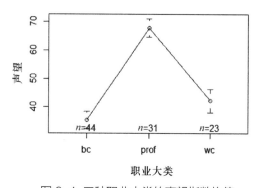

图 6-1 三种职业大类的声望指数均值

Dunnett 和 Bonferronni 多重比较。下面以 TukeyHSD() 函数和 pairw.anova() 函数为例，对各大类职业之间的声望指数进行多重比较。

```
library(asbio)
multicomp1 <- TukeyHSD(fit1)
multicomp1

multicomp2<- pairw.anova(Prestige$prestige,Prestige$type,method = "lsd")
multicomp2
```

以上代码运行结果如下：

```
   Tukey multiple comparisons of means
     95% family-wise confidence level
```

```
Fit: aov(formula = prestige ~ type, data = Prestige)

$type
                diff         lwr         upr      p adj
prof-bc    32.321114  27.0178419  37.62439  0.0000000
wc-bc       6.716206   0.8969472  12.53546  0.0194718
wc-prof   -25.604909 -31.8289522 -19.38087  0.0000000


95% LSD confidence intervals

                  LSD      Diff      Lower      Upper  Decision Adj.p-value
mubc-muprof   4.42181 -32.32111  -36.74292  -27.89931 Reject H0           0
mubc-muwc     4.85203  -6.71621  -11.56824   -1.86417 Reject H0     0.00718
muprof-muwc   5.18954  25.60491   20.41537   30.79445 Reject H0           0
```

两种多重比较方法都说明各大类职业之间的声望指数存在显著的差异。

6.5.4　单因素协方差分析

在进行单因素方差分析时，还需要控制一个协变量。例如，在探究不同类型学校的学生语言智商分数（Verbal IQ）是否有差异的研究中，学校的社会经济地位往往对最终的统计检验结果有影响。假设对学校的社会经济地位不感兴趣，为了避免这个因素的影响，在方差分析时就需要将其作为协变量加以控制。下面的例子来自 nlme 扩展包中的 bdf 数据集，该数据集记录了关于荷兰 8 年级学生的语言智商数据。为了便于说明，只使用其中的三列。其中 IQ.verb 表示学生的语言智商分数；denomina 表示学校的类别，1 代表公立学校，2 代表新教私立学校，3 代表天主教私立学校，4 代表非教派私立学校；schoolSES 表示学校的社会经济地位指数。表 6-2 中已经给出了 aov() 函数实现重复测量的方差分析的方法，示例代码如下：

```
library(nlme)
# 选择数据
bdf.sub <- bdf [,c("IQ.verb","denomina","schoolSES")]
# 查看数据
head(bdf.sub)
# 查看各组样本量
table(bdf.sub$denomina)
# 计算各组均值
tapply(bdf.sub$IQ.verb,bdf.sub$denomina,mean)
# 计算各组标准差
tapply(bdf.sub$IQ.verb,bdf.sub$denomina,sd)
# 单因素协方差分析
fit2 <- aov(IQ.verb ~ schoolSES + denomina,data = bdf.sub)
summary(fit2)
```

以上代码运行结果如下：

```
   IQ.verb denomina schoolSES
1    15.0        1       11
2    14.5        1       11
3     9.5        1       11
4    11.0        1       11
5     8.0        1       11
6     9.5        1       11


    1   2   3   4
  775 803 617  92


        1         2         3         4
 11.61032  11.86675  11.96515  12.55435

        1         2         3         4
 2.122026  1.919107  2.145291  2.129666


            Df Sum Sq Mean Sq F value   Pr(>F)
schoolSES    1    270  269.76  65.128 1.12e-15 ***
denomina     3     63   21.03   5.077  0.00167 **
Residuals 2282   9452    4.14
---
Signif.codes:  0 '***' 0.001 '**' 0.01 '*' 0.05 '.' 0.1 ' ' 1
```

以上代码结果表明，四类学校的学生样本数量不一致，其中非教派私立学校的学生样本只有 92 人，因此这是一种非平衡设计。通过 tapply() 函数获得各学校的语言智商分数均值，可以发现非教派私立学校的语言智商分数最高（12.56）。单因素协方差分析表明，学校的社会经济地位指数对学生的语言智商分数的影响显著。当控制学校的社会经济地位指数后，各类学校学生的语言智商分数不同。

由于前面计算出的各类学校的学生语言智商分数受到了协变量，即学校社会经济地位指数的影响，因此为了得到去除协变量效应后的各类学校学生的语言智商均值，可以使用 effects 包中的 effect() 函数，它得到的结果是调整后的均值。例如：

```
library(effects)
tapply(bdf.sub$IQ.verb,bdf.sub$denomina,mean)
```

得到如下结果：

```
        1         2         3         4
 11.61032  11.86675  11.96515  12.55435
```

本例中，调整前后的均值类似，但是并非所有的情况都是这样的。

通过单因素协方差分析，虽然表明不同类型学校的学生语言智商分数不同，但是并没有反映出哪类学校与其他类别的学校不同，因此还要进行多重比较。下面将使用 multcomp 扩展包的 glht() 函数达到这一目的，实现代码如下：

```
library(multcomp)
contrast <- rbind("1 vs 2" = c(1,-1,0,0),
                  "1 vs 3" = c(1,0,-1,0),
                  "1 vs 4" = c(1,0,0,-1),
                  "2 vs 3" = c(0,1,-1,0),
                  "2 vs 4" = c(0,1,0,-1),
                  "3 vs 4" = c(0,0,0,-1))
summary(glht(fit2,linfct = mcp(denomina = contrast )))
```

以上代码运行结果如下：

```
      Simultaneous Tests for General Linear Hypotheses

Multiple Comparisons of Means: User-defined Contrasts


Fit: aov(formula = IQ.verb ~ schoolSES + denomina, data = bdf.sub)

Linear Hypotheses:
            Estimate Std.Error t value Pr(>|t|)
1 vs 2 == 0 -0.24865   0.10249  -2.426  0.06288 .
1 vs 3 == 0 -0.34118   0.10982  -3.107  0.00829 **
1 vs 4 == 0 -0.65093   0.22777  -2.858  0.01892 *
2 vs 3 == 0 -0.09253   0.10896  -0.849  0.81533
2 vs 4 == 0 -0.40228   0.22719  -1.771  0.26222
3 vs 4 == 0 -0.34074   0.16496  -2.066  0.14648
---
Signif.codes:  0 '***' 0.001 '**' 0.01 '*' 0.05 '.' 0.1 ' ' 1
(Adjusted p values reported -- single-step method)
```

多重比较结果表明，公立学校和天主教私立学校之间，以及公立学校和非教派私立学校之间的学生语言智商分数有显著差异。

HH 扩展包中的 ancova() 函数提供了因变量、自变量和协变量之间的关系，如图 6-2 所示（彩图可在随书附赠的资源包中查看），其代码如下：

```
library(HH)
# 先将 bdf.sub$denomina 变为因子
bdf.sub$denomina <-  factor(bdf.sub$denomina,ordered = F)

ancova(IQ.verb ~ schoolSES + denomina,data = bdf.sub)
```

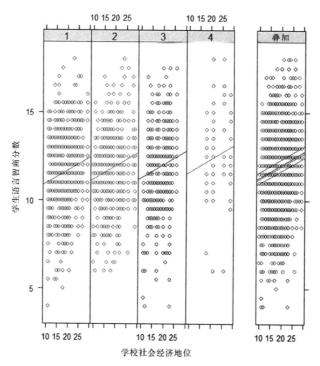

图 6-2　四类学校的社会经济地位和学生语言智商分数的关系

从图 6-2 中可以看出，用学校的社会经济地位指数来预测学生的语言智商分数的回归线相互平行，只是截距项不同。随着学校社会经济地位指数的提高，学生的语言智商分数也在提高。此外，还可以看出非教派私立学校的截距最大，公立学校的截距最小。

6.5.5　单因素重复测量方差分析

本小节的例子中，一位研究者想知道不同的生字密度对学生阅读理解的影响是否有显著差异。因此，在研究中他使用了 8 名被试，让他们分别阅读了 4 篇生字密度不同的文章，并得到了他们对各篇文章的阅读理解分数。此研究是单因素重复测量实验设计，自变量为文字的生字密度，因变量为阅读理解分数，aov() 函数实现重复测量的方差分析的方法已在表 6-2 中给出，示例代码如下：

```
library(reshape2)
# 研究数据
reading.comprehension <- data.frame(subject = paste0("sub",1:8),
                            a1 = c(3,6,4,3,5,7,5,2),
                            a2 = c(4,6,4,2,4,5,3,3),
                            a3 = c(8,9,8,7,5,6,7,6),
                            a4 = c(9,8,8,7,12,13,12,11))
head(reading.comprehension)
# 数据融合（变形）
```

```
reading.comprehension1 <- melt(reading.comprehension,
                               id.vars = "subject",
                               variable.name = "newword.density",
                               value.name = "score")
# 计算组均数
aggregate(score  ~ newword.density,data = reading.comprehension1,
FUN = mean)
# 计算组标准差
aggregate(score  ~ newword.density,data = reading.comprehension1,
FUN = sd)

#  单因素重复测量方差分析
fit3 <- aov(score  ~ newword.density + Error(subject/newword.density),
data = reading.comprehension1)
summary(fit3)
```

以上代码运行结果如下：

```
subject a1 a2 a3 a4
1    sub1  3  4  8   9
2    sub2  6  6  9   8
3    sub3  4  4  8   8
4    sub4  3  2  7   7
5    sub5  5  4  5  12
6    sub6  7  5  6  13

  newword.density  score
1             a1  4.375
2             a2  3.875
3             a3  7.000
4             a4 10.000

  newword.density   score
1             a1 1.685018
2             a2 1.246423
3             a3 1.309307
4             a4 2.267787


Error: subject
          Df Sum Sq Mean Sq F value Pr(>F)
Residuals  7  25.88   3.696

Error: subject:newword.density
                Df Sum Sq Mean Sq F value   Pr(>F)
newword.density  3 190.12   63.37   25.17 3.76e-07 ***
Residuals       21  52.87    2.52
```

```
---
Signif.codes:  0 '***' 0.001 '**' 0.01 '*' 0.05 '.' 0.1 ' ' 1
```

从结果可以看出，实验中的自变量（生字密度）的效应显著（F 值为 2.17，P < 0.01）。如果还想知道被试阅读 4 篇生字密度不同的文章的成绩两两之间是否有显著差异，可以使用前面介绍的多重比较方法。

6.5.6 两因素方差分析

本小节将使用 R 语言内置数据集的 warpbreaks 来演示两因素方差分析。研究该数据集羊毛的类型（A 和 B），以及张力水平（L、M 和 H）对纱线断裂次数的影响，示例代码如下：

```
# 计算各处理组合的次数
table(warpbreaks$wool,warpbreaks$tension)

# 计算各处理组合的均值和标准差
library(dplyr)
group_by(warpbreaks,wool,tension)%>% summarise(breaks.mean =
mean(breaks))
group_by(warpbreaks,wool,tension)%>% summarise(breaks.sd = sd(breaks))

#   两因素方差分析
fit4 <- aov(breaks ~ wool * tension,data = warpbreaks)
summary(fit4)
```

以上代码运行结果如下：

```
    L M H
  A 9 9 9
  B 9 9 9


# A tibble: 6 x 3
# Groups:   wool [2]
  wool  tension breaks.mean
  <fct> <fct>       <dbl>
1 A     L            44.6
2 A     M            24
3 A     H            24.6
4 B     L            28.2
5 B     M            28.8
6 B     H            18.8


# A tibble: 6 x 3
# Groups:   wool [2]
  wool  tension breaks.sd
  <fct> <fct>       <dbl>
```

```
1 A        L              18.1
2 A        M               8.66
3 A        H              10.3
4 B        L               9.86
5 B        M               9.43
6 B        H               4.89

            Df Sum Sq  Mean Sq  F value   Pr(>F)
wool         1    451    450.7    3.765 0.058213 .
tension      2   2034   1017.1    8.498 0.000693 ***
wool:tension 2   1003    501.4    4.189 0.021044 *
Residuals   48   5745    119.7
---
Signif.codes:  0 '***' 0.001 '**' 0.01 '*' 0.05 '.' 0.1 ' ' 1
```

　　从上面代码的计算结果可知，每种处理组合的次数都是 9，因此该设计是平衡设计。通过计算各种组合的纱线断裂平均次数可知，羊毛类型为 A、张力为 L 的组合纱线断裂的次数最多（44.6 次），而羊毛类型为 B、张力为 H 的组合纱线断裂的次数最少（18.8 次），各种处理组合间的标准差有较大差异。从通过 summary() 函数得到的方差分析表中可以看到，羊毛类型的主效应不显著，但是张力大小的主效应，以及羊毛类型与张力大小之间的交互作用显著。

　　如果要对羊毛类型与张力大小之间的交互作用进行可视化处理，可以使用 interaction.plot() 函数，代码如下，结果如图 6-3 所示。

```
with(warpbreaks,
     interaction.plot(x.factor = tension,trace.factor = wool,
response = breaks,type = "b",
col = c("black","red"),pch = c(13,14),
               main = " 羊毛类型与张力大小间的交互作用 "))
```

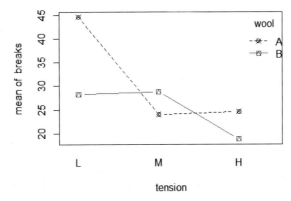

图 6-3　使用 interaction.plot() 函数绘制的关于 wool 与 tension 间的交互作用

　　如果想同时对主效应和交互作用进行可视化，使用 HH 扩展包的 interaction2wt() 函数是一种更好的选择，代码如下，结果如图 6-4 所示（彩图可在随书附赠的资源包中查看）。

```
library(HH)
with(warpbreaks,
     interaction2wt(breaks ~ wool * tension))
```

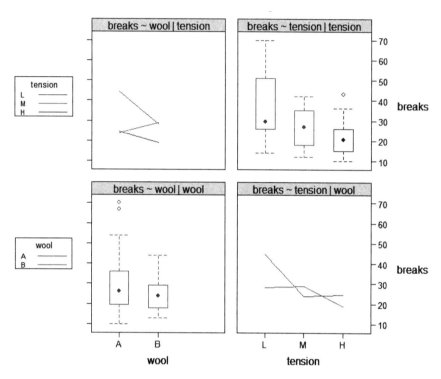

图 6-4　使用 interaction2wt() 函数绘制的 wool 和 tension 的主效应和交互作用

6.5.7　对方差分析前提假设的检验

方差分析也有一定的适用范围和前提假设。只有在数据符合假设的情况下才能适用这种方法，否则会得到有偏差的结果。方差分析的基本前提假设与 t 检验的前提假设类似，包括正态分布假设、观察独立性假设和方差齐性假设。这些假设的检验方法已经介绍过，因此不再重复。

对于协方差分析来说，还需假定回归斜率相同。其检验方法是检验自变量和协变量之间的交互作用是否显著，如果不显著，则满足这一假设；反之，则不满足这一假设。

6.6 非参数检验

如果数据无法满足 t 检验或方差分析的前提假设，如 6.5.6 小节中的方差可能不齐性，就需要借助非参数检验方法。前面介绍的各种类型的 t 检验和方差分析，都有对应的非参数检验方法。下面将介绍几种常见的非参数检验方法。为了便于举例，本节使用的数据和前面小节中的数据相同。其实，如果数据符合前提假设，参数检验方法和非参数检验方法的结果应该是一致的。

6.6.1 两总体比较

如果需要比较两组数据所代表的总体均值是否有显著差异，而数据又不满足独立 t 检验的前提假设，就可以使用 Mann-Whitney U 检验。在 R 语言中实现用 Mann-Whitney U 检验的函数是 wilcox.test()（因为 Mann-Whitney U 检验又叫 Wilcox 秩和检验）。下面使用 wilcox.test() 函数来检验室内外橄榄球运动的射门得分距离差异问题，代码如下：

```
# 用 Wilcox.test() 函数进行独立样本的均值检验
wilcox.test(in.data,out.data)
```

得到如下结果：

```
    Wilcoxon rank sum test with continuity correction

data:  in.data and out.data
W = 70243, p-value = 0.3205
alternative hypothesis: true location shift is not equal to 0
```

通过结果可知，Wilcox 秩和检验结果与独立样本 t 检验结果是一致的，两种检验方法均表明室内外橄榄球射门得分的距离并没有显著差异。

当两组数据是非独立样本，且不满足非独立样本 t 检验时，也可使用 wilcox.test() 函数。不过，需要令参数 paired = TURE，这样它将执行 Wilcox 秩和检验。下面再来看安眠药对增加睡眠时长效果的差异问题。

```
# 用 Wilcox.test() 函数进行非独立样本的均值检验
wilcox.test(extra ~ group,data = sleep,paired = TRUE,alternative =
"less")
```

得到如下结果：

```
    Wilcoxon signed rank test with continuity correction

data:  extra by group
V = 0, p-value = 0.004545
alternative hypothesis: true location shift is less than 0
```

可见 wilcox.test() 函数与 t.test() 函数一样，在检验非独立样本的举止差异时，只需要多添加一个 paired 参数并令其等于 TRUE 即可。还可以指定 alternative 等于 less 或 greater 来进行有方向的检验。上面的结果表明，第 1 种安眠药的效果显著低于第 2 种安眠药的效果（p 值为 0.004545），与非独立样本 t 检验的结果一致。

6.6.2 多于两总体比较

当数据不满足方差分析的前提假设时，也要使用非参数方法来检验总体间的均值差异。如果各总体独立，对应的常用非参数方法是 Kruskal-Wallis 检验；如果各总体相关，对应的常用非参数方法是 Friedman 检验。在 R 语言中，实现这两种非参数检验的函数是 kurskal.test() 和 friedman.test()。

下面用这两种检验方法来检验 6.5.3 小节的声望数据和 6.5.5 小节的生字密度数据，具体代码如下：

```
# Kruskal-Wallis 检验
kruskal.test(prestige ~ type,data = Prestige)

# Friedman 检验
reading.comprehension <- data.frame(subject = paste0("sub",1:8),
                                    a1 = c(3,6,4,3,5,7,5,2),
                                    a2 = c(4,6,4,2,4,5,3,3),
                                    a3 = c(8,9,8,7,5,6,7,6),
                                    a4 = c(9,8,8,7,12,13,12,11))
reading.comprehension1 <- reshape2::melt(reading.comprehension,
id.vars= "subject",
                                         variable.name = "treatment",
value.name = "A")
friedman.test(A ~ treatment | subject,data= reading.comprehension1)
```

以上代码运行结果如下：

```
    Kruskal-Wallis rank sum test

data:  prestige by type
Kruskal-Wallis chi-squared = 63.396, df = 2, p-value = 1.713e-14

    Friedman rank sum test

data:  A and treatment and subject
Friedman chi-squared = 18.52, df = 3, p-value = 0.0003435
```

从代码运行结果可知，这两种检验结果均是差异显著。

6.7 回归分析

6.3 节介绍的相关分析与本节将介绍的回归分析是从不同的角度对变量之间的关系进行分析。相关分析是变量之间的双向关系，没有原因或结果之分。例如，体重和身高具有相关关系，但不具有因果关系。回归关系是变量之间的单向关系，即自变量对因变量的影响关系。回归分析是用来确定 2 个或 2 个以上变量间单向关系的一种统计分析方法。例如，大气压强和海拔高度之间的关系，海拔越高，大气压强越小。又如，股票价格受到利率、GDP（国内生产总值）的影响等。如果回归分析中只包含一个自变量和一个因变量，且它们的关系是线性的，那么这种回归分析称为简单线性回归分析；如果包含多个自变量和一个因变量，且自变量和因变量之间的关系是线性的，这种回归分析称为多重线性回归。本节所介绍的回归分析均指线性回归分析。

下面先介绍 R 语言中进行回归分析的基本函数 lm()，然后从模型拟合、模型诊断和模型改进这三个方面介绍回归分析的主要流程及其在 R 语言中的实现。

6.7.1 lm()函数

在 R 语言中，最常用的线性回归分析函数是 lm()，其调用格式如下：

```
lm(formula, data, subset, weights, na.action,method = "qr", model =
TRUE, x = FALSE, y = FALSE, qr = TRUE,singular.ok = TRUE, contrasts = NULL,
offset, ...)
```

下面是常用参数的解释。formula 用于以公式的形式指定拟合的模型，具体可参见表 6-1。data 表示数据框、列表或环境，其中含有用于拟合模型的变量。subset 是一个向量，用于指定用于模型拟合的数据样本。weights 是对观测值进行加权的数值向量。na.action 用于指定数据中缺失值的处理方式，如果为 NULL 则使用 na.omit 进行处理。method 用于指定拟合的方法，目前仅当 method = "qr"时表示用来拟合，而当 method = "model.frame"时将返回模型使用的数据框。其他参数请通过?lm 查询。

lm() 函数将返回一个 lm 类的对象，有许多函数可以直接操作这个对象以返回更多的信息。例如，summary() 函数将返回拟合模型的详细信息，包括函数调用自身，模型残差的最大值、最小值和四分位数，模型参数及相应的 t 检验，残差标准误，多重 R2 和调整的多重 R2，模型的整体显著性检验；coefficients() 函数会列出拟合模型的参数；confint() 函数会给出模型参数的置信区间；fitted() 函数和 residuals() 函数将返回拟合模型的预测值和残差；anova() 函数将生成拟合模型的方差分析表，或者比较一个以上嵌套模型的方差分析表；vcov() 函数返回模型参数的协方差矩阵；AIC() 函数返回赤池统计量，也是用于比较一个以上模型的拟合优度，不过并不要求模型之间为嵌套关系；plot() 函数将绘制拟合模型的回归诊断图；最后，predict() 函数用来生成拟合模型对新数据的预测值。

6.7.2 模型拟合

先从简单线性回归开始，介绍线性回归的模型拟合。下面将使用 R 语言内置的 cars 数据集来进行说明，该数据集记录了汽车的速度和停车距离，包含 speed（每小时英里数）和 dist（停车距离）两个变量，共 50 条记录，具体代码如下：

```
# 简单线性模型拟合
fit <- lm(dist ~ speed,data = cars)
```

```
# 拟合的详细信息
summary(fit)

# 模型参数
coefficients(fit)

# 回归系数置信区间
confint(fit)

# 模型预测值
fitted(fit)

# 模型残差
residuals(fit)
```

以上代码运行结果如下：

```
Call:
lm(formula = dist ~ speed, data = cars)

Residuals:
    Min      1Q  Median      3Q     Max
-29.069  -9.525  -2.272   9.215  43.201

Coefficients:
             Estimate Std.Error t value Pr(>|t|)
(Intercept)-17.5791     6.7584   -2.601   0.0123 *
speed         3.9324     0.4155    9.464 1.49e-12 ***
---
Signif.codes:  0 '***' 0.001 '**' 0.01 '*' 0.05 '.' 0.1 ' ' 1

Residual standard error: 15.38 on 48 degrees of freedom
Multiple R-squared:  0.6511,    Adjusted R-squared:  0.6438
F-statistic: 89.57 on 1 and 48 DF,  p-value: 1.49e-12

(Intercept)speed
 -17.579095    3.932409
2.5 %      97.5 %


(Intercept)-31.167850 -3.990340
speed         3.096964  4.767853

          1         2         3         4         5         6         7
-1.849460 -1.849460  9.947766  9.947766 13.880175 17.812584 21.744993
          8         9        10        11        12        13        14
```

```
21.744993 21.744993 25.677401 25.677401 29.609810 29.609810 29.609810
       15        16        17        18        19        20        21
29.609810 33.542219 33.542219 33.542219 33.542219 37.474628 37.474628
       22        23        24        25        26        27        28
37.474628 37.474628 41.407036 41.407036 41.407036 45.339445 45.339445
       29        30        31        32        33        34        35
49.271854 49.271854 49.271854 53.204263 53.204263 53.204263 53.204263
       36        37        38        39        40        41        42
57.136672 57.136672 57.136672 61.069080 61.069080 61.069080 61.069080
       43        44        45        46        47        48        49
61.069080 68.933898 72.866307 76.798715 76.798715 76.798715 76.798715
       50
80.731124

         1          2          3          4          5          6
  3.849460  11.849460  -5.947766  12.052234   2.119825  -7.812584
         7          8          9         10         11         12
 -3.744993   4.255007  12.255007  -8.677401   2.322599 -15.609810
        13         14         15         16         17         18
 -9.609810  -5.609810  -1.609810  -7.542219   0.457781   0.457781
        19         20         21         22         23         24
 12.457781 -11.474628  -1.474628  22.525372  42.525372 -21.407036
        25         26         27         28         29         30
-15.407036  12.592964 -13.339445  -5.339445 -17.271854  -9.271854
        31         32         33         34         35         36
  0.728146 -11.204263   2.795737  22.795737  30.795737 -21.136672
        37         38         39         40         41         42
-11.136672  10.863328 -29.069080 -13.069080  -9.069080  -5.069080
        43         44         45         46         47         48
  2.930920  -2.933898 -18.866307  -6.798715  15.201285  16.201285
        49         50
 43.201285   4.268876
```

用 lm() 函数对停车距离和汽车速度的回归进行线性回归拟合，将其结果赋值为 fit，这是一个 lm 类。余下的函数分别对 fit 进行操作。结果表明，拟合得到的模型参数分别为 -17.5791（截距项）和 3.9324（回归系数），均显著不为 0；调整的多重 R^2 为 0.6438，说明该模型能解释停车距离为 64.38% 的变异；方差分析结果也显示整个模型是显著的（$p = 1.49e-12$）。由于简单线性回归只有一个自变量，因此此模型的 F 检验和回归系数的 t 检验的结果是相同的。图 6-5 是汽车速度与停车距离的线性关系。具体实现代码如下：

```
# 汽车速度和停车距离的关系
plot(cars)
lines(x = cars$speed, y = fitted(fit), col = "red")
```

实际应用中，多重线性回归的使用更为广泛。它包含多个自变量，当然分析也会相应复杂一些。下面将使用 R 语言的内置数据集 mtcars 进行说明，该数据集包含了 32 种汽车的 11 种基本性能数据。通过汽车排量（disp）、总功率（hp）、后桥速比（drat）和车重（wt）四个变量来预测汽车油耗指数（汽车消耗每加仑汽油行驶的英里数，mpg）。注意，mpg 越大，油耗越低，具体代码如下：

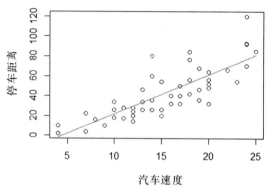

图 6-5 汽车速度与停车距离的线性关系

```
fit <- lm(mpg ~ disp + hp + drat + wt,data = mtcars)
summary(fit)
```

得到如下结果：

```
Call:
lm(formula = mpg ~ disp + hp + drat + wt, data = mtcars)

Residuals:
    Min      1Q  Median      3Q     Max
-3.5077 -1.9052 -0.5057  0.9821  5.6883

Coefficients:
             Estimate Std.Error t value Pr(>|t|)
(Intercept)29.148738   6.293588   4.631  8.2e-05 ***
disp        0.003815   0.010805   0.353  0.72675
hp         -0.034784   0.011597  -2.999  0.00576 **
drat        1.768049   1.319779   1.340  0.19153
wt         -3.479668   1.078371  -3.227  0.00327 **
---
Signif.codes:  0 '***' 0.001 '**' 0.01 '*' 0.05 '.' 0.1 ' ' 1

Residual standard error: 2.602 on 27 degrees of freedom
Multiple R-squared:  0.8376,    Adjusted R-squared:  0.8136
F-statistic: 34.82 on 4 and 27 DF,  p-value: 2.704e-10
```

结果显示，汽车排量和后桥速比与汽车油耗指数正相关，而汽车总功率和车重与汽车油耗指数负相关。在多重线性回归中，回归系数表示当一个自变量每增加 1 个单位，且其他自变量不变时，因变量所增加或减少的数量。本例中，车重的回归系数约为 -3.48，表示当排量、总功率和后桥速比不变时，车重每增加 1 个单位，汽车油耗指数将下降约 3.48 个单位。当排量、总功率和车重不变时，后桥速比每增加 1 个单位，汽车油耗指数将增加约 1.77 个单位。方差分析表明，整个回归模型是显著的（ $F = 34.82$，$p < 0.01$ ）。在截距项和回归系数的显著性检验中，截距项、总功率和车

重的回归系数显著，排量和后桥速比的回归系数不显著。整个模型能解释油耗指数近 82% 的变异。

6.7.3　模型诊断

模型拟合只能说明通过线性回归得到的是哪种模型，但是并未告诉我们已知的数据能在多大程度上满足这种方法的前提条件。因此，现在还需要对线性回归的前提假设进行检查。

对于线性回归来说，应满足以下前提假设。

（1）因变量与自变量之间的关系应该是线性关系，这种线性关系可以表现为误差的均值为 0。但是误差是观测不到的，需要通过对拟合模型的残差进行检验。通常使用的方法是残差图。残差图的横坐标是回归模型的预测值，纵坐标则是残差值。如果因变量和自变量是线性关系，那么残差就应该无规律地散乱分布在 0 位的周围，表现在残差图中就是残差随机分布在一条大小为 0 的水平线周围。

（2）在自变量不同的条件下，因变量的方差应该是相等的。尺度 - 位置图可以用来分析因变量的条件方差是否齐性。横坐标是回归模型的预测值，纵坐标则是模型的标准化残差。如果标准化残差是围绕一条水平线随机分布的，就可以认为满足这一条件。

（3）在固定自变量的条件下，因变量应服从正态分布。线性回归中，若因变量为正态分布，那么残差值应该是以 0 为均值的正态分布。因此，可以使用残差的正态 QQ 图来判断残差是否为正态分布，进而判断因变量是否为正态分布。正态 QQ 图的横坐标是理论分位数，纵坐标是样本分位数。如果正态 QQ 图的散点落在一条呈 45° 角的直线周围，那么就可以认为此样本数据来自于正态分布。

（4）因变量值还应该相互独立，但往往需要通过数据收集过程来验证。

除了以上四个前提假设，由于回归分析还对异常值极端敏感，因此如果数据中存在异常值，可能会严重影响回归的有效性。例如，一个贫困县引进了一家世界 500 强企业，显然这个县的 GDP 将会发生极大的变化。但并不是这个县的整体实力上升，而是数据中加入了一个"异常值"，所以在回归分析时，需要对异常值进行检测。

在一个回归模型中，异常值主要包括离群点、高杠杆值点和强影响点。

（1）离群点是指残差非常大的点，即因变量与回归模型预测值之间的差异非常大。常用的离群点检测方法有两种：一种是带有置信区间的正态 QQ 图，当一个点处于置信区间外时就可以被认为是离群点；另一种是尺度 - 位置图，因为尺度 - 位置图的纵坐标是标准化残差，所以当一个点的标准化残差大于 2 或者 3 时，即可被视为离群点。

（2）高杠杆值点是指自变量比较异常的点，它通常与因变量没有关系。判断一个点是否为高杠杆值点的方法是计算该点的帽子统计量。对于一个数据集，帽子统计量的均值为 p/n，其中 p 是回归模型参数的数目，n 是样本量。一般来说，如果一个点的帽子统计量大于帽子统计量均值的 2 至 3 倍，就可以认为该点是高杠杆值点。帽子统计量可以通过 hatvalues() 函数计算得到。

（3）强影响点是指对回归效果有较强影响的点。通常，一个点既是离群值又是高杠杆值时，那么这个点也会是强影响点，当然也不局限于此。所以，不能单纯通过这个点是否为离群点或者高杠杆点来判断它是否为强影响点，要通过库克距离来判断，库克距离反映了杠杆值和残差的综合效应。

在 R 语言中，残差-杠杆图能将离群点、杠杆值和库克距离同时显示在一张图上。

最后，如果自变量之间为多重共线性，即自变量之间有较强的相关性，将使回归系数的估计产生非常严重的误差，以至于估计出来的回归系数没有任何意义。方差膨胀因子可以用来检验是否存在严重的多重共线性。如果某个自变量的方差膨胀因子大于 10，或者其膨胀因子的开方大于 2，则说明当回归方程中存在这个变量时，自变量间就有严重的多重共线性。

回顾了回归模型诊断的几个方面后，下面将介绍其在 R 语言中的实现。在 R 语言中，有一个非常实用的基础函数 plot()，它可生成四种回归模型诊断图：残差图、正态 QQ 图、尺度-位置图和残差-杠杆图。以前面用汽车排量、总功率、后桥速比和车重四个变量来预测汽车油耗指数的回归模型为例，得到的结果如图 6-6 所示。实现代码如下：

```
fit <- lm(mpg ~ disp + hp + drat + wt,data = mtcars)
# 将四种形态组合成一张图
par(mfrow = c(2,2))
plot(fit)
```

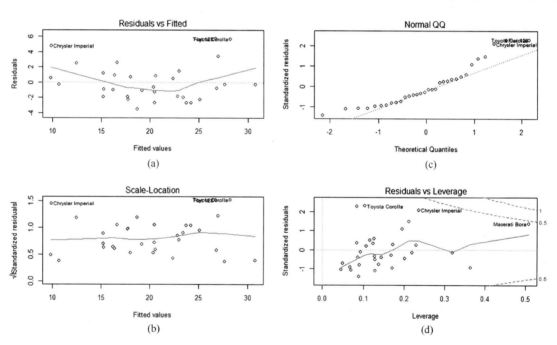

图 6-6　汽车对排量、总功率、后桥速比和车重的回归模型诊断

图 6-6(a) 是残差图。此回归模型的残差并没有围绕 0 这条水平线随机分布，而是有规律地呈现一条先下后上的曲线。因此，自变量与因变量的线性关系假设似乎不满足。

图 6-6(b) 是尺度-位置图，可以看到标准化残差分布在一条水平线的周围，所以此模型满足同方差的假设。

图 6-6(c) 是正态 QQ 图，可以看到图中的点并没有完全落在直线的周围，特别是两端的点离直线有较大的距离。因此，违反了正态性的假设。

图 6-6(d) 是残差－杠杆图，提供了标准化残差、杠杆值和库克距离的信息。图中标记了三个相对异常的点：Toyota Corolla，Chrysler Imperial 和 Maserati Bora。

除了使用 plot() 函数来进行对应的模型诊断，R 语言还提供了许多其他的工具。例如，car 扩展包中就有许多函数：durbinWatsonTest() 函数可以对回归模型做 Durbin-Watson 检验，以检验残差是否独立；ncvTest() 函数可以检验残差的方差是否齐性；qqPlot() 函数能够画出在 $n-p-1$ 个自由度的 t 分布下的学生化残差，里面还有一个置信区间，图形也是交互式的；crPlot() 函数可以提供成分残差图。

最后，要判断回归模型是否存在严重的多重共线性，可以使用方差膨胀因子，car 扩展包的 vif() 函数可以实现。例如：

```
library(car)
vif <- vif(fit)
vif

# 查看哪些变量膨胀因子大于 10
vif > 10

# 查看哪些变量膨胀因子的开方大于 2
sqrt(vif) > 2
```

得到如下结果：

```
    disp       hp     drat       wt
8.209402 2.894373 2.279547 5.096601

 disp    hp   drat     wt
FALSE FALSE FALSE  FALSE

 disp    hp   drat     wt
 TRUE FALSE FALSE   TRUE
```

因此，如果以方差膨胀因子是否大于 10 来作为判断准则，那么该回归模型中不存在严重的多重共线性；如果以方差膨胀因子的开方大于 2 为判断准则，那么当回归模型中存在 disp 和 wt 两个变量时，回归模型中就存在严重的多重共线性。

6.7.4 模型改进

当回归模型不满足某些前提假设时，需要想办法对其进行改进。例如删除异常值点、变换变量、增加或删除变量，下面对这三种方法进行说明（当然还有其他的改进方法）。

（1）删除异常值点。从图 6-6 的残差图中可以发现，该模型没有满足线性回归模型的线性假设；正态 QQ 图中也显示模型不满足正态性假设。再结合尺度－位置图和残差－杠杆图，发现模型可能是受几个异常值点的影响，可以试着删除那些异常值点，然后再看一下回归效果。当然，在实际分析中，应该分析异常值点产生的原因。例如，数据录入错误、数据测量存在误差、缺少重要的自变量、线性模型不适用等，针对不同的原因应采取不同的处理措施，实现代码如下：

```
# 删除异常值
mtcars1 <- mtcars[which(!rownames(mtcars)%in%
c("Toyota Corolla","Maserati Bora",
"Fiat 128","Chrysler Imperial",
"Lotus Europa")),]
# 模型拟合
fit1 <- lm(mpg ~ disp + hp + drat + wt,data = mtcars1)
summary(fit1)
```

得到如下结果：

```
Call:
lm(formula = mpg ~ disp + hp + drat + wt, data = mtcars1)

Residuals:
    Min      1Q  Median      3Q     Max
-3.1075 -0.8680 -0.1113  1.0504  2.4722

Coefficients:
             Estimate Std.Error t value Pr(>|t|)
(Intercept)27.247123   4.184761   6.511 1.50e-06 ***
disp         0.010945   0.006950   1.575 0.129568
hp          -0.048555   0.009559  -5.080 4.35e-05 ***
drat         1.842685   0.826672   2.229 0.036342 *
wt          -3.140667   0.725206  -4.331 0.000269 ***
---
Signif.codes:  0 '***' 0.001 '**' 0.01 '*' 0.05 '.' 0.1 ' ' 1

Residual standard error: 1.503 on 22 degrees of freedom
Multiple R-squared:  0.9168,    Adjusted R-squared:  0.9017
F-statistic: 60.62 on 4 and 22 DF,  p-value: 1.462e-11
```

删除几个异常值点后，方差分析结果显示整个模型是显著的（$p = 1.462e-11$）；disp、drat 和 wt 三个自变量回归系数显著（删除前，drat 的回归系数不显著）；调整的多重 R^2 从删除前的 0.8136 提高到了 0.9017，即整个模型能解释油耗指数近 90% 的变异。

删除异常值点后的回归诊断如图 6-7 所示，代码如下：

```
# 将四种形态组合成一张图
par(mfrow = c(2,2))
plot(fit1)
```

残差图中，残差随机分布在一条近似为 0 的水平直线上，因此满足线性假设；尺度-位置图的效果比删除异常值点前稍差一些，但仍可以认为是随机分布的，所以基本满足同方差假设；在残差正态 QQ 图中，所有的点几乎都处于直线周围，因此正态性假设得到了满足；在残差 - 杠杆图中，点的分布也比较合理。

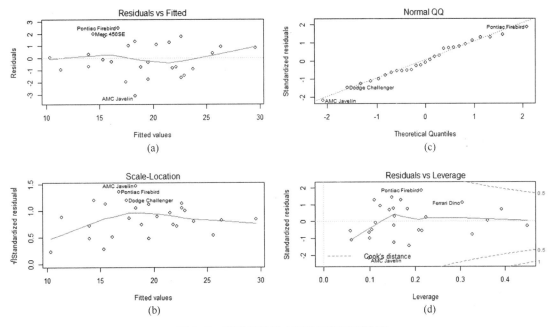

图 6-7　删除异常值点后的回归模型诊断

对模型计算自变量方差膨胀因子：

```
vif1 <- vif(fit1)
vif1
vif1 > 10
sqrt(vif1)> 2
```

得到的结果与删除异常值点前一样：

```
    disp       hp     drat       wt
7.683864 3.590542 2.433153 4.440828


 disp    hp  drat    wt
FALSE FALSE FALSE FALSE


 disp    hp  drat    wt
TRUE FALSE FALSE  TRUE
```

（2）变换变量。一般有两种变换方式：对因变量进行变换和对自变量进行变换。前者通常使用 Box-Cox 变换，它的适用条件是模型不符合正态性、线性或同方差性假设；后者通常使用 Box-Tidwell 变换，它的适用条件是模型符合正态性和同方差性假设，但是不符合线性假设。

car 扩展包提供了实现以上两种变换的方法，分别是 powerTransform() 函数和 boxTidwell() 函数，这两个函数都是使用最大似然估计来获得最佳变换参数。

在前面有关油耗指数的回归诊断中，我们发现建立的回归模型并不满足线性和正态性的假设，因此应使用 Box-Cox 变换：

```
library(car)
summary(powerTransform(mtcars$mpg))
```

得到如下结果：

```
bcPower Transformation to Normality
           Est Power Rounded Pwr Wald Lwr Bnd Wald Upr Bnd
mtcars$mpg    0.0296           1      -1.0107        1.0698

Likelihood ratio test that transformation parameter is equal to 0
 (log transformation)
                            LRT df    pval
LR test, lambda = (0)0.00310595  1 0.95556

Likelihood ratio test that no transformation is needed
                         LRT df    pval
LR test, lambda = (1)3.212664  1 0.07307
```

上面的代码中，通过 powerTransform() 函数对 mpg 进行 Box-Cox 变换，并使用 summary() 函数输出变换参数 lambda 的估计值及似然比检验。结果表明，变换参数 lambda 的估计值为 0.0296，近似为 0.03。但是将其对应的似然值分别与 0 和 1 所对应的似然值进行似然比检验的结果均不显著，也就是说既可以不做变换，也可以做以 lambda 为 0.03 的变换。这可能与样本量太少或者效应量太小有关。不过，为了便于举例，下面仍以 lambda 为 0.03 进行变换：

```
# 使用 car 扩展包中的 bcpower() 函数得到 mpg 相应的 Box-Cox 变换值
mpg_trans <- bcPower(mtcars$mpg,lambda = 0.03)

# 重新拟合
fit2 <- lm(mpg_trans ~ disp + hp + drat + wt,data = mtcars)
summary(fit2)
```

以上代码运行结果如下：

```
Call:
lm(formula = mpg_trans ~ disp + hp + drat + wt, data = mtcars)

Residuals:
     Min       1Q    Median       3Q      Max
-0.18032 -0.08727 -0.03674  0.08666  0.28546

Coefficients:
            Estimate Std.Error t value Pr(>|t|)
(Intercept)3.7851213  0.3004311  12.599 8.08e-13 ***
disp       -0.0001306  0.0005158  -0.253  0.80202
hp         -0.0016183  0.0005536  -2.923  0.00693 **
drat        0.0503131  0.0630011   0.799  0.43149
```

```
wt            -0.1878820   0.0514772   -3.650   0.00111 **
---
Signif.codes:  0 '***' 0.001 '**' 0.01 '*' 0.05 '.' 0.1 ' ' 1

Residual standard error: 0.1242 on 27 degrees of freedom
Multiple R-squared:  0.8731,    Adjusted R-squared:  0.8543
F-statistic: 46.42 on 4 and 27 DF,  p-value: 1.012e-11
```

与 Box-Cox 变换前比，变换后的系数发生了较大的变化，仍然是 hp 和 wt 两个自变量的回归系数显著。调整的 R2 由 0.8136 提高到了 0.8543，整体上有所改善。对因变量进行 Box-Cox 变换后的回归诊断结果如图 6-8 所示。代码如下：

```
# 将四种形态组合成一张图
par(mfrow = c(2,2))
plot(fit2)
```

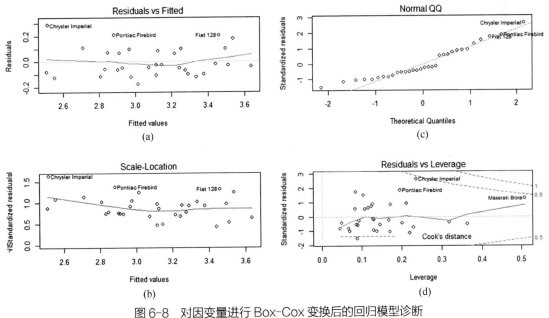

图 6-8　对因变量进行 Box-Cox 变换后的回归模型诊断

由此可知，通过 Box-Cox 变换，回归模型的线性问题得到了一定的缓解，但是正态性问题似乎更加严重了。因此，与前面的似然比检验一致，没有强有力的证据表明需要进行变量变换。

（3）增加或删除变量。回归分析中，自变量的选择对建立回归模型极为重要。无论是重要的自变量没有进入回归模型，还是不重要的自变量进入了回归模型，都会对回归模型的建立产生重要的影响，以至于无法满足回归分析的基本假设。回归分析中常用的选择自变量的方法是逐步回归法。逐步回归法又分为向前回归、向后回归和向前向后回归，它们都是通过 AIC（赤池信息准则）来选择自变量的。由于向前回归和向后回归中，当一个自变量被剔除后，将无法再次进入回归模型，因此这种做法使自变量的选择不全面；而向前向后回归允许被剔除的自变量再次进入回归模型参与比较。因此在这三种方法中，最受欢迎的是向前向后回归法。

在 R 语言中，无论是向前回归、向后回归，还是向前向后回归，都可以通过 step() 函数来实现。只需改变其中的 direction 参数（forward 表示向前回归，backward 表示向后回归，both 表示向前向后回归）即可。下面以向前向后回归为例进行介绍：

```
fit <- lm(mpg ~ disp + hp + drat + wt,data = mtcars)

# 向前向后回归
fit3 <- step(fit,direction = "both")
```

以上代码运行结果如下：

```
Start:  AIC=65.77
mpg ~ disp + hp + drat + wt

        Df Sum of Sq    RSS    AIC
- disp   1     0.844 183.68 63.919
<none>               182.84 65.772
- drat   1    12.153 194.99 65.831
- hp     1    60.916 243.75 72.974
- wt     1    70.508 253.35 74.209

Step:  AIC=63.92
mpg ~ hp + drat + wt

        Df Sum of Sq    RSS    AIC
- drat   1    11.366 195.05 63.840
<none>               183.68 63.919
+ disp   1     0.844 182.84 65.772
- hp     1    85.559 269.24 74.156
- wt     1   107.771 291.45 76.693

Step:  AIC=63.84
mpg ~ hp + wt

        Df Sum of Sq    RSS    AIC
<none>               195.05 63.840
+ drat   1    11.366 183.68 63.919
+ disp   1     0.057 194.99 65.831
- hp     1    83.274 278.32 73.217
- wt     1   252.627 447.67 88.427
```

通过向前向后回归筛选出的最优自变量子集为 hp 和 wt，这与前面的结果一致。通过回归诊断图（未呈现）发现，违背模型假设的情况并没有缓解。由此可见，在本例中，删除异常值点的效果最好。然而在实际分析中，往往需要结合多种方法进行改进，并且改进的过程仍需要不断往复才能达到比较满意的结果。

6.8 新手问答

问题1：假设y为因变量，A、B、C和D为自变量，如何用公式表示将C和D合并为新的自变量，并求合并后的所有主效应和三次交互项。

答：y ~ A+B+I(C+D)+A:B:I(C+D) 或者 y ~ (A+B+I(C+D))^3–A:B–A:I(C+D)–B:I(C+D)。

问题2：用pysch扩展包的describeBy()函数，求airquality数据集中每月的臭氧浓度、太阳辐射频率、风速和温度的描述统计量。

答：psych 扩展包的 describeBy() 函数是该包中 describe() 函数的分组版本。它按指定变量分组，并计算数据框中各列的多种描述性统计量。通过 describeBy（要先加载 psych 扩展包）可知该函数的两个重要参数是 x 和 group，前者用于指定数据，后者用于指定分组变量。本题中只需将 x 指定为 airquality[,–c(5,6)]，并将 group 指定为 list(airquality$Month) 即可。

6.9 小试牛刀：独立样本均值差异检验

【案例任务】

在一个工作满意度的研究中，男女员工在工作满意度问卷上的得分如下。

男：67，73，74，70，70，75，73，68，69，75，70，67，77，73。

女：69，63，67，64，61，66，60，63，63，70，64，65，61，68。

不同性别员工的工作满意度是否有差异？

【技术解析】

当比较两组独立数据的均值差异时，首先想到的是使用独立样本 t 检验。但是在进行独立样本 t 检验前，应先对其前提假设进行检验。

独立样本 t 检验的前提假设包括：每次观测必须是独立的；两个样本来自的两个总体分布必须是正态分布；两个总体的方差相等或方差齐性。对于第一个假设，需要检查数据收集的过程，这里假设数据收集过程可以满足数据的独立性。而后两种假设要分别使用正态性检验和方差齐性检验。

当数据满足前提假设时，就可以使用独立样本 t 检验了。如果不满足，就要考虑使用 Mann-Whitney U 检验来完成。

【操作步骤】

步骤 1：输入数据。

```
data <- data.frame('男' = c(67,73,74,70,70,75,73,68,69,75,70,67,77,73),
                   '女' = c(69,63,67,64,61,66,60,63,63,70,64,65,61,68))
```

步骤 2：进行正态性检验。

```
# 正态性检验
# 由于数据中有重复值，所以用 jitter() 函数做了一些轻微扰动
ks.test(x = jitter(data$'男'), y = 'pnorm')
ks.test(x = jitter(data$'女'), y = 'pnorm')
```

以上代码运行结果为：

```
    One-sample Kolmogorov-Smirnov test

data:  jitter(data$男)
D = 1, p-value < 2.2e-16
alternative hypothesis: two-sided

    One-sample Kolmogorov-Smirnov test

data:  jitter(data$女)
D = 1, p-value < 2.2e-16
alternative hypothesis: two-sided
```

上面的代码中，使用 ks.test() 函数分别对男女员工的工作满意度进行了正态性检验。由于 ks.test() 要求数据中不能有重复值，因此使用 jitter() 函数对数据做了一些随机的轻微扰动。结果表明，男女员工的工作满意度均布服从正态分布（p 值均小于 0.05）。

步骤 3：方差齐性检验。

```
# 方差齐性检验
var.test(x = data$'男',y = data$'女')
```

以上代码运行结果为：

```
    F test to compare two variances

data:  data$男 and data$女
F = 1.0816, num df = 13, denom df = 13, p-value = 0.8897
alternative hypothesis: true ratio of variances is not equal to 1
95 percent confidence interval:
 0.3472182 3.3692140
sample estimates:
ratio of variances
        1.081597
```

上面的代码中，使用 var.test() 函数对男女员工的工作满意度进行了正态性检验。结果显示方差齐性（$p = 0.9664 > 0.05$）。

步骤 4：结合前提假设检验结果，数据不满足正态性，因此使用 Mann-Whitney U 方法来检验男女员工的工作满意度是否存在显著差异，具体代码如下：

```
# 用 Wilcox.test() 函数进行独立样本的均值检验
# 同理，用 jitter() 函数做一些轻微扰动
wilcox.test(jitter(data$' 男 '),jitter(data$' 女 '))#
```

得到如下结果：

```
    Wilcoxon rank sum test

data:  jitter(data$ 男 )and jitter(data$ 女 )
W = 186, p-value = 6.93e-06
alternative hypothesis: true location shift is not equal to 0
```

以上代码中，使用 Wilcox.test() 函数对数据进行了 Mann-Whitney U 检验。与前面的情况类似，也对数据添加了随机的轻微扰动。结果表明，不同性别员工的工作满意度有显著差异。

本章小结

本章介绍了 R 语言在数据分析中的一些基础统计方法。首先，描述性统计是用简洁有效的方式去描述复杂数据基本特征的统计方法。在 R 语言中都有相应的函数实现。另外，R 语言还提供了大量能同时且灵活地呈现这些指标的函数，它们能为数据分析工作带来极大的便利。其次，卡方检验用于对计数数据差异进行检验，可分为配合度检验和独立性检验。配合度检验又进一步分为无差假设检验、理论与经验概率检验，以及连续变量拟合检验。虽然卡方检验有若干种情况，但是在 R 语言中只用一个函数（chiq.test()）就可实现。当然，对于连续变量拟合检验，ks.text() 函数是更好的选择。接着，cor() 函数提供了计算多种相关系数的选择，包括皮尔逊、斯皮尔曼和肯德尔 τ 系数。ggm 扩展包的 pcor() 函数则可以计算偏相关系数。对于两列以上的等级数据求肯德尔 W 系数时，可以使用 vegan 扩展包的 kendall.global() 函数。当然，计算二列相关和点二列相关系数的实现方法也很多。对总体均值的差异性检验可以借助 t 检验和方差分析，前者适用于两组数据，后者适用于两组及以上的数据。执行 t 检验的基本函数是 t.test()，执行方差分析的基本函数则是 aov()。对不同实验设计的数据，只需在以上两个函数中调整相应的参数即可。此外，无论是 t 检验还是方差分析，都必须满足或者一定程度上满足前提假设，R 语言提供了相应的检验前提假设的方法。若数据与这些前提假设严重不符，则非参数检验是更好的选择。最后，对于回归分析，R 语言提供了一整套分析方案和函数，包括模型拟合、模型诊断、模型改进及可视化方法。

第 7 章
R 语言的数据分析威力之高级方法

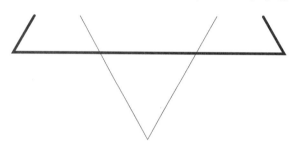

本章导读

本章继续介绍 R 语言的数据分析威力，将涉及一些高级方法，包括判别分析、聚类分析、主成分分析和因子分析等。这些方法可以用来处理更复杂的问题。

知识要点

通过本章内容的学习，读者能掌握以下知识：

- ♦ 用 R 语言进行判别分析
- ♦ 用 R 语言进行聚类分析
- ♦ 用 R 语言进行主成分分析
- ♦ 用 R 语言进行因子分析

7.1 判别分析

判别分析是用来判定个体所属群体的统计方法，是一种在已知研究对象被分成若干类别的情况下，确定新样品属于哪一类的多元统计分析方法。它产生于 20 世纪 30 年代，最早由统计学家 Fisher 提出。如今，判别分析在各领域都有广泛的应用，如人脸识别、矿源检测、区分蚀变带、新物种判断、目标跟踪和检测、信用卡欺诈检测、破产预测、图像检索和语音识别等。

7.1.1 判别分析的原理

我们往往利用若干个特征来表征事物，通过对这些特征的定量分析，最终将事物判定为某一已知总体，这就是判别分析。判别分析更为抽象的解释是：在 P 维空间 R 中有 k 个已知总体 G_1, G_2, $\cdots$, G_k；空间中一个已知点 $X=(X_1, X_2, \cdots, X_p)$，它属于且仅属于这 k 个总体中一个，现在要判定 X 属于哪一个 G_i。对于这个目的，可以有多种判别方法，常见的有距离判别、Fisher 判别和 Bayes 判别。但是，无论哪一种判别方法，基本原理都是相同的，都是按照某种判别原则（不同判别方法有不同的判别原则），在 P 维空间 R 中建立一个划分，可以用公式 7-1 表示其关系。

$$R=U_{i=1}^{k}R_i \qquad \text{（公式 7-1）}$$

其中对于每一个 R_i 有公式（7-2）。

$$R_i = \{X \mid 某种原则\} \qquad \text{（公式 7-2）}$$

我们希望对 P 维空间 R 的划分是空间实际划分 $R=U_{i=1}^{k}R_i$ 的一个真实模拟，或者若点 $X \in R_i$，则判断 $X \in G_i$（其中 $\in$ 表示"属于"）。

对空间中某个点进行类属判别，最容易想到的是使用该点与各已知总体的距离远近来进行判别，这就是距离判别。距离判别的基本思想是，在 P 维空间中，有 k 个已知的总体 G_1, G_2, $\cdots$, G_k；而在每个总体内部，由于所有的元素都同属于一个总体，那么元素与元素之间的距离应该相对较近；相反，对于处于不同总体的元素来说，它们之间的距离应该相对较远。所以，假设每一个已知总体都有一个中心，不属于该总体的元素与该总体中心间的距离应该大于属于该总体的元素与该总体中心的距离。判别时，对于任意一个不知归属的点，如果已知它属于并仅属于 k 个总体之一，需要做的就是计算这个点到各个类别总体中心的距离，并比较这些距离的大小。与这个点有最短距离的那个总体就是该点所属的类别。

Fisher 判别又叫线性判别，是最早提出的一种判别方法，该方法借助了方差分析的思想。具体来说，Fisher 判别是针对 P 维空间中的点 $x=(x_1, x_2, \cdots, x_p)$ 寻找一个线性函数，如公式（7-3）所示。

$$y(x)= \sum_{i=1}^{p}c_j x_j \qquad \text{（公式 7-3）}$$

通过这个线性函数将 P 维空间中的已知类别总体和未知类别归属的空间点全都变换为一维数据。根据这些点与类别总体间的疏密情况，把未知归属的点判定给相应的类别总体。Fisher 判别利用经过线性变换后的数据方差来作为刻画数据间差异的指标，并通过类别间总方差与类别内总方差之比来确定线性变换 $y(x)=\sum_{i=1}^{p}c_jx_i$ 中的系数 c_j（$j=1, 2,\cdots, p$）。在求得线性函数后，利用线性函数把所有类型总体的期望转化为一维数值，然后将代表各总体中心的这些一维数值排序，并确定相邻两总体间的临界点，这样就将这些一维数据划分成了 k 个区间。对于 P 维空间中未知归属的任意一点，用线性函数将其转化为一维数值，根据其落入的区间将其判为相应的类别总体。

Bayes 判别充分吸收了空间点的先验分布信息，并进一步将错判的后果作为一个极其重要的考虑因素。Bayes 判别认为，错判的可能性总是存在的，但在实际工作中不同错判所引起的后果的严重性是不同的，所以在判别时应该使错判损失最小化。Bayes 判别将错判后果的严重程度量化为错判系数，认为在其他条件相同的情况下，应该将空间点判定给损失最小的类别总体。

7.1.2　判别分析在R语言中的实现

前面介绍了3种常用判别分析方法的原理，下面将介绍如何在 R 语言中实现这些判别分析方法。

1. 距离判别

我们将使用 R 语言内置的 iris 数据集来进行讲解，该数据集包含了 3 类鸢尾花（setosa、versicolor 和 virginica）的 4 个特征，共 150 条记录。下面使用 3 种判别方法建立判别准则，然后根据判别准则将新的点判为相应的类别，下面的代码提供了该数据集的一些信息：

```
# 查看数据信息
head(iris)
str(iris)
library(psych)
describe(iris)
```

以上代码运行结果如下：

```
  Sepal.Length Sepal.Width Petal.Length Petal.Width Species
1          5.1         3.5          1.4         0.2  setosa
2          4.9         3.0          1.4         0.2  setosa
3          4.7         3.2          1.3         0.2  setosa
4          4.6         3.1          1.5         0.2  setosa
5          5.0         3.6          1.4         0.2  setosa
6          5.4         3.9          1.7         0.4  setosa

'data.frame':   150 obs.of  5 variables:
 $ Sepal.Length: num  5.1 4.9 4.7 4.6 5 5.4 4.6 5 4.4 4.9 ...
 $ Sepal.Width : num  3.5 3 3.2 3.1 3.6 3.9 3.4 3.4 2.9 3.1 ...
 $ Petal.Length: num  1.4 1.4 1.3 1.5 1.4 1.7 1.4 1.5 1.4 1.5 ...
 $ Petal.Width : num  0.2 0.2 0.2 0.2 0.2 0.4 0.3 0.2 0.2 0.1 ...
 $ Species     : Factor w/ 3 levels "setosa","versicolor",..: 1 1 1 1 1
1 1 1 1 1 ...

                 vars   n mean   sd median  trimmed  mad min max range skew
Sepal.Length        1 150 5.84 0.83   5.80     5.81 1.04 4.3 7.9   3.6 0.31
```

```
Sepal.Width    2 150 3.06 0.44    3.00    3.04 0.44 2.0 4.4    2.4  0.31
Petal.Length   3 150 3.76 1.77    4.35    3.76 1.85 1.0 6.9    5.9 -0.27
Petal.Width    4 150 1.20 0.76    1.30    1.18 1.04 0.1 2.5    2.4 -0.10
Species*       5 150 2.00 0.82    2.00    2.00 1.48 1.0 3.0    2.0  0.00
               kurtosis   se
Sepal.Length   -0.61 0.07
Sepal.Width     0.14 0.04
Petal.Length   -1.42 0.14
Petal.Width    -1.36 0.06
Species*       -1.52 0.07
```

先从 iris 数据集中随机抽取 3 种鸢尾花的数据各一条作为测试集，剩余数据作为训练集。

```
# 设定随机种子
set.seed(1)

# 随机抽取测试集
data <- cbind(rownames = rownames(iris),iris)
library(dplyr)
testdata <- data %>%
  group_by(Species)%>%
  sample_n(1)

# 得到训练集
traindata <- filter(data,!(rownames %in% testdata$rownames))
testdata <- testdata[,-1] %>% ungroup()
traindata <- traindata[,-1] %>% ungroup()
```

以上代码运行结果如下：

```
# A tibble: 3 x 5
  Sepal.Length Sepal.Width Petal.Length Petal.Width Species
         <dbl>       <dbl>        <dbl>       <dbl> <fct>
1          4.6         3.1          1.5         0.2 setosa
2          5.6         3            4.1         1.3 versicolor
3          6.3         3.3          6           2.5 virginica
```

　　现在对数据进行距离判别。有多种方式可以选择，如借助 mahalanobis() 函数得到马氏距离，进而自编函数进行距离判别；使用 WMDB 扩展包的 wmd() 函数，该函数可以进行加权或非加权的马氏距离判别；使用 WeDiBaDis 扩展包的 WDBdisc() 函数，该函数也可以进行加权或非加权的马氏距离判别，此外该函数还允许使用其他的距离统计量，功能也更加强大。使用 WDBdisc() 函数的代码如下：

```
# 将数据框转化为矩阵
library(dplyr)
testdata1 <- mutate(testdata,Species = as.numeric(Species))%>%
```

```
as.matrix()
traindata1 <- mutate(traindata,Species = as.numeric(Species))%>%
as.matrix()

# 进行马氏距离判别
library(WeDiBaDis)
fit1 <- WDBdisc(data = traindata1 , datatype = "m" ,  classcol = 5 ,
distance = "Mahalanobis",method = "DB")
summary(fit1)
```

以上代码运行结果如下：

```
Discriminant method:
------ Leave-one-out confusion matrix: ------
    Predicted
Real  1  2  3
   1 49  0  0
   2  0 45  4
   3  0  6 43


Total correct classification:  93.2 %

Generalized squared correlation:  0.8173

Cohen's Kappa coefficient:  0.8979592

Sensitivity for each class:
     1       2        3
100.00  91.84  87.76

Predictive value for each class:
     1       2        3
100.00  88.24  91.49

Specificity for each class:
   1       2        3
89.80   93.88  95.92

F1-score for each class:
    1       2        3
100.00  90.00  89.58
------ ------ ------ ------ ------ ------


No predicted individuals
```

由结果可知，混淆矩阵（Leave-one-out confusion matrix）中显示有 3 朵原本为 "2" 类（versicolor）

的鸢尾花被判为"3"类（virginica），有 6 朵原本为"3"类的鸢尾花被判为"2"类，其余的判定都是准确的，正确率为 93.2%。如果要使用其他类型的距离，可以对 distance 参数进行设置，而 method 参数可以指定使用非加权（DB）的距离判别或加权的距离判别（WDB）。

现在将测试数据集代入，以判断这些数据应该被划分到哪些类别。

```
# 对测试集数据进行判别
fit2 <- WDBdisc(data = traindata1 ,new.ind = testdata1[,-5],
datatype = "m" ,  classcol = 5 ,
distance = "Mahalanobis",method = "DB")
summary(fit2)

as.character(testdata1[,5])== as.vector(fit2$pred)
```

以上代码运行结果如下：

```
Discriminant method:
------ Leave-one-out confusion matrix: ------
    Predicted
Real  1  2  3
   1 49  0  0
   2  0 45  4
   3  0  6 43


Total correct classification:  93.2 %

Generalized squared correlation:  0.8173

Cohen's Kappa coefficient:  0.8979592

Sensitivity for each class:
     1       2       3
100.00  91.84  87.76

Predictive value for each class:
     1       2       3
100.00  88.24  91.49

Specificity for each class:
    1       2       3
89.80  93.88 95.92

F1-score for each class:
     1       2       3
100.00  90.00  89.58
------ ------ ------ ------ ------ ------
```

```
Prediction for new individuals:
  Pred.class
1 "1"
2 "2"
3 "3"


[1] TRUE TRUE TRUE
```

除了最后一部分 (Prediction for new individuals)，fit1 和 fit2 的结果都是一样的。在最后一部分中，testdata1 的各条数据分别被判为 "1""2""3"，这与它们原本所在的类别是一致的。

2. Fisher 判别

使用 R 语言对数据进行 Fisher 判别可以借助 MASS 扩展包的 lda() 函数，具体代码如下：

```
# 对数据进行 Fisher 判别
library(MASS)
fit3<- lda(Species ~ ., data = traindata)
fit3
```

得到如下结果：

```
Call:
lda(Species ~ ., data = traindata)

Prior probabilities of groups:
    setosa versicolor  virginica
 0.3333333  0.3333333  0.3333333

Group means:
           Sepal.Length Sepal.Width Petal.Length Petal.Width
setosa         5.014286    3.434694     1.461224   0.2469388
versicolor     5.942857    2.765306     4.263265   1.3265306
virginica      6.593878    2.967347     5.542857   2.0163265

Coefficients of linear discriminants:
                    LD1          LD2
Sepal.Length   0.916261  -0.03255334
Sepal.Width    1.481610   2.21227036
Petal.Length  -2.243048  -0.87413731
Petal.Width   -2.869930   2.79931256

Proportion of trace:
   LD1    LD2
0.9914 0.0086
```

lda() 函数输出包括各类别的先验概率，其中各变量包括分类均值、线性判别系数和迹的比重。

从上面结果得到，lda() 函数给出了两个线性函数，对应 LD1 和 LD2。它们分别是 $y(x) = 0.846 \times$ Sepal.Length $+ 1.542 \times$ Sepal.Width $- 2.167 \times$ Petal. Length $- 2.857 \times$ Petal.Width 和 $y(x) = 0.124 \times$ Sepal. Length $+ 2.132 \times$ Sepal.Width $- 0.945 \times$ Petal.Length $+ 2.8 \times$ Petal.Width。其中，LD1 能解释总变异的 99.1%，而 LD2 只能解释总变异的 0.9%，显然 LD1 就是我们需要的线性函数。计算混淆矩阵和判定正确率的代码如下：

```
# 计算混淆矩阵
x<- table(traindata$Species,predict(fit3,traindata)$class)
x

# 计算判定正确率
sum(diag(prop.table(x)))
```

以上代码运行结果如下：

```
            setosa versicolor virginica
  setosa        49          0         0
  versicolor     0         47         2
  virginica      0          1        48

[1] 0.9795918
```

通过对测试集建立 Fisher 判别的函数，有 2 朵原本属于 versicolor 的鸢尾花被判为 virginica；有 1 朵原本属于 virginica 的鸢尾花被判为 versicolor。判对率接近 98%，高于前面的距离判别。

现在将测试集数据代入已经建立好的判别函数，用以判断它们的类别。

```
y <- predict(fit3,newdata = testdata)$class
y == testdata$Species
```

得到如下结果：

```
[1] TRUE TRUE TRUE
```

从预测结果来看，Fisher 判别将测试集中的 3 条数据分别判为 setosa、versicolor 和 virginica，这与它们原本属于的类别一致。

可以使用 plot() 函数对 Fisher 判别结果可视化，具体代码如下：

```
# 绘制两个线性判别函数空间中的观察值
plot(fit3)

# 绘制第一个线性判别维度上每组观察值的直方图和密度图
plot(fit3,dimen = 1,type = "both")
```

具体结果如图 7-1 和图 7-2 所示。由图 7-1 可知 versicolor 和 virginica 两个类别比较相似，所以两者存在误判，而 setosa 与另外两个类别差异较大。另外，从该图也可以看出 LD1 能很好地区分出 3 个种类的鸢尾花，而 LD2 则不容易区分，这与前面提到的 LD1 可以解释更多变异的说法一致。

图 7-2 可更直观地体现出线性转换后 3 个种类之间的差异。

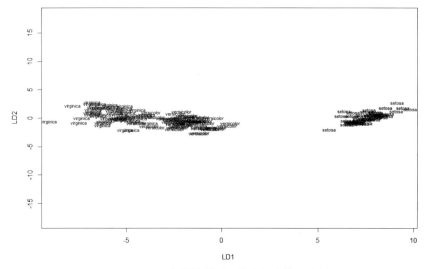

图 7-1　两个线性判别函数空间中的观察值

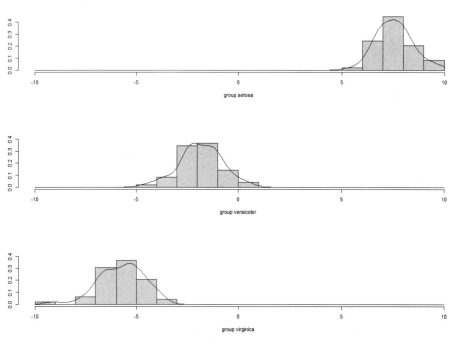

图 7-2　第一个线性判别维度上每组观察值的直方图和密度图

3. Bayes判别

最后，对数据集进行 Bayes 判别。这里会用到 klaR 扩展包中的 NaiveBayes() 函数。下列代码中假设了两种先验概率：一种是先验概率相等；另一种是先验概率为 0.4、0.4 和 0.2。两种先验概率的 Bayes 判别概率结果分别为 fit4 和 fit5，并计算了混淆矩阵和判定正确率。

```
library(klaR)
# 建立先验概率相等的 Bayes 判别模型
fit4 <- NaiveBayes(Species ~.,data = traindata)

# 建立先验概率不等的 Bayes 判别模型
fit5 <- NaiveBayes(Species ~.,data = traindata,prior =c(2/5,2/5,1/5))

# 查看 fit4 和 fit5 的结构
str(fit4)
str(fit5)

# 计算两个模型的混淆矩阵
x <- table(traindata$Species,predict(fit4,traindata)$class)
y <- table(traindata$Species,predict(fit5,traindata)$class)
x
y

# 计算正确率
sum(diag(prop.table(x)))
sum(diag(prop.table(y)))
```

以上代码运行结果如下：

```
List of 7
 $ apriori  : 'table' num [1:3(1d)] 0.333 0.333 0.333
  ..- attr(*, "dimnames")=List of 1
  ....$ grouping: chr [1:3] "setosa" "versicolor" "virginica"
 $ tables   :List of 4
  ..$ Sepal.Length: num [1:3, 1:2] 5.014 5.943 6.594 0.351 0.519 ...
  ....- attr(*, "dimnames")=List of 2
  ......$ : chr [1:3] "setosa" "versicolor" "virginica"
  ......$ : NULL
  ..$ Sepal.Width : num [1:3, 1:2] 3.435 2.765 2.967 0.38 0.315 ...
  ....- attr(*, "dimnames")=List of 2
  ......$ : chr [1:3] "setosa" "versicolor" "virginica"
  ......$ : NULL
  ..$ Petal.Length: num [1:3, 1:2] 1.461 4.263 5.543 0.175 0.474 ...
  ....- attr(*, "dimnames")=List of 2
  ......$ : chr [1:3] "setosa" "versicolor" "virginica"
  ......$ : NULL
  ..$ Petal.Width : num [1:3, 1:2] 0.247 1.327 2.016 0.106 0.2 ...
  ....- attr(*, "dimnames")=List of 2
  ......$ : chr [1:3] "setosa" "versicolor" "virginica"
  ......$ : NULL
 $ levels   : chr [1:3] "setosa" "versicolor" "virginica"
 $ call     : language NaiveBayes.default(x = X, grouping = Y)
```

```
   $ x         :'data.frame':  147 obs.of  4 variables:
    ..$ Sepal.Length: num [1:147] 5.1 4.9 4.7 5 5.4 4.6 5 4.4 4.9 5.4 ...
    ..$ Sepal.Width : num [1:147] 3.5 3 3.2 3.6 3.9 3.4 3.4 2.9 3.1 3.7 ...
    ..$ Petal.Length: num [1:147] 1.4 1.4 1.3 1.4 1.7 1.4 1.5 1.4 1.5 1.5 ...
    ..$ Petal.Width : num [1:147] 0.2 0.2 0.2 0.2 0.4 0.3 0.2 0.2 0.1 0.2 ...
   $ usekernel: logi FALSE
   $ varnames : chr [1:4] "Sepal.Length" "Sepal.Width" "Petal.Length"
"Petal.Width"
   - attr(*, "class")= chr "NaiveBayes"

  List of 7
   $ apriori  : 'table' num [1:3(1d)] 0.4 0.4 0.2
    ..- attr(*, "dimnames")=List of 1
    ....$ grouping: chr [1:3] "A" "B" "C"
   $ tables   :List of 4
    ..$ Sepal.Length: num [1:3, 1:2] 5.014 5.943 6.594 0.351 0.519 ...
    ....- attr(*, "dimnames")=List of 2
    ......$ : chr [1:3] "setosa" "versicolor" "virginica"
    ......$ : NULL
    ..$ Sepal.Width : num [1:3, 1:2] 3.435 2.765 2.967 0.38 0.315 ...
    ....- attr(*, "dimnames")=List of 2
    ......$ : chr [1:3] "setosa" "versicolor" "virginica"
    ......$ : NULL
    ..$ Petal.Length: num [1:3, 1:2] 1.461 4.263 5.543 0.175 0.474 ...
    ....- attr(*, "dimnames")=List of 2
    ......$ : chr [1:3] "setosa" "versicolor" "virginica"
    ......$ : NULL
    ..$ Petal.Width : num [1:3, 1:2] 0.247 1.327 2.016 0.106 0.2 ...
    ....- attr(*, "dimnames")=List of 2
    ......$ : chr [1:3] "setosa" "versicolor" "virginica"
    ......$ : NULL
   $ levels   : chr [1:3] "setosa" "versicolor" "virginica"
   $ call     : language NaiveBayes.default(x = X, grouping = Y, prior = ..1)
   $ x         :'data.frame':  147 obs.of  4 variables:
    ..$ Sepal.Length: num [1:147] 5.1 4.9 4.7 5 5.4 4.6 5 4.4 4.9 5.4 ...
    ..$ Sepal.Width : num [1:147] 3.5 3 3.2 3.6 3.9 3.4 3.4 2.9 3.1 3.7 ...
    ..$ Petal.Length: num [1:147] 1.4 1.4 1.3 1.4 1.7 1.4 1.5 1.4 1.5 1.5 ...
    ..$ Petal.Width : num [1:147] 0.2 0.2 0.2 0.2 0.4 0.3 0.2 0.2 0.1 0.2 ...
   $ usekernel: logi FALSE
   $ varnames : chr [1:4] "Sepal.Length" "Sepal.Width" "Petal.Length"
"Petal.Width"
   - attr(*, "class")= chr "NaiveBayes"

                setosa versicolor virginica
```

```
setosa          49            0            0
versicolor       0           46            3
virginica        0            4           45


                setosa  versicolor  virginica
setosa          49            0            0
versicolor       0           47            2
virginica        0            4           45


[1] 0.952381


[1] 0.9591837
```

以上代码的结果显示，等概率时，有 7 朵花判错；不等概率时，有 6 朵花判错，正确率分别为 95.2% 和 96%。

将测试集数据代入已经建立好的模型：

```
a <- predict(fit4,newdata = testdata)$class
a == testdata$Species

b <- predict(fit5,newdata = testdata)$class
b == testdata$Species
```

得到如下结果：

```
[1] TRUE TRUE TRUE

[1] TRUE TRUE TRUE
```

从预测结果来看，无论是等概率还是不等概率，Bayes 判别对测试集的结果与距离判别和 Fisher 判别的结果都是一致的。

7.2 聚类分析

在统计中经常用到的一种分类方法就是聚类分析。聚类分析是将所观测的事物或者指标进行分类的一种统计分析方法，其目的是通过辨认在某些特征上相似的事物，并将这些事物分成各种类别。在这些类别中，同一类事物具有较高的同质性，不同类事物在这些特征上具有较大的一致性。聚类分析是在事先不知道事物类别的情况下的一种探索性统计方法，既没有过多的统计理论支持，也没有太多的统计检验对聚类的正确性"负责"，仅仅按照多定义的距离或相关关系对事物或数据进行归类。

7.2.1 聚类分析的原理

聚类分析主要解决的问题如下。

（1）如何界定样品之间的距离或变量之间的相似性。

（2）如何将相似的事物或变量聚为一类。

（3）如何描述和解释所聚成的各类。

对于问题（3），由于聚类分析主要应用于探索性的研究，因此其分析结果会提供多种可能的分类。选择这些分类需要研究者结合以往的研究、主观经验和后续分析进行确定。

在进行聚类分析前，需要注意选择合适的刻画事物特征的指标体系。这个指标体系必须能够刻画事物特征的各个侧面。所有的指标结合起来就能够形成共同刻画事物本质特征的指标体系。因此，完备的指标体系是使聚类分析有效的前提条件。

1. Q型聚类和R型聚类

根据聚类的对象，可以将聚类分析分为以下两种。

（1）Q 型聚类：对样品或者个案进行聚类。

（2）R 型聚类：对指标或者变量进行聚类。

Q 型聚类的目的是将分类不明确的样品和个案按它们之间距离的长短分成若干个类别，从而发现同类样品和不同类样品之间的差异。R 型聚类的目的是将分类不明确的指标按照相似程度分成若干组，从而在尽量不损失信息的情况下，用一组少量的指标来代替原来的多个指标。

2. 聚类分析的广义距离

聚类分析的关键是如何定义相似性，这种相似性可以称为广义距离。广义距离包括距离系数和相似系数两种类型。其中前者包括绝对值距离、欧氏距离、切比雪夫距离、闵可夫斯基距离、马氏距离和兰氏距离等，它们可以用来作为 Q 型聚类的统计量，后者包括相关系数、列联系数等，它们可以作为 R 型聚类的统计量。

（1）距离系数设有 n 个样品，p 个指标，数据矩阵为公式（7-4）。

$$
\begin{bmatrix}
x_{11} & x_{12} & \cdots & x_{1k} & \cdots & x_{1p} \\
x_{21} & x_{22} & \cdots & x_{2k} & \cdots & x_{2p} \\
\vdots & \vdots & \cdots & \vdots & \cdots & \vdots \\
x_{i1} & x_{i2} & \cdots & x_{ik} & \cdots & x_{ip} \\
\vdots & \vdots & \cdots & \vdots & \cdots & \vdots \\
x_{n1} & x_{n2} & \cdots & x_{nk} & \cdots & x_{np}
\end{bmatrix}
\qquad （公式 7\text{-}4）
$$

每个样品都有 p 个指标，所以可以将每个样品看成 p 维空间中的一个点。对于 p 维空间中的任意两点 $X_i=(x_{i1}, x_{i2}, \cdots, x_{ip})$ 和 $X_j=(x_{j1}, x_{j2}, \cdots, x_{jp})$，它们之间的距离记为 d_{ij}。用于聚类分析的距离一般应满足四个条件：$d_{ij} \geqslant 0$，对一切 i 和 j；$d_{ij}=0$，当且仅当 $X_i=X_j$；$d_{ij}=d_{ji}$，对一切 i 和 j；$d_{ij} \leqslant d_{ih}+d_{jh}$，对一切 i、j、h。常用的 6 种距离如下。

①绝对值距离。绝对值距离又称为曼哈顿（Manhattan）距离，是空间中两点和指标间差值的

绝对值之和，如公式（7-5）所示。

$$d_{ij} = \Sigma_{k=1}^{p} \left| x_{ik} - x_{jk} \right| \qquad （公式 7-5）$$

②欧氏（Euclid）距离。欧氏距离也就是通常所说的直线距离，如公式（7-6）所示。

$$d_{ij} = \sqrt{\Sigma_{k=1}^{p} \left(x_{ik} - x_{jk} \right)^2} \qquad （公式 7-6）$$

③切比雪夫（Chebyshev）距离。切比雪夫距离是两个空间点的 p 个指标最大绝对值，如公式（7-7）所示。

$$d_{ij} = \max_{0 \leqslant k \leqslant p} \left| x_{ik} - x_{jk} \right| \qquad （公式 7-7）$$

④闵可夫斯基（Minkowski）距离。以上 3 种距离都属于闵可夫斯基距离，其计算公式为（7-8）。

$$d_{ij}(q) = \left[\Sigma_{k=1}^{p} \left(x_{ik} - x_{jk} \right)^q \right]^{1/q} \qquad （公式 7-8）$$

在上式中，当 $q=1$ 时，$d_{ij}(q)$ 为绝对值距离；当 $q=2$ 时，$d_{ij}(q)$ 为欧氏距离；当 $q \to \infty$ 时，$d_{ij}(q)$ 为切比雪夫距离。闵可夫斯基距离受量纲的影响比较大。在聚类分析中，如果量纲不统一或者差异较大，直接使用闵可夫斯基距离会使量纲级别高的指标变量起明显的作用，而量纲级别低的指标变量的作用会被掩盖，最终导致聚类出现很大的偏差。因此，在指标变量的量纲不一致时，应该先统一量纲。

⑤马氏（Mahalanobis）距离。马氏距离的计算公式为（7-9）。

$$d_{ij} = \left(x_i - x_j \right)' \Sigma^{-1} \left(x_i - x_j \right) \qquad （公式 7-9）$$

其中 Σ 表示指标变量的协方差矩阵，即公式（7-10）。

$$\Sigma = \left(\sigma_{ij} \right)_{p \times p} \qquad （公式 7-10）$$

马氏距离的好处是考虑了各个变量之间的相关性，并且不受变量量纲的影响。

⑥兰氏距离（Lanberra）距离。当 $x_{ij} > 0$ 时，可以使用兰氏距离，该距离消除了变量量纲的影响，但是没有考虑到指标间的相关性，其计算公式为（7-11）。

$$d_{ij} = \Sigma_{k=1}^{p} \frac{\left| x_{jk} - x_{jk} \right|}{x_{ik} + x_{jk}} \qquad （公式 7-11）$$

在判别分析中，可以通过 mahalanobis() 函数来计算马氏距离。而对于上面介绍的其他距离则可以通过 dist() 函数计算出来，只需改变 methods 参数，如 euclidean 表示欧氏距离，manhattan 表示绝对值距离等。

将任何两个样品 x_i 和 x_j 的距离计算出来，就得到了距离矩阵，即公式（7-12）。

$$D = \left(d_{ij}\right) = \begin{bmatrix} d_{11} & d_{12} & \cdots & d_{1n} \\ d_{21} & d_{22} & \cdots & d_{2n} \\ \vdots & \vdots & \cdots & \vdots \\ d_{m1} & d_{n2} & \cdots & d_{nn} \end{bmatrix} \qquad （公式 7\text{-}12）$$

其中 $d_{11}=d_{22}=\cdots=d_{nn}=0$。根据 D 就可以对 n 个样品进行分类，距离近的点归为一类，距离远的点归为不同的类。

（2）相似系数。相似系数是描述指标变量间关系亲疏程度的指标。对于任意两个变量 $Y\_k=(x\_{1k},x\_{2k},\ldots,x\_{nk})"$ 和 $Y\_l=(x\_{1l},x\_{2l},\ldots,x\_{nl})"$，它们之间的相似系数记为 r_{kl}。$|r_{kl}|$ 越接近 1，Y_k 和 Y_l 间的关系越紧密，r_{kl} 越接近 0，两者关系就越疏远。相似系数一般应满足：$r_{kl} \leqslant 1$，对一切 k，1；$r_{kl}=r_{1k}$，对一切 k，1；$r_{kl}=\pm 1$，且仅当 $Y_k=aY_l$ 时，其中 $a \neq 0$。常用的 3 种相似系数如下。

①积差相关系数。积差相关系数是最容易理解的一种统计量，它能描述两个变量之间的线性关系。在聚类分析中，相关系数可以用来表示变量之间的相似程度，如公式（7-13）所示。

$$r_{kl} = \frac{\sum_{k=1}^{n}\left(x_{ik}-\overline{x_k}\right)\left(x_{il}-\overline{x_1}\right)}{\sqrt{\sum_{k=1}^{n}\left(x_{ik}-\overline{x_k}\right)^2}\sqrt{\sum_{k=1}^{n}\left(x_{il}-\overline{x_1}\right)^2}} \qquad （公式 7\text{-}13）$$

其中，$\overline{x_k}=\dfrac{1}{n}\sum_{k=1}^{n}x_{ik}$，$\overline{x_1}=\dfrac{1}{n}\sum_{k=1}^{n}x_{il}$。上一章已经介绍过，积差相关系数可以通过调用 cor() 函数得到。

②夹角余弦。y_k 和 y_1 是 n 维空间中的两个向量，它们之间的夹角余弦表示为公式（7-14）。

$$r_{kl} = \frac{\sum_{k=1}^{n}x_{ik}x_{il}}{\sqrt{\sum_{k=1}^{n}x_{ik}^2}\sqrt{\sum_{k=1}^{n}x_{il}^2}} \qquad （公式 7\text{-}14）$$

对 y_k 和 y_1 进行标准化变换后，其夹角余弦与积差相关系数相等。

③指数相似系数。指数相似系数计算公式为（7-15）。

$$r_{kl} = \frac{1}{p}\sum_{k=1}^{p}\exp\left[-\frac{3}{4}\left(x_{ik}-x_{jk}\right)^2/S_k^2\right] \qquad （公式 7\text{-}15）$$

其中 $S_1^2, S_2^2, \cdots, S_p^2$ 分别为 p 个指标变量的方差，指数相似系数不受指标量纲的影响。

将两两变量间的相似系数算出来，可得到所有变量的相似系数矩阵，如公式（7-16）所示。

$$R = \left(r_{kl}\right) = \begin{bmatrix} r_{11} & r_{12} & \cdots & r_{1p} \\ r_{21} & r_{22} & \cdots & r_{2p} \\ \vdots & \vdots & \cdots & \vdots \\ r_{p1} & r_{p2} & \cdots & r_{pp} \end{bmatrix} \qquad （公式 7\text{-}16）$$

最后根据 r_{k1} 的大小对 p 个变量进行聚类。

3. 变量的转换

在聚类分析中，有些距离系数或相似系数的计算受到量纲的影响较大。尤其对于距离系数，量纲数量级较大的变量往往标准差也会较大，其对距离的贡献将占主导地位，从而掩盖了其他量纲数量级较小的变量的贡献。因此，在计算距离系数或相似系数前，往往要对数据进行标准化处理。常用的方法有以下 3 种。

（1）数据中心化变换，即用变量中的原始数据减去该变量的平均值。计算得到的新指标均以 0 为中心。

（2）标准化变换，即在中心化变换的基础上再除以对应变量的标准差。经标准化变换，新的指标变成了以 0 为中心，以 1 个标准差为单位的数据。

（3）级差正规化变换，其计算公式为（7-17）。

$$x_{ik}' = \frac{x_{ik} - \min_{1 \leqslant i \leqslant n}(x_{ik})}{\max_{1 \leqslant i \leqslant n}(x_{ik}) - \min_{1 \leqslant i \leqslant n}(x_{ik})} \qquad \text{（公式 7-17）}$$

通过级差正规化变换，新指标将以原数据的最小值为 0 点，以级差为比例基础，并把数据全局限制在 [0,1] 范围内，从而达到统一量纲的效果。

在 R 语言中，可通过 scale() 函数实现数据的中心化和标准化变换。当参数 center 为 TRUE，scale 为 FALSE 时，表示进行中心化变换；当参数 center 为 TRUE，scale 为 TRUE 时，表示进行标准化变换。对于级差正规化变换，可以使用 sweep() 函数来实现。

4. 层次聚类法

层次聚类法是最常用的聚类方法之一。在层次聚类法中，首先选取距离的类型并确定类间距离的计算方式，随后按照距离的远近将数据一步一步归为一类，直到所有的数据全部被归为一个类别为止。或者先认为所有数据都是一个类别，然后通过距离远近将所有数据逐步分离开来，直到所有数据都被各自归为一类为止。最后，再利用一些标准和指标来决定将数据聚成几类。可以看出，层次聚类法在结果上有层次关系，因此可以通过"树状图"将聚类过程可视化。在层次聚类分析中，样本点一旦被划分到一个类中，将不能再被重新分配，即层次聚类是一次性的。另外，当样本量达到数百甚至数千时，层次聚类将很难处理。

在进行层次聚类时，还需要确定类间距离的计算方式。假设类 G_p 和 G_q 合并成新类 G_r，G_r 与任意一类 G_k 的距离为 D_{kr}，G_p 和 G_q 与类 G_k 的距离分别为 D_{pk} 和 D_{qk}。那么类与类之间的距离有以下几种常用的计算方式。

（1）最短距离法。最短距离法将类与类之间的距离定义为两个类中所有点的最小距离。那么类 G_p 和 G_q 之间的距离定义为公式（7-18）。

$$D_{pq} = \min_{x_i \in G_p, x_i \in G_q}(d_{ij}) \qquad \text{（公式 7-18）}$$

而 G_p 和 G_q 合并成新类 G_r，G_r 与任意一类 G_k 的距离为公式（7-19）。

$$D_{kr} = \min_{x_i \in L_k, x_i \in U_r}\left(d_{ij}\right) = \min(\min_{x_i \in C_k, x_i \in G_p}\left(d_{ij}\right), \min_{x_i \in C_k, x_i \in G_q}\left(d_{ij}\right) = \min\left(D_{kp}, D_{kq}\right) \qquad \text{（公式 7-19）}$$

（2）最长距离法。最长距离法与最短距离法相反，它将类与类之间的距离定义为两个类中所有点的最大距离。那么类 G_p 和 G_q 之间的距离定义为公式（7-20）。

$$D_{pq} = \max_{x_i \in C_p, x_i \in G_q}\left(d_{ij}\right) \qquad \text{（公式 7-20）}$$

那么 G_p 和 G_q 合并成新类 G_r，G_r 与任意一类 G_k 的距离为公式（7-21）。

$$D_{kr} = \max\left(D_{kp}, D_{kq}\right) \qquad \text{（公式 7-21）}$$

（3）中间距离法。中间距离法将类与类之间的距离定义为两类中所有点距离的中间值，即公式（7-22）。

$$D_{kr} = \frac{1}{2}D_{pk}^2 + \frac{1}{2}D_{qk}^2 - \frac{1}{4}D_{pq}^2 \qquad \text{（公式 7-22）}$$

式中 n_p，n_q，n_r 分别为对应类的样本数，下同。

（4）重心距离法。重心距离法将类与类之间的距离定义为两类重心的距离，即公式（7-23）。

$$D_{kr}^2 = \frac{n_p}{n_r}D_{pk}^2 + \frac{n_q}{n_r}D_{kq}^2 - \frac{n_p}{n_r} \cdot \frac{n_q}{n_r}D_{pq}^2 \qquad \text{（公式 7-23）}$$

（5）类平均法。类平均法将类与类之间的距离定义为所有点之间的平均距离。那么类 G_p 和 G_q 之间的距离定义为公式（7-24）。

$$D_{pq}^2 = \frac{1}{n_p n_q}\left(\Sigma_{i \in G_p, j \in G_q}\left(d_{ij}^2\right)\right) \qquad \text{（公式 7-24）}$$

而 G_r 与任意一类 G_k 的距离为公式（7-25）。

$$D_{kr}^2 = \frac{n_p}{n_r}D_{kp}^2 + \frac{n_q}{n_r}D_{kq}^2 \qquad \text{（公式 7-25）}$$

（6）离差平方和法。离差平方和法又叫 Ward 法，其思想来源于方差分析。在该方法中如果分类得当，同类个体之间的离差平方和应该较小，而类与类之间的离差平方和应该较大。G_r 与 G_k 的距离可定义为公式（7-26）。

$$D_{kr}^2 = \frac{n_k + n_p}{n_r + n_k}D_{kp}^2 + \frac{n_k + n_q}{n_r + n_k}D_{kq}^2 - \frac{n_k}{n_r + n_k}D_{pq}^2 \qquad \text{（公式 7-26）}$$

式中 n_k 为 G_k 的样本数。

5. K- 均值聚类法

在层次聚类法中，一旦聚类完成，便不再改变。这就对分类方法提出了较高的要求，计算量也相对较大。而 K- 均值聚类法先将各样本点分成几类，再逐渐调整所定义的类。K- 均值聚类的一般步骤如下。

（1）把样本分成 K 个初始类，并计算每个初始类的重心。

（2）计算每个样本点到各类重心的距离，然后将每个样本点重新归到离重心最近的那个类。

（3）重新计算调整后每个类的重心。

（4）重复第（2）和第（3）步，直到各类没有样本点进出为止。

7.2.2　聚类分析在R语言中的实现

在 R 语言中，实现层次聚类的常用函数是内置函数 hclust()。此外，cluter 扩展包的 agens() 函数和 flashClust 扩展包的 hclust() 函数都可以实现层次聚类，它们都是对内置函数 hclust() 的优化。而实现 K- 均值聚类法的常用函数是 kmeans()。下面将分别对 hclust() 函数和 kmeans() 函数进行介绍。

1. hclust()函数

这里将使用 flexclust 扩展包中的 milk 数据集进行讲解，该数据集包含了 25 种哺乳动物乳汁的成分数据：水分（water）、蛋白质（protein）、脂肪（fat）、乳糖（lactose）和灰分 (ash)。现在要根据这些数据将这 25 种动物聚成若干个类别，具体代码如下

```
library(flexclust)
# 查看数据
data(milk)
milk

# 数据标准化
milk_scaled <- scale(milk,center = TRUE,scale = TRUE)

# 计算欧几里得距离
milk_dist <- dist(milk_scaled, method = "euclidean")

# 使用平均距离法进行层次聚类
fit_average <- hclust(milk_dist,method = "average")
```

以上代码运行结果如下：

	water	protein	fat	lactose	ash
HORSE	90.1	2.6	1.0	6.9	0.35
ORANGUTAN	88.5	1.4	3.5	6.0	0.24
MONKEY	88.4	2.2	2.7	6.4	0.18
DONKEY	90.3	1.7	1.4	6.2	0.40
HIPPO	90.4	0.6	4.5	4.4	0.10
CAMEL	87.7	3.5	3.4	4.8	0.71

BISON	86.9	4.8	1.7	5.7	0.90
BUFFALO	82.1	5.9	7.9	4.7	0.78
GUINEA PIG	81.9	7.4	7.2	2.7	0.85
CAT	81.6	10.1	6.3	4.4	0.75
FOX	81.6	6.6	5.9	4.9	0.93
LLAMA	86.5	3.9	3.2	5.6	0.80
MULE	90.0	2.0	1.8	5.5	0.47
PIG	82.8	7.1	5.1	3.7	1.10
ZEBRA	86.2	3.0	4.8	5.3	0.70
SHEEP	82.0	5.6	6.4	4.7	0.91
DOG	76.3	9.3	9.5	3.0	1.20
ELEPHANT	70.7	3.6	17.6	5.6	0.63
RABBIT	71.3	12.3	13.1	1.9	2.30
RAT	72.5	9.2	12.6	3.3	1.40
DEER	65.9	10.4	19.7	2.6	1.40
REINDEER	64.8	10.7	20.3	2.5	1.40
WHALE	64.8	11.1	21.2	1.6	1.70
SEAL	46.4	9.7	42.0	0.0	0.85
DOLPHIN	44.9	10.6	34.9	0.9	0.53

上面的代码中，用 data() 函数载入 milk 数据集，然后对数据集进行标准化。标准化后，各变量之间的量纲会是一样的，所以在 dist() 函数中使用了欧几里得距离。最后调用 hclust() 函数并使用平均距离法进行层次聚类。聚类结果并没有打印出来，因为用可视化的方法更直观，实现代码如下：

```
# 结果可视化
plot(fit_average,hang = -1,cex = 1.2,main = "平均距离层次聚类")
```

代码结果是聚类结果的树状图，如图 7-3 所示。

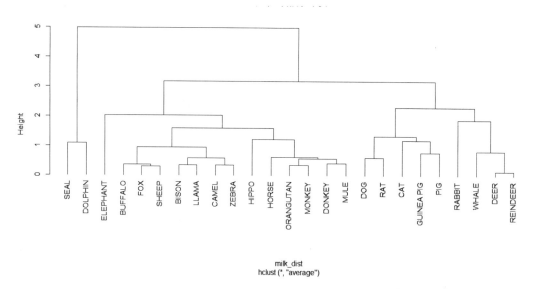

图 7-3 25 种哺乳动物的乳汁成分数据平均距离层次聚类树状图

　　树状图展示了数据是如何被聚合成不同的类的：从下往上看，最开始所有观测值都各自为一类；通过比较距离，将两两之间距离最近的观察值合并为一类；继续比较这些类之间或者类与观测值之间的距离，并按照相同的规则合并，最后所有观测值都被合并为一类。

　　树状图展示了聚类的过程和细节，但并没有说明具体分为几类。因此需要借助前期研究和已有理论来确定分类的个数。NbClust 扩展包也可以提供一些关于类别的数量参考，里面的 NbClust() 函数提供了 30 个指标来确定聚类分析中的最佳聚类数。当然，不能保证所有的指标都指向同一个最佳聚类数。因此，采取的策略是通过选择有更多指标支持的聚类数作为最佳聚类数。

　　下面的代码中，通过 distance 参数和 method 参数分别设定了距离类型和类间距离计算方式。min.nc 参数和 max.nc 参数设定了最小和最大聚类数，代码中分别是 2 和 8。

```
library(NbClust)
NbClust(milk_scaled,distance = "euclidean",min.nc=2,max.nc=8,method
="average")
```

　　代码运行结果如下：

```
*** : The Hubert index is a graphical method of determining the number
of clusters.
                In the plot of Hubert index, we seek a significant knee
that corresponds to a
                significant increase of the value of the measure i.e the
significant peak in Hubert
                index second differences plot.

*** : The D index is a graphical method of determining the number of
clusters.
                In the plot of D index, we seek a significant knee (the
significant peak in Dindex
                second differences plot)that corresponds to a significant
increase of the value of
                the measure.

*******************************************************************
* Among all indices:
* 6 proposed 2 as the best number of clusters
* 12 proposed 3 as the best number of clusters
* 1 proposed 4 as the best number of clusters
* 1 proposed 7 as the best number of clusters
* 4 proposed 8 as the best number of clusters

                ***** Conclusion *****

* According to the majority rule, the best number of clusters is  3
```

```
************************************************************
$All.index
       KL       CH Hartigan      CCC    Scott   Marriot   TrCovW    TraceW
2  0.2788  11.9959  37.0063  -3.3380  45.8549 1403.7260 1083.1702  78.8665
3  4.9442  32.6667  10.7544  -0.1008  94.4284  452.5407  106.1737  30.2290
4  4.3276  34.3716   3.8373  -0.6648 112.7988  385.8411   35.6660  20.3038
5  0.9509  29.9511   3.5363  -1.1089 141.4340  191.7713   29.1056  17.1669
6  0.2115  27.4595  17.3921  -2.0820 169.4093   90.1916   23.5234  14.5876
7  4.7508  44.2687   4.8372   1.5608 207.0192   27.2714    4.1783   7.6160
8  1.3408  46.1196   3.9946   1.9569 235.4915   11.4046    2.4073   6.0029
   Friedman   Rubin Cindex      DB Silhouette   Duda Pseudot2    Beale
2  106.4738  1.5216 0.3804  0.5047    0.5187 0.3787  34.4570   4.9020
3  161.0622  3.9697 0.3840  0.6849    0.4876 0.3747  11.6841   4.5711
4  181.5475  5.9102 0.4967  0.7074    0.4160 0.9301   0.9018   0.2171
5  208.5626  6.9902 0.4602  0.6443    0.4230 3.7451  -1.4660  -1.5294
6  232.4713  8.2262 0.4506  0.5274    0.4543 0.3444  20.9388   5.4612
7  261.4753 15.7562 0.4377  0.5471    0.4909 0.4470   3.7117   2.9042
8  351.1014 19.9904 0.4304  0.5738    0.4919 2.9403  -2.6396  -1.6523
   Ratkowsky    Ball Ptbiserial   Frey McClain   Dunn Hubert SDindex Dindex
2     0.3680 39.4332     0.5977 1.5602  0.0838 0.4867 0.0170  1.2530 1.5325
3     0.4979 10.0763     0.6743 0.9021  0.5350 0.2128 0.0137  1.1708 0.9965
4     0.4553  5.0759     0.6590 0.9483  0.6571 0.3068 0.0150  1.3439 0.8342
5     0.4133  3.4334     0.6401 1.0059  0.7569 0.3107 0.0151  1.4398 0.7587
6     0.3823  2.4313     0.6345 0.8737  0.7835 0.3107 0.0153  1.2610 0.6760
7     0.3657  1.0880     0.5229 0.6259  1.3412 0.3970 0.0172  1.5892 0.4949
8     0.3446  0.7504     0.5018 0.6251  1.4552 0.4291 0.0172  2.0842 0.4433
     SDbw
2  0.4184
3  0.2387
4  0.5025
5  0.1334
6  0.0766
7  0.0591
8  0.0506


$All.CriticalValues
  CritValue_Duda CritValue_PseudoT2 Fvalue_Beale
2         0.4864            22.1752       0.0005
3         0.2552            20.4342       0.0026
4         0.3776            19.7832       0.9539
5        -0.0536           -39.3104       1.0000
6         0.3589            19.6519       0.0004
7         0.0442            64.8953       0.0498
8         0.1164            30.3727       1.0000

$Best.nc
```

```
              KL      CH Hartigan    CCC   Scott  Marriot   TrCovW
Number_clusters 3.0000  8.0000   3.0000 8.0000  3.0000   3.0000   3.0000
Value_Index   4.9442 46.1196  26.2519 1.9569 48.5734 884.4857 976.9965
            TraceW Friedman   Rubin Cindex     DB Silhouette   Duda
Number_clusters 3.0000   8.0000  7.0000 2.0000 2.0000    2.0000 3.0000
Value_Index   38.7123  89.6261 -3.2958 0.3804 0.5047    0.5187 0.3747
            PseudoT2  Beale Ratkowsky    Ball PtBiserial   Frey
Number_clusters 3.0000 4.0000   3.0000  3.0000    3.0000 2.0000
Value_Index   11.6841 0.2171   0.4979 29.3569    0.6743 1.5602
            McClain   Dunn Hubert SDindex Dindex   SDbw
Number_clusters 2.0000 2.0000    0  3.0000    0 8.0000
Value_Index   0.0838 0.4867    0  1.1708    0 0.0506


$Best.partition
   HORSE  ORANGUTAN     MONKEY     DONKEY      HIPPO     CAMEL
      1          1          1          1          1         1
   BISON    BUFFALO GUINEA PIG        CAT        FOX     LLAMA
      1          1          2          2          1         1
    MULE        PIG      ZEBRA      SHEEP        DOG  ELEPHANT
      1          2          1          1          2         1
  RABBIT        RAT       DEER   REINDEER      WHALE      SEAL
      2          2          2          2          2         3
 DOLPHIN
      3
```

运行结果较复杂。首先给出了两种图形指标：Hubert 指数曲线和 D 指数曲线（见图 7-4 和图 7-5）。右图中，两个指标均指向聚为 3 类。在"结论"（Conclusion）部分，通过"多数原则"（the majority rule），也是推荐最佳聚类数为 3（有 12 个指标指向 3 类）。函数结果还输出了所有指标值、临界值、每种指标支持的最佳聚类数（Hubert 和 Dindex 在前面用图形已给出，所以均为 0）以及最佳划分。所以，NbClust() 函数结果提示可以将数据聚为 3 类。不过，正如前面所述，在实际研究中还要结合前面的研究和已有理论来确定分类的个数。

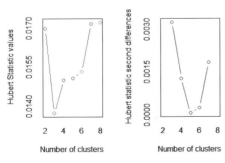

图 7-4　乳汁成分数据平均距离层次聚类
Hubert 指数曲线

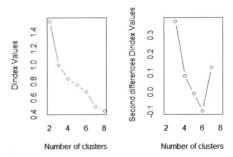

图 7-5　乳汁成分数据平均距离层次聚类
D 指数曲线

现在选择 3 作为本次聚类的最佳聚类数，并查看最终的聚类方案效果，代码如下：

```
# 使用 flexclust 扩展包中的 cutree() 函数将聚类结果分为 3 类
fit_average_3 <- cutree(fit_average, k = 3)
```

最终的可视化结果如图 7-6 所示，具体代码如下：

```
# 最终可视化结果
plot(fit_average,hang = -1,cex = 1,main = " 平均距离层次最终聚类 ")
rect.hclust(fit_average,k = 3)
```

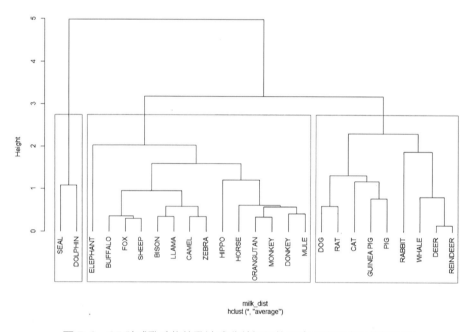

图 7-6　25 种哺乳动物的乳汁成分数据平均距离层次聚类最终树状图

2. kmeans()函数

层次聚类是一次性的，即样本点一旦被划到一个类中，就不会再被分配到其他的类，而且当样本量达到数百甚至数千时，层次聚类会很难处理。这时往往会使用 K- 均值聚类。R 语言中最常用的 K- 均值聚类的函数是 kmeans()。这里仍以鸢尾花数据集 iris 为例，并用 K- 均值聚类方法处理该数据集。虽然 iris 数据集中已经存在数据的类别信息，但是为了举例说明，要将类别信息去除。由于 K- 均值聚类需要事先指定聚类个数，因此可以先使用 NbClust() 函数来确定聚类个数。Hubert 指数曲线支持将数据聚为 5 类（见图 7-7），D 指数曲线支持将数据聚为 3 类（见图 7-8）。而在 30 个指标中，有 11 个指标支持将数据聚为 2 类，具体代码如下：

```
# 去除分类信息
iris1 <- iris[,-5]

# 数据标准化
```

```
iris1_scaled <- scale(iris1,center = TRUE,scale = TRUE)
head(iris1_scaled)

# 确定聚类的个数
library(NbClust)
NbClust(iris1_scaled,distance = "euclidean",min.nc=2,max.nc=8,method
="kmeans")
```

以上代码运行结果如下：

```
     Sepal.Length Sepal.Width Petal.Length Petal.Width
[1,]   -0.8976739  1.01560199    -1.335752   -1.311052
[2,]   -1.1392005 -0.13153881    -1.335752   -1.311052
[3,]   -1.3807271  0.32731751    -1.392399   -1.311052
[4,]   -1.5014904  0.09788935    -1.279104   -1.311052
[5,]   -1.0184372  1.24503015    -1.335752   -1.311052
[6,]   -0.5353840  1.93331463    -1.165809   -1.048667
```

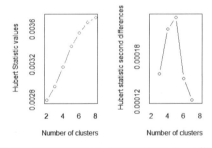

图 7-7　鸢尾花数据 K- 均值聚类 Hubert 指数曲线

```
    *** : The Hubert index is a graphical method of determining the number
of clusters.
             In the plot of Hubert index, we seek a significant knee
that corresponds to a
             significant increase of the value of the measure i.e the
significant peak in Hubert
             index second differences plot.
```

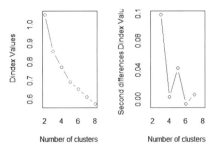

图 7-8　鸢尾花数据 K- 均值聚类 D 指数曲线

```
*** : The D index is a graphical method of determining the number of clusters.
              In the plot of D index, we seek a significant knee (the
significant peak in Dindex
              second differences plot)that corresponds to a significant
increase of the value of
              the measure.


*******************************************************************

* Among all indices:
* 11 proposed 2 as the best number of clusters
* 10 proposed 3 as the best number of clusters
* 1 proposed 4 as the best number of clusters
* 1 proposed 6 as the best number of clusters
* 1 proposed 8 as the best number of clusters


                ***** Conclusion *****


* According to the majority rule, the best number of clusters is  2



*******************************************************************
$All.index
       KL      CH Hartigan    CCC   Scott   Marriot    TrCovW    TraceW
2 3.9498 251.3493  87.3699 3.3595 357.8871 1471010.8 1643.9577 220.8793
3 5.1669 241.9044  33.1486 5.1886 489.5281 1376126.9 1225.4423 138.8884
4 0.5567 207.2659  37.4374 3.6814 555.6392 1574434.9  705.5542 113.3319
5 3.5421 203.2674  19.5911 3.5789 652.9526 1285860.3  667.4659  90.2022
6 0.7874 187.2031  19.0351 3.3533 720.9245 1176948.3  510.6882  79.4655
7 1.1988 178.5481  16.2779 3.4533 763.2771 1207890.6  394.3442  70.1876
8 0.5699 171.5792  20.5630 3.5166 846.4971  905868.3  351.9925  63.0146
  Friedman  Rubin Cindex     DB Silhouette   Duda Pseudot2    Beale
2  50.5461 2.6983 0.2709 0.6828     0.5818 1.9311 -48.6978  -1.1403
3  58.5837 4.2912 0.2428 0.9141     0.4599 0.4603  56.2860   2.7732
4  61.9721 5.2589 0.3474 0.9814     0.3869 0.9204   4.3246   0.2048
5  67.5363 6.6074 0.3598 1.0526     0.3455 2.2695 -31.8842  -1.2891
6  77.5691 7.5001 0.3307 1.1560     0.3266 0.5343  27.0234   2.0266
7  78.2758 8.4915 0.3177 1.1076     0.3254 0.6799  14.1232   1.0960
8  86.3269 9.4581 0.2989 1.1326     0.3227 1.8821 -14.9977  -1.0719
  Ratkowsky     Ball Ptbiserial   Frey McClain   Dunn Hubert SDindex
2    0.5535 110.4396     0.7815 1.4732  0.3492 0.2674 0.0028  1.5520
3    0.5028  46.2961     0.6797 2.0078  0.7938 0.0265 0.0030  1.8013
4    0.4491  28.3330     0.6245 0.6583  1.0201 0.0399 0.0032  1.7816
5    0.4114  18.0404     0.5905 0.7997  1.2718 0.0808 0.0034  1.8293
```

```
6    0.3797  13.2443      0.5556 0.9092  1.5025 0.0842 0.0036  2.2990
7    0.3548  10.0268      0.5340 0.9015  1.6553 0.0912 0.0037  2.2402
8    0.3341   7.8768      0.4992 0.6392  1.9329 0.0861 0.0037  2.5573
   Dindex   SDbw
2 1.0566 0.4276
3 0.8573 0.5612
4 0.7738 0.4574
5 0.6936 0.2555
6 0.6558 0.2588
7 0.6120 0.1772
8 0.5747 0.1510


$All.CriticalValues
  CritValue_Duda CritValue_PseudoT2 Fvalue_Beale
2         0.5551             80.9487       1.0000
3         0.5551             38.4707       0.0284
4         0.5633             38.7617       0.9355
5         0.4195             78.8634       1.0000
6         0.4590             36.5375       0.0961
7         0.4656             34.4267       0.3624
8         0.3890             50.2528       1.0000


$Best.nc
                    KL      CH Hartigan   CCC    Scott  Marriot  TrCovW
Number_clusters 3.0000  2.0000   3.0000 3.0000   3.0000     3.0  4.0000
Value_Index     5.1669 251.3493  54.2213 5.1886 131.6411 293191.9 519.8881
                 TraceW Friedman    Rubin Cindex     DB Silhouette    Duda
Number_clusters  3.0000   6.0000   3.0000 3.0000 2.0000     2.0000  2.0000
Value_Index     56.4345  10.0327  -0.6252 0.2428 0.6828     0.5818  1.9311
                 PseudoT2   Beale Ratkowsky    Ball PtBiserial    Frey
Number_clusters   2.0000  2.0000    2.0000  3.0000     2.0000  3.0000
Value_Index     -48.6978 -1.1403    0.5535 64.1435     0.7815  2.0078
                 McClain   Dunn Hubert SDindex Dindex   SDbw
Number_clusters   2.0000 2.0000      0   2.000      0  8.000
Value_Index       0.3492 0.2674      0   1.552      0  0.151


$Best.partition
  [1] 1 1 1 1 1 1 1 1 1 1 1 1 1 1 1 1 1 1 1 1 1 1 1 1 1 1 1 1 1 1 1 1 1 1 1
 [36] 1 1 1 1 1 1 1 1 1 1 1 1 1 1 1 2 2 2 2 2 2 2 2 2 2 2 2 2 2 2 2 2 2 2 2
 [71] 2 2 2 2 2 2 2 2 2 2 2 2 2 2 2 2 2 2 2 2 2 2 2 2 2 2 2 2 2 2 2 2 2 2 2
[106] 2 2 2 2 2 2 2 2 2 2 2 2 2 2 2 2 2 2 2 2 2 2 2 2 2 2 2 2 2 2 2 2 2 2 2
[141] 2 2 2 2 2 2 2 2 2 2
```

由于已知 iris 数据集中存在 3 种类别，只是 versicolor 和 virginica 很接近，因此还是将数据分为 3 类，具体代码如下：

```
# 设定随机种子
set.seed(1000)
# 进行 K- 均值聚类
fit_kmeans <- kmeans(iris1_scaled,centers = 3,iter.max = 100,nstart = 30)
```

由于 K- 均值聚类最初会随机选择 k 个中心点，因此每次运行 kmeans() 函数时可能会得到不同的结果。所以，上面的代码中使用 set.seed() 函数设定了随机种子以确保结果的一致性。另外，由于 K- 均值聚类结果对初始中心点的选择比较敏感，因此常通过 nstart 参数选择多套初始点并输出最好的一套，上面的代码中选择了 30 套初始点。

K- 均值聚类后也可以对其结果进行可视化。例如，ggfortify 扩展包的 autoplot() 函数就是一种很好的选择，其结果如图 7-9 所示，绘图代码如下：

```
# K- 均值聚类的可视化
library(ggfortify)
autoplot(fit_kmeans,data=iris1_scaled,label = TRUE,lable.size=2)
```

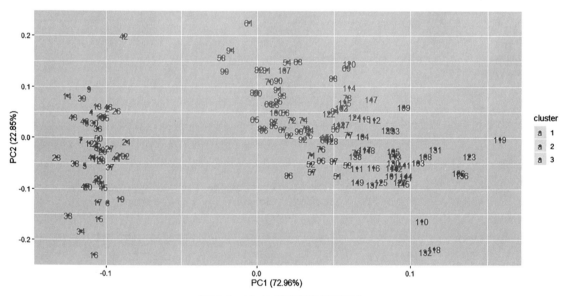

图 7-9 K- 均值聚类结果可视化

可见，K- 均值方法将鸢尾花聚为 3 类并可视化后，很容易看出确实有两类比较相似。为了看清类之间的界限，可令 autoplot() 函数的 frame 参数为 TRUE，它将在图中给各类别添加一个边界，（见图 7-10），具体代码如下：

```
autoplot(fit_kmeans,data=iris1_scaled,label = TRUE,
lable.size=2,frame = TRUE)
```

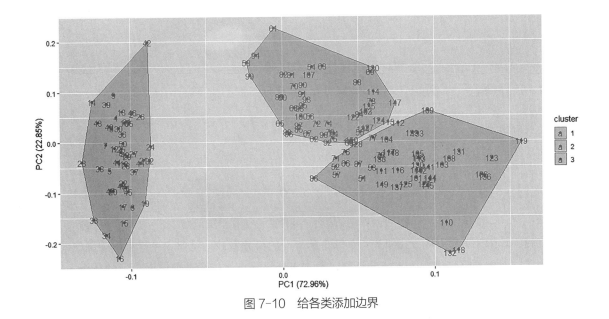

图 7-10　给各类添加边界

7.3 主成分分析

在图像处理、社会经济、教育和心理等领域会经常用到主成分分析，其目的是对数据进行降维，用少数几个（综合）指标的信息来反映原有的多个指标的绝大多数信息。例如，在社会经济研究中，为了确保分析和研究的系统性和全面性，往往需要考虑多个经济指标。这些指标虽然能从不同的侧面反映社会经济现象的特征，但往往存在不同程度的信息重叠（可以回顾线性回归中的多重共线性问题）。因此需要使用主成分分析在力保数据信息丢失最少的前提下，对这些变量进行综合处理。另外，通过降维后，数据的后续处理也会容易很多。

7.3.1 主成分分析的原理

主成分分析的数学定义是，一个正交化线性变换，把数据变换到一个新的坐标系统中，使这个数据的任何投影的第一大方差在第一个坐标（第一主成分）上，第二大方差在第二个坐标（第二主成分）上，以此类推。

具体来说，定义 p 个随机变量 $X_1, X_2, \cdots, X_p$，主成分分析就是要把 p 个指标的问题转变为 m 个新指标 $F_1, F_2, \cdots, F_m$（$m \leqslant p$），这 m 个新指标保留了原有变量的主要信息，并且相互独立（正交）。线性转换为公式（7-27）所示。

$$
\begin{cases}
F_1 = a_{11}X_1 + a_{12}X_2 + \cdots + a_{1p}X_p \\
F_2 = a_{21}X_1 + a_{22}X_2 + \cdots + a_{2p}X_p \\
F_3 = a_{31}X_1 + a_{32}X_2 + \cdots + a_{3p}X_p \\
\cdots \\
F_p = a_{p1}X_1 + a_{p2}X_2 + \cdots + a_{pp}X_p
\end{cases}
\qquad （公式 7-27）
$$

该公式应满足以下 3 个条件。

（1）F_i 和 F_j（$i, j=1, 2, \cdots, p, i{\neq}j$）相互独立。

（2）$\mathrm{Var}(F_1) \geqslant \mathrm{Var}(F_2) \geqslant \cdots \geqslant \mathrm{Var}(F_p)$。

（3）$a_{i1}^2 + a_{i2}^2 + \cdots + a_{i1}^2 = 1$，$1=1, 2, \cdots, p$。

$F_1, F_2, \cdots, F_m$ 是 $X_1, X_2, \cdots, X_p$ 的 m 个主成分，其中 F_1 为第一主成分，F_2 为第二主成分，F_p 为第 p 主成分。a_{ij} 为第 i 个主成分在第 j 个随机变量 x_j 上的得分系数。将每一个样本的观测值代入以上计算公式，就可计算得出 p 个主成分分值，即主成分得分。一般会选取前面少量的几个主成分，选择的方法通常有计算累计贡献率法和查看碎石图。

7.3.2 主成分分析在R语言中的实现

表 7-1 记录了 10 位学生的身高 (cm)、胸围 (cm) 和体重 (kg) 数据，现对此数据进行主成分分析。

表 7-1　10 位学生的身高、胸围和体重数据

身高（cm）	胸围（cm）	体重（kg）
149.5	69.5	38.5
162.5	77.0	55.5
162.7	78.5	50.8
162.2	87.5	65.5
156.5	74.5	49.0
156.1	74.5	45.5
172.0	76.5	51.0
173.2	81.5	59.5
159.5	74.5	43.5
157.7	79.0	53.5

虽然 R 语言的内置函数 princomp() 可以实现主成分分析，但 psych 扩展包能提供更丰富和有用的函数，其输出结果也更接近商业统计分析软件，如 SAS 和 SPSS 等。以 psych 扩展包做主成分分

析的基本函数是 principal()，具体代码如下：

```
# 将表 7-1 中的数据存为数据框
data <- data.frame(
  x1 = c(149.5,162.5,162.7,162.2,156.5,156.1,172.0,173.2,159.5,157.7),
  x2 = c(69.5,77.0,78.5,87.5,74.5,74.5,76.5,81.5,74.5,79.0),
  x3 = c(38.5,55.5,50.8,65.5,49.0,45.5,51.0,59.5,43.5,53.5)
)

# 主成分分析
library(psych)
pca1 <- principal(data,nfactors = 3)
pca1
```

得到如下结果：

```
Principal Components Analysis
Call: principal(r = data, nfactors = 3)
Standardized loadings (pattern matrix)based upon correlation matrix
    RC1  RC2   RC3 h2       u2  com
x1 0.28 0.96  0.01  1  1.1e-16 1.2
x2 0.95 0.29 -0.12  1 -2.2e-16 1.2
x3 0.91 0.36  0.18  1  4.4e-16 1.4


                      RC1  RC2  RC3
SS loadings          1.82 1.13 0.05
Proportion Var       0.61 0.38 0.02
Cumulative Var       0.61 0.98 1.00
Proportion Explained 0.61 0.38 0.02
Cumulative Proportion 0.61 0.98 1.00


Mean item complexity =  1.3
Test of the hypothesis that 3 components are sufficient.


The root mean square of the residuals (RMSR)is  0
 with the empirical chi square  0  with prob <  NA

Fit based upon off diagonal values = 1
```

principal() 函数的 nfactors 指定了各种主成分，这里指定的主成分数量与原始变量数量相同。结果中，x1、x2、x3 和 RC1、RC2 两个主成分关联比较密切，但是与 RC3 不太相关。通过 Cumulative Proportion 表示 3 个主成分对数据的累计解释比例可知，前两个主成分的累计解释比例达到了 98%，因此这两个主成分的选择是比较合适的：

```
pca2 <- principal(data,nfactors = 2)
pca2
```

以上代码运行结果如下：

```
Principal Components Analysis
Call: principal(r = data, nfactors = 2)
Standardized loadings (pattern matrix)based upon correlation matrix
    RC1  RC2   h2      u2 com
x1 0.32 0.95 1.00 0.00025 1.2
x2 0.96 0.25 0.98 0.02099 1.1
x3 0.93 0.33 0.98 0.02387 1.3

                      RC1  RC2
SS loadings          1.88 1.07
Proportion Var       0.63 0.36
Cumulative Var       0.63 0.98
Proportion Explained 0.64 0.36
Cumulative Proportion 0.64 1.00

Mean item complexity = 1.2
Test of the hypothesis that 2 components are sufficient.

The root mean square of the residuals (RMSR)is  0.01
 with the empirical chi square  0.01  with prob <  NA

Fit based upon off diagonal values = 1
```

重新指定 nfactors 参数为 2 后，累计比例能（近似）达到 100%，再次说明用两个主成分来代表原有变量的信息是足够的。另外，胸围（x2）和体重（x3）与第一主成分相关性比较高，身高（x1）与第二主成分相关比较高，因此可以将第一主成分命名为学生的体型特征，将第二主成分命名为学生的体长特征。

7.4 因子分析

因子分析最初是由心理学家 C.Spearman 于 1904 年提出的一种统计方法。他首先用因子分析来解释人类的行为和能力，此后的几十年间，因子分析理论和数学基础不断得到完善和发展。因子分析在心理和教育领域被普遍使用，如在心理领域，因子分析常用于人格结构的确定、智力结构的探讨、心理特质的构建；而在教育领域，测验（试卷）的编制、结构效度的检验也经常用到因子分析方法。如今，因子分析已经被人们普遍认识和接受。随着计算机的普及和各种统计软件的出现，因子分析已经广泛应用于心理和教育以外的领域，如医疗、金融、气象和市场营销等领域。

7.4.1　因子分析的原理

本小节将从基本思想、数学模型和注意事项这 3 个方面对因子分析的基本原理进行介绍。

1. 基本思想

因子分析通过多个变量之间的内部关系来探寻变量背后的潜在结构，同时用少数几个有意义的因子（潜在结构）来代表数据的基本结构。其基本思想是，从分析多变量数据的内部关系出发，将一些相互之间有错综复杂关系的变量归结为少数几个因子，并且通过建立原始变量与因子之间的关系来预测因子的状态，帮助发现隐藏在原始变量之间的某种客观规律。

因子分析与主成分分析一样是一种降维技术，因为它们都是通过少量的变量（主成分和因子）信息代替原有变量信息的。但是，因子分析除了能对数据起到降维的作用，还有助于发现原始变量背后的潜在结构。因子分析可以用最少的因子概括和解释大量的观测事实，建立最简洁的、基本的概念系统，从而揭示事物之间各种复杂现象背后的本质联系。因此，无论是构建理论，还是找出事物规律，因子分析都起着非常重要的作用。

根据是否已知潜在结构，可以将因子分析分为探索性因子分析（Exploratory Factor Analysis，EFA）和验证性因子分析（Confirmatory Factor Analysis，CFA）。在构建理论时，研究者并不知道所要研究的对象的潜在结构是什么，却可以利用因子分析来简化数据并探寻数据背后的潜在结构，这就是探索性因子分析。如果有理论或前期研究对潜在结构已做出了假设，那么就可以用验证性因子分析来判断观测数据是否能反映这些潜在结构，或者验证这些假设的正确性。本书只关注探索性因子分析。

探索性因子分析通常用于研究的初期，以帮助研究者整合变量，进而提出潜在结构的假设。探索性因子分析能够回答以下两类问题。

（1）如何从原始观测数据中提取出少量的潜在因子，以便更清楚和简洁地呈现结果。

（2）如何利用数据驱动的方式支撑理论结构。

对于第（2）个问题，在心理学领域有广泛的应用。例如，R.Cattell 借助因子分析方法将人格归为 16 个基本的特质；H.Eysenck 使用因子分析方法将人格概括为 3 个基本维度：外倾性、神经质和精神质。

2. 数学模型

设 $X=(X_1, X_2, \cdots, X_p)$ 是可观测的 p 维标准化随机向量，那么因子分析的数学模型可表示为公式（7-28）。

$$\begin{cases} X_1 = a_{11}F_1 + a_{12}F_2 + \cdots + a_{1m}F_m + \epsilon_1 \\ X_2 = a_{11}F_1 + a_{12}F_2 + \cdots + a_{2m}F_m + \epsilon_2 \\ \cdots \\ X_p = a_{11}F_1 + a_{12}F_2 + \cdots + a_{pm}F_m + \epsilon_p \end{cases} \quad （公式 7\text{-}28）$$

其中 $F_j=(j=1, 2, \cdots, m)$ 为公共因子，$\epsilon_i(i=1, 2, \cdots, p)$ 为特殊因子，它们都是不可观测的随机

变量。公共因子出现在每一个原始变量，即 X_i（$i=1, 2, \cdots, p$）的表达式中，可理解为原始变量共同具有的公共因素，而特殊因子只出现在与之对应的原始变量表达式中，只对该原始变量起作用。a_{ij} 的第 i 个原始变量在第 j 和公共因子上的系数，通常称为因子载荷。

上式的矩阵形式为公式（7-29）。

$$X = AF + \epsilon \qquad （公式 7-29）$$

其中

$$Z = \left(Z_1, Z_2, \cdots, Z_p\right)', \qquad （公式 7-30）$$

$$F = \left(F_1, F_2, \cdots, F_m\right)', \qquad （公式 7-31）$$

$$\epsilon = \left(\epsilon_1, \epsilon_2, \cdots, \epsilon_p\right)', \qquad （公式 7-32）$$

$$A = \begin{bmatrix} a_{11} & a_{12} & \cdots & a_{1m} \\ a_{21} & a_{22} & \cdots & a_{2m} \\ \vdots & \vdots & \ddots & \vdots \\ a_{p1} & a_{p2} & \cdots & a_{pm} \end{bmatrix} \qquad （公式 7-33）$$

对于以上表达式，通常假设各公共因子之间、特殊因子之间，以及公共因子和特殊因子之间相互独立，且公共因子的方差为 1，公共因子和特殊因子的均值都为 0。

因子分析的基本任务就是求出因子载荷矩阵 A。在得到初始的因子模型后，因子载荷矩阵往往比较复杂，难以对因子进行解释。所以一般会对因子旋转，使因子载荷矩阵中各元素的数值进行 0.1 分化，同时保持公共因子方差不变。因子旋转可分为正交旋转和斜交旋转，前者是使因子轴之间保持 90°，即假设因子间不相关；后者则是允许因子之间存在任意夹角，即假设因子之间是相关的。通过因子旋转，各原始变量在因子上的载荷会更高，有利于对因子做出解释。

3. 注意事项

在进行因子分析时，应注意以下几个方面，因为它们将影响分析的效果。

（1）保证足够的样本量。对于因子分析而言，必须保证足够的样本量。一般认为当样本量小于 50 时，是不适合做因子分析的；有研究者提出样本量至少应该在 100 以上；当样本量达到 1000 时，效果会非常好。此外，样本量的选择还受原始变量数量的影响，一般而言，样本量至少应该是原始变量数量的 5 倍以上，更普遍的经验标准是 10 倍以上，甚至有研究者还提出 20 倍的要求。

（2）原始变量之间应该有足够的相关性。如果所有或者大部分原始变量是相互独立或者相关系数都小于 0.3，是不能从中提取公共因子的，也就是该数据不适合进行因子分析。

一般用以下两种方法来检验原始变量之间的相关性。

① KMO（Kaiser-Meyer-Oklin）检验。从比较原始变量之间的简单相关系数和偏相关系数的相对大小出发，取值范围为 0~1。当所有原始变量间的偏相关系数的平方和远小于简单相关系数的平方和时，KMO 值越接近于 1，意味着原始变量间的相关性越强，适合进行因子分析；当所有原

始变量间的简单相关系数的平方和接近 0 时，KMO 值越接近 0，意味着原始变量间的相关性越弱，也就越不适合进行因子分析。一般认为当 KMO 值在 0.7 以上时，因子分析的效果会比较好，当 KMO 值小于 0.5 时，就不适合进行因子分析了。

②Bartlett 球形检验。该方法是从检验整个相关矩阵出发，如果相关矩阵是单位矩阵，则各原始变量独立，不适合进行一致性分析。

（3）因子应具有实际意义。因子分析除了应满足以上统计学方面的条件，还应该具备实际的意义。在主成分分析中，因子分析除了降维，更重要的目的是找出原始变量背后的潜在结构，因此各因子应该具有实际意义。

4. 因子分析的基本步骤

一般情况下，因子分析可以分为以下 6 个基本步骤。

步骤 1：对数据进行预处理。在因子分析前要进行数据预处理，如缺失值处理、计算相关矩阵或协方差矩阵等。

步骤 2：确定数据是否适合做因子分析。例如样本量是否合适、KMO 值是否足够大、Bartlett 检验是否通过等。

步骤 3：抽取因子。例如根据特征、碎石图、累计解释方差比例等确定因子的数目。

步骤 4：因子旋转。通过选择使用正交旋转或斜交旋转，可使因子更具解释性。

步骤 5：解释因子。对抽取出的因子进行解释命名。

步骤 6：计算因子的得分。

7.4.2　因子分析在R语言中的实现

本小节将使用 lavaan 扩展包中的 HolzingerSwineford1939 数据集，该数据集包含 301 行数据、15 个变量。其中 x1 至 x9 代表学生在 9 个测验中的分数，分别代表视觉感知测试、立方体测试、菱形测试、段落理解测试、句子完型测试、词义测试、加法速度测试、计数速度测试和辨别曲直大写字母速度测试。希望能借助因子分析找到这些变量的潜在结构。

R 语言内置的 factanal() 函数可以实现因子分析，然而正如主成分分析一样，psych 扩展包为因子分析提供了一个更好的选择。该包中进行因子分析的主要函数是 fa()，其格式如下：

```
fa(r,nfactors,n.obs,rotate,scores,fm)
```

其中，r 是相关系数矩阵或者原始数据矩阵；nfactor 用于设定因子数，默认值为 1；n.obs 为观测数，当 r 是相关系数矩阵时需要手动输入；rotate 用于设定因子旋转的方法，默认为 Promax；scores 用于设定是否计算因子得分，默认为 FALSE，且要求 r 为原始数据矩阵；fm 用于设定求解初始因子载荷（旋转前）的方法，默认为 minres，但是一般建议选择 ml，即最大似然法。先对数据做初步处理，代码如下：

```
# 读取 HolzingerSwineford1939 数据集
library(lavaan)
head(HolzingerSwineford1939)

# 取其中的 9 列测试分数
data <- HolzingerSwineford1939[,c("x1","x2","x3","x4",
"x5","x6","x7","x8","x9")]

# 查看样本数
n <- nrow(data)
n

# 计算变量相关矩阵
cor.data<- cor(data)
cor.data
```

上述代码运行结果如下：

```
  id sex ageyr agemo school grade      x1   x2    x3       x4   x5
1  1   1    13     1 Pasteur     7 3.333333 7.75 0.375 2.333333 5.75
2  2   2    13     7 Pasteur     7 5.333333 5.25 2.125 1.666667 3.00
3  3   2    13     1 Pasteur     7 4.500000 5.25 1.875 1.000000 1.75
4  4   1    13     2 Pasteur    .7 5.333333 7.75 3.000 2.666667 4.50
5  5   2    12     2 Pasteur     7 4.833333 4.75 0.875 2.666667 4.00
6  6   2    14     1 Pasteur     7 5.333333 5.00 2.250 1.000000 3.00
          x6       x7   x8       x9
1 1.2857143 3.391304 5.75 6.361111
2 1.2857143 3.782609 6.25 7.916667
3 0.4285714 3.260870 3.90 4.416667
4 2.4285714 3.000000 5.30 4.861111
5 2.5714286 3.695652 6.30 5.916667
6 0.8571429 4.347826 6.65 7.500000、


[1] 301
            x1          x2          x3        x4         x5         x6
x1 1.00000000  0.29734551  0.44066800 0.3727063 0.29344369 0.3567702
x2 0.29734551  1.00000000  0.33984898 0.1529302 0.13938749 0.1925319
x3 0.44066800  0.33984898  1.00000000 0.1586396 0.07719823 0.1976610
x4 0.37270627  0.15293019  0.15863957 1.0000000 0.73317017 0.7044802
x5 0.29344369  0.13938749  0.07719823 0.7331702 1.00000000 0.7199555
x6 0.35677019  0.19253190  0.19766102 0.7044802 0.71995554 1.0000000
x7 0.06686392 -0.07566892  0.07193105 0.1738291 0.10204475 0.1211017
x8 0.22392677  0.09227923  0.18601263 0.1068984 0.13866998 0.1496113
x9 0.39034041  0.20604057  0.32865061 0.2078483 0.22746642 0.2141617
           x7         x8        x9
x1  0.06686392 0.22392677 0.3903404
```

```
x2  -0.07566892 0.09227923 0.2060406
x3   0.07193105 0.18601263 0.3286506
x4   0.17382912 0.10689838 0.2078483
x5   0.10204475 0.13866998 0.2274664
x6   0.12110170 0.14961132 0.2141617
x7   1.00000000 0.48675793 0.3406457
x8   0.48675793 1.00000000 0.4490154
x9   0.34064572 0.44901545 1.0000000
```

data 一共有 301 条数据，样本量符合因子分析的要求。由相关矩阵 cor.data 可知，变量之间的相关系数多大于 0.3。因此初步判定该数据集可以做因子分析。下面再计算相关矩阵的 KMO 值，并对相关矩阵做 Bartlett 球形检验，会分别用到 psych 扩展包的 KMO() 函数和 cortest.bartlett() 函数：

```
KMO(cor.data)
cortest.bartlett(cor.data,n = n)
```

得到如下结果：

```
Kaiser-Meyer-Olkin factor adequacy
Call: KMO(r = cor.data)
Overall MSA =  0.75
MSA for each item =
  x1    x2   x3   x4   x5   x6   x7   x8   x9
0.81   0.78 0.73 0.76 0.74 0.81 0.59 0.68 0.79

$chisq
[1] 904.0971

$p.value
[1] 1.912079e-166

$df
[1] 36
```

cor.data 的 KMO 值为 0.75，并且 Bartlett 球形检验显著（p = 1.912079e-166），两种指标均认为可以对数据做因子分析。

接下来使用 psych 扩展包的 fa.parallel() 函数绘制包含平行分析的碎石图，以确定因子的数目，结果如图 7-11 所示，代码如下：

```
fa.parallel(cor.data,n.obs = n,fm = "ml",fa = "fa",n.iter = 100)
```

fa.parallel() 函数建议取 3 个因子（未将结果展示出来）。碎石图中也显示，位于虚线以上的三角形有 3 个。接下来将使用 fa() 函数进行因子分析，代码如下：

```
fa1<- fa(r = cor.data,nfactors = 3,n.obs = n,
n.iter = 100,rotate = "none",fm = "ml")
```

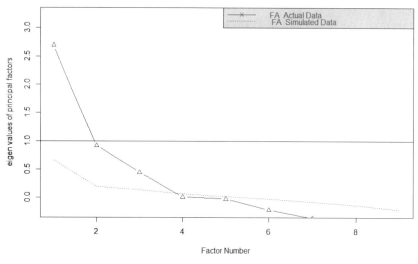

图 7-11　含平行分析的因子碎石图

以上代码运行结果如下：

```
fa1$communalities
        x1         x2         x3         x4         x5         x6         x7
0.4874695 0.2512654 0.4572268 0.7208068 0.7571226 0.6947840 0.4977929
        x8         x9
0.5314493 0.4567511
fa1$loadings

Loadings:
      ML1    ML2    ML3
x1   0.488  0.314  0.389
x2   0.244  0.173  0.402
x3   0.272  0.407  0.466
x4   0.835 -0.153
x5   0.839 -0.209
x6   0.823 -0.129
x7   0.229  0.485 -0.459
x8   0.270  0.622 -0.269
x9   0.376  0.561

                  ML1    ML2    ML3
SS loadings     2.717  1.313  0.824
Proportion Var  0.302  0.146  0.092
Cumulative Var  0.302  0.448  0.539
```

以上代码中，数据的矩阵为相关矩阵，设定因子数目为 3，观测数为 n（301），最大迭代次数为 100，设置因子不旋转，且求解初始因子的方法为最大似然法。

结果显示，3 个因子一共解释了 53.9% 的变异，由于没有设定因子旋转，故因子载荷矩阵的意义并不好解释。下一步将使用正交旋转和斜交旋转两种因子旋转方法：

```
# 使用正交旋转，具体方法为 "varimax"
fa2<- fa(r = cor.data,nfactors = 3,n.obs = n,
n.iter = 100,rotate = "varimax",fm = "ml")
# 使用斜交旋转，具体方法为 "promax"
fa3<- fa(r = cor.data,nfactors = 3,n.obs = nrow(data),
n.iter = 100,rotate = "promax",fm = "ml")
```

以上代码运行结果如下：

```
fa2$communalities
        x1          x2          x3          x4          x5          x6          x7
0.4874695  0.2512654  0.4572268  0.7208068  0.7571226  0.6947840  0.4977929
        x8          x9
0.5314493  0.4567511
fa2$loadings

Loadings:
      ML1    ML3    ML2
x1  0.277  0.623  0.151
x2  0.105  0.489
x3         0.663  0.130
x4  0.827  0.165
x5  0.861
x6  0.801  0.212
x7                0.696
x8         0.162  0.709
x9  0.132  0.406  0.524

                ML1    ML3    ML2
SS loadings     2.185  1.343  1.327
Proportion Var  0.243  0.149  0.147
Cumulative Var  0.243  0.392  0.539

fa3$communalities
        x1          x2          x3          x4          x5          x6          x7
0.4874695  0.2512654  0.4572268  0.7208068  0.7571226  0.6947840  0.4977929
        x8          x9
0.5314493  0.4567511
fa3$loadings

Loadings:
      ML1    ML2    ML3
x1  0.153         0.609
x2         -0.116  0.525
x3 -0.115         0.703
x4  0.844
```

```
x5   0.898
x6   0.807
x7         0.743 -0.215
x8         0.722
x9         0.479  0.335

                ML1    ML2    ML3
SS loadings     2.211 1.319 1.313
Proportion Var  0.246 0.147 0.146
Cumulative Var  0.246 0.392 0.538
```

根据结果可知，使用正交旋转和斜交旋转的结果比较相似。有 3 个因子各自在 x3、x4、x5，x1、x2、x3 及 x7、x8、x9 上的载荷比较高。但无论是正交旋转还是斜交旋转，x2 的共同度都只有 0.251，比较低。由于心理学研究中因子之间往往是相关的，因此对因子进行斜交旋转可能更合适。综上所述，x2 可能不适合加入因子分析的数据中，所以下一步将 x2 和 x9 排除并对因子进行斜交旋转，代码如下：

```
# 排除 x2 和 x9
data_new <- cor.data[c(1,3:9),c(1,3:9)]

# 重新计算 KMO 值并进行 Bartlett 球形检验
KMO(data_new)

cortest.bartlett(data_new,n = n)
fa4<- fa(r = data_new,nfactors = 3,n.obs = n,
n.iter = 100,rotate = "promax",fm = "ml")
```

以上代码运行结果如下：

```
Kaiser-Meyer-Olkin factor adequacy
Call: KMO(r = data_new)
Overall MSA =  0.74
MSA for each item =
  x1    x3   x4   x5   x6   x7   x8   x9
0.77   0.70 0.76 0.73 0.80 0.61 0.68 0.77

$chisq
[1] 848.9585

$p.value
[1] 1.077292e-160

$df
[1] 28
fa4$communalities
```

```
        x1        x3        x4        x5        x6        x7        x8
0.5721122 0.3878286 0.7208933 0.7611922 0.6912313 0.4462798 0.5693265
        x9
0.4520072


fa4$loadings

Loadings:
     ML1   ML2   ML3
x1  0.137       0.723
x3              0.666
x4  0.839
x5  0.899
x6  0.808
x7        0.714 -0.166
x8        0.743
x9        0.432 0.356

                 ML1   ML2   ML3
SS loadings     2.196 1.257 1.137
Proportion Var  0.274 0.157 0.142
Cumulative Var  0.274 0.432 0.574
```

从相关矩阵中删除 x2 和 x9 后，重新计算 KMO 值并进行 Bartlett 球形检验，结果均显示适合因子分析。另外，带平行分析的碎石图也建议抽取 3 个因子（未显示）。因子分析结果显示出较好的效果。

得到因子载荷矩阵后，就可以求每个学生的得分了，这时只需要将 fa() 函数的 scores 参数设置为 TRUE，将参数 r 改为原始数据即可。例如：

```
fa5<- fa(r = data[,-2],nfactors = 3,n.obs = nrow(data),
n.iter = 100,rotate = "promax",fm = "ml",scores = TRUE)
# 学生的因子得分
head(fa5$scores)
```

得到如下结果：

```
          ML1          ML2          ML3
[1,] -0.063939028  0.04640132 -1.0655881
[2,] -0.996545493  0.75381396  0.6567688
[3,] -1.885463023 -1.37738871 -0.7421133
[4,]  0.001769424 -0.56397737  0.2557167
[5,] -0.117418297  0.29250410 -0.1792438
[6,] -1.297268374  1.00742581  0.5520409
```

最后还可以使用 fa.diagram() 函数生成因子载荷图，如图 7-12 所示，具体代码如下：

```
fa.diagram(fa5)
```

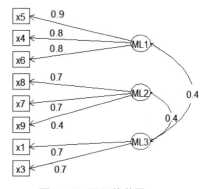

图 7-12 因子载荷图

7.5 新手问答

问题1.判别分析与聚类分析的主要区别有哪些?

答:判别分析与聚类分析的主要区别是分类是否已知。判别分析是将 p 维空间中的点判为已知类别总体中的一个,聚类分析则是在 p 维空间中将各个点按照内部亲疏关系来进行类别的划分。

问题2.主成分分析与因子分析的联系与区别有哪些?

答:主成分分析与因子分析都是数据降维的多元统计方法,即用少数几个综合变量的变异信息来代表所有原始变量的大部分信息,从而使数据分析在具备准确性的前提下变得更简单。但是,因子分析除了对数据进行降维,还探寻数据背后的潜在结构。

7.6 小试牛刀: 尝试实现层次聚类

【案例任务】

使用 flexclust 扩展包的 nutrient 数据集,根据营养成分对各种肉类进行层次聚类。

【技术解析】

在对数据进行层次聚类时,需要先对数据标准化以统一数据量纲;然后为 NbClust 扩展包的 NbClust() 函数提供确定聚类个数的方法;确定聚类个数后,对数据进行聚类并可视化。

【操作步骤】

步骤 1:对数据进行标准化。

```
library(flexclust)
data(nutrient)
nutrient_scaled <- scale(nutrient,center = TRUE,scale = TRUE)
```

步骤 2:获得最佳聚类数。

```
library(NbClust)
NbClust(nutrient_scaled,distance = "euclidean",
min.nc=2,max.nc=8,method ="average")
```

结果推荐将肉类聚为 3 类(未展示)。

步骤 3:计算距离、聚类和可视化。可视化结果如图 7-12 所示。

```
# 计算欧几里距离
```

```
nutrient_dist <- dist(nutrient_scaled, method = "euclidean")
# 使用平均距离法进行层次聚类
fit_average <- hclust(nutrient_dist,method = "average")
# 可视化结果
plot(fit_average,hang = -1,cex = 1,main = "平均距离层次聚类")
rect.hclust(fit_average,k = 3)
```

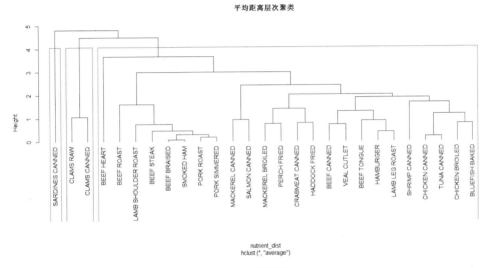

图 7-13 肉类聚类结果

本章小结

　　本章介绍了判别分析、聚类分析、主成分分析和因子分析 4 种常用的多元统计方法的基本原理，以及其在 R 语言中的实现。首先，判别分析是一种在已知研究对象被分成若干类别的情况下，确定新样品属于哪一类的多元统计分析方法。常见的判别分析方法可分为距离判别、Fisher 判别或线性判别。在 R 语言中实现判别分析的函数有 WMDB 扩展包的 wmd()、WeDiBaDis 扩展包的 WDBdisc()、MASS 扩展包的 lda() 和 klaR 扩展包中的 NaiveBayes() 等。其次，聚类分析是将所观测的事物或者指标进行分类的一种统计分析方法，其目的是通过辨认在某些特征上相似的事物，将这些事物分成各种类别。常见的聚类分析包括层次聚类法和 K- 均值聚类法。前者是一次性聚类，适用于样本点较少的情况；后者是多次聚类，在样本点较多时也能适用。在 R 语言中实现聚类分析的函数有内置函数 hclust()、cluter 扩展包的 agens()、flashClust 扩展包的 hclust() 和 kmeans() 等。最后，主成分分析和因子分析通过用少数几个综合变量替换多个原始变量来起到数据降维的作用。此外，在 R 语言中实现主成分分析和（探索性）因子分析的函数有 princomp() 和 fa()。

第 8 章
R 语言的可视化威力之图形生成

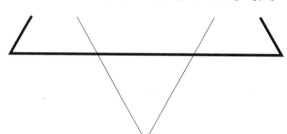

 本章导读

　　本章介绍 R 语言的两大绘图系统：传统绘图系统和网格绘图系统，以及一些重要的扩展包。再从绘图变量的个数出发，介绍各种常用统计图的生成，力图使读者能熟练使用 R 语言绘制各类数据图形，掌握 R 语言数据分析的图形可视化操作技能。

 知识要点

通过本章内容的学习，读者能掌握以下知识：

- ● R 语言的两大绘图系统
- ● 单变量绘图及双变量绘图
- ● 多变量绘图

8.1 R 语言绘图系统

在用 R 语言绘图时，首先会使用由 grDevices 包提供的一系列基本绘图函数，如颜色、字体和图形输出格式等。在 grDevices 包的基础上有多种绘图选择。一般来说，R 语言有两种主要的绘图系统：传统绘图系统和网格绘图系统。这两种绘图系统相互独立，以不同的方式进行绘图。这两种绘图系统对应的 R 语言核心包分别是 graphics 包和 grid 包。graphics 包是 R 语言的内置绘图包，且每次启动 R 语言都会自动加载。它可以生成多种类型的图表，并且提供了许多美化图形细节的函数。grid 包则提供了一系列不同的绘图函数。grid 包的一个特点是，它没有为用户提供一套完整的绘图函数，通常并不能直接用于绘图。所以，在 grid 包的基础之上又发展出了两个应用广泛的程序包：lattice 和 ggplot2。lattice 包由 D.Sarkar 根据 Cleveland 的格子图发展而来，ggplot2 包由 H.Wickham 根据 L.Wilkson 的图形语法发展而来。

这两个绘图系统还衍生出了许多其他的绘图工具。例如，搭载于传统绘图系统之上的 maps、diagram、plotrix、gplots 和 poxmap 等扩展包，以及搭载于网格绘图系统之上的 vcd 和 grImport 扩展包。当然，也有一些扩展包提供了 R 语言与第三方绘图系统的接口，相关内容将在第 10 章介绍。

R 语言绘图系统提供的绘图函数可以分为高级绘图函数和低级绘图函数，前者能够绘制出完整的图形，而后者是在已有图形上添加额外的图形。graphics 包既提供了高级绘图函数，也提供了低级绘图函数。grid 包仅提供了低级绘图函数，高级绘图函数则留给了建立在其基础之上的 lattice、ggplot2 以及其他扩展包。

本章将主要介绍各种常见图形的生成，第 9 章则关注对图形的进一步优化。鉴于使用的广泛性，本章及第 9 章将主要以 ggplot2 为主，其间会穿插一些其他的绘图工具，所以请先安装 ggplot2 包。

8.2 单变量绘图和双变量绘图

本节将介绍单变量绘图和双变量绘图，主要涉及散点图、折线图、条形图、饼图、箱线图、直方图和核密度图。

8.2.1 散点图

散点图也叫 X-Y 图，它将所有的数据以点的形式展现在坐标系上，以显示变量之间的相互影响程度，点的位置由变量的数值决定。在散点图中，每个观察值都用图中的一个点来表示。ggplot2 中绘制散点图的函数是 geom_point()，但是在此之前需要先用 ggplot() 函数指定数据集和变量。下面的代码中将以 mtcars 数据集为例，来绘制 wt 和 mpg 之间的散点图，结果如图 8-1 所示。

```
library(ggplot2)
ggplot(data = mtcars,aes(x =
wt,y = mpg))+
    geom_point()
```

以上代码绘制了 ggplot2 的基本散点
图。在绘图时，ggplot2 自动生成一些默认
风格，不过这风格都可以由用户重新设置。
ggplot() 函数中指定了数据集和变量，也可
以将其括号内的参数直接写进 geom_point()
函数中，得到的结果完全相同。还可以通过
geom_point() 函数的 shape 参数和 col 参数
改变点的形状和颜色，如图 8-2（a）所示。

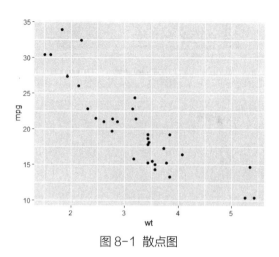

图 8-1 散点图

```
ggplot()+
    geom_point(data = mtcars,aes(x = wt,y = mpg),shape = 2,col = "red")
```

当 shape 为 2 时，点的颜色只能由 col 控制；但对于一些类型的点，如 shape 为 24 时，还可以
使用 fill 参数指定填充颜色，如图 8-2（b）所示。

```
ggplot()+
    geom_point(data = mtcars,aes(x = wt,y = mpg),shape = 24,col = "red",
fill ="black")
```

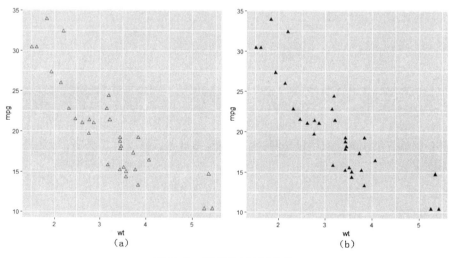

图 8-2　指定散点的填充色

如果要对散点图拟合一条回归线，可以使用 stat_smooth() 函数。可选择的回归方法有多种，可
通过其参数 method 来设置。图 8-3 中使用两种方法分别拟合一条直线和平滑曲线：一种是 lm，如
图 8-3（a）所示；另一种是 loess，如图 8-3（b）所示。

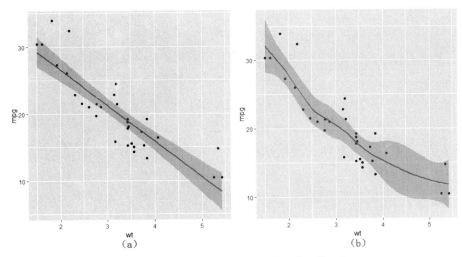

图 8-3　对散点图拟合回归线并画出置信区间

两条曲线均给出了 0.95 的置信区间（灰色部分），具体代码如下：

```
# 拟合一条直线
ggplot(mtcars,aes(x = wt,y = mpg))+
  geom_point()+
  stat_smooth(method ="lm",level=0.95 )

# 拟合一条平滑曲线
ggplot(mtcars,aes(x = wt,y = mpg))+
  geom_point()+
  stat_smooth(method ="loess",level=0.95 )
```

很多时候需要先对数据进行分组，然后再绘制散点。在 ggplot2 中也很容易实现，只需要设置一个分组变量和依据即可。设置分组依据的方法很多，散点形状、颜色、填充色等都可以作为分组的依据。图 8-4（a）和图 8-4（b）分别以形状和颜色作为分组依据，图 8-4（c）和图 8-4（d）则进一步对各组拟合了线性回归直线。由于变量 am 是连续数据，因此应先将其转换为因子，具体代码如下：

```
# 将 am 转换为因子
mtcars1 <- mtcars
mtcars1$am <- factor(mtcars1$am)

# 将 am 映射给形状
ggplot(mtcars1,aes(x = wt,y = mpg,shape= am))+
  geom_point()

# 将 am 映射给颜色
ggplot(mtcars1,aes(x = wt,y = mpg,col= am))+
  geom_point()
```

```
# 将 am 映射给形状，并添加线性回归直线
ggplot(mtcars1,aes(x = wt,y = mpg,shape= am))+
  geom_point()+
  stat_smooth(method ="lm",level=0.95 )

# 将 am 映射给颜色，并添加线性回归直线
ggplot(mtcars1,aes(x = wt,y = mpg,col= am))+
  geom_point()+
  stat_smooth(method ="lm",level=0.95 )
```

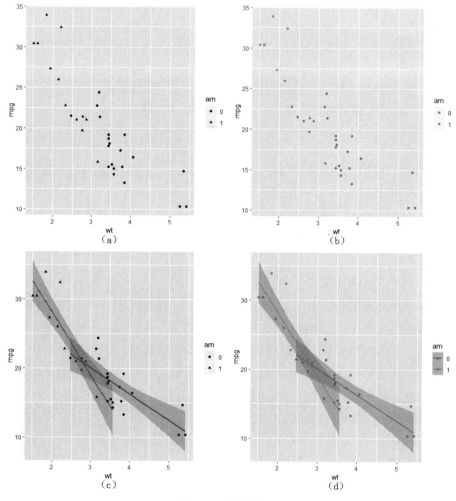

图 8-4　分组散点图

以上为双变量散点图（二维散点图），如果要生成单变量散点图，可以使用 R 语言内置的 stripchart() 函数，下面的代码中先生成了 10 个随机数，然后分别重复了 10 次：

```
# 设置随机种子
set.seed(123)
```

```
# 生成 10 个随机数并重复 10 次
x<- rep(round(rnorm(10,0,1),digits = 2),10)
x
```

得到如下结果：

```
  [1] -0.56 -0.23  1.56  0.07  0.13  1.72  0.46 -1.27 -0.69 -0.45 -0.56
 [12] -0.23  1.56  0.07  0.13  1.72  0.46 -1.27 -0.69 -0.45 -0.56 -0.23
 [23]  1.56  0.07  0.13  1.72  0.46 -1.27 -0.69 -0.45 -0.56 -0.23  1.56
 [34]  0.07  0.13  1.72  0.46 -1.27 -0.69 -0.45 -0.56 -0.23  1.56  0.07
 [45]  0.13  1.72  0.46 -1.27 -0.69 -0.45 -0.56 -0.23  1.56  0.07  0.13
 [56]  1.72  0.46 -1.27 -0.69 -0.45 -0.56 -0.23  1.56  0.07  0.13  1.72
 [67]  0.46 -1.27 -0.69 -0.45 -0.56 -0.23  1.56  0.07  0.13  1.72  0.46
 [78] -1.27 -0.69 -0.45 -0.56 -0.23  1.56  0.07  0.13  1.72  0.46 -1.27
 [89] -0.69 -0.45 -0.56 -0.23  1.56  0.07  0.13  1.72  0.46 -1.27 -0.69
[100] -0.45
```

然后用 stripchart() 函数画出单变量散点图，如图 8-5 所示。

```
# 单变量散点图
stripchart(x)
```

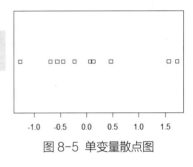

图 8-5　单变量散点图

虽然 x 中有 100 个元素，但是由 10 个随机数重复 10 次得到的，因此在图中只有 10 个方块。为了将这 100 个数都显示出来，可以对这些重叠的方块添加一个上下的扰动，如图 8-6 所示。具体代码如下：

```
# 对单变量散点图添加上下扰动
stripchart(x,method = "jitter")
```

8.2.2　折线图

折线图可以看成特殊的散点图，用于显示数据的变化趋势。其基本的实现方法很简单，只需要使用 geom_line() 函数即可，如图 8-7 所示。具体代码如下：

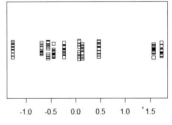

图 8-6　添加了扰动的单变量散点图

```
# 为了使用汇总函数
library(dplyr)
data1 <- mtcars %>%
  group_by(carb)%>%
  summarize_at(.vars = "mpg",.funs = mean)

# 绘制简单折线图
ggplot(data1,aes(x = carb,y = mpg))+
  geom_line()
```

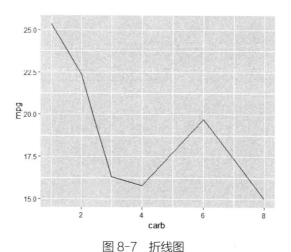

图 8-7　折线图

对于折线图来说，x 轴对应的变量既可以是离散型数据（包括因子），也可以是连续型数据。需要注意的是，如果 x 轴对应的变量是离散型数据，就必须使用 aes(group = 1) 命令，否则程序将无法确定这些点是否属于同一个组，如图 8-8（a）所示，正确的图形如图 8-8（b）所示。

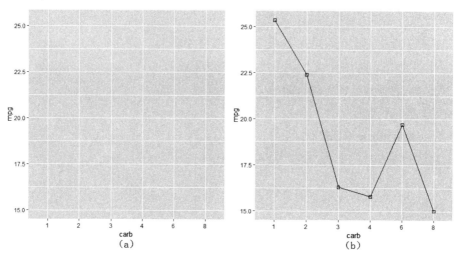

（a）　　　　　　　　　　　　　（b）

图 8-8　当 x 轴变量为离散型数据时的折线图

生成代码如下：

```
# 根据变量 carb 汇总数据后，将 carb 变为字符串
data2 <- mtcars %>%
  group_by(carb)%>%
  summarize_at(.vars = "mpg",.funs = mean)%>%
  mutate(carb = as.character(carb))

# 当 x 轴变量为离散型数据且未指定 aes(group = 1) 时，将无法画出正确的图
ggplot(data2,aes(x = carb,y = mpg))+
```

```
  geom_line()

# 绘制 x 变量为离散型数据时的折线图
ggplot(data2,aes(x = carb,y = mpg,group = 1))+
  geom_line()+
  geom_point(shape =22,size = 2)
```

还可以继续向折线图中添加数据标记，如 geom_point() 为折线图中的每个拐点添加了空心方形点。

如果分组变量有两个，这时绘制的折线图叫多重折线图。与散点图一样，可以用多种方式进行处理。例如，将另一个变量映射给线形或者线条颜色，如图 8-9 所示。

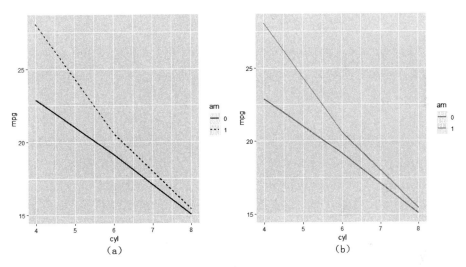

图 8-9　多重折线图

需要注意的是，要确保这个变量是离散型数据，代码如下：

```
data3 <- mtcars %>%
  group_by(am,cyl)%>%
  summarize_at(.vars = "mpg",.funs = mean)%>%
  ungroup()%>%
  mutate(am = as.character(am))

# 将 am 映射给线形
ggplot(data3,aes(x = cyl,y = mpg,linetype = am ))+
  geom_line()

# 将 am 映射给线条颜色
ggplot(data3,aes(x = cyl,y = mpg,color = am ))+
  geom_line()
```

与绘制简单折线图一样，如果 x 轴对应的变量是离散型数据，那么也需要设置 aes(group = 1)。

8.2.3 条形图

条形图是常用的数据可视化方法，通常用来展示各类条件下某个数值变量的取值情况。下面以 car 扩展包的 Salaries 数据集为例生成条形图，该数据集包含了美国某所大学的教师 9 个月的工资情况。ggplot2 绘制条形图的函数是 geom_bar()，但当指定 y 时，需要将 stat 参数设置为 identity。示例代码如下：

```
# 使用 car 扩展包中的 Salaries 数据集
library(car)

# 该大学教员职称构成情况
data1 <- as.data.frame(table(Salaries$rank))%>%
  setNames(c("Rank","Num"))

# 该大学教员性别构成情况
data2 <- as.data.frame(table(Salaries$sex))%>%
  setNames(c("Sex","Num"))

# 绘制大学教员职称构成的条形图
ggplot(data1,aes(x = Rank,y = Num))+
  geom_bar(stat = "identity")

# 绘制大学教员性别构成的条形图，并指定条形的颜色
ggplot(data2,aes(x = Sex,y = Num))+
  geom_bar(stat = "identity", color = "black",fill = "green")
```

上面的代码中分别绘制了大学教员职称构成和性别构成的条形图，在性别构成的条形图中通过 color 参数和 fill 参数指定了条形的颜色，如图 8-10 所示。

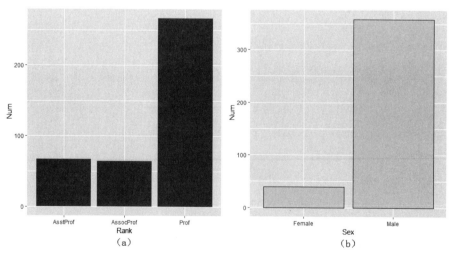

图 8-10　大学教员职称和性别构成的条形图

在条形图中，y 轴代表数量或者频数。其实还有一种更简便的方法可绘制出频数条形图，即在 aes 中不指定 y，而在 geom_bar() 函数中指定 stat 参数为 count。下面的代码将得到与图 8-10（a）一样的结果，如下所示：

```
# 用另外一种方法绘制大学教员职称构成的条形图
ggplot(Salaries,aes(x = rank))+
  geom_bar(stat = "count")
```

如果变量再多一个，这里的条形图将有两种方式可以实现：一种是簇状条形图，即各组条形在水平方向上并列排列；另一种是堆积条形图。这两种条形图在代码上有细微的差别。

簇状条形图的绘制需要将第三个变量映射到 fill 中（也可以是 color），然后将 geom_bar() 函数的 position 参数设置为 dodge，如图 8-11 所示。

```
# 不同职称和性别教员的平均工资
data3 <- Salaries %>%
  group_by(rank,sex)%>%
  summarise_at(.vars = "salary",.funs = mean)

# 绘制簇状条形图
ggplot(data3,aes(x = rank,y = salary,fill = sex))+
  geom_bar(stat = "identity",position = "dodge")
```

对于堆积条形图，position 参数要设置为 stack（默认），如图 8-12 所示。实现代码如下：

```
# 绘制堆积条形图
ggplot(data3,aes(x = rank,y = salary,fill = sex))+
  geom_bar(stat = "identity",position = "stack")

# 或者不指定 position 参数的具体值，因为 position = "stack" 是默认设置
```

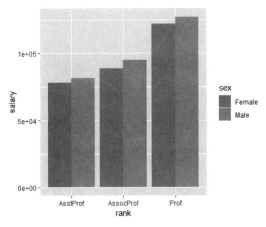

图 8-11　关于不同职称和性别教员的
平均工资簇状条形图

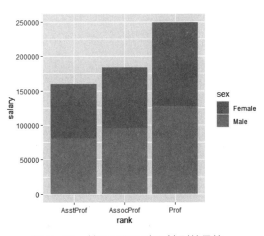

图 8-12　关于不同职称和性别教员的
平均工资堆积条形图

堆积条形图还有一种变式，是将所有堆积条形的高度设置为一样，即百分比堆积条形图，这可使各组之间的比较更加方便。

图 8-13 就是百分比堆积条形图。可以看出，相同职称的教员在性别上的工资差异很小，代码如下：

```
data3 <- data3 %>%
  group_by(rank)%>%
  mutate(salary_percent = salary/ sum(salary)*100)

# 绘制堆积条形图
# 或者不指定 position 参数的具体值，因为 position = "stack" 是默认设置
ggplot(data3,aes(x = rank,y = salary_percent, fill = sex))+
  geom_bar(stat = "identity", position = "stack")
```

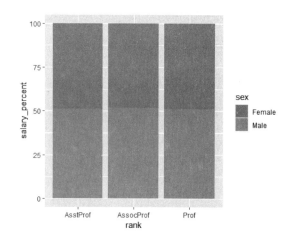

图 8-13　关于不同职称和性别教员的平均工资百分比堆积条形图

8.2.4 饼图

饼图可以看成一种特殊的条形图，它是将条形图的 y 值（高度）变成了角度。用 ggplot2 包绘制饼图时，绘制出条形图是第一步，然后再通过极坐标函数 coord_polar() 画出饼图。下面仍以 car 扩展包的 Salaries 数据集为例绘制饼图，具体代码如下，效果如图 8-14 所示。

```
# 绘制大学教员职称构成的饼图
data1 <- as.data.frame(table(Salaries$rank))%>%
  setNames(c("Rank","Num"))%>%
  mutate(Ratio = Num/sum(Num)*100 )
ggplot(data1,aes(x = "",y = Ratio,fill = Rank))+
  geom_bar(stat = "identity",width=0.5,position = "stack")+
  coord_polar(theta = "y")
```

也可以使用 plotrix 扩展包的 pie3D() 函数绘制 3D 饼图，实现代码如下，效果如图 8-15 所示。

```
# 绘制大学教员职称构成的 3D 饼图
library(plotrix)
pie3D(x = data1$Ratio,labels = data1$Rank,
      col = c("burlywood","turquoise","gold"),explode = 0.1,
      labelcex = 0.95,radius = 0.9,mar = c(1,1,1,1))
```

但是饼图有一些不为统计学家接受的缺点，其中一个就是不能很好地区分差异较小的数据，如 AssocProf 和 AsstProf 的人数比例。

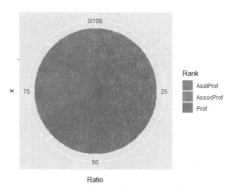

图 8-14　大学教员职称构成的饼图

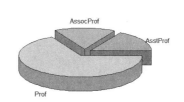

图 8-15　大学教员职称构成的 3D 饼图

要解决这一缺点，扇形图可能是一种可行的替代方案。plotrix 扩展包的 fan.plot() 函数可以用于绘制扇形图，如图 8-16 所示，实现代码如下：

```
# 绘制大学教员职称构成的扇形图
fan.plot(x = data1$Ratio,labels =
as.character (data1$Rank),
         max.span=pi,col = c("burlywood
","turquoise","gold"),
         ticks = 100 )
```

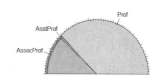

图 8-16　大学教员职称构成的扇形图

8.2.5　箱线图

箱线图又称盒须图、盒式图或箱形图，是一种用于显示数据分散情况的统计图，因形状如箱子而得名。箱线图在各种领域也经常被使用，它主要用于反映单组原始数据分布的特征，还可以进行多组数据分布特征的比较。箱线图往往可以方便地展示大批量数据的分布特征。箱线图主要是利用 5 个点来绘制：第 25 百分位数、第 50 百分位数（中位数）、第 75 百分位数及两端的边缘值，除此之外还有异常值。

用 ggplot2 的 geom_boxplot() 函数可绘制箱线图。下面将使用 nlme 包的 MathAchieve 数据集，该数据集包含了超过 7000 条数据，包括学校（School）、少数民族（Minority）、性别（Sex）、社会经济地位指数（SES）、数学成就测验成绩（MathAch）和学校平均社会经济地位指数（MEANSES）。

图 8-17 绘制了 MathAchieve 数据集中所有学生数学成就测验成绩的分布箱线图，最上面的一

条横线代表第25百分位数，中间一条横线代表第50百分位数，最下面一条横线代表第75百分位数，上下两条竖线的末端代表边缘值。注意，用 geom_boxplot 绘制箱线图的时候，边缘值默认是通过1.5倍四分位差来决定的，但是当上边缘值大于最大值，以及下边缘值小于最小值时，两端的线只会延伸到最大值和最小值，图 8-17 就是这种情况。通过 xlim() 函数将 x 轴的范围设置为 -1~1，同时通过设置 width 为 0.5，使箱子的宽度协调一些，最后通过 axis.text.x 参数和 axis.text.x 参数将 x 轴的刻度线、标签移除，实现代码如下：

```
# 获取 MathAchieve 数据集
library(nlme)

# 绘制简单箱线图
ggplot(MathAchieve,aes(x = 0,y = MathAch))+
  geom_boxplot(width=0.5)+
  xlim(-1,1)+
  theme(axis.text.x = element_blank(),axis.title.x = element_blank())
```

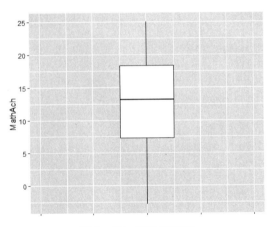

图 8-17　简单箱线图

箱线图在实际应用中常常用于展示多组数据，以比较各组之间的分布特征。相对于简单的箱线图，需要改变的是将分组变量映射给 aes 中的 x，下面的代码给出了分组箱线图的示例，效果如图 8-18 所示。

```
# 将学生按其 SES 大小分组
data1 <- MathAchieve
data1$SES1 <- cut(data1$SES,
                  breaks = c(min(data1$SES),-1,0,1,max(data1$SES)),
                  labels = c("SES(低于-1)","SES(-1~0)",
                          "SES(0~1)","SES(高于1)"),
                  include.lowest = T,right = T)
# 绘制多组比较的箱线图
ggplot(data1,aes(x = SES1 ,y = MathAch,fill =SES1))+
  geom_boxplot()
```

上面的代码中，先将分组变量分成了 4 组，然后将分组变量 SES1 映射给 x。为了使图形更美观，将 SES1 也映射给了 fill，以使不同的箱线能呈现不同的颜色。借助图 8-18 很容易对比各组学生的数学成就测验成绩的分布情况，并且"SES（低于 -1）"和"SES（高于 1）"这两组学生存在离群值。

有时，为了让箱线图中各组的中位数（第 50 百分位数）更易于比较，还可以向象限图中添加槽口；另外，箱线图中没有显示平均值，可以使用 stat_summary() 函数来添加。图例在箱线图中显得很多余，可通过 show.legend 参数移除。注意，geom_boxplot() 和 stat_summary() 函数都会产生图例，因此这两个函数中都要设置 show.legend 为 FALSE。图 8-19 就是添加了凹槽和平均值点，并移除图例后的箱线图，代码如下：

```
# 向箱线图中添加凹槽和平均值点，同时移除图例
ggplot(data1,aes(x = SES1 ,y = MathAch,fill =SES1))+
  geom_boxplot(notch = TRUE,show.legend = FALSE)+
  stat_summary(fun.y = "mean",geom = "point",shape = 15,
            size = 2,color = "red", show.legend = FALSE)
```

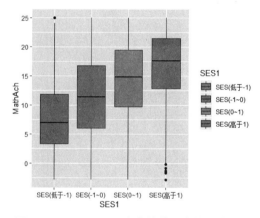

图 8-18　不同 SES 学生的数学成就测验成绩
的分布直方图

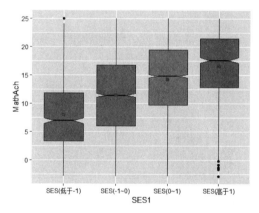

图 8-19　添加了凹槽和平均点并移除图例后
的箱线图

可见，图 8-19 比图 8-18 更美观和易读。

8.2.6　直方图和核密度图

与箱线图一样，直方图和核密度图也是反映数据分布的重要统计图形。但是直方图和核密度图可更多地反映数据分布的细节。

ggplo2 包中绘制直方图的函数是 geom_histogram()；绘制核密度图的函数为 geom_histogram() 和 geom_line()。两者的区别在于，geom_histogram() 函数绘制出来的图形是封闭的，而 geom_line() 绘制出来的则不是。下面先从绘制简单直方图开始介绍。

仍以 nlme 包中的 MathAchieve 数据集为例，绘制学生数学测验成绩的分布直方图，如图 8-20 所示，代码如下：

```
# 获得 MathAchieve 数据集
library(nlme)

# 绘制学生的数学成就测验成绩的分布直方图
ggplot(MathAchieve,aes(x = MathAch ))+
  geom_histogram()
'stat_bin()' using 'bins = 30'.Pick better value with 'binwidth'.
```

代码运行结果提示，由于没有设置直方数（bins），因此默认 30 个直方。从绘制出来的直方图来看，并不十分美观，所以需要进一步调整。另外，由于代码中只使用了一个变量，因此可以将 ggplot() 函数的 data 参数设置为 NULL，并将 MathAchieve$MathAch 映射给 x，效果如图 8-21 所示。

```
# 优化学生的数学成就测验成绩的分布直方图
ggplot(data = NULL,aes(x = MathAchieve$MathAch))+
  geom_histogram(bins= 20,col = "black",fill = "lightblue")
```

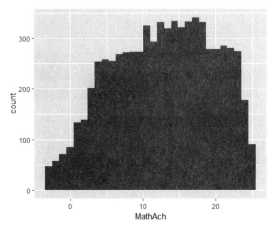

图 8-20 学生数学成就测验成绩的分布直方图

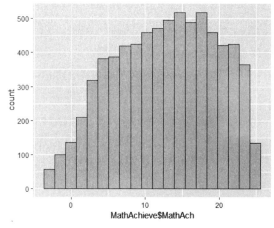

图 8-21 适当美化后的学生数学成就测验成绩
分布直方图

图 8-21 中指定了直方的数量，调整了直方轮廓线的颜色和填充色，因此效果比图 8-20 要好一些。此外，控制直方的数量除了通过 bins 参数，也可以使用组距大小（binwidth 参数）来控制。

在实际展示中，直方图往往和核密度图结合使用，从而可更好地看出数据的分布形态。核密度图是基于样本数据对总体分布的一个估计。下面的代码是在前面直方图的基础上再绘制一条核密度曲线，需要特别注意的是，由于核密度区对应的 y 轴坐标与直方图不一致，如果将其叠加到未做任何变换的直方图上，核密度曲线将很难看清楚。因此可以通过设置 y=..density.. 将直方图的标度与核密度曲线的标度相匹配，如图 8-22 所示。

```
# 在直方图上叠加核密度曲线
ggplot(MathAchieve,aes(x = MathAch,y =..density..))+
  geom_histogram(bins= 20,col = "black",fill = "lightblue",size = 0.2)+
  geom_density(size = 1)+
```

```
xlim(-10,30)
```

如果要对分组数据绘制直方图或者核密度曲线图，常规方法与前面已经介绍的图形实现方法一样，如将分组变量映射给 color 或者 fill 等。但是，使用这种方式很难对直方图或者叠加有核密度曲线的直方图进行比较，因为数据分布之间可能会有许多重叠。因此要实现上述情况的绘图，可以使用第 9 章将介绍的分面或布局来实现。这里只考虑基于分组数据的核密度图。核密度曲线还可以使用 geom_line() 函数来实现，需要设置 stat 参数为 density，下面就以该函数为例，结果如图 8-23 所示。

```
# 基于分组数据的核密度曲线
ggplot(MathAchieve,aes(x = MathAch,color = Sex))+
  geom_line(stat = "density")
```

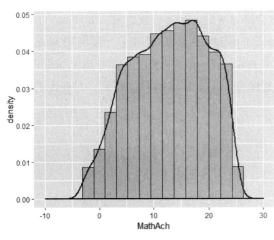

图 8-22　叠加到直方图上的核密度曲线

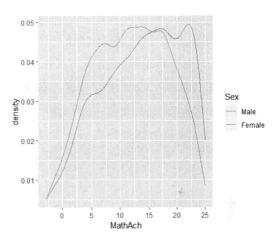

图 8-23　基于分组数据的核密度曲线

8.3 多变量绘图

当需要探讨 3 个或者 3 个以上的变量时，就会涉及多变量绘图。实际上，在散点图中已经接触了有关三变量绘图的一些方法，如将第三个变量赋给颜色或者点的形状，下面将介绍更多多变量的绘图方法。

8.3.1 气泡图

气泡图是一种在二维坐标系上展示三变量的一种统计图，它实际上是一种特殊的二维散点图，是用点的大小来表示第三个变量。这样，点的大小将随着第三个变量的大小而变化，就像一个一个的气泡一样。气泡图以主要的两个变量作为 x 轴和 y 轴，用相对次要的变量来控制气泡的大小。

在 ggplot2 中绘制气泡图非常简单，只需要将第三个变量映射给 size 参数即可。这里用到了 R 语言内置数据集 trees，它包含了 31 棵黑莓树的周长（Girth）、高度（Height）和体积（Volume）这 3 个特征。

```
# 绘制气泡图
ggplot(trees,aes(x = Girth,y = Height,size = Volume))+
  geom_point(shape = 21,fill = "steelblue",color = "burlywood",alpha = 0.5)
```

上面的代码中，将 Girth 和 Height 分别映射了 x 和 y，将 Volume 映射给了点（气泡）的大小，将点的形状设置为 21（可以分别控制填充颜色和轮廓颜色），将填充颜色和轮廓设置为蓝色和实木色。最后，通过 alpha 参数将点的透明程度设置为 0.5（0 为完全透明，1 为不透明），如图 8-24（a）所示。

可以看出，如果只是简单地将 Volume 映射给 size，那么 Volume 值将作为气泡的半径。这导致的结果是，Volume 值每增加一倍，气泡的面积就会增加 4 倍，这会使我们对数据理解产生误判。因此，在用 ggplot2 包绘制气泡图时，可在调用 geom_point() 函数的基础上，再调用 scale_size_area() 函数，用于将 Volume 的值直接赋给面积。在 scale_size_area() 函数中，将 max_size 设置为 10，表示对气泡的最大面积做了限制，以避免气泡整体过大，如图 8-24（b）所示，实现代码如下：

```
# 绘制气泡图（将变量映射给气泡的面积）
ggplot(trees,aes(x = Girth,y = Height,size = Volume))+
  geom_point(shape = 21,fill = "steelblue",color = "black",alpha = 0.5)+
  scale_size_area(max_size = 10)
```

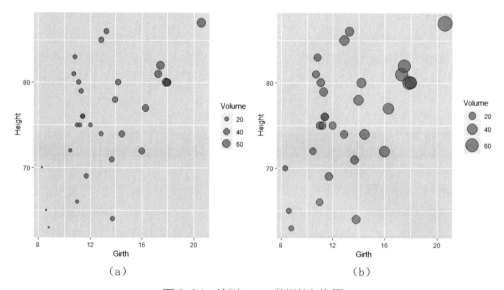

（a）　　　　　　　　　　　　　　　（b）

图 8-24　绘制 trees 数据的气泡图

正如二维散点图一样，如果还有一个变量，可以继续将这个变量作为分组变量映射给 fill 或者 color，读者可以自己进行尝试。

除了用 ggplot2 包绘制气泡图，R 语言中还有很多工具可以绘制气泡图。图 8-25 就是使用 R 语言内置的 symbols() 函数绘制的气泡图，具体代码如下：

```
symbols(x = trees$Girth,y = trees$Height,circles = sqrt(trees$Volume),
        bg= "red",fg = "black",inches = 0.2,
        xlab = "Girth",ylab = "Height" )
```

代码中 sqrt() 函数的作用与前面的 scale_size_area() 作用一样，inches 参数用于控制气泡的最大尺寸。

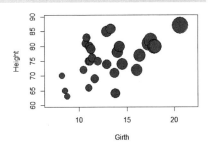

图 8-25　用 symbols() 函数绘制 trees 数据的气泡图

8.3.2 热图

热图是展示三变量的另一种常见统计图，它通过颜色的深浅来反映第三个变量的大小。ggplot2 包中实现热图的函数有两个：geom_tile() 函数和 geom_raster() 函数。两者绘制出来的热图效果差不多，但是 geom_raster() 函数的效率更高，因此当数据量比较大的时候推荐使用该函数。

现在以 sm 扩展包的 coalash 数据集为例绘制热图。该数据集记录了采矿样品中煤灰的占比，包括的变量有"东 - 西"方向代码（East）、"北 - 南"方向代码（North）和煤灰的占比（Percent），图 8-26 是用 geom_raster() 函数绘制的。为了便于区分颜色，使用 scale_fill_gradient() 设置煤灰占比越高的地区越倾于红色，反之则越倾于蓝色。先查看数据集：

```
# 获取 coalash 数据集
library(sm)
head(coalash)
```

得到如下结果：

```
  East North Percent
1    1    16   11.17
2    1    15    9.92
3    1    14   10.21
4    2    16   10.14
5    2    15   10.82
6    2    14   10.73
```

绘制图 8-26 的具体代码如下：

```
# 用 geom_raster() 函数绘制热图
ggplot(coalash,aes(x = East,y = North,fill = Percent))+
  geom_raster()+
  scale_fill_gradient(low = "blue",high = "red")
```

lattice 扩展包的 levelplot() 也可以绘制热图。将颜色调整为灰色，代码如下，结果如图 8-27 所示。

```
library(lattice)
# 用 levelplot() 函数绘制热图
attach(coalash)
levelplot(Percent ~ East ^ North,col.regions = gray(0:50/50))
```

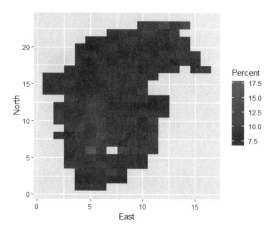

图 8-26　用 geom_raster() 函数绘制不同区域
采矿样本的煤灰占比热图

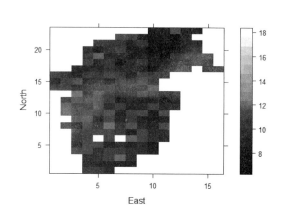

图 8-27　用 levelplot() 函数绘制不同区域
采矿样本的煤灰占比热图

8.3.3　马赛克图

前面接触的多变量图都是关于数值变量的。然而当所有变量都是分类变量时，使用马赛克图是很好的选择。

下面介绍两个绘制马赛克图的函数：一个是 R 语言内置的 mosaicplot() 函数，另一个是 vcd 扩展包中的 mosaic() 函数。

我们将使用 R 语言内置数据集 HairEyeColor，该数据集包含了 592 位统计专业学生的头发颜色、眼睛颜色和性别信息，该数据集的具体展示如下。

```
# HairEyeColor 数据结构
str(HairEyeColor)

# 展示原始的 HairEyeColor 数据集
HairEyeColor

# 以 "平铺" 的方式展示 HairEyeColor 数据集
ftable(HairEyeColor)
```

以上代码运行结果如下：

```
'table' num [1:4, 1:4, 1:2] 32 53 10 3 11 50 10 30 10 25 ...
 - attr(*, "dimnames")=List of 3
  ..$ Hair: chr [1:4] "Black" "Brown" "Red" "Blond"
```

```
  ..$ Eye : chr [1:4] "Brown" "Blue" "Hazel" "Green"
  ..$ Sex : chr [1:2] "Male" "Female"

, , Sex = Male

        Eye
Hair      Brown Blue Hazel Green
  Black    32    11    10     3
  Brown    53    50    25    15
  Red      10    10     7     7
  Blond     3    30     5     8


, , Sex = Female

        Eye
Hair      Brown Blue Hazel Green
  Black    36     9     5     2
  Brown    66    34    29    14
  Red      16     7     7     7
  Blond     4    64     5     8
              Sex Male Female
Hair   Eye
Black Brown       32     36
      Blue        11      9
      Hazel       10      5
      Green        3      2
Brown Brown       53     66
      Blue        50     34
      Hazel       25     29
      Green       15     14
Red   Brown       10     16
      Blue        10      7
      Hazel        7      7
      Green        7      7
Blond Brown        3      4
      Blue        30     64
      Hazel        5      5
      Green        8      8
```

显然，如果不借助数据可视化，很难仔细分析该数据集。先使用 mosaicplot() 函数绘制马赛克图，结果如图 8-28 所示。

```
# 使用 mosaicplot() 函数绘制马赛克图
mosaicplot(~ Hair + Eye + Sex, data = HairEyeColor, color = 6:7)
```

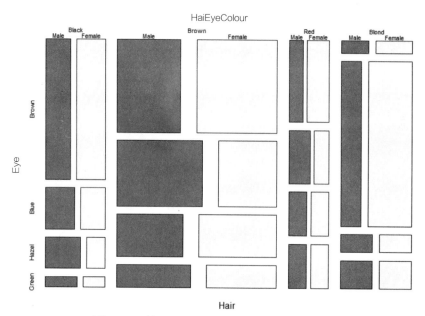

图 8-28　使用 mosaicplot() 函数绘制马赛克图

代码中用 color=6:7 指定颜色分别为紫色和黄色。从图中可以很清楚地看出，各种发色中，男女生的数量差别不大；黑色头发中，棕色眼睛的学生最多，但金色头发中，蓝色眼睛的学生更多等。

vcd 扩展包中的 mosaic() 函数提供了更灵活的绘制马赛克图的方法，效果如图 8-29 所示。

```
library(vcd)
# 使用 mosaic() 函数绘制基础马赛克图
mosaic(~ Hair + Eye + Sex,data = HairEyeColor,
       labeling_args=list(gp_labels=gpar(fontsize=10)))
```

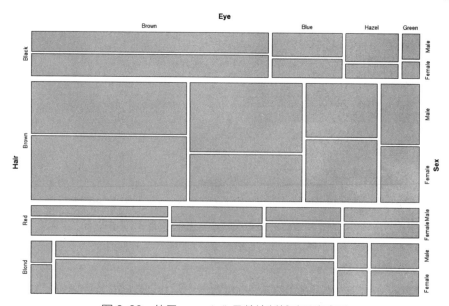

图 8-29　使用 mosaic() 函数绘制基础马赛克图

上面的代码中，将字体大小（fontsize）设置为 10，以避免文字重叠。当然，还可以做进一步修饰，如通过 highlighting 参数指定 Sex 变量高亮，highlighting_fill 参数指定男女性别的填充色，代码如下：

```
# 美化 mosaic() 函数绘制的马赛克图
mosaic(~ Hair + Eye + Sex,data = HairEyeColor,
        labeling_args=list(gp_labels=gpar(fontsize=10)),
        highlighting= "Sex",
        highlighting_fill = c("slateblue2","skyblue2"),
        direction = c("v","h","v"))
```

最后，通过 direction 参数指定各变量的分割方向，其中 v 代表垂直分割，h 代表水平分割，效果如图 8-30 所示。

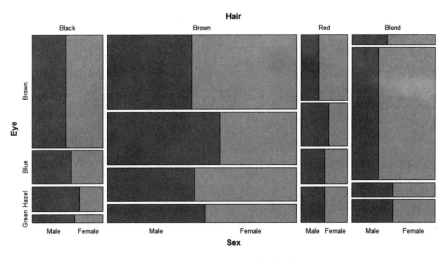

图 8-30　美化 mosaic() 函数绘制的马赛克图

8.3.4　相关矩阵图

相关矩阵图能够将 3 个及 3 个以上变量两两之间的相关系数大小展示在一张图上，与之关系密切的图是散点图矩阵。下面先以 mtcars 的部分变量为例绘制散点图矩阵，如图 8-31 所示。

使用的函数是 car 扩展包中的 scatterplotMatrix() 函数：

```
# 抽取 mtcars 中的部分变量
data1 <- mtcars[,c("mpg","disp","hp","drat","wt","qsec")]
# 绘制散点图矩阵
library(car)
scatterplotMatrix(~ mpg + disp + hp + drat + wt + qsec,
                  data = data1,
                  diagonal = list(method ="histogram", breaks="FD"),
                  smooth = FALSE)
```

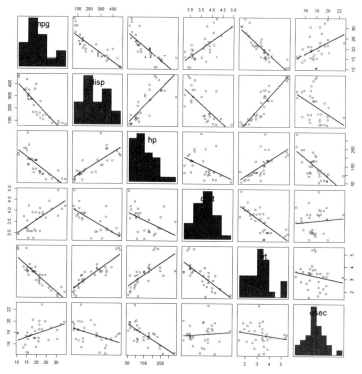

图 8-31　scatterplotMatrix() 函数绘制散点图矩阵

图中对角线上是每个变量的直方图，也可以设置 diagonal 参数为 TRUE（默认），令对角线呈现为核密度曲线。diagonal 也有其他的选项。非对角线上是两两变量之间的散点图和线性拟合图。设置 smooth 为 FALSE 以不绘制平滑曲线。

相关矩阵图将散点矩阵图中的散点图替换为代表数字的符号，而这些数字代表变量之间的线性相关大小。相关矩阵图先要计算变量之间的相关系数（可用 cor() 函数计算），然后用 corrplot 扩展包中的 corrplot() 函数绘制，如图 8-32 所示。

```
# 计算相关矩阵
cor_data1 <- cor(data1)
# 绘制相关矩阵图
library(corrplot)
par(mfrow = c(2,2))# 绘图布局，具体参见第 9 章的相关内容
corrplot(cor_data1)# method 的默认值："circle"
corrplot(cor_data1,method = "number",tl.srt = 45)
corrplot(cor_data1,method = "color",tl.srt = 45,order = "AOE")
corrplot(cor_data1,method = "square",type = "lower",tl.srt = 45,order =
"AOE",diag = FALSE)
```

图 8-32（a）～图 8-32（d）分别表示 4 种变量关系的符号：圆圈（circle）、数字（number）、颜色（color）和方形（square）。其中 tl.srt 参数表示文本标签的角度，order 表示单元格排序，diag 表示是否显示对角线元素。读者可通过 ?corrplot 查询该函数的其他参数。

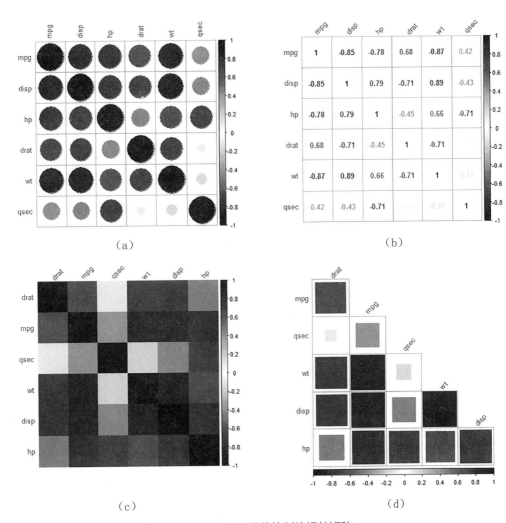

（a）　　　　　　　　　　　　　　　　（b）

（c）　　　　　　　　　　　　　　　　（d）

图 8-32　corrplot() 函数绘制的相关矩阵

8.3.5　三维散点图

与前面的图形不一样，三维散点图是真正将数据点绘制于三维坐标空间中的，它也是二维散点图的扩展。

R 语言中有许多扩展包都有绘制三维散点图的函数，如 plot3D、car、lattice\rgl 和 scatterplot3d 等。下面以 R 语言内置数据集 trees 为例，介绍 lattice 扩展包的 cloud() 函数，以及 rgl 扩展包的 plot3d() 函数。

图 8-33 是用 cloud() 函数绘制三维散点图阵。下面代码中的 screen = list(z = 20, x = -70, y = 0) 用于指定坐标

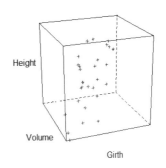

图 8-33　cloud() 绘制的三维散点图阵

轴的角度，而 par.settings = list(axis.line = list(col = "transparent"))) 用于设置图形的外框为透明。

```
# 用 cloud() 函数绘制三维散点图
library(lattice)
cloud(Height ~ Girth * Volume,
      data = trees, cex = .8,
      screen = list(z = 20, x = -70, y = 0),
      par.settings = list(axis.line = list(col = "transparent")))
```

rgl 扩展包提供了 OpenGL 图形库的三维绘图接口，它使用 plot3d() 函数绘制三维散点图也很简单，并且还可以通过点击和拖动旋转图形，以及通过滑动鼠标滚轮来缩放图形，图 8-34 就是通过 plot3d() 函数绘制的基本三维散点图，具体代码如下。图形还可以进一步美化，读者可以自己尝试。

```
# 用 plot3d() 函数绘制三维散点图
library(rgl)
plot3d(x = trees$Height,
       y = trees$Girth,
       z = trees$Volume,
       xlab = "Height",ylab = "Girth",zlab = "Volume",
       type = "s",size =1)
```

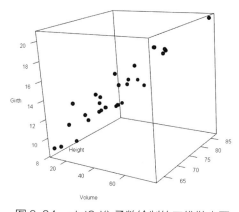

图 8-34　plot3d() 函数绘制的三维散点图

8.4 新手问答

问题1：R语言的绘图系统有哪些？常用的扩展包，如maps、lattice 和ggplot2等与这些绘图系统的关系是什么？

答：R 语言有两种绘图系统，即传统绘图系统和网格绘图系统，它们都是在最基本的 grDevices 包的基础上建立的。这两种绘图系统相互独立、自成体系。传统绘图系统的核心包是 graphics，它随 R 语言的安装而安装（R 语言内置包），既有高级绘图函数，又有低级绘图函数；网格绘图系统的核心包是 grid，需要单独安装，并且只有低级绘图函数。在这两个绘图系统（或者说两个核心包）的基础上又发展出了一些其他的扩展包，如 maps、lattice 和 ggplot2 等。这些扩展包各自与相应的核心包兼容，并受核心包中的函数影响。

问题2：二维散点图、气泡图和三维散点图的关系是什么？

答：三者本质上都是散点图。二维散点图是将数据以点的形式展现在二维坐标系中，每个点的大小一样；气泡图是以点（气泡）的大小来表示第三个变量，三维散点图则是将点绘制在三维坐标系中。

8.5 小试牛刀：将两个数据源绘制在同一个坐标系中

【案例任务】

生成两列随机数 x1 和 x2，样本量均为 1000。x1 服从均值为 0，标准差为 1 的正态分布；x2 服从均值为 2，标准差为 1 的正态分布。用 ggplot2 绘制 x1 的直方图、x2 的核密度图，且位于同一个坐标系中。

【技术解析】

本部分涉及的关键问题在于如何在 ggplot2 中设置数据源。在 ggplot2 中设置数据源的方式主要有两种，一种是在 ggplot() 函数中设置，另一种是在对应的绘图函数中设置。案例中 x1 和 x2 为两个不同的数据源，有两种设置方法：一种是在 ggplot() 函数中设置 x1 或 x2，在 geom_histogram() 函数中设置 x1 或在 geom_line() 函数中设置 x2（对应的另一个函数不设置数据源）；另一种方法则是 ggplot() 不设数据源，而在 geom_histogram() 函数中设置 x1，以及在 geom_line() 函数中设置 x2（两个函数均设置）。

【操作步骤】

步骤 1：设置随机种子，并生成随机向量 x1 和 x2。

```
set.seed(1234)
# 生成两列随机数
x1 <- rnorm(1000,0,1)
x2 <- rnorm(1000,2,1)
```

步骤 2：绘制直方图和核密度图，以下两段代码得到的结果一样，如图 8-35 所示。

```
# ggplot() 和 geom_histgram() 各设置一个数据源
ggplot(data = NULL,aes(x2))+
  geom_line(stat = "density",color = "red")+
```

```
geom_histogram(data = NULL, aes (x1, y = ..density..),
                bins  = 30,color = "grey",fill = "yellow")+

# 在 geom_histgram() 和 geom_line() 中各设置一个数据源
ggplot()+
  geom_histogram(data= NULL,aes(x1,y = ..density..),
                bins  = 30,color = "grey",fill = "yellow")+
  geom_line(data= NULL,aes(x2),stat = "density",color = "red")
```

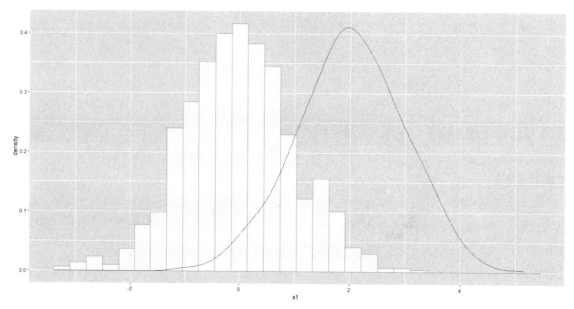

图 8-35　不同数据源绘图

本章小结

　　本章介绍了 R 语言可视化威力中的图形生成部分。在正式介绍绘图函数前，先介绍了 R 语言的两种绘图系统：传统绘图系统和网格绘图系统，它们相互独立。在这两种绘图系统的基础上又发展出了许多绘图包，ggplot2 就是其中比较突出的一个，它搭载于网格绘图系统之上。然后介绍了单变量、双变量及多变量常见图形的绘制方法，如散点图、折线图、条形图、饼图、箱线图、气泡图、热图、马赛克图、相关矩阵图等，它们主要使用的绘图包是 ggplot2，也使用了其他一些包的绘图函数。R 语言强大的绘图功能可以帮助用户根据实际情况绘制出适当的图形。

第 9 章
R 语言的可视化威力之图形优化

本章导读

在实践中，图形绘制并不是一蹴而就的。最初生成的图形往往并不令人满意，需要进一步修饰以满足需求。本章的内容并非关注绘图数据本身，而是通过对图形中许多非数据元进行控制，使图形更加美观。本章主要是基于 ggplot2 扩展包来讨论，但是在涉及图形布局相关内容时，会介绍传统绘图系统和 lattice 扩展包的有关内容。

知识要点

通过本章内容的学习，读者能掌握以下知识：

- 向图形中添加元素
- 控制图形的外观
- 图形的配色方法
- 图形布局

9.1 添加图形元素

生成图形后，往往需要再添加一些图形元素，这些元素包括坐标轴、图例、文本注解、标题、线段和矩形阴影等。下面将进行详细介绍。

9.1.1 坐标轴

ggplot2 能够对坐标轴进行非常精细的控制。例如，在 ggplot2 默认的绘图模式中，两个坐标轴的值域是通过绘图数据来确定的。当数据为连续型时，可以通过 xlim() 函数和 ylim() 函数来设置坐标轴的最大值和最小值。下面将使用 R 语言自带的数据集 mtcars 进行讲解，其中各变量的含义可见 6.7.2 小节，或者运行 ?mtcars 获取帮助，具体代码如下。

```
# 默认坐标轴范围的散点图
ggplot(data = mtcars,aes(x = wt,y = mpg))+
  geom_point()

# 改变了 x 轴范围的散点图
ggplot(data = mtcars,aes(x = wt,y = mpg))+
  geom_point()+
  xlim(0,4)

# 改变了 y 轴范围的散点图
ggplot(data = mtcars,aes(x = wt,y = mpg))+
  geom_point()+
  ylim(10,25)
```

代码结果如图 9-1 所示，它绘制了不同坐标轴值域的散点图。其中图 9-1（a）是默认的坐标轴范围，图 9-1（b）改变了 x 轴范围，而图 9-1（c）改变了 y 轴范围。

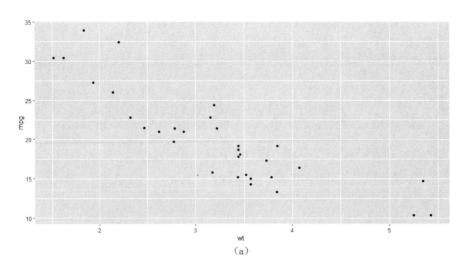

（a）

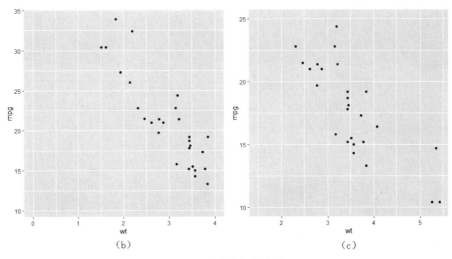

图 9-1　改变坐标轴的范围

在 ggplot2 中有两种方法可以修改坐标轴的范围：一种是修改标度，另一种是坐标变换。修改标度是指坐标轴范围以外的任何数据都不会参与绘图，即绘图是基于坐标轴范围内的数据。前面通过 xlim() 函数和 ylim() 函数进行了修改标度。坐标变换可以理解为对图形的放大或缩小，它使用的仍为全部数据。因为散点图不容易区分两者的差异，所以下面以箱线图为例，结果如图 9-2 所示，具体代码如下：

```
# 获取 MathAchieve 数据集
library(nlme)
head(MathAchieve)

# 将学生按其 SES 大小分组
data1 <- MathAchieve
data1$SES1 <- cut(data1$SES,
                breaks = c(min(data1$SES),-1,0,1,max(data1$SES)),
                labels = c("SES(低于 -1)","SES(-1~0)",
                        "SES(0~1)","SES(高于 1)"),
                include.lowest = TRUE,right = TRUE)

# 绘制默认坐标轴范围的分组箱线图
ggplot(data1,aes(x = SES1 ,y = MathAch,fill =SES1))+
  geom_boxplot()+
  guides(fill = FALSE)# 移除图例，详见第 9.1.2 节的相关内容

# 用修改标度的方法修改 y 轴的范围
ggplot(data1,aes(x = SES1 ,y = MathAch,fill =SES1))+
  geom_boxplot()+
  guides(fill = FALSE)+
  ylim(15,20)
```

```
# 用坐标变换的方法修改 y 轴的范围
ggplot(data1,aes(x = SES1 ,y = MathAch,fill =SES1))+
  geom_boxplot()+
  guides(fill   FALSE)|
  coord_cartesian(ylim = c(15,25))
```

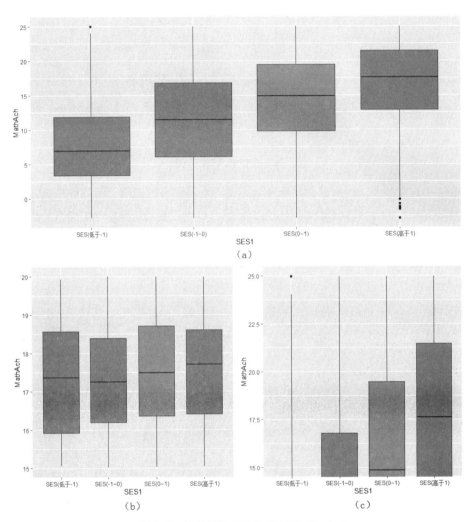

图 9-2　比较两类修改坐标轴范围的方法

　　通过图 9-2 很容易区分修改标度和坐标变换这两种修改坐标轴范围的方法。图 9-2（a）是默认坐标轴范围的分组箱线图；图 9-2（b）是用修改标度的方法修改 y 轴的范围。从此图中可明显地看到箱线图与默认坐标轴范围的图有很大不同，如前者没有异常值点且中位数差异不明显，而后者有两组数据有异常值点且中位数差异明显；图 9-2（c）通过 coord_cartesian(ylim = c(15, 25)) 将 y 轴范围限定在了 15～25，对比此图和默认坐标范围的图，它们之间的关系为，前者是后者的局部放大。

　　可以进一步对刻度线、刻度线标签和坐标轴标签做控制，如移除和修改。图 9-3 对刻度线和刻度线标签进行了调整，代码如下。

```
# 移除刻度线
ggplot(data = mtcars,aes(x = wt,y = mpg))+
  geom_point()+
  theme(axis.ticks = element_blank())

# 移除刻度线标签
ggplot(data = mtcars,aes(x = wt,y = mpg))+
  geom_point()+
  theme(axis.text = element_blank())

# 修改刻度线
ggplot(data = mtcars,aes(x = wt,y = mpg))+
  geom_point()+
  scale_y_continuous(breaks = c(15,20,25))

# 修改刻度线标签格式
windowsFonts(myFont = windowsFont("华文楷体"))
ggplot(data = mtcars,aes(x = wt,y = mpg))+
  geom_point()+
  scale_y_continuous(breaks = c(15,20,25),
                     labels = c("低","中","高"))+
  theme(axis.text.y = element_text(family = "myFont",
                                   face = "bold",
                                   color = "red",
                                   size = rel(2),
                                   angle = 45))
```

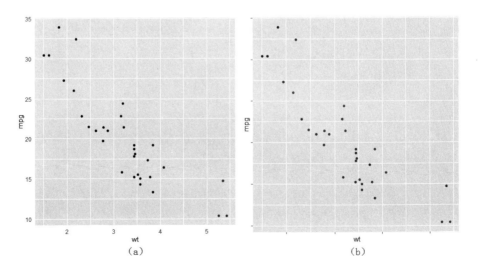

（a）　　　　　　　　　　　　　　　（b）

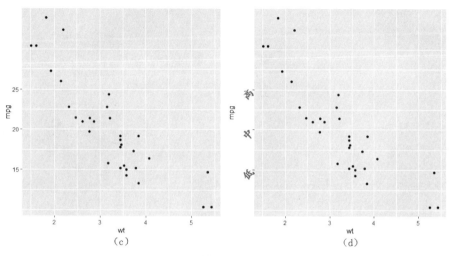

图 9-3　调整刻度线和刻度线标签

以上代码中，通过 axis.ticks = element_blank() 和 axis.text = element_blank() 分别移除了刻度线和刻度线标签，效果如图 9-3（a）和图 9-3（b）所示。通过 scale_y_continuous() 函数指定显示的刻度线位置为 15、20 和 25。最后将刻度线标签改为低、中和高，并且调整了刻度线标签的字体外观、字形、颜色、字号和角度，效果如图 9-3（c）和图 9-3（d）所示。其中 windowsFonts() 函数的作用是调用字体供 element_text() 函数使用，rel() 函数的作用是指定字体的相对大小。

同样，可以对坐标轴标签进行调整，通过 theme(axis.title = element_blank()) 同时移除 x 轴和 y 轴的坐标轴标签，也可以通过 theme() 函数中的 axis.title.x 和 axis.title.y 单独控制 x 轴和 y 轴，如图 9-4（a）所示。通过 xlab() 函数和 ylab() 函数分别将 x 轴和 y 轴的坐标轴标签文本表示为大写字母，如图 9-4（b）所示。最后，在 theme() 函数中，通过 element_text() 函数修改坐标轴文本 (axis.title) 的格式，如图 9-4（c）所示。类似地，也可以单独修改 x 轴和 y 轴的坐标轴标签，代码如下：

```
# 移除坐标轴标签
ggplot(data = mtcars,aes(x = wt,y = mpg))+
  geom_point()+
  theme(axis.title = element_blank())

# 修改坐标轴标签
ggplot(data = mtcars,aes(x = wt,y = mpg))+
  geom_point()+
  xlab("WT")+
  ylab("MPG")

# 修改坐标轴标签格式
windowsFonts(myFont = windowsFont("华文楷体"))
ggplot(data = mtcars,aes(x = wt,y = mpg))+
  geom_point()+
  theme(axis.title = element_text(family = "myFont",
```

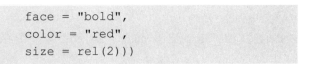

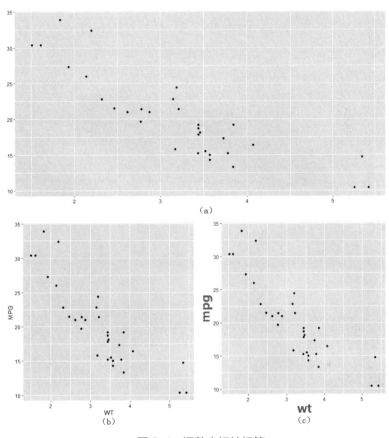

图 9-4　调整坐标轴标签

9.1.2　图例

图例是统计图中的一个重要元素，是对图中符号和颜色所表示内容的说明，它可以帮助读图者更容易地理解图形。

然而，图例并不是必需的。例如，在分组比较的箱线图中，仅通过箱线图本身就能识别组别，这时的图例就显得冗余了。9.1.1 小节已经讲过可以通过 guides(fill = FALSE) 移除图例，这是因为将 SES1 赋值给了 fill。如果是将 SES1 赋值给了 color，就需要使用 guides(color = FALSE)，如图 9-5（a）所示。还有两种方式可以移除图例：一种是 theme(legend.position = TRUE)，另一种是 scale_fill_discrete(guide = FALSE)（当分组变量赋值给 fill 时）。对于后一种方式，可根据不同的情况采用不同的函数，如 scale_fill_discrete() 函数中的 fill 可以变为 color 或 shape，discrete 可以变为 hue、manual、grey 或 brewer；此外，在折线图中，如果分组变量赋值给了 linetype，还可以使用

scale_linetype() 函数。虽然有很多种方式可以移除图例，但只需记住一两种方法即可。图 9-5（b）就是通过 scale_fill_discrete(guide = FALSE) 移除图例的，示例代码如下：

```
# 通过 guide() 移除图例
ggplot(data1,aes(x = SES1 ,y = MathAch,color = SES1))+
  geom_boxplot()+
  guides(color = FALSE)

# 通过 scale_fill_discrete() 移除图例
ggplot(data1,aes(x = SES1 ,y = MathAch,fill = SES1))+
  geom_boxplot()+
  scale_fill_discrete(guide = FALSE)
```

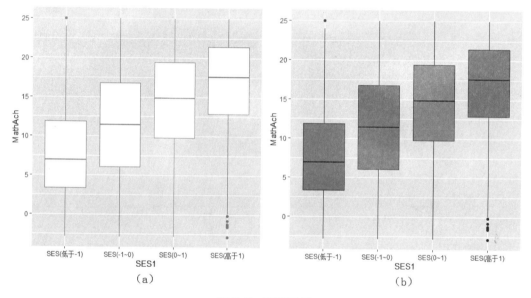

图 9-5　移除图例

ggplot2 的图例位置默认位于坐标系统外部的右侧，如果想改变图例的位置，可以通过设置 theme() 函数的 legend.position 参数来实现。如果要将图例放在坐标系统外部的其他地方，可以指定 legend.position 参数为 left、top 或 bottom，分别对应左侧、顶部和底部。下面的代码分别将图例放到了坐标系统外的顶部和底部，结果如图 9-6 所示。

```
# 使用 car 扩展包中的 Salaries 数据集
library(car)

# 不同职称和性别教员的平均工资
data <- Salaries %>%
  group_by(rank,sex) %>%
  summarise_at(.vars = "salary",.funs = mean)
```

```
# 将图例放在坐标系统外的顶部
ggplot(data,aes(x = rank,y = salary,fill = sex))+
  geom_bar(stat = "identity",position = "dodge")+
  theme(legend.position = "top")

# 将图例放在坐标系统外的底部
ggplot(data,aes(x = rank,y = salary,fill = sex))+
  geom_bar(stat = "identity",position = "dodge")+
  theme(legend.position = "bottom")
```

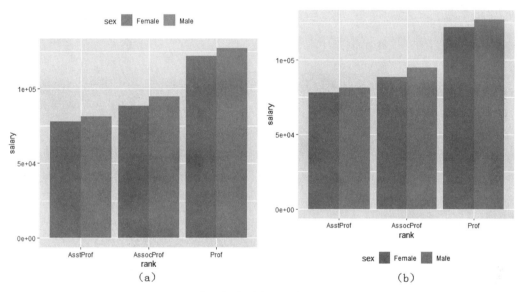

图 9-6　将图例移到坐标系统外的其他地方

有时为了节约空间，也常将图例放在坐标系统内部。具体位置是通过指定 theme() 的 legend.position 参数来确定的，这时 legend.position 参数的赋值是长度为 2 的数值向量。向量的第一个元素代表图例对应 x 轴的（相对）位置，第二个元素代表图例对应 y 轴的（相对）位置，取值范围为 0～1。例如，c(0,1) 代表左上角，c(1,0) 代表右下角。

图 9-7（a）中，通过 theme(legend.position = c(0.2,0.8)) 将图例移到了坐标系统内部的左上部分。但是，图例的背景默认为白色，会遮住一部分图形主题，因此需要做进一步调整，如图 9-7（b）所示，具体代码如下：

```
# 将图例放在坐标系统内的左上部分
ggplot(data,aes(x = rank,y = salary,fill = sex))+
  geom_bar(stat = "identity",position = "dodge")+
  theme(legend.position = c(0.2,0.9))
```

```
# 将图例放在坐标系统内的左上部分，并进一步将图例背景和边框颜色设为透明
ggplot(data,aes(x = rank,y = salary,fill = sex))+
  geom_bar(stat = "identity",position = "dodge")+
  theme(legend.position = c(0.2,0.8),
        legend.background = element_blank(),
        legend.key = element_blank())
```

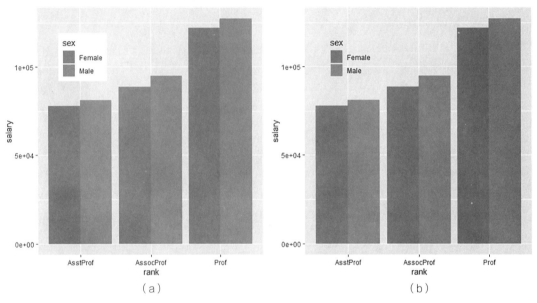

（a）   （b）

图 9-7　将图例移到坐标系统内的其他地方

最后，还可以对图例的标题和图例标签进行调整，如图 9-8 所示，具体代码如下：

```
# 移除图例标题
ggplot(data,aes(x = rank,y = salary,fill = sex))+
  geom_bar(stat = "identity",position = "dodge")+
  guides(fill = guide_legend(title = NULL))

# 改变图例标题
ggplot(data,aes(x = rank,y = salary,fill = sex))+
  geom_bar(stat = "identity",position = "dodge")+
  guides(fill = guide_legend(title = "Gender"))

# 改变图例标签
ggplot(data,aes(x = rank,y = salary,fill = sex))+
  geom_bar(stat = "identity",position = "dodge")+
  scale_fill_discrete(labels = c("Women","Men"))
```

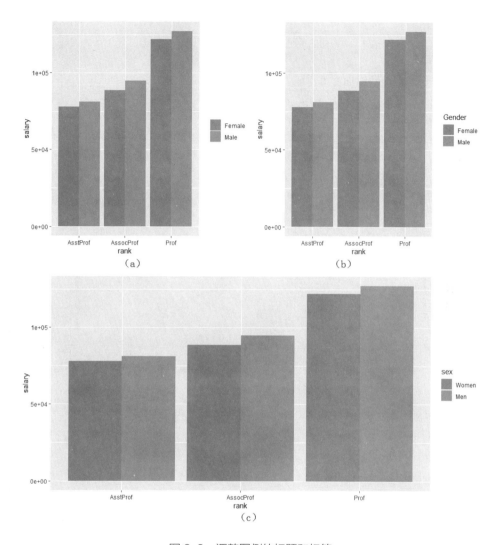

图 9-8　调整图例的标题和标签

9.1.3　文本注解

通常会向图中添加文本注释，ggplot2 包中一般有两种添加方法：一种是使用 geom_text() 函数，另一种是使用 annotate() 函数。实际上前者是以添加数据标签的形式添加文本注释，而后者是添加独立的文本对象。当希望添加独立的文本对象时，建议用 annotate() 函数。图 9-9（a）是 geom_text() 函数添加的数据标签，图 9-9（b）是用 annotate() 函数添加独立的文本对象，对应的代码如下，其中 "\n" 表示换行。

```
# 为了使用汇总函数
library(dplyr)
data <- mtcars %>%
```

```
    group_by(carb)%>%
    summarize_at(.vars = "mpg",.funs = mean)

# 用geom_text()函数添加文本注释
ggplot(data,aes(x = carb,y = mpg,label = round(mpg,digits = 1)))+
    geom_line()+
    geom_text(vjust = -0.5,size = 5)

# 用annotate()函数添加独立的文本注释
ggplot(data,aes(x = carb,y = mpg))+
    geom_line()+
    geom_text(x = 5,y = 20,label = "拥有不同数量化油器 \n 汽车的平均油耗 ",
            vjust = -0.5,size = 5)
```

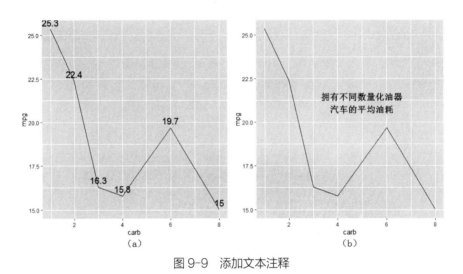

图 9-9　添加文本注释

数学表达式也是一种文本注释，往往是独立添加的。它的添加方式与一般的文本注释类似。下面的代码就是在一个标准正态累积分布曲线中添加其表达式，结果如图 9-10 所示。

```
# 添加标准正态累积分布函数表达式
ggplot(data.frame(x = c(-3,3)),aes(x = x))+
    stat_function(fun = pnorm)+    # 绘制标准正态累积分布曲线
    annotate("text",x = 1.5,y = 0.5,
            parse = TRUE,
            label = "integral(frac(1,sqrt(2 * pi))*
e ^ {frac(-x ^ 2 , 2)},-infinity,a)",
            size = 10)
```

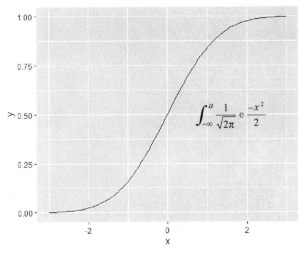

图 9-10　添加数学表达式

从代码中可知，相对于添加普通的文本注释，在添加数学表达式时需要令 annotate() 函数的 parse 参数为 TRUE。

9.1.4　标题

在 ggplot2 包中，添加图形标题有多种实现方式，其中最常用的就是 ggtitle() 函数和 labs(title = " 图形标题 ") 函数，两者是等价的，示例代码如下，结果如图 9-11（a）所示。

```
# 使用 car 扩展包中的 Salaries 数据集
library(car)

# 使用分组汇总函数
library(dplyr)
data <- Salaries %>%
  group_by(rank,sex)%>%
  summarise_at(.vars = "salary",.funs = mean)

# 用 ggtitle() 添加图形标题
ggplot(data,aes(x = rank,y = salary,fill = sex))+
  geom_bar(stat = "identity",position = "dodge")+
  ggtitle(" 不同职称和性别教员的平均工资 ")
```

用 ggtitle() 或 labs(title =" 图形标题 ") 添加的图形标题默认在图形顶端靠左的位置，要想让标题居中，可参见 9.2.3 小节的相关内容。

另一种添加图形标题的常用方法是文本注释，具体操作是令文本在 x 轴的中间位置，在 y 轴的位置为 Inf，并且用参数 vjust 做微调（参见 9.2.2 小节和 9.2.3 小节），示例代码如下，结果如图 9-11（b）所示。

```
# 用添加文本注释的方法添加图形标题
ggplot(data,aes(x = rank,y = salary,fill = sex))+
  geom_bar(stat = "identity",position = "dodge")+
  annotate("text",x = 2,y = Inf,
           label = "不同职称和性别教员的平均工资",
           vjust = 1)
```

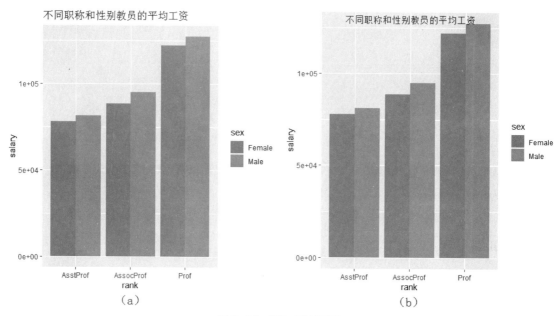

图 9-11 添加图形标题

9.1.5 参考线

在绘图中经常会使用参考线，以帮助读图者更好地理解图形。ggplot2 包中有 3 种函数可以添加参考线，它们分别是 geom_hline() 函数、geom_vline() 函数和 geom_abline() 函数，前两个函数分别是添加横向和纵向的参考线，而 geom_abline() 函数是添加有角度的参考线。

图 9-12 是参考线的几种常见应用。其中图 9-12（a）是分组散点图；图 9-12（b）分别添加了一条穿过两个变量平均值的横向参考线和纵向参考线，它们的交汇处就是中心点；图 9-12（c）分别按 am 变量对参考线进行了分组；图 9-12（d）使用线性回归拟合得到的回归系数作为 geom_abline() 函数的截距和斜率，进而绘制出一条有角度的参考线，代码如下：

```
# 绘制分组散点图
ggplot(mtcars,aes(x = wt ,y = mpg,color = factor(am)))+
  geom_point()

# 添加穿过平均值的横纵参考线
data <- mtcars
```

```
data$am <- factor(data$am)
means1<- data.frame(wt = mean(data$wt),mpg = mean(data$mpg))
ggplot(data,aes(x = wt ,y = mpg,color = am))+
  geom_point()+
  geom_vline(xintercept = means1$wt,color = "red")+
  geom_hline(yintercept = means1$mpg,color = "red")
```

```
# 添加穿过分组平均值的横纵参考线
library(dplyr)# 使用分组和汇总函数
means2 <- data %>%
  group_by(am)%>%
  summarize_at(.vars = c("wt","mpg"),.funs = mean)
ggplot(data,aes(x = wt ,y = mpg,color = am))+
  geom_point()+
  geom_vline(data = means2,aes(xintercept = wt,color = am,
linetype = am))+
  geom_hline(data = means2,aes(yintercept = mpg,color = am,
linetype = am))
```

```
# 添加一条有角度的参考线
fit <- lm(mpg ~ wt,data = data)# 线性回归
ggplot(data,aes(x = wt ,y = mpg,color = am))+
  geom_point()+
  geom_abline(intercept = fit$coefficients[1],slope = fit$coefficients[2]
```

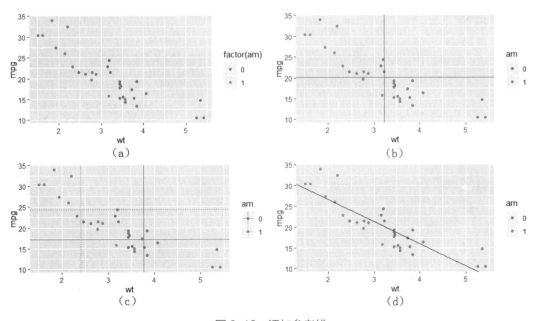

图 9-12　添加参考线

9.1.6 线段和带箭头的线段

线段和带箭头的线段常用于显性指出图中的某一段或某一点，具有强调作用。在 ggplot2 包中添加线段叫以使用 annotate() 函数，若配合使用 grid 扩展包的 arrow() 函数效果会更好。因为 arrow() 函数能将线段变成带箭头的线段，还可以改变箭头的角度。

图 9-13 绘制了几种线段和带箭头的线段，代码相对复杂。首先绘制了关于 MathAch 的箱线图，然后在箱体的上、下、左、右分别添加了一条线段或者箭头，它们都使用了 annotate("segment", …) 函数。

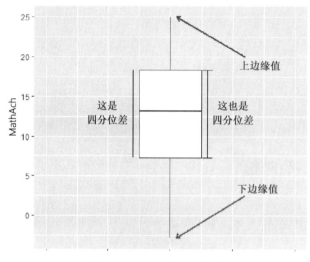

图 9-13　添加线段和箭头

另外，这里还使用了 9.1.3 小节介绍的 annotate("text", …) 函数添加文本注释。下面的代码中，fivenum() 是为了计算 Tukey 的五数 (最小值、第 25 百分位数、中位数、第 75 百分位数和最大值)。arrow() 函数的 end 参数用于设置箭头出现在线段的哪一端，both 表示两端都显示，first 表示起始端，last 表示结束端；angle 参数用于设置箭头的角度；length 参数用于设置箭头的长度，其中使用了 unit() 函数，作用是将长度的单位设置为厘米。最后，还调整了线段和带箭头线段的颜色和宽度。

```
# 获取 MathAchieve 数据集
library(nlme)

# 使用 arrow() 函数和 unit() 函数
library(grid)

# 添加线段和带箭头的线段
five_num <- fivenum(MathAchieve$MathAch)
ggplot(MathAchieve,aes(x = 0,y = MathAch))+
    geom_boxplot(width=0.5)+
```

```
xlim(-1,1)+
theme(axis.text.x = element_blank(),
      axis.title.x = element_blank())+
annotate("segment",x = -0.3,xend = -0.3,
         y = five_num[2],yend = five_num[4])+
annotate("text",x = -0.5,y = five_num[3],
         label = " 这是 \n 四分位差 ")+
annotate("segment",x = 0.3,xend = 0.3,
         y = five_num[2],yend = five_num[4],
         arrow = arrow(ends = "both",angle = 90,
                       length = unit(0.2,"cm")))+
annotate("text",x = 0.5,y = five_num[3],
         label = " 这也是 \n 四分位差 ",color = "red")+
annotate("segment",x = 0.6,xend = 0.05,
         y = 20,yend = max(MathAchieve$MathAch),
         arrow = arrow(ends = "last",length = unit(0.2,"cm")),
         color = "blue",size = 1)+
annotate("text",x = 0.7,y = 19,label = " 上边缘值 ",
         color = "purple4")+
annotate("segment",x = 0.6,xend = 0.05,
         y = 2.5,yend = min(MathAchieve$MathAch),
         arrow = arrow(ends = "last",length = unit(0.2,"cm")),
         color = "skyblue4",size = 1)+
annotate("text",x = 0.7,y = 3.5,
         label = " 下边缘值 ",color = "lightsteelblue")
```

9.1.7　矩形阴影

　　矩形阴影与线段或带箭头的线段作用类似，在图形中覆盖一个矩形以强调相应区域。矩形阴影同样是用 annotate() 函数添加的，只是图形对象是 rect。下面的代码中，用矩形阴影覆盖了标准正态分布密度曲线中 -1~1 的部分，如图 9-14 所示。

```
ggplot(data.frame(x = c(-3,3)),aes(x = x))+
  stat_function(fun = dnorm,
                size = 2,
                alpha = 0.1)+   # 绘制标准正态分布密度曲线
  scale_x_continuous(breaks = seq(-3,3,by = 1))+
  annotate("rect",xmin = -1,xmax = 1,
           ymin = -Inf,ymax = Inf,
           fill = "orange",alpha = 0.2)
```

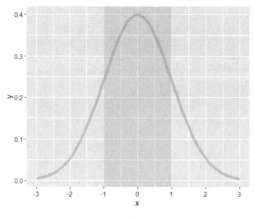

图 9-14　添加矩形阴影

上面的代码中，首先绘制了一条标准正态分布密度曲线，再通过 scale_x_continuous() 函数改变图形的刻度，最后用 annotate("rect",…) 函数添加了一个 x 轴方向上 -1～1、贯穿 y 轴方向且透明度为 0.2 的橙色矩形阴影。其中 ymin = -Inf 和 ymax = Inf 的作用是使矩形阴影覆盖整个 y 轴方向，而 alpha 参数用于指定透明度。当然，还可以进一步在矩形阴影区域添加文本注释，这样的效果会更好，读者可以自行一试。

9.2 控制图形外观

主题控制着图形中非数据元素的外观，通过改变主题可使图形更好看。本节中的内容大多与 theme() 函数及其相关函数有关。

9.2.1 整体外观

在 ggplot2 中控制图形的整体外观可以使用 theme() 函数，里面有很多参数，改变这些参数就能改变图形的整体外观。可使用 ?theme 查看具体的参数。方便起见，ggplot2 已经给出了几个现成的完整主题方案，如 theme_grey() 或 theme_gray(默认主题)、theme_bw()、theme_linedraw()、theme_light()、theme_dark()、theme_minimal() 和 theme_classic() 等函数。在绘图中，直接使用这些函数就可避免再单独调整 theme() 中的参数（但仍可以在这些主题函数的基础上通过 theme() 函数进一步调整相关参数）。图 9-15（a）、图 9-15（b）、图 9-15（d）、图 9-15（c）分别对应 theme_gray() 或 theme_grey(默认主题)、theme_bw()、theme_linedraw() 和 theme_classic()。

```
# 带有灰色背景和白色网格线的默认主题
# 与 theme_grey() 或 theme_gray( 默认主题 ) 一样
ggplot(data = mtcars,aes(x = wt,y = mpg))+
  geom_point()
```

```
# 经典暗光主题
ggplot(data = mtcars,aes(x = wt,y = mpg))+
  geom_point()+
  theme_bw()

# 白色背景上只有各种宽度的黑色线条的主题
ggplot(data = mtcars,aes(x = wt,y = mpg))+
  geom_point()+
  theme_linedraw()

# 只有 x 轴和 y 轴的主题
ggplot(data = mtcars,aes(x = wt,y = mpg))+
  geom_point()+
  theme_classic()
```

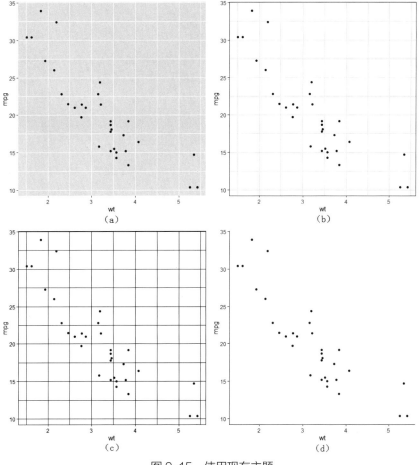

图 9-15　使用现有主题

以上是关于整体外观设置的现成函数。这些函数中都有 4 个参数，即 base_size、base_family、base_line_size 和 base_rect_size，它们用于设置这些主题的基本字号、字体簇、线和方框的大小。其实，不管是用哪种主题，都是图形主题元素的外观集合。如果想要了解这个集合的所有内容，可以使用 theme_get() 函数。theme_get() 函数的结果很多，下面的代码只展示了当前图形中 1 线条（line）和 x 轴标签 (axis.title.x) 的设置：

```
theme_get()$line
theme_get()$axis.title.x
```

以上代码运行结果如下：

```
List of 6
 $ colour      : chr "black"
 $ size        : num 0.5
 $ linetype    : num 1
 $ lineend     : chr "butt"
 $ arrow       : logi FALSE
 $ inherit.blank: logi TRUE
 - attr(*, "class")= chr [1:2] "element_line" "element"

List of 11
 $ family      : NULL
 $ face        : NULL
 $ colour      : NULL
 $ size        : NULL
 $ hjust       : NULL
 $ vjust       : num 1
 $ angle       : NULL
 $ lineheight  : NULL
 $ margin      : 'margin' num [1:4] 2.75pt 0pt 0pt 0pt
  ..- attr(*, "valid.unit")= int 8
  ..- attr(*, "unit")= chr "pt"
 $ debug       : NULL
 $ inherit.blank: logi TRUE
 - attr(*, "class")= chr [1:2] "element_text" "element"
```

如果需要自己设计一套主题而不是使用现有的，可以使用 theme_set() 函数和 theme_update() 函数，示例代码如下：

```
# 保存当前主题以备还原
old_theme <- theme_get()

# 设计主题 1
theme_set(theme_classic())
ggplot(data = mtcars,aes(x = wt,y = mpg))+
  geom_point()

# 设计主题 2
theme_update(axis.ticks = element_blank(),
```

```
             axis.text = element_text(color = "red"),
             axis.title = element_text(color = "blue"),
             line = element_line(linetype = "dashed"))
ggplot(data = mtcars,aes(x = wt,y = mpg))+
  geom_point()

# 还原主题
theme_set(old_theme)
```

在上面的代码中，首先使用 theme_get() 函数将当前的主题存为 old_theme，再使用 theme_set() 函数将主题设置为 theme_classic() 函数；再进一步移除刻度线，将刻度线标签设置为红色，将坐标轴标签设置为蓝色，并将所有的线元素设置为虚线；最后还原主题，结果如图 9-16 所示。

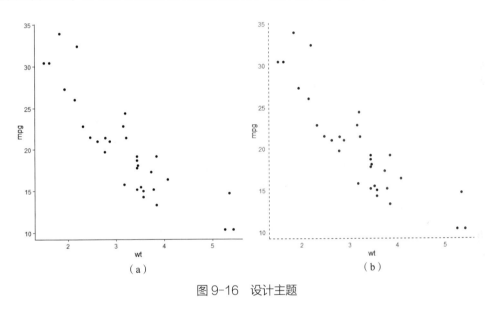

图 9-16　设计主题

9.2.2　局部外观

调整图形的局部外观和整体外观其实并没有本质的区别，因为整体外观实际上是局部外观的集中体现。9.2 节中的内容大多与 theme() 函数及其相关函数有关，可以通过调整其中的参数来调整局部外观。theme() 函数有许多参数，记清楚所有的参数并不是一件容易的事情。但还好这些参数很容易识别，其处理方式也有一定的规律，所以应用起来不是一件难事。

theme() 中的每个参数都对应一个相应的主题元素，如 line 参数表示所有的线条元素；axis.title 代表所有坐标轴的标签；legend.background 表示图例的背景。对于其中一些参数来说，还可以进一步细分。例如，axis.title 可以细分为 axis.title.x 和 axis.title.y，分别表示 x 轴和 y 轴的标签；axis.title.x.top、axis.title.x.bottom、axis.title.y.left 和 axis.title.y.right 分别是上、下、左、右坐标轴的标签。

对于这些主题元素，大多数可以通过内置元素函数来控制。这些内置元素函数有 4 种基本类型：

文本（text）、线条（line）、矩形（rect）和空白（blank）。

（1）lement_text() 函数用于对文本类的元素进行控制，例如，可以通过该函数对坐标轴标签（axis.title）和刻度线标签（axis.text）的字体簇（family）、字体外观（facc）、颜色（color）、大小（size）、水平对齐（hjust）、垂直对齐（vjust）、角度（angle）和行高（lineheight）等进行控制。

（2）element_line() 函数用于控制线条或线段，例如，对刻度线（axis.ticks）和网格线（panel.grid）的颜色、大小和类型（linetype）进行控制。

（3）element_rect() 函数用于控制供背景使用的矩形，例如，对图例背景（legend.backgroud）和绘图背景（plot.background）的颜色、大小和线型进行控制。

（4）element_blank() 函数表示空主题，即删除相应的主题元素或将该主题元素设置为空。

9.2.3 文本

文本元素由 element_text() 函数控制，一般包括字体簇、字体外观、颜色、字号、水平对齐、垂直对齐、角度和行高。字体外观包括无衬线（Helvetica）、衬线（Times）和等宽（Courier）等，如果要调用计算机中安装的其他字体可以使用 windowsFonts() 函数。字体外观包括普通（plain）、粗体（bold）、斜体（italic）和粗斜体（bold.italic）等。颜色可使用已定义的颜色名称或者十六进制码（见 9.3.1 小节）。字号表示字体的大小，以磅表示。水平对齐和垂直对齐中的 0 表示左边或底部对齐，0.5 表示居中，1 表示右边或者顶部对齐；数值也可小于 0 或大于 1，越小于 0 则左边或底部离坐标点左边或者下边越远，越大于 1 则右边或顶部离坐标点右边或者上边越远。角度表示文本旋转的角度，单位为度。

此外，当一行文本显示过长时，可在需要换行的地方加入转义符 "\n"。

下面的代码是改变文本元素的例子，结果如图 9-17 所示。

```
mtcars1 <- mtcars
mtcars1$am <- factor(mtcars1$am)
# 使用电脑中安装的字体
windowsFonts(myFont = windowsFont(" 微软雅黑 "))

# 绘制基本图形
ggplot(mtcars1,aes(x = wt,y = mpg, col = am))+
  geom_point()+
  stat_smooth(method ="lm",level=0.95 )+
  ggtitle(" 油耗指数对车重的回归 ")

# 控制基本图形中的文本元素
ggplot(mtcars1,aes(x = wt,y = mpg, col = am))+
  geom_point()+
  stat_smooth(method ="lm",level=0.95 )+
  ggtitle(" 油耗指数对车重的回归 ")+
  theme(plot.title = element_text(size = rel(2),color = "red",
```

```
                              family = "myFont",
                              face = "italic",
                              hjust = 0.5,vjust = 0.2),
        legend.title = element_text(face ="bold"),
        axis.title.x = element_text(size = rel(1.5),color = "green",
                              family = "serif",
                              face = "bold"),
        axis.title.y = element_text(size = rel(1.5),color = "orange",
                              family = "sans",
                              face = "bold"))
```

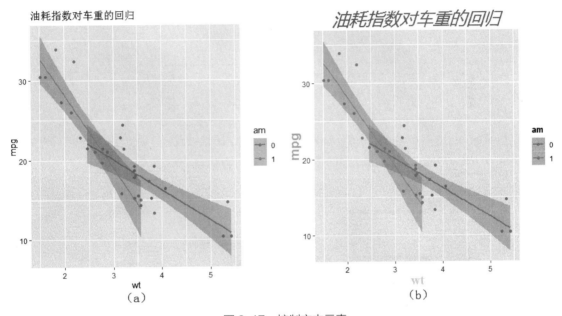

图 9-17　控制文本元素

　　图 9-17 绘制了两张类似的带拟合曲线的分组散点图。其中图 9-17（a）没有对主题元素进行过多的控制，因此不是很好看。相反，图 9-17（b）对一些主题元素进行了控制，具体来说，设置题目标题的字体相对字号为 2、颜色为红色、字体为微软雅黑（通过 windowsFonts() 函数设置）、外观为斜体，以及对水平对齐和垂直对齐都做了调整，使其位于图形顶端的中间位置；设置图例标题为粗体；分别设置 x 轴和 y 轴的标签，包括字号、颜色、字体和外观等。

9.2.4　线条

　　element_line() 函数用于控制与线条相关的一些主题元素，包括颜色、宽度、线型、端点、箭头等。

　　可以通过对 size 参数设定数值来设置线条的宽度，ggplot2 包中的线条宽度默认为 1，其他数值代表 1 的倍数，图 9-18 的左侧是宽度为 1~5 的线条。对于线条类型的设置，一般有两种方式。

（1）设置已经定义的名称，如 blank、solid 和 dashed 等，其中 blank 表示不画出线条。

（2）用数字字符串的方式来设置。

数字字符串以十六进制数值表示，其中奇数的数值表示线条中小线段的长度，偶数表示空隙的长度，如 F9 表示绘制一条小线段为 16 个单位、空隙长度为 9 个单位的线条。图 9-18 的右侧为线型的两种命名方式的效果示例。

lineend 参数用于对线条端点的样式进行设置，有 3 种选择：butt、round 和 square，前者不加端点，后两者分别添加一个半圆端点和矩形端点。

箭头用 arrow 参数控制，并且调用 grid 扩展包中的 arrow() 函数，具体可参见 9.1.6 小节的相关内容。

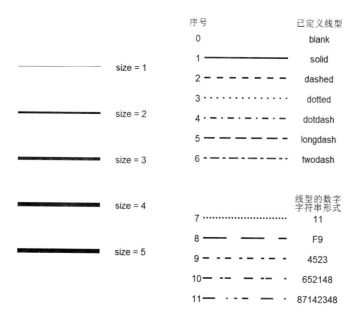

图 9-18　线宽和线型

9.2.5 矩形

element_rect() 函数用于对图形中矩形区域的主题元素进行控制，涉及边框和背景。具体来说，包括矩形区域的填充色、线条颜色，以及边框线的宽度、颜色和线型，示例代码如下，结果如图 9-19 所示。

```
ggplot(mpg, aes(displ, hwy))+
  geom_point()+
  theme(panel.background = element_rect(fill = "grey30"),
        plot.margin = margin(1, 1, 1 , 1, "cm"),
        plot.background = element_rect(fill = "grey90",
                                       colour = "black",
                                       size = 10))
```

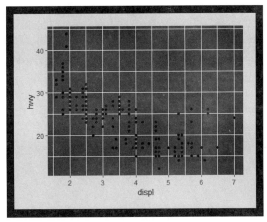

图 9-19 控制背景颜色和边框

上面的代码中，通过 element_rect() 函数设置绘图区域的背景（panel.background）颜色为 grey30，设置整个图片的背景（plot.background）颜色为 grey90、边框线宽度为 10、边框线颜色为 black。

9.2.6 点的形状

在绘制散点图或者附加点的时候，有多种形状的点可以选择，这些形状的点大致分为 4 种。

（1）用 0~25 的整数表示的点形，如图 9-20 所示。其中一些点形只能通过 color 参数来控制边框线或者矩形区域的颜色，如 0~20 表示的点形；而另一些可通过 color 参数来控制边框线颜色，并通过参数 fill 来控制填充颜色，如 21~25 表示的点形。

（2）用单字符表示的点形，如图 9-21 所示。例如 a、b 和 $，这些点形的颜色只能由 color 参数控制。

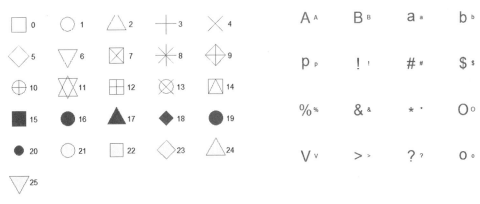

图 9-20 用 0~25 的整数表示的点形   图 9-21 用单字符表示的点形

（3）用一个"."来绘制一个最小可视化的矩形。

（4）NA，表示不进行任何绘制。

9.3 图形配色与布局

本节主要从颜色与调色板、面板和分面、图形组合等方面讲解图形配色与布局。

9.3.1 颜色与调色板

R 语言中有多种设置颜色的方法。最简单的就是直接使用已命名颜色的（英文）名称，如设置颜色为 blue 和 red，即表示蓝色和红色。要查看已命名颜色的完整列表，可运行 colors() 函数或 colours() 函数。

```
# 已命名颜色的数量
length(colors())
# 查看已命名颜色的前 20 种颜色
colors()[1:20]
```

得到如下结果：

```
[1] 657

[1] "white"         "aliceblue"      "antiquewhite"   "antiquewhite1"
[5] "antiquewhite2" "antiquewhite3"  "antiquewhite4"  "aquamarine"
[9] "aquamarine1"   "aquamarine2"    "aquamarine3"    "aquamarine4"
[13] "azure"        "azure1"         "azure2"         "azure3"
[17] "azure4"       "beige"          "bisque"         "bisque1"
```

除了直接使用颜色名称，也可以使用颜色空间来指定颜色。R 语言也提供了多种颜色空间类型。RGB（红绿蓝）是依据人眼识别的颜色定义出的空间，rgb() 函数通过指定红、绿、蓝的强度来返回形如 "#RRGGBB" 的字符串，其中每一对 RR、GG、BB 都由从 00 到 FF 的十六进制数字表示。例如，蓝色的 RGB 颜色值为（0, 255, 0），转换为十六进制颜色码为 "0000FF"。col2rgb() 函数能够查看一个特定颜色的 RGB 值。示例代码如下：

```
rgb(red = 0 ,green = 0,blue = 255,maxColorValue = 255)
col2rgb("blue")
```

以上代码运行结果如下：

```
[1] "#0000FF"

      [,1]
red      0
green    0
blue   255
```

hsv() 函数通过设定色调（hue）、饱和度（saturation）和值（value）的方式来指定颜色（HSV 值）。简单地说，色调对应彩虹颜色中的一个位置，从 0~1 表示"红、橙、黄、绿、蓝、靛和紫"这几种颜色的渐进变化；饱和度表示颜色的鲜艳程度；明度则表示颜色的明暗。例如，红色的 HSV 值可以设置为 hsv(0,1,1)，其结果同样会转换为十六进制颜色码。如果要将 RGB 值转换为 HSV 值，可以使用 rgb2hsv() 函数，示例代码如下：

```
hsv(0,1,1)
rgb2hsv(245,56,87)
```

得到如下结果：

```
[1] "#FF0000"

          [,1]
h 0.9726631
s 0.7714286
v 0.9607843
```

除了 RGB 和 HSV 颜色空间，还可以通过 hcl() 函数设置 HCL 颜色空间。

如果图形中使用的是黑白色，那么 grey() 函数和 gray() 函数就非常有用了。它可通过指定 0~1 的任意值来表示颜色的灰度级，例如：

```
grey(0.56)
```

得到如下结果：

```
[1] "#8F8F8F"
```

前面已经介绍了两个颜色空间转换的函数，convertColor() 是另外一个更灵活的颜色空间转换函数，因为它既可以将 A 颜色空间转换为 B 颜色空间，也可以将 B 颜色空间转换为 A 颜色空间。例如：

```
convertColor(color = c(255,0,0),from = "sRGB",to = "Luv")
```

得到如下结果：

```
            L        u       v
[1,] 5589.199 18325.94 3950.19
```

colors() 函数结果中有 657 种已经命名的颜色，有许多函数可以用于生成现有的颜色集合，范围为颜色的十六进制码，示例代码如下：

```
# 彩虹色渐进变化
rainbow(n = 10)
# "白-橙-红"渐进变化
heat.colors(n = 6)

# "白-棕-绿"渐进变化
terrain.colors(n = 8)
# "白-棕-绿-蓝"渐进变化
topo.colors(n = 7)
```

```
# "浅蓝-白-浅红"渐进变化
cm.colors(n = 9)
# 灰度渐进变化
gray.colors(n - 4)
```

以上代码运行结果如下：

```
[1] "#FF0000FF" "#FF9900FF" "#CCFF00FF" "#33FF00FF" "#00FF66FF"
[6] "#00FFFFFF" "#0066FFFF" "#3300FFFF" "#CC00FFFF" "#FF0099FF"


[1] "#FF0000FF" "#FF4000FF" "#FF8000FF" "#FFBF00FF" "#FFFF00FF"
[6] "#FFFF80FF"


[1] "#00A600FF" "#3EBB00FF" "#8BD000FF" "#E6E600FF" "#E9BD3AFF"
[6] "#ECB176FF" "#EFC2B3FF" "#F2F2F2FF"


[1] "#4C00FFFF" "#004CFFFF" "#00E5FFFF" "#00FF4DFF" "#E6FF00FF"
[6] "#FFFF00FF"   "#FFE0B3FF"


[1] "#80FFFFFF" "#9FFFFFFF" "#BFFFFFFF" "#DFFFFFFF" "#FFFFFFFF"
[6] "#FFDFFFFF"   "#FFBFFFFF" "#FF9FFFFF" "#FF80FFFF"


[1] "#4D4D4D" "#969696" "#C3C3C3" "#E6E6E6"
```

也可以使用调色板来指定颜色，调色板是一个预先定义好的颜色集合，这个集合可以通过 palette() 函数查看。该函数用法的代码如下，其结果如图 9-22 所示。

```
# 查看当前调色板
palette()# 一般为默认调色板

#  改变调色板
palette(rainbow(n = 7))
palette()

# 使用调色板颜色
ggplot(data = mtcars,aes(x = wt,y = mpg))+
geom_point(col = 7)

# 还原默认调色板
palette("default")
```

以上代码运行结果如下：

```
[1] "black"   "red"    "green3"  "blue"    "cyan"    "magenta" "yellow"
[8] "gray"


[1] "red"    "#FFDB00" "#49FF00" "#00FF92" "#0092FF" "#4900FF" "#FF00DB"
```

上面的代码中，先用 palette() 函数查看当前（默认）的调色板，然后将调色板调整为彩虹色，并在绘制散点图时把散点颜色指定为 1(调色板中顺序为 1 的颜色)，如图 9-22 所示。最后用 palette(default) 还原为系统默认的调色板。

RColorBrewer 扩展包提供了一系列现成的调色板，可通过 display. brewer.all() 函数查看，如图 9-23 所示，代码如下：

```
library(RColorBrewer)
# 查看 RColorBrewer 扩展包
的所有调色板
display.brewer.all()
```

在 ggplot2 中使用调色板也很简单，都是通过 scale_fill_XX() 和 scale_color_XX() 这种函数格式完成的，其中 fill 表示填充色，color 表示线条或轮廓色，XX 表示用哪种调色板。以 scale_color_XX() 为例，scale_color_discrete() 和 scale_color_hue() 都是将轮廓设置为均匀等距色，scale_color_grey() 是使用灰度调色板，scale_color_brewer() 是使用 RColorBrewer 调色板，scale_color_manual() 则是使用自定义调色板。这些调色板函数都是针对离散变量的，示例代码如下，如图 9-24 所示。

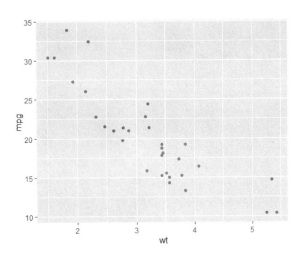

图 9-22　改变默认调色板

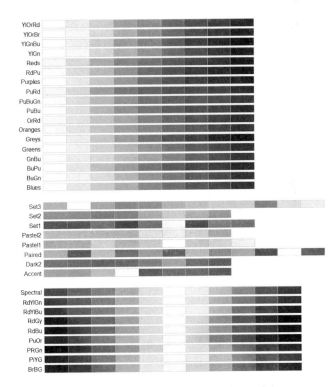

图 9-23　RColorBrewer 扩展包中的调色板

```
mtcars1 <- mtcars
mtcars1$gear <- factor(mtcars1$gear)
# 使用 scale_color_hue() 调色板
```

```
ggplot(data = mtcars1,aes(x = wt,y = mpg,color = gear))+
    geom_point()+
    scale_color_hue()+
    annotate("text",x = 4,y = 30,size = 5,
            label = "scale_color_hue() 调色板 ")

# 使用 scale_color_grey() 调色板
ggplot(data = mtcars1,aes(x = wt,y = mpg,color = gear))+
    geom_point()+
    scale_color_grey()+
    annotate("text",x = 4,y = 30,size = 5,
            label = "scale_color_grey() 调色板 ")

# 使用 scale_color_brewer() 调色板
ggplot(data = mtcars1,aes(x = wt,y = mpg,color = gear))+
    geom_point()+
    scale_color_brewer(palette = "Accent")+
    annotate("text",x = 4,y = 30,size = 5,
            label = "scale_color_brewer() 调色板 ")

# 使用 scale_color_manual() 调色板
ggplot(data = mtcars1,aes(x = wt,y = mpg,color = gear))+
    geom_point()+
    scale_color_manual(values =  c("#CC6666","#7777DD","#88FF88"))+
    annotate("text",x = 4,y = 30,size = 5,
            label = "scale_color_namual() 调色板 ")
```

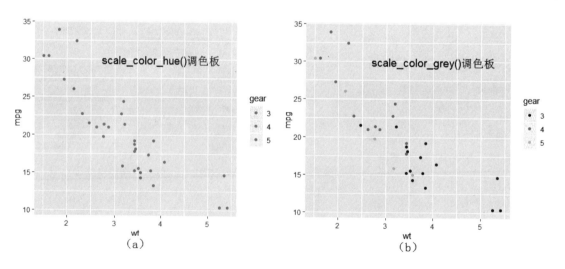

（a）　　　　　　　　　　　　　　　　（b）

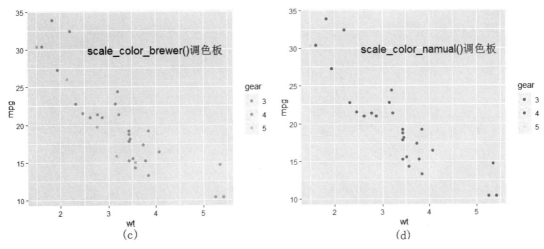

图 9-24　对离散变量使用调色板

在 ggplot2 中对连续变量使用调色板的函数是 scale_color_gradient()、scale_color_gradient2() 和 scale_color_gradientn()，它们分别表示使轮廓色在两色、三色和多种色之间渐变。填充色（fill）同理。示例代码如下，如图 9-25 所示。

```
# 使用默认调色板
ggplot(data = mtcars,aes(x = wt,y = mpg,color = carb))+
    geom_point()+
    annotate("text",x = 4,y = 30,size = 5,
            label = "默认调色板")

# 使用 scale_color_gradient() 调色板
ggplot(data = mtcars,aes(x = wt,y = mpg,color = carb))+
    geom_point()+
    scale_color_gradient(low = "black",high = "white")+
    annotate("text",x = 4,y = 30,size = 5,
            label = "scale_color_gradient() 调色板")

# 使用 scale_color_gradient2() 调色板
ggplot(data = mtcars,aes(x = wt,y = mpg,color = carb))+
    geom_point()+
    scale_color_gradient2(low = "red",mid = "white",high = "blue")+
    annotate("text",x = 4,y = 30,size = 5,
            label = "scale_color_gradient2() 调色板")

# 使用 scale_color_gradientn() 调色板
ggplot(data = mtcars,aes(x = wt,y = mpg,color = carb))+
```

```
geom_point()+
scale_color_gradientn(colours = c("black","orange","red","white"))+
annotate("text",x = 4,y = 30,size = 5,
         label = "scale_color_gradientn()调色板")
```

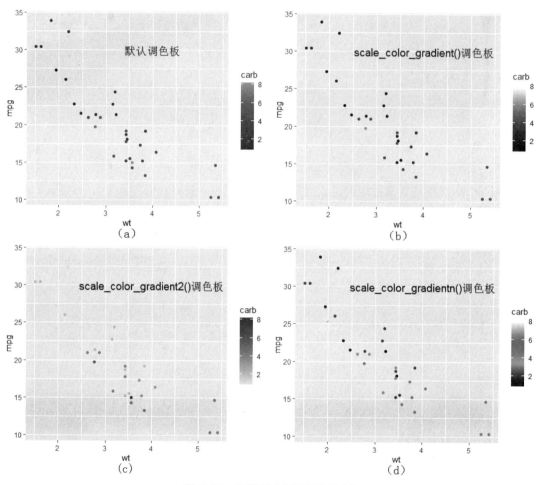

图 9-25　对连续变量使用调色板

9.3.2　面板和分面

第 8 章已经介绍了处理分组数据的一些方式，如将分组变量赋给气泡的大小或条形的颜色等，这些方式都是将所有的数据绘制在一张图上。而面板（panel）或分面（facet）则不同，它们将数据分为几个子集，并且在同一页面中为每个子集生成一个独立的图，因此更容易分析和比较各组数据。面板和分面分别对应 lattice 和 ggplot2 扩展包，它们的目的都是一样的。下面用 lattice 扩展包实现面板的示例，代码如下，效果如图 9-26 所示。

```
library(lattice)
xyplot(mpg ~ wt | factor(am), data = mtcars,
       layout = c(2,1),aspect = 1)
```

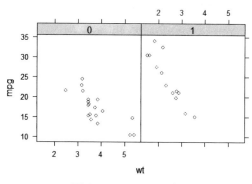

图 9-26　lattice 面板

lattcie 面板的使用涉及两个重要参数：layout 和 aspect。

（1）layout 参数最多是长度为 3 的向量，向量的前面两个值指定每页中的行数和列数，第三个值指定页数（不是必需的）。因此 layout = c(2,1) 表示一行两列。

（2）aspect 参数用来确定面板的宽高比，其默认值为 fill，表示面板尽可能地占更多的空间。上面的代码中，aspect 为 1，表示宽高比为 1，即每个面板为正方形。

ggplot2 实现分面的方式有两种：facet_grid() 和 facet_wrap()。用 facet_grid() 时，用 "~" 符号连接纵向（左边）和横向（右边）的变量；如果左边或右边的变量多于 1 个，则用 "+" 连接；如果某一边没有变量，则用 "." 代替；另外，令参数 margins 为 TRUE，将会出现边际图形。

图 9-27 是使用 facet_grid() 函数分面的示例，图 9-27（a）是将 am 作为纵向分面变量，图 9-27（b）是将 am 作为纵向分面变量，cyl 作为横向分面变量且包含了边际图形，其代码如下：

```
# 按 am 分面
ggplot(data = mtcars,aes(x = wt,y = mpg))+
     geom_point()+
     facet_grid(am ~ .)


# 按 am（纵向）和 cyl（横向）分面
ggplot(data = mtcars,aes(x = wt,y = mpg))+
     geom_point()+
     facet_grid(am ~ cyl,margins = TRUE)
```

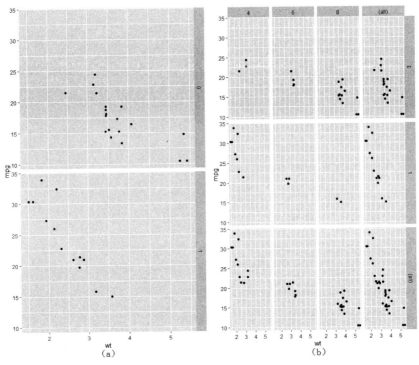

图 9-27　ggplot2 包的分面函数（facet_grid()）

facet_wrap() 函数的用法与 facet_grid() 函数有所不同，它的所有变量都放置于"~"的右边，并用 nrow 和 ncol 指定行数和列数，使用 facet_wrap() 函数分面的示例代码如下，结果如图 9-28 所示。

```
ggplot(data = mtcars,aes(x = wt,y = mpg))+
    geom_point()+
    facet_wrap(~am + cyl,nrow = 2)
```

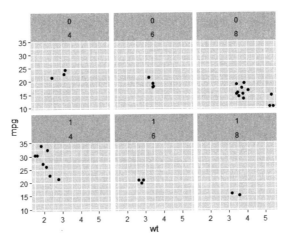

图 9-28　ggplot2 包的分面函数（facet_wrap()）

9.3.3　图形组合

面板或分面适合用于分组数据的比较，同时绘制的都是一种类型的图形。但是，有时还需要将一些不同类型的图形放在一起，这时面板或分面就不合适了。R 语言的绘图系统提供了解决方案，这就是页面布局。正如之前介绍的那样，R 语言有传统和网格两个绘图系统，因此相应的页面布局也有两种。

1. 传统绘图系统的页面布局

常见的传统绘图系统的页面布局有 par() 函数和 layout() 函数。par() 函数通过设定 mfrow（按行）或 mfcol（按列）将页面分割为几个区域，每个区域对应一个图形。下面的代码将页面分成了 4 个区域，并分别绘制了 4 幅不同的图，结果如图 9-29 所示。

```
# par() 设置页面布局
par(mfrow= c(2,2))

# 绘制子图
hist(iris$Sepal.Length,main = NA,
     xlab = "Sepal.Length",ylab = NA)
plot(density(iris$Sepal.Length),main = NA,
     xlab = "Sepal.Length",ylab = NA)
boxplot(Sepal.Length ~ Species,data = iris,
        names = c("se","ve","vi"))
plot(iris$Sepal.Length,iris$Sepal.Width,
     xlab = "Sepal.Length",ylab = "Sepal.Width")
```

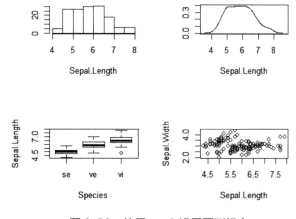

图 9-29　使用 par() 设置图形组合

layout() 函数提供了一种更灵活的图形组合方式，因为它允许尺寸有不同的图像区域。layout() 函数将页面的内部区域分割为一组行和列，其中行和列可以单独控制，并且一个图像区域可以占据超过一行或一列的位置，示例代码如下，结果如图 9-30 所示。

```
# layout() 设置页面布局
layout(mat = matrix(1:4,nrow = 2),
       heights = c(3,2),widths = c(3,2))

# 绘制子图
hist(iris$Sepal.Length,main = NA,
     xlab = "Sepal.Length",ylab = NA)
boxplot(Sepal.Length ~ Species,data = iris,
        names = c("se","ve","vi"))
plot(density(iris$Sepal.Length),main = NA,
     xlab = "Sepal.Length",ylab = NA)
plot(iris$Sepal.Length,iris$Sepal.Width,
     xlab = "Sepal.Length",ylab = "Sepal.Width")
```

图 9-30 与图 9-29 的图形种类相同，但并不是每个图像区域都一样。通过 heights = c(3, 2) 可将图像区域的高度比设置为 3∶2，通过 widths = c(3, 2) 可将图像区域的宽度比设置为 3∶2。

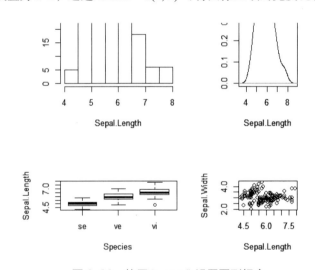

图 9-30　使用 layout() 设置图形组合

2. 网格绘图系统的页面布局

网格绘图系统是通过 grid 扩展包的 grid.layout() 函数来进行图形组合的。它的基本思路是，用 grid.layout() 函数将一个视图（viewport）分割为若干区域，进而将图形绘制在各个区域中，其代码如下，结果如图 9-31 所示，它与图 9-30 的内容十分类似。

```
# 绘制子图
p1 <- ggplot(iris,aes(x = Sepal.Length,y = ...density...))+
  geom_histogram(col = "black",fill = "white")+
  xlab(label  = NULL )+
  ylab(label  = NULL )
p2 <- ggplot(iris,aes(x = Species,y = Sepal.Length))+
  geom_boxplot()+
  xlab(label  = NULL )+
  ylab(label  = NULL )
p3 <- ggplot(iris,aes(x = Sepal.Length,y = ...density...))+
  geom_density()+
  xlim(3,9)+
  xlab(label  = NULL )+
  ylab(label  = NULL )
p4 <- ggplot(iris,aes(x = Sepal.Length,y = Sepal.Width))+
  geom_point()

# 开启一个新页面
library(grid)
grid.newpage()

# 创建一个已经分割好的视图
vp <-  viewport(layout = grid.layout(2,2,
                                     widths = c(3,2),
                                     heights = c(3,2)))
# 使用视图
pushViewport(vp)

# 将图形添加到各个区域
print(p1,vp = viewport(layout.pos.col = 1,layout.pos.row = 1))
print(p2,vp = viewport(layout.pos.col = 1,layout.pos.row = 2))
print(p3,vp = viewport(layout.pos.col = 2,layout.pos.row = 1))
print(p4,vp = viewport(layout.pos.col = 2,layout.pos.row = 2))
```

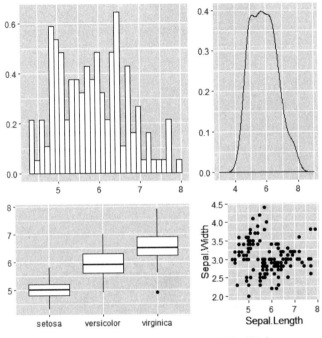

图 9-31　使用 grid.layout() 设置图形组合

9.4 新手问答

问题1：如何移除下面代码中的图例？

```
ggplot(data1,aes(x = SES1 ,y = MathAch,color = SES1, fill = SES1))+
  geom_boxplot()
```

答：由于变量 SES1 既赋值给了 color 参数，又赋值给了 fill 参数，它们会产生两个完全一样的图例（完全重合）。因此，若要从图中完全移除图例，就要分别对 color 参数和 fill 参数进行移除。

问题2：如何通过theme()函数修改分面标签的背景颜色和边框颜色？

答：可通过以下方式进行修改。

```
theme(strip.background = elemet_rect(fill = "", color =""))
```

9.5 小试牛刀：使用网格系统组合图形

【案例任务】

如何在网格系统中组合图形时，增加图形之间的距离？

【技术解析】

网格绘图系统可通过 grid 扩展包的 grid.layout() 函数来组合图形。9.3.3 小节介绍过，可用 grid.layout() 函数将一个视图（viewport）分割为若干区域，进而将图形绘制在各个区域中。因此，如果要增加图形之间的距离（或间隙），可以增加分割区域的数量。当然，这只是一种思路，也有其他方式可达到相同效果，如创建多个视图（本书没有涉及）。

【操作步骤】

步骤 1：绘制子图，分别存为 p1、p2、p3 和 p4。

```
p1 <- ggplot(iris,aes(x = Sepal.Length,y = ..density..))+
  geom_histogram(col = "black",fill = "white")+
  xlab(label  = NULL )+
  ylab(label  = NULL )
p2 <- ggplot(iris,aes(x = Species,y = Sepal.Length))+
  geom_boxplot()+
  xlab(label  = NULL )+
  ylab(label  = NULL )
p3 <- ggplot(iris,aes(x = Sepal.Length,y = ..density..))+
  geom_density()+
  xlim(3,9)+
  xlab(label  = NULL )+
  ylab(label  = NULL )
p4 <- ggplot(iris,aes(x = Sepal.Length,y = Sepal.Width))+
  geom_point()
```

步骤 2：开启新页面。

```
grid.newpage()
```

步骤 3：创建一个已经分割好的视图，注意将视图分割为 3 行 3 列，并设置各自比例为 3∶1∶3。

```
vp <-  viewport(layout = grid.layout(3,3,
                             widths = c(3,1,3),
                             heights = c(3,1,3)))
```

步骤 4：使用视图。

```
pushViewport(vp)
```

步骤 5：将图形添加到各个区域，中间的十字区域没有添加图形，将其作为图形之间的间隙。

```
print(p1,vp = viewport(layout.pos.col = 1,layout.pos.row = 1))
print(p2,vp = viewport(layout.pos.col = 1,layout.pos.row = 3))
```

```
print(p3,vp = viewport(layout.pos.col = 3,layout.pos.row = 1))
print(p4,vp = viewport(layout.pos.col = 3,layout.pos.row = 3))
```

得到结果如图 9-32 所示。

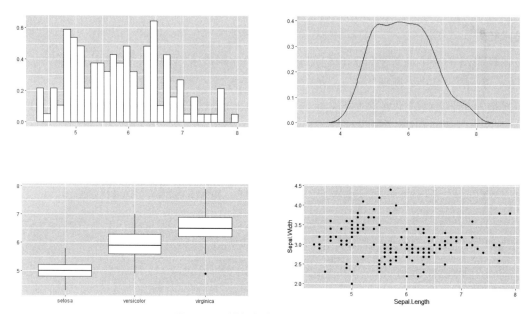

图 9-32　增加组合图形间的距离

本章小结

本章介绍了 R 语言的数据可视化威力中的图形优化。在绘制图形时往往不是一蹴而就的，需要多次尝试才能达到满意的效果。在 ggplot2 包中，当初步生成图形后，可添加或改变一些图形元素，如坐标轴、图例、文本注释、标题、参考线、线段和矩形阴影等，还可以分别控制图形的整体外观和局部外观。首先，ggplot2 包提供了许多现成的主题方案，当然也可在这些主题方案的基础上做进一步调整，甚至可以从头设计主题。另外，还可以单独对局部外观进行控制。在控制局部外观时，主要使用 theme() 函数，该函数包含了众多参数，控制着对应的主题元素。虽然参数众多，但处理方式有一定的规律性，只需要稍加记忆即可。R 语言中有各种关于颜色的函数，这些函数为图形配色提供了多种选择。最后，实践中往往需要将多个图形放在一起进行比较，这可以通过两种方式实现，一种是面板和分面，先用 lattice 包绘制面板图形，再用 ggplot2 包进行图形分面，但是面板和分面都要求图形是相同的。当需要组合在一起的图形区域不一样时，就需要使用另一种方式，即布局。传统绘图系统和网格绘图系统都提供了图形布局的函数。

第 10 章
R 语言的可视化威力之外部插件

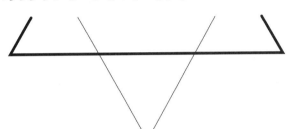

本章导读

　　本章将在前两章 R 语言基础绘图及图形修饰的基础上，详细介绍两款基于 JavaScript 图形库封装交互式绘图插件包的使用方法，帮助读者进一步丰富数据可视化结果，并扩展其应用面。

知识要点

　　通过本章内容的学习，读者能掌握以下知识：

- ◆ 交互式绘图 JavaScript 库
- ◆ 绘图插件包的使用方法
- ◆ 绘制各类交互式统计图

10.1 ggvis 插件包

ggvis 插件包由 *R Graphics Cookbook* 的作者 Winston Chang 和 *ggplot2:Elegant Graphics for Data Analysis* 的作者 Hadley Wickham 等人联合开发，该插件包综合封装了 jQuery UI、D3 和 Vega 等 JavaScript 图形库，它的目标是为探索性数据分析提供一个创建可交互图形的简单方式。虽然 ggvis 与 ggplot2 在绘图语法上基于相似的底层理论，但表达方式略有不同，并且 ggvis 增加了图形可交互性的新功能，同时还结合了 shiny 包的交互编程模型（reactive programming model）和 dplyr 包的数据转换语法。在图形输出方面，不同于传统 R 语言的图形输出为 png、jpg 或 svg 等静态图片格式，ggivs 生成的图形基本上都是 Web 图形，这使图形的交互性得以充分发挥。当然，这要求每个交互式的 ggvis 图形必须连接到正在运行的 R 语言会话（静态图则不需要）。下面将从 ggvis 与 ggplot2 的对比、绘图语法、图层和图形修饰等方面探讨 ggvis 插件包的使用方法。

10.1.1 ggivs与ggplot2的对比

ggvis 与 ggplot2 有相似的底层理论，都是基于图形映射和图层叠加原理实现的，但二者也有不同，主要表现在基本名称转换、图层叠加方式和输出方式。

1. 基本名称转换

基本名称转换主要体现在创建绘图对象、图层、统计变换和图形属性参数设定等方面。在创建图形前，ggplot2 包先使用 ggplot() 函数创建绘图对象，这个操作在 ggvis 插件包中则由 ggvis 函数完成。在图层设定方面，ggplot2 包的图层包含 layer 和 geom 两种方式，前一种为通用函数，需要指定几何对象、图形属性、统计变换和位置调整等参数；后一种为快捷函数，较前一种简洁很多。ggvis 插件包的图形类似于 ggplot2 包的 geom() 函数，可直接指定图形函数（如线性图 layer_lines）。在统计变换方面，ggplot2 包为 stat() 函数，ggvis 为 compute 类函数（如 compute_count）。图形属性参数设定也不同，ggplot2 包使用 aes 函数设定图形参数，而 ggvis 插件包使用 props() 函数。

2. 图层叠加方式

ggplot2 包使用 "+" 来实现图层的叠加，ggvis 插件包则使用类似于 dplyr 包的管道函数 "%>%" 实现图层叠加。使用管道函数的好处是，可以在绘图过程中对相关数据变量进行计算，从而避免重新命名变量并计算的麻烦。

3. 图形输出方式

ggplot2 包绘制的图形为静态图，ggvis 插件包绘制的图形则是交互式图形。如果读者使用 RStudio 进行绘图操作的话，就会发现 ggplot2 包的图形输出在【Plots】子面板内，而 ggvis 插件包的图形则输出在【Viewer】面板内。前者的输出可以使用【Export】子菜单导出为静态图或 PDF 文件，后者不仅可以导出为静态图，还可以导出为 Web 页面。

为方便读者进一步理解 ggplot2 包与 ggvis 插件包的差异，下面用 mtcars 数据集绘制散点图来加以说明，示例代码如下：

```
library(ggplot2)
library(ggvis)
library(dplyr)
# ggplot2 包绘制散点图
ggplot(mtcars)+
  geom_point(aes(x = wt,
                 y = mpg),
             colour = "red")
# ggvis 插件包绘制散点图
ggvis(mtcars)%>%
  # 重新计算 mpg 变量值
  mutate(mpg = mpg * 5)%>%
  layer_points(x = ~wt,
               y = ~mpg,
               fill := "red")
```

以上代码运行结果如图 10-1 和图 10-2 所示。

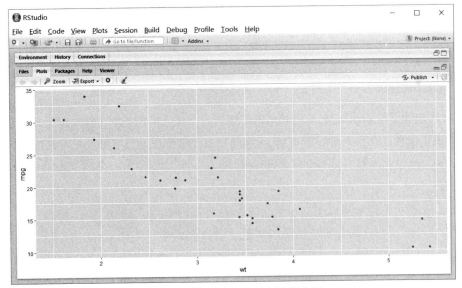

图 10-1　ggplot2 包绘制的散点图

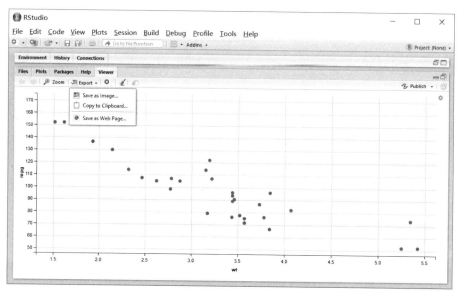

图 10-2　ggvis 插件包绘制的散点图

上例中，ggplot2 包在设定图形参数时，aes() 函数仅包含 x 和 y，colour 属性被排除在 aes() 函数之外。而 ggvis 插件包则不同，它将所有图形参数置于同一个属性函数内，减轻了图形参数设定的复杂性。此外，ggvis 插件包在绘图时还重新计算了 mpg 变量的值，而 ggplot2 包很难做到这一点。可见 ggvis 插件包比 ggplot2 包更加灵活和简洁。

10.1.2　绘图语法

ggvis 插件包除了与 ggplot2 包有着相似的绘图理论，还在函数基本名称、图层叠加方式和图形输出等方面做了优化。在深入学习使用 ggivs 包绘制各类图形之前，有必要了解其绘图语法，下面将从基础语法、分组和图形交互 3 个方面进行探讨。

1. 基础语法

仍以 mtcars 数据集绘制散点图的示例代码为例，除了刚才提及的用管道函数 "%>%" 实现图层叠加之外，layer_point() 函数对应的图层参数设定依次为 x、y 和 fill。其中，x 和 y 参数分别对应横坐标和纵坐标，fill 参数为散点图填充颜色。参数名称与参数值间的 "=" 和 ":=" 表示是否将参数值固定。其中，"=" 表示将参数设定为变量值，相当于分组，可以理解为映射，对应参数值为 "~" 符号加上数据集变量名；":=" 表示将参数设定为固定值，可以理解为设置常量，对应参数值为 ggvis 插件包规定的绘图属性值。这种将变量值和固定常量进行有效区分的参数设定方式，比 ggplot2 包更加清晰明了。下面以散点图为例分别演示 "="（映射）、":="（设置常量）和 "~"（设定数据变量）的用法，示例代码如下：

```
# 将disp变量映射为x轴, mpg变量映射为y轴
ggvis(mtcars)%>%
  layer_points(x = ~wt,
```

```
                y = ~mpg)
# 将散点大小设置为300（像素）、边框为红色，填充颜色为蓝色，透明度为90，形状为方形
ggvis(mtcars)%>%
    layer_points(x = ~wt,
                 y = ~mpg,
                 size := 300,
                 stroke := "blue",
                 fill := "red",
                 opacity := 75,
                 shape := "circle")
```

以上代码运行结果如图 10-3 和图 10-4 所示。

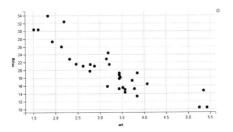

图 10-3　将 disp 变量映射为 x 轴，mpg 变量
映射为 y 轴

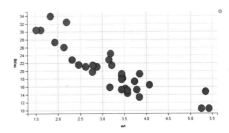

图 10-4　设置散点大小、边框颜色、填充颜色、
透明度和形状

2. 分组

上述散点图的大小、边框颜色、填充颜色、透明度和形状等属性除了可以设置为固定值（使用 ":=" 符号表示），还可以设置为变量，这个设置类似于 ggplot2 包中的分组变量。将数据变量作为分组参数时，参数名称和参数值中间应使用 "=" 符号，参数值前还应加上 "~" 符号，示例代码如下：

```
# 使用 vs 变量对散点大小参数进行分组（图10-5）
mtcars %>%
  ggvis(x = ~wt,
        y = ~mpg,
        size = ~vs)%>%
  layer_points()

# 使用 vs 变量对散点形状参数进行分组（图10-6）
mtcars %>%
  ggvis(x = ~wt,
        y = ~mpg,
        shape = ~factor(vs))%>%
  layer_points()
```

以上代码运行结果如图 10-5 和图 10-6 所示。

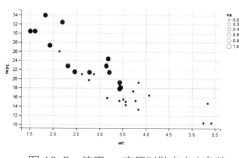

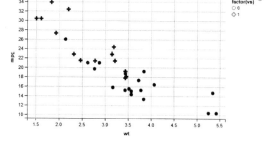

图 10-5　使用 vs 变量对散点大小参数　　　　图 10-6　使用 vs 变量对散点形状参数
进行分组图　　　　　　　　　　　　　进行分组

在对上述图形进行参数设置时，应注意将非数值型参数（如形状）的变量类型设定为因子型，否则 ggvis 插件包将出现无法自动获知变量范围的错误。例如，上例中形状参数不能设置为 shape = ~vs，而应设置为 shape = ~factor(vs)。

3. 图形交互

根据 ggvis 插件包开发文档的描述，ggvis 插件包较 ggplot2 包最明显的优势在于图形的可交互性。所谓的可交互性是相对于静态图形而言的，它可通过用户操纵图形的相关参数实现图片动态化，并呈现静态图所不能呈现的绚丽效果。ggvis 插件包实现图形交互的思路是：设置滑动条、选择框、下拉框等控件，使用户通过操作这些控件，实现多种图形参数的动态设置，图形就会随着用户的设置而动态更新。下面来看一个图形交互的例子，示例代码如下：

```
# 使用 vs 变量对散点大小参数进行分组（图 10-7）
mtcars %>%
  ggvis(x = ~wt, y = ~mpg)%>%
  layer_points(stroke := "black",
               fill := input_radiobuttons(
                 choices = c("红色" = "red",
                             "黄色" = "yellow",
                             "蓝色" = "blue"),
                 label = "颜色设置",
                 selected = "red"),
               opacity := input_slider(
                 min = 0.2,
                 max = 1,
                 step = 0.1,
                 label = "透明度设置"),
               size := input_slider(
                 min = 100,
                 max = 500,
                 step = 20,
                 label = "大小设置"),
               shape := input_select(
```

```
                     choices = c(" 圆形 " = "circle",
                                 " 正方形 " = "square",
                                 " 十字 " = "cross",
                                 " 菱形 " = "diamond",
                                 " 上三角形 " = "triangle-up",
                                 " 下三角形 " = "triangle-down"),
                     label = " 形状设置 ",
                     selected = "circle"))
```

以上代码运行结果如图 10-7 所示。

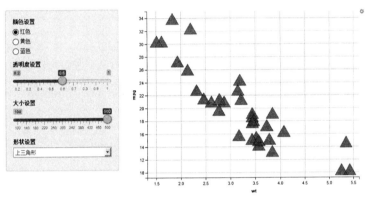

图 10-7　交互式图形示例

上例中通过对颜色、透明度、散点大小和形状进行动态设置，使每调整一个参数，其对应的图形就会更新。

除了上述控件外，ggvis 插件包还有复选框（input_checkbox 和 input_checkboxgroup）、单选按钮（input_radiobuttons）、数值输入框（input_numeric）和文字输入框（input_text）等控件可供选择，感兴趣的读者可查阅 ggvis 插件包说明文档了解这些控件的具体参数。

10.1.3　图层

与 ggplot2 包类似，ggvis 插件包绘制各类图形均是在图形对象 ggvis 插件包的基础上，通过管道函数 "%>%" 叠加图层的方式实现的。因此，ggvis 插件包除了可以生成单一图形，还可以生成组合图形，下面将讲解生成简单图形到组合图形的方式，同大家探讨 ggvis 插件包图层及其实现方法。

1. 简单图层

目前，ggvis 插件包支持绘制散点图、折线图、面积图、条形图、直方图、概率密度图、平滑曲线图、箱形图、矩形图和文字标签图等 10 余种图形。各种图形的绘图代码和运行结果如下。

（1）散点图。在 ggvis() 函数的基础上，使用 layer_points() 函数实现散点图的绘制。下面以 mtcars 数据集为例，绘制 wt 变量和 mpg 变量的散点图，示例代码如下：

```
# 散点图
mtcars %>% ggvis(x = ~wt,
                 y = ~mpg)%>%
  layer_points()
```

以上代码运行结果如图 10-8 所示。

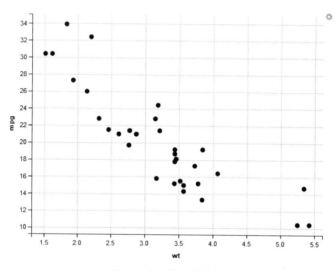

图 10-8 散点图示例

（2）折线图。在 ggvis() 函数的基础上，使用 layer_lines() 函数或 layer_path() 函数实现折线图的绘制。下面以 df 数据集为例，绘制 x 变量和 y 变量的折线图，示例代码如下：

```
df <- data.frame(x = 1:20,
                 y = runif(20))
df %>% ggvis(x = ~x,
             y = ~y)%>%
  layer_lines()


df %>% ggvis(x = ~x,
             y = ~y)%>%
  layer_paths()
```

以上代码运行结果如图 10-9 所示。

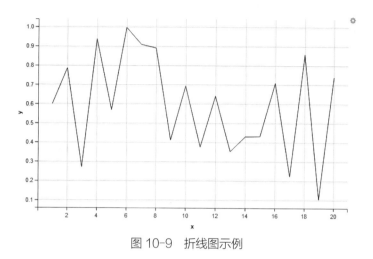

图 10-9　折线图示例

（3）面积图。在 ggvis() 函数的基础上，可以使用 layer_ribbons() 函数绘制面积图，示例代码如下：

```
df %>% ggvis(x = ~x,
             y = ~y,
             y2 = 0)%>%
   layer_ribbons(fill := "red")
```

以上代码运行结果如图 10-10 所示。

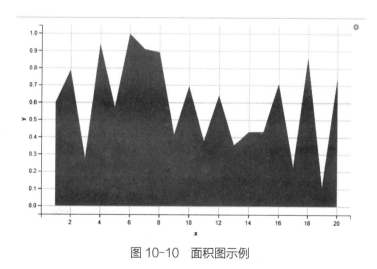

图 10-10　面积图示例

（4）条形图。可以使用 ggvis() 函数和 layer_bars() 函数组合绘制条形图，示例代码如下：

```
pressure %>%
   ggvis(x = ~temperature,
         y = ~pressure)%>%
   layer_bars(width = 10)
```

以上代码运行结果如图 10-11 所示。

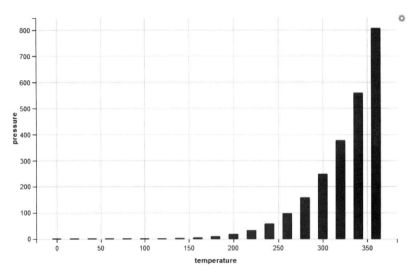

图 10-11　条形图示例

（5）直方图。可以使用 ggvis() 函数和 layer_histograms() 函数绘制直方图，示例代码如下：

```
x=rnorm(10000)
df<- data.frame(x=x,
                y=dnorm(x))
df %>%
  ggvis(x = ~x)%>%
  layer_histograms()
```

以上代码运行结果如图 10-12 所示。

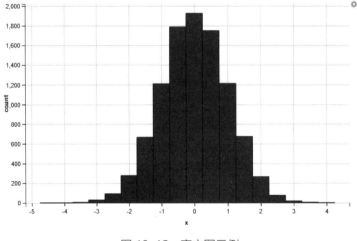

图 10-12　直方图示例

（6）概率密度图。可以使用ggvis() 函数和layer_densities() 函数绘制概率密度图，示例代码如下：

```
df %>%
  ggvis(x = ~x)%>%
  layer_densities()
```

以上代码运行结果如图 10-13 所示。

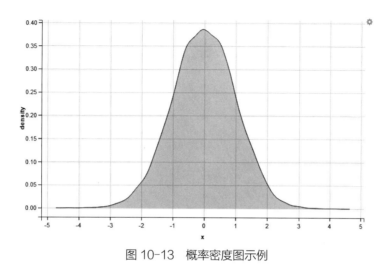

图 10-13　概率密度图示例

（7）平滑曲线图。可以使用 ggvis() 函数和 layer_smooths() 函数绘制平滑曲线图，示例代码如下：

```
mtcars %>%
  ggvis(x = ~wt,
        y = ~mpg)%>%
  layer_smooths(span = 1,
                se = T)
```

以上代码运行结果如图 10-14 所示。

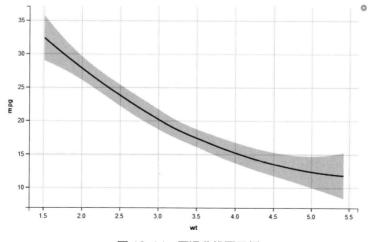

图 10-14　平滑曲线图示例

（8）箱形图。可以使用 ggvis() 函数和 layer_boxplots() 函数绘制箱形图，示例代码如下：

```
mtcars %>% ggvis(x = ~cyl,
                 y = ~mpg)%>%
  layer_boxplots(width = 0.5)
```

以上代码运行结果如图 10-15 所示。

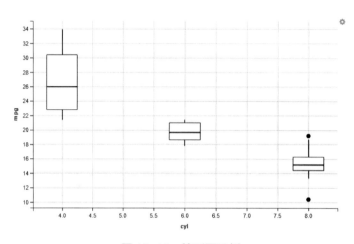

图 10-15　箱形图示例

（9）矩形图。可以使用 ggvis() 函数和 layer_rects() 函数绘制矩形图，示例代码如下：

```
df <- data.frame(x1 = runif(5),
                 x2 = runif(5),
                 y1 = runif(5),
                 y2 = runif(5))
df %>%
  ggvis(~x1,
        ~y1,
        x2 = ~x2,
        y2 = ~y2)%>%
  layer_rects(fillOpacity := 0.1)
```

以上代码运行结果如图 10-16 所示。

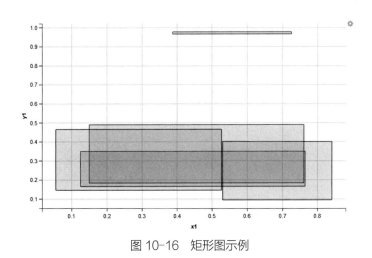

图 10-16　矩形图示例

（10）文字标签图。可以使用 ggvis() 函数和 layer_text() 函数绘制文字标签图，示例代码如下：

```
df <- data.frame(x = 3:1,
                 y = c(1, 3, 2),
                 label = c("a", "b", "c"))
df %>%
  ggvis(x = ~x,
        y = ~y,
        text := ~label)%>%
  layer_text(fontSize := 50)
```

以上代码运行结果如图 10-17 所示。

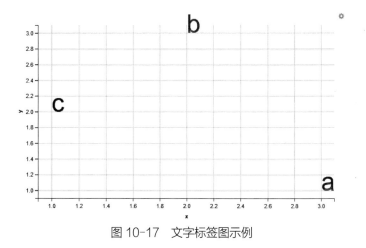

图 10-17　文字标签图示例

2. 组合图形

除了绘制简单图形，ggvis 插件包还可以在同一个绘图对象上组合多个图层，创建丰富的图层，这就需要在多个绘图元素上进行分层。下面用一个示例来说明 ggvis 插件包是如何生成组合图形的，示例代码如下：

```
p<-mtcars %>%
  ggvis(~wt, ~mpg)%>%
  layer_lines(strokeWidth := 2)%>%
  layer_points(fill := "white",
               stroke := "black",
               size := 100,
               shape := "circle")%>%
  layer_smooths(span = 1,
                strokeWidth := 5,
                stroke := "red",
                se = T)
```

以上代码运行结果如图 10-18 所示。

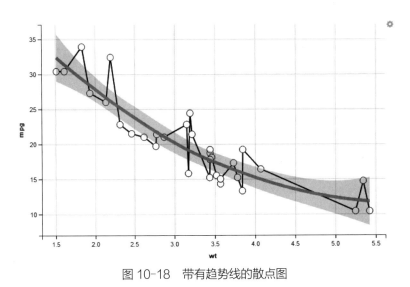

图 10-18　带有趋势线的散点图

上例中使用了 3 个图层，即折线图、散点图和平滑曲线图。其中，可通过设置 strokeWidth 参数控制折线图层的折线粗细，设置 fill、stroke、size 和 shape 参数控制散点的填充颜色、边框颜色、宽度和形状，设置 span、strokeWidth、stroke 和 se 参数控制平滑曲线图的跨度、曲线粗细、线条颜色和误差区间。这类散点、折线和趋势线图层的组合使用，可以使用户一目了然地掌握散点的分布情况和趋势。可见，图层的组合使用极大地丰富了图形提供的信息。

10.1.4　图形修饰

一般情况下使用 ggvis 插件包绘制图形，在各类图层生成完毕后，这项工作就可以结束了，因为 ggvis 插件包默认的图形修饰元素（如坐标轴、标度、图例等）已十分完善。当然，如果要对图形进行精雕细琢，那不妨再了解一下 ggvis 插件包的图形修饰功能。

1. 坐标轴

不同于 ggplot2 包将坐标轴（包括图例）作为标度属性指定的一部分且唯一，ggvis 插件包允许指定多个坐标轴，并且每个坐标轴之间的标度属性更为灵活。ggivs 插件包使用 add_axis() 函数设定坐标轴，下面以散点图为例来说明 add_axis() 对坐标轴的设定，示例代码如下：

```
mtcars %>%
  ggvis(x = ~wt, y = ~mpg)%>%
  layer_points()%>%
  add_axis(type = "x",
           title = "Weight",
           title_offset = 60,
           ticks = 7,
           tick_size_major = 10,
           tick_size_minor = 5,
           tick_size_end = 15,
           tick_padding = 10,
           orient = "top",
           properties = axis_props(
             labels = list(
               fill = "steelblue",
               angle = 0,
               fontSize = 14,
               align = "middle",
               baseline = "middle",
               dx = 10),
             title = list(
               fontSize = 30),
             ticks = list(
               stroke = "red"),
           ))%>%
  add_axis(type = "x",
           title = "Weight",
           title_offset = 40,
           ticks = 7,
           tick_size_major = 10,
           tick_size_minor = 5,
           tick_size_end = 15,
           tick_padding = 10,
           orient = "bottom")%>%
  add_axis("y",
           title = "Miles per gallon",
           title_offset = 50,
           orient = "left")
```

以上代码运行结果如图 10-19 所示。

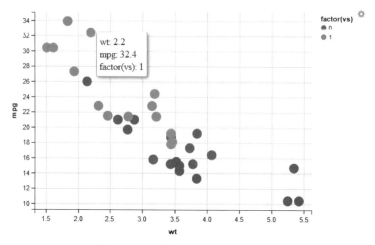

图 10-19　坐标轴自定义设定示例

上例中对横坐标添加了顶端和底端两个坐标轴，并且对两个横坐标轴设定了不同的样式。除了上例中的参数设定，add_axis() 函数还有 10 余种自定义参数，具体如下。

（1）vis：ggvis 插件包绘图对象，此参数可省略。

（2）type：字符型，需要添加的坐标轴名称，一般为 x 或 y。

（3）scale：字符型，需要指定的坐标轴标度的类型名称，ggvis 插件包通常会自动根据数据类型设定坐标轴的标度，如无特殊需求可忽略。

（4）orient：字符型，坐标轴的方向，有 top（上）、bottom（下）、left（左）和 right（右）4个参数值可供选择。

（5）title：字符型或列表，坐标轴标题及格式。当 title 为字符型时，表示坐标轴标题；当其为列表型时，表示坐标轴标题的样式，有 fontSize（字体大小）等参数值可设定。

（6）title_offset：数值型，坐标轴标题到坐标轴的距离，以像素为单位。

（7）ticks：数值型或列表型。当其为数值型时，表示坐标轴轴须的数量；当其为列表型时，表示轴须的样式，有 stroke（轴须颜色）等参数值可设定。

（8）ticks_pading：数值型，轴须和坐标轴标签之间的距离，以像素为单位。

（9）tick_size_major：数值型，主要轴须的大小，以像素为单位。

（10）tick_size_minor：数值型，次要轴须的大小，以像素为单位。

（11）tick_size_end：数值型，坐标轴末端轴须的大小，以像素为单位。

（12）layer：字符型，坐标轴对象处于绘图对象图层的位置，有 front（前）和 back（后）两个参数值可选。

（13）properties：ggvis 插件包所依赖的 Vega.js 库内的其他可选参数，参数值均以列表型数据呈现，除了上述的 title、ticks，还有较为重要的 labels（坐标轴标签的样式）、fill（颜色）、angle（旋转角度）、fontSize（字号）、align（水平位置）、baseline（处于基线的位置）、dx（标签位置平移）等参数值可设定。

2. 标度

坐标轴标度作为坐标轴设定的补充，对于特定图形修饰有着极其重要的意义。ggvis 插件包有 3 种常用的坐标轴标度设定，即数值型、名义型和日期型，这 3 种坐标轴标度基本满足了所有 ggvis 插件包图形对坐标轴标度设定的需求。下面分别用 3 个示例演示坐标轴标度的设定方式，具体如下。

（1）数值型。数值型标度对应的数据为数值型，可以使用 scale_numeric() 函数进行设定，示例代码如下：

```
mtcars %>%
  ggvis(x= ~wt, y = ~mpg)%>%
  layer_points()%>%
  scale_numeric(property = "x",
                domain = c(1,6),
                label = " 横坐标 ",
                nice = FALSE)%>%
  scale_numeric(property = "y",
                domain = c(5, 40),
                label = " 纵坐标 ",
                nice = FALSE)
```

以上代码运行结果如图 10-20 所示。

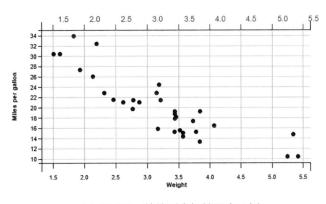

图 10-20　数值型坐标轴设定示例

（2）名义型。名义型标度对应的数据为字符型或因子型，可以使用 scale_nominal() 函数进行设定，示例代码如下：

```
mtcars %>%
  group_by(vs)%>%
  ggvis(x = ~wt, y = ~mpg,
        fill = ~factor(vs))%>%
  layer_points()%>%
  scale_nominal(property = "fill",
                range = c("red","black"),
                label = "Engine")
```

以上代码运行结果如图 10-21 所示。

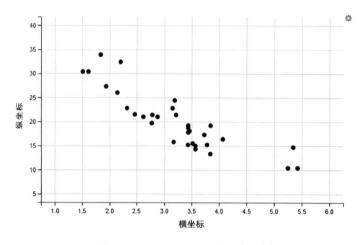

图 10-21　名义型坐标轴设定示例

（3）时间型。时间型标度对应的数据为日期型，可以使用 scale_datetime() 函数进行设定，示例
代码如下：

```
df <- data.frame(
  time = as.Date("2019-05-01")+ 0:9,
  value = seq(1, 10,
              length.out = 10)+ rnorm(10)
)
df %>% ggvis(x = ~time,
             y = ~value)%>%
  layer_points()%>%
  scale_datetime(property = "x",
                 nice = "day",
                 label = "日期")
```

以上代码运行结果如图 10-22 所示。

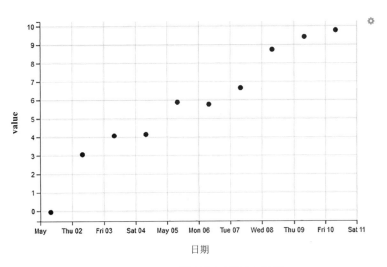

图 10-22　日期型坐标轴设定示例

上述 3 个坐标轴标度设定函数有 4 个共同参数，具体如下。

（1）property：字符型，坐标轴标度对应的坐标轴名称。

（2）domain：数值型或字符串型，当其为数值型时用于数值型标度，参数值为坐标轴对应的最大值、最小值；当其为字符串型时用于名义标度或时间标度，参数值为坐标轴数据的 levels。

（3）label：字符型，坐标轴标题。

（4）nice：逻辑型或字符型，当其为逻辑型时用于数值型标度，表示是否将坐标轴数值的标签美化（如 6.99 显示为 7）；当其为字符型时用于时间型标度，表示指定日期型坐标轴美化的方式，有 day、week、month 和 year 等值可供选择。

3. 图例

ggvis 插件包的图例设定与 ggplot2 包大同小异，主要包含 scales（设定图例对应的分组名称）、title（图例标题）、orient（图例位置，包含左和右两种选择）和 values（图例对应的标签值），图例设定示例代码如下：

```
mtcars %>%
  ggvis(x= ~wt,
        y = ~mpg,
        fill = ~factor(vs))%>%
  layer_points()%>%
  add_legend(scales = "fill",
             title = "Engine",
             orient = "right",
             values = c("1","0"))
```

以上代码运行结果如图 10-23 所示。

387

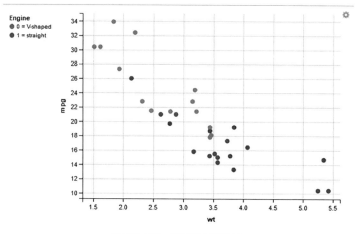

图 10-23　图例设定示例

4. 数据标签

　　ggvis 插件包的输出图形可以是网页格式的，这就为 ggvis 插件包的图形赋予了 ggplot2 包的图形对象所无法比拟的功能，即交互式数据标签。传统 ggplot2 包添加数据标签需要将其作为文本，并指定位置参数来进行设定，而 ggvis 插件包则可以使用鼠标事件，通过单击或滑动等操作显示当前鼠标对应位置的变量标签，更具有交互性。ggvis 插件包主要使用 add_tooltip() 函数实现此功能，示例代码如下：

```
data_labels <- function(x){
  if(is.null(x))
    return(NULL)
  paste0(names(x),
        ": ", format(x),
        collapse = "<br />")
}
mtcars %>%
 ggvis(x= ~wt,
       y = ~mpg,
       fill = ~factor(vs))%>%
  layer_points(size := 200)%>%
  add_tooltip(html = data_labels,
             on = "hover")
```

　　以上代码运行结果如图 10-24 所示。

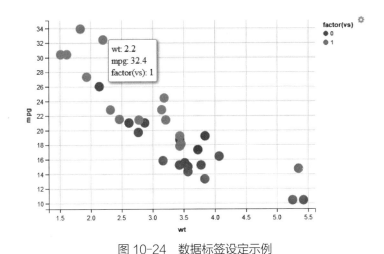

图 10-24　数据标签设定示例

上例中，首先定义了一个名为 data_labels() 的函数，用于显示 x 轴和 y 轴的变量名称及对应的数据，随后 add_tooltip() 函数的 html 参数指定调用该函数，并通过设定 on 参数为 hover（滑动事件）来激活该函数。on 参数设定鼠标事件除了可以选用 hover，还可以选用 click（单击事件）。

10.2　plotly 插件包

plotly 插件包由 Carson Sievert 等人联合开发，该插件包在开源 JavaScript 图形库 ployly.js 的基础上，融合 ggplot2 包的图形可视化思路，形成与 ggplot2 包兼容且图形种类多样的综合性 R 语言交互式绘图包。提起 ployly.js 图形库，想必很多读者都有所耳闻，它由著名的数据可视化公司 Plotly 开发，除了 R 语言扩展插件，该图形库还提供了 Python、MATLAB 和 JavaScript 等语言的扩展插件。此外，基于该图形库还开发了 DASH（基于网页的数据分析应用）、Chart Studio（在线绘图工具）和 Plotly OEM（嵌入式人工智能分析工具）3 款数据可视化产品。

R 语言开发者对 plotly.js 的封装由来已久，最新版的 plotly 插件包不仅支持创建 plotly 绘图对象，还提供了在线创建数据可视化 R Dashboard 方案，极大地拓展了数据可视化的途径。R Dashboard 可视化展示页面如图 10-25 所示。

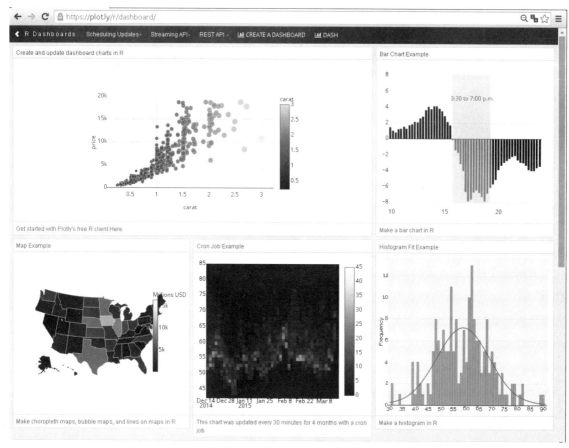

图 10-25　R Dashboard 示例

plotly 插件包创建绘图对象的方式主要有两种：一种是将 ggplot2 包的对象通过 ggplotly 函数转换为 plotly 插件包的绘图对象，另一种是直接使用或初始化 plotly 绘图函数创建绘图对象。下面将从对 ggplot2 包的扩展、绘图语法、各类图形实现和图形修饰 4 个方面探讨 plotly 插件包的使用方法。

10.2.1　plotly插件包对ggplot2包绘图对象的扩展

同 ggvis 插件包类似，plotly 插件包也支持对 ggplot2 包绘图对象的扩展。其扩展方式是，使用 ggplotly() 函数将 ggplot2 包绘图对象转换为 plotly 插件包绘图对象，使原本并不支持交互的静态图像转变为支持交互的动态 Web 图像，示例代码如下：

```
library(plotly)
library(ggplot2)
# 使用 iris 数据集创建 ggplot 绘图对象（图 10-26）
p <- ggplot(data = iris,
            aes(x = Sepal.Length,
                y = Sepal.Width,
                colour = Species))+
```

```
        geom_point()
p
# 使用 ggplotly 函数将 ggplot 对象转换为 plotly 对象（图 10-27）
ggplotly(p)
```

以上代码运行结果如图 10-26 和图 10-27 所示。

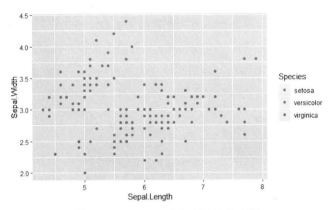

图 10-26　ggplot2 包创建的散点图

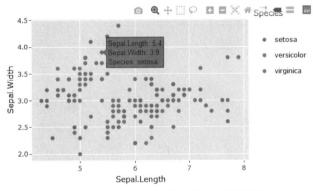

图 10-27　ggplotly 函数转换过后的散点图

上例中，ggplot2 包绘制的静态散点图经过 ggplotly() 函数的转换，拥有了交互功能。不仅可以通过鼠标滑动获知每个点对应的数据标签，还可以通过单击右边图例中的点来控制散点的显示或隐藏。这对于 ggplot2 包的用户来说无疑是一个非常值得称赞的函数，可以在不改变原有绘图代码的情况下，轻松实现由静态图形向动态可交互图形的跨越。

10.2.2　绘图语法

如前所述，plotly 插件包除了可以将 ggplot 绘图对象扩展为 plotly 对象，其自身也可以绘制各类图形。那么 plotly 插件包是如何将 R 语言的数据框转换为绘图对象，进而实现图形交互的呢？本小节将从绘图原理、基础语法和图形交互 3 个方面探讨 plotly 插件包的绘图语法。

1. 绘图原理

根据 Carson Sievert 等人发布的使用手册的描述，R 语言环境下将 R 语言代码转换为 plotly 插件包图形的关键在于 plotly.js 所需的 JSON（JavaScript Object Notation，JavaScript 的数据交换格式）格式数据的转换。这种转换通常要经过以下 3 个步骤。

步骤 1：使用 plotly_build() 函数将 R 语言代码转换为 R 语言列表。

步骤 2：使用 plotly_json() 函数将 R 语言列表转换为 JSON 格式数据并传递给 plotly.js。

步骤 3：由 plotly.js 根据输入的数据生成 plotly 插件包图形，并将其显示在 Web 浏览器上。

为便于读者理解，下面将这个转换过程用图的形式呈现出来，如图 10-28 所示。

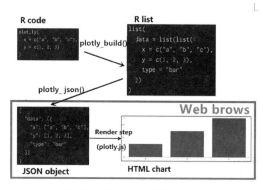

图 10-28　plotly 绘图原理

2. 基础语法

plotly 插件包主要是通过 plot_ly 函数实现图形生成的。与 ggvis 插件包相同，plotly 插件包也使用管道函数 "%>%" 进行图层叠加，但 plotly 插件包并未对参数的界定方式做严格区分。下面以 iris 数据集绘制散点图为例，演示 plotly 插件包生成图形的语法，示例代码如下：

```
p <- plot_ly(data = iris,
          x = ~Sepal.Length,
          y = ~Petal.Length,
          type = "scatter")%>%
   layout(title = 'Styled Scatter',
          yaxis = list(zeroline = FALSE),
          xaxis = list(zeroline = FALSE))
p
```

以上代码运行结果如图 10-29 所示。

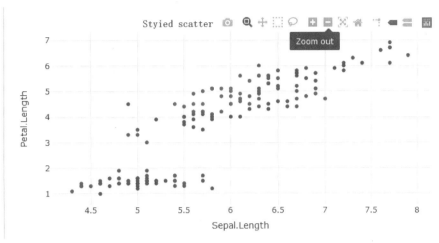

图 10-29　plotly 绘图散点图示例

上例中，plotly 插件包绘制散点图首先要为 plot_ly() 函数指定 data（数据集）、x（横坐标）、y（纵坐标）和 type（图形类型）等参数，然后使用管道函数 "%>%" 为散点图叠加 layout 图层即可。当然，如果只需要生成简单的散点图，也可以不添加 layout 图层。此外，还可以使用 add 开头的函数（如 add_trace）添加不同的图层，以实现图层叠加。

3. 图形交互

与 ggvis 插件包类似，plotly 插件包实现图形交互也是通过按钮框、滑动条和下拉框等控件实现的。不同的是，plotly 还可以通过 Tooltip 实现单击图例元素达到图形交互的目的。为便于读者理解，下面仍以 iris 数据集绘制散点图为例来进行说明。

（1）使用控件。根据 plotly 插件包开发手册，plotly 实现图形交互的控件主要包括按钮框、滑动条和下拉框 3 种。以 iris 数据集为例，绘制 Species 的 Sepal.Length 和 Petal.Length 散点图，并分别使用上述 3 个控件实现图形交互。

①按钮框控件。在演示之前需要对 iris 数据集进行重塑，以达到绘制图形的要求。此外，还需要对 3 种 Species 形状参数进行设置。设置完毕后，创建一个名为 button 的按钮框参数列表，并在 layout() 函数内指定 updatemenus 参数为 button 控件，示例代码如下：

```
setosa_Sepal <- iris$Sepal.Length[which(iris$Species=="setosa")]
setosa_Petal <- iris$Petal.Length[which(iris$Species=="setosa")]
versicolor_Sepal <- iris$Sepal.Length[which(iris$Species=="versicolor")]
versicolor_Petal <- iris$Petal.Length[which(iris$Species=="versicolor")]
virginica_Sepal <- iris$Sepal.Length[which(iris$Species=="virginica")]
virginica_Petal <- iris$Petal.Length[which(iris$Species=="virginica")]
# 设置形状参数
setosa = list(
  type = 'circle',
  xref ='x', yref='y',
  x0=min(setosa_Sepal),
  y0=min(setosa_Petal),
```

```
      x1=max(setosa_Sepal),
      y1=max(setosa_Petal),
      opacity=0.25,
      line = list(color="#835AF1"),
      fillcolor="#835AF1")
  versicolor = list(
      type = 'circle',
      xref ='x', yref='y',
      x0=min(versicolor_Sepal),
      y0=min(versicolor_Petal),
      x1=max(versicolor_Sepal),
      y1=max(versicolor_Petal),
      opacity=0.25,
      line = list(color="#835AF1"),
      fillcolor="#835AF1")
  virginica = list(
      type = 'circle',
      xref ='x', yref='y',
      x0=min(virginica_Sepal),
      y0=min(virginica_Petal),
      x1=max(virginica_Sepal),
      y1=max(virginica_Petal),
      opacity=0.25,
      line = list(color="#835AF1"),
      fillcolor="#835AF1")
  # 创建按钮控件
  buttons <- list(
      list(
        active = -1,
        type = 'buttons',
        buttons = list(

          list(
            label = "None",
            method = "relayout",
            args = list(list(
              shapes = c()))),

          list(
            label = "setosa",
            method = "relayout",
            args = list(list(
              shapes = list(setosa, c(), c())))),

          list(
            label = "versicolor",
```

```
                    method = "relayout",
                    args = list(list(
                      shapes = list(c(), versicolor, c())))),

                list(
                    label = "virginica",
                    method = "relayout",
                    args = list(list(
                      shapes = list(c(), c(), virginica)))),

                list(
                    label = "All",
                    method = "relayout",
                    args = list(list(
                      shapes = list(setosa,versicolor,
                                    virginica))))
        )
    )
)
# 创建按钮控件交互
p1 <- plot_ly(type = 'scatter',
              mode='markers')%>%
  add_trace(x=setosa_Sepal,
            y=setosa_Petal,
            mode='markers',
            marker=list(
              color='#835AF1'))%>%
  add_trace(x=versicolor_Sepal,
            y=versicolor_Petal,
            mode='markers',
            marker=list(
              color='#7FA6EE'))%>%
  add_trace(x=virginica_Sepal,
            y=virginica_Petal,
            mode='markers',
            marker=list(
              color='#B8F7D4'))%>%
  layout(title = "Highlight Species(Buttons in R)",
         showlegend = FALSE,
         updatemenus = buttons)
p1
```

以上代码运行结果如图 10-30 所示。

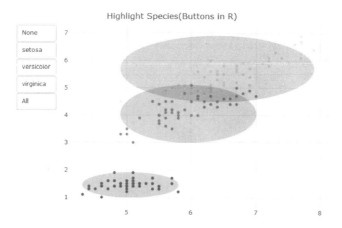

图 10-30　使用按钮控件实现图形交互的示例

②下拉框控件。以按钮框控件示例所用的数据集和 Species 形状参数为基础，创建名为 dropdown 的下拉框参数列表，然后指定 layout() 函数的 updatemenus 参数为 dropdown 控件，示例代码如下：

```
dropdown <- list(
  list(
    type = 'dropdown',
    buttons = list(
      list(
        label = "None",
        method = "relayout",
        args = list(
          list(shapes = c()))),

      list(
        label = "setosa",
        method = "relayout",
        args = list(list(
          shapes = list(
            setosa, c(), c())))),

      list(
        label = "versicolor",
        method = "relayout",
        args = list(list(
          shapes = list(
            c(), versicolor, c())))),
```

```
      list(
        label = "virginica",
        method = "relayout",
        args = list(list(
          shapes = list(
            c(), c(), virginica)))),

      list(
        label = "All",
        method = "relayout",
        args = list(list(
          shapes = list(
            setosa,versicolor,
            virginica)))))
    )
  )
)
p2 <- plot_ly(type = 'scatter',
            mode='markers')%>%
  add_trace(x=setosa_Sepal,
            y=setosa_Petal,
            mode='markers',
            marker=list(
              color='#835AF1'))%>%
  add_trace(x=versicolor_Sepal,
            y=versicolor_Petal,
            mode='markers',
            marker=list(
              color='#7FA6EE'))%>%
  add_trace(x=virginica_Sepal,
            y=virginica_Petal,
            mode='markers',
            marker=list(
              color='#B8F7D4'))%>%
  layout(title = "Highlight Species(Dropdown Events in R)",
        showlegend = FALSE,
        updatemenus = dropdown)
p2
```

以上代码运行结果如图 10-31 所示。

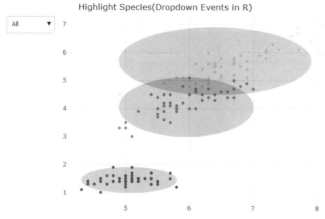

图 10-31　使用下拉框实现图形交互的示例

③滑动条控件。与前面的按钮框和下拉框控件类似，创建一个名为 slider 的滑动条参数列表，并指定 layout() 函数的 sliders 参数为 slider，其示例代码如下：

```
slider <- list(
  list(
    active = 1,
    currentvalue = list(
      prefix = "Species: "),
    steps = list(
      list(
        label = "None",
        value = "1",
        method = "relayout",
        args = list(
          list(shapes = c()))),

      list(
        label = "setosa",
        method = "relayout",
        value = "2",
        args = list(list(
          shapes = list(
            setosa, c(), c())))),

      list(
        label = "versicolor",
        method = "relayout",
        value = "3",
        args = list(list(
          shapes = list(
            c(),versicolor, c())))),
```

```
    list(
      label = "virginica",
      method = "relayout",
      value = "4",
      args = list(list(
        shapes = list(
          c(), c(), virginica)))),

    list(
      label = "All",
      method = "relayout",
      value = "5",
      args = list(list(
        shapes = list(
          setosa,versicolor,
          virginica)))))
    )
  )
)

# 创建滑动条控件交互
p3 <- plot_ly(type = 'scatter',
            mode='markers')%>%
  add_trace(x=setosa_Sepal,
          y=setosa_Petal,
          mode='markers',
          marker=list(
            color='#835AF1'))%>%
  add_trace(x=versicolor_Sepal,
          y=versicolor_Petal,
          mode='markers',
          marker=list(
            color='#7FA6EE'))%>%
  add_trace(x=virginica_Sepal,
          y=virginica_Petal,
          mode='markers',
          marker=list(
            color='#B8F7D4'))%>%
  layout(title = "Highlight Species(Sliders in R)",
        showlegend = FALSE,
        sliders = slider)
p3
```

以上代码运行结果如图 10-32 所示。

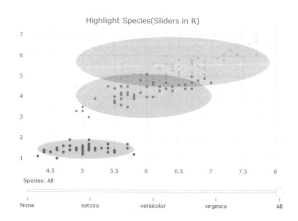

图 10-32　使用滑动条控件实现图形交互的示例

上述 3 个交互控件示例的主要区别在于控件参数列表和 layout() 函数参数的指定上。其中，按钮控件参数列表和下拉框控件参数列表的创建过程类似，区别在于 active 参数和 type 参数，但两者对 layout() 函数控件的调用方法一致。创建滑动条控件参数列表时无须指定 type 参数，但需要单独指定 step 参数，layout 函数也需要单独指定 siders 参数，而非 updatemenus 参数。

（2）使用 Tooltip。除了上述 3 种控件可以实现图形交互，plotly 插件包还可通过 Tooltip 方式实现。该方式主要针对 ggplot 绘图对象，当然 plotly 插件包也可以实现类似效果。下面以使用 iris 数据集绘制散点图为例演示 Tooltip 的用法，示例代码如下：

```
p <- plot_ly(data = iris,
            x = ~Sepal.Length,
            y = ~Petal.Length,
            color = ~ Species,
            symbol = ~Species,
            symbols = c('circle','x','o'),
            marker = list(size = 10),
            type = 'scatter',
            mode = "makers")%>%
  layout(title = 'Highlight Species(Tooltip)',
        yaxis = list(zeroline = FALSE),
        xaxis = list(zeroline = FALSE))
p
```

以上代码运行结果如图 10-33 所示。

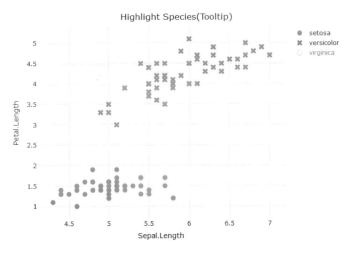

图 10-33　Tooltip 实现图形交互的示例

上例的运行结果与 10.2.1 小节中示例的运行结果一样，用户不仅可以通过滑动鼠标获知每个点对应的数据标签，还可以单击右边图例中的标签来控制图中散点的显示或隐藏，进而实现图形交互。

10.2.3　绘图示例

根据官网介绍，plotly 插件包不仅可以绘制常规图形，还可以绘制统计图形、科学图形、金融图形、地图和 3D 图形等多类图形，支持的图形有近百种。本小节将挑选一些常用的图形同读者探讨 plotly 的绘制方法。

1. 条形图

绘制条形图除了使用基础函数 plot_ly()，还可以使用 add_bars() 函数实现，示例代码如下：

```
# 以 iris 数据集为例创建绘图数据
data<-data.frame(
  Species=names(tapply(iris$Sepal.Length,
                       iris$Species,mean)),
  Sepal.Length=c(tapply(iris$Sepal.Length,
                       iris$Species,mean)),
  Petal.Length=c(tapply(iris$Petal.Length,
                       iris$Species,mean)))

# 绘制单组条形图（见图 10-34）
p1_1 <- plot_ly(data = data,
                x = ~Species,
                y = ~Sepal.Length,
                name = "Sepal.Length",
                type = "bar")
p1_1
```

```
# 绘多组条形图（见图 10-35）
p1_2 <- p1_1 %>%
  add_bars(y = ~Petal.Length,
           name = "Petal.Length")%>%
  layout(yaxis = list(title = 'Length'),
         barmode = 'group')
p1_2

# 绘制堆积条形图（见图 10-36）
p1_3 <- p1_1 %>%
  add_bars(y = ~Petal.Length,
           name = "Petal.Length")%>%
  layout(yaxis = list(title = 'Length'),
         barmode = 'stack')
p1_3
```

上述代码运行结果如图 10-34、图 10-35 和图 10-36 所示。

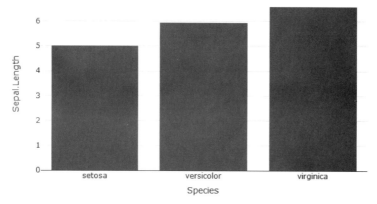

图 10-34　单组条形图示例

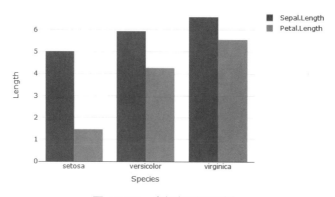

图 10-35　多组条形图示例

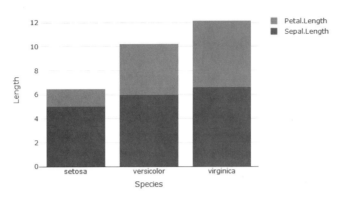

图 10-36　堆积条形图示例

不难发现，单组条形图和多组条形图的区别在于，后者使用 add_bars() 函数又叠加了一个条形图层，然后再指定 layout 图层的 barmode 参数控制是否分组（barmode="group"）或堆积（barmode="stack"）即可。

2. 散点图和折线图

绘制散点图和折线图主要使用 plot_ly() 函数和 add_trace() 函数，并指定 mode 参数叠加图层实现，示例代码如下：

```
trace_0 <- rnorm(100, mean = 15)
trace_1 <- rnorm(100, mean = 10)
trace_2 <- rnorm(100, mean = 5)
x <- c(1:100)

data <- data.frame(x,
                   trace_0,
                   trace_1,
                   trace_2)

p2 <- plot_ly(data, x = ~x,
              y = ~trace_0,
              name = "lines",
              type = "scatter",
              mode = "lines")%>%
  add_trace(y = ~trace_1,
            name = "lines+points",
            mode = "lines+markers")%>%
  add_trace(y = ~trace_2,
            name = "points",
            mode = "markers")
p2
```

以上代码运行结果如图 10-37 所示。

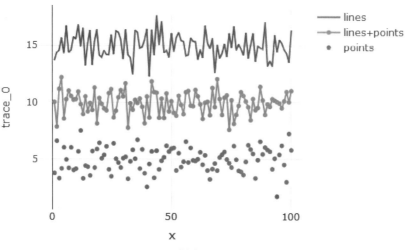

图 10-37　散点图和折线图示例

上例中，plot_ly() 函数除了要指定通用参数 data、x 和 y，还要指定 type（绘图类型，本例为 scatter）、mode（绘图模式，本例为 lines）和 name（图例名称，本例为 lines）。图层叠加函数 add_trace 参数的指定方式与 plot_ly() 函数类似，不再赘述。

3. 面积图

与前面两个图形类似，绘制面积图也需要组合使用 plot_ly() 函数和 add_trace() 函数。下面以绘制不同形态的正态分布面积图为例来演示面积图的绘制方法，示例代码如下：

```
x = seq(from = -4,to = 4,by = 0.1)
norm1 <- data.frame(x = x,
                    y = dnorm(x,
                              mean = 0,
                              sd = 1))

norm2 <- data.frame(x = x,
                    y = dnorm(x,
                              mean = 0,
                              sd = 0.5))

p3 <- plot_ly(x = ~norm1$x,
              y = ~norm1$y,
              type = "area",
              mode = "area",
              name = "norm1",
              fill = "tozeroy")%>%
  add_trace(x = ~norm2$x,
            y = ~norm2$y,
            mode = "area",
            name = "norm2",
```

```
                    fill = "tozeroy")%>%
    layout(xaxis = list(title = "x"),
            yaxis = list(title = "y"))
p3
```

以上代码运行结果如图 10-38 所示。

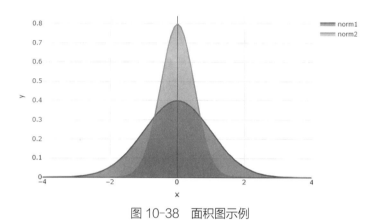

图 10-38　面积图示例

上例中，首先使用 dnorm() 函数构造了两个不同形态的正态分布数据集，随后调用 plot_ly() 函数，分别指定 x、y、type（本例为 area）、mode、name 和 fill（面积填充方式，本例为 tozeroy，即向 y=0 轴填充）等参数，最后以同样的方式调用 add_trace() 函数实现两个图层的叠加。

4. 饼图

通常饼图用于呈现类别百分比的数据，plotly 插件包通过调用 add_pie() 函数来绘制饼图及其变式圆环图。下面以 5 个类别所占的百分比数据为例，演示饼图及圆环图的绘制方法，示例代码如下：

```
# 构建绘图数据集
data<-data.frame(Category = c("类别1","类别2",
                                "类别3","类别4",
                                "类别5"),
                values = c(0.35,0.25,
0.20  ,0.15,0.05),
                stringsAsFactors = T)

# 绘制饼图（见图10-39）
p4_1 <- plot_ly(data = data,
                labels = ~Category,
                values = ~values)%>%
    add_pie()

p4_1
```

```
# 绘制圆环图（见图10-40）
p4_2 <- plot_ly(data = data,
                labels = ~Category,
                values = ~values)%>%
  add_pie(hole = 0.5)
p4_2
```

以上代码运行结果如图 10-39 和图 10-40 所示。

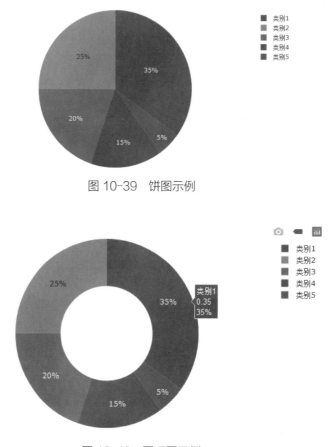

图 10-39　饼图示例

图 10-40　圆环图示例

上例中，首先对 plot_ly() 函数指定 data、labels（类别名称）和 values（类别对应的数值）等参数，随后调用 add_pie 函数实现饼图绘制。不难发现，圆环图与饼图绘制的区别在于指定 hole（空心比例，本例为 0.5）参数。

5. 箱形图

箱形图主要用于呈现一组或多组数据的分布情况，使用 plotly 插件包绘制箱形图主要通过指定 plot_ly() 函数的 type 参数和 add_trace() 函数的 mode 参数为 box 来实现。下面以 iris 数据集为例，绘制箱形图描述花冠（sepal）和花瓣（petal) 长宽的分布情况，示例代码如下：

```
p5 <- plot_ly(x = ~iris$Sepal.Length,
              name = "Sepal Length",
              type ="box")%>%
  add_trace(x = ~iris$Sepal.Width,
            mode = "box",
            name = "Sepal Width")%>%
  add_trace(x = ~iris$Petal.Length,
            mode = "box",
            name = "Petal Length")%>%
  add_trace(x = ~iris$Petal.Width,
            mode = "box",
            name = "Petal Width")%>%
  layout(xaxis = list(title = ""))
p5
```

以上代码运行结果如图 10-41 所示。

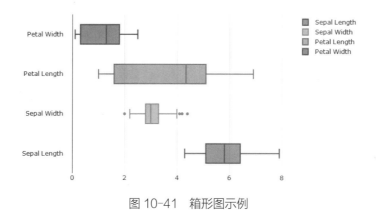

图 10-41　箱形图示例

6. 直方图

直方图主要用于考察一组数据的频次分布情况，plotly 插件包有两种方式实现直方图绘制：一种是直接调用 plot_ly() 函数并指定 x、type（本例为 histogram）、maker（标记参数，非必需）和 histnorm（直方图纵坐标统计类型）等参数完成绘制；另一种是使用 add_trace() 函数通过图层叠加方式绘制，示例代码如下：

```
# 方式1
p6_1 <- plot_ly(x = rnorm(1000),
                type = "histogram",
                marker = list(
                  color = "rgb(158,202,225)",
                  line = list(
                    color = "rgb(8,48,107)",
                    width = 1.5)),
                histnorm = "probability")
p6_1
```

```
# 方式2
p6_2 <- plot_ly(x = rnorm(1000))%>%
    add_histogram(marker = list(color = "rgb(158,202,225)",
                                line = list(
                                    color = "rgb(8,48,107)",
                                    width = 1.5)),
                  histnorm = "probability")
p6_2
```

以上代码运行结果如图 10-42 所示。

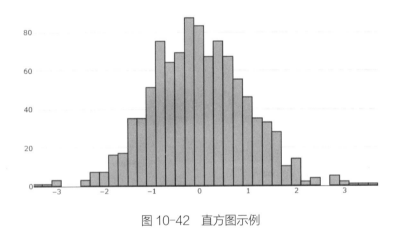

图 10-42　直方图示例

上例中，marker 参数和 histnorm 参数并非是绘制直方图所必需的，但使用该参数可以使直方图更加美观。前者用于设置直方图条形的边框线，颜色设置可直接使用 RGB 值；后者主要用于说明直方图纵坐标数据的统计类型，有 count（频次，默认设置）和 probability（概率）两种参数值可选。

7. 雷达图

雷达图主要用于对比多个类别的数据在不同维度上的情况，可以通过指定 plot_ly 函数的 type 参数为 scatterpolar 和添加 add_trace 图层来实现。下面以两组群体分别在 6 个类别上的数据对比为例来演示雷达图的绘制方法，示例代码如下：

```
# 构建数据集
data <- data.frame(x = c("A","B","C",
                         "D","E","F"),
                   trace1 = c(40,50,60,
                              30,50,40),
                   trace2 = c(70,60,70,
                              35,25,70),
                   stringsAsFactors = F)

p7 <- plot_ly(
```

```
type = "scatterpolar",
mode = "makers",
fill = "toself")%>%
add_trace(
  r = c(data$trace1,data$trace1[1]),
  theta = c(data$x,data$x[1]),
  name = " 类别 1")%>%
add_trace(
  r = c(data$trace2,data$trace2[1]),
  theta = c(data$x,data$x[1]),
  name = " 类别 2")%>%
layout(
  polar = list(
    radialaxis = list(
      visible = T,
      range = c(0,100)
    )
  ),
  showlegend = T
)
p7
```

以上代码运行结果如图 10-43 所示。

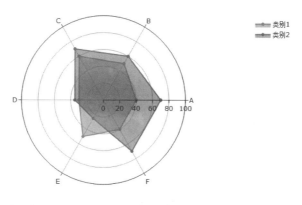

图 10-43　雷达图示例

上例中，为了图形美观，对 plot_ly() 函数指定了 mode（绘图模式，本例为 makers，即点标记）和 fill（图形填充类型，本例为 toself，即将各端点连成一个封闭的形状）等参数。值得注意的是，雷达图的图层设置与其他图形略有不同，其中，add_trace 函数需指定 r（相当于纵坐标数据）和 theta（相当于横坐标数据）。此外，还需要在 layout() 函数中指定雷达图的 radialaxis 参数以控制雷达图数据的辅助轴。

8. 时间序列图和K线图

时间序列图和 K 线图主要用于金融股票分析领域，plotly 插件包对这类图形也有着非常棒的支持。下面以雅虎开放的股票数据为例，绘制百度公司（股票代码为 BIDU）自上市以来每日成交量的时间序列图和交易价格的 K 线图，示例代码如下：

```
library(plotly)
library(quantmod)
# 获取百度股票的交易数据
getSymbols("BIDU",src = 'yahoo')
data <- data.frame(Date = index(BIDU),
                   coredata(BIDU))

# 绘制时间序列图（见图 10-44）
p8_1 <- plot_ly(data = data,
                x = ~Date,
                mode = 'lines',
                text = paste(" 距今 ",
                             Sys.Date()-
                             data$Date," 天 "))%>%
  add_trace(
    y = ~BIDU.Volume,
    name = " 成交量 ")%>%
  layout(xaxis = list(title = " 日期 "),
         yaxis = list(title = " 成交量 "))
p8_1

#  绘制 K 线图（见图 10-45）
p8_2 <- plot_ly(data = data,
                x = ~Date,
                type="candlestick",
                open = ~BIDU.Open,
                close = ~BIDU.Close,
                high = ~BIDU.High,
                low = ~BIDU.Low,
                name = "K 线 ")%>%
  add_lines(x = ~Date,
            y = ~BIDU.Adjusted,
            name = "ADJ",
            line = list(color = "black",
                        width = 1),
            inherit = F)%>%
  layout(showlegend = T,
         xaxis = list(
           title = " 日期 "),
         yaxis = list(
           title = " 价格（美元）"))
  p8_2
```

以上代码运行结果如图 10-44 和图 10-45 所示。

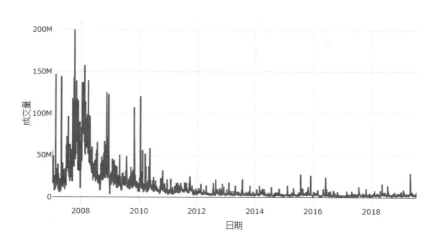

图 10-44　时间序列图示例

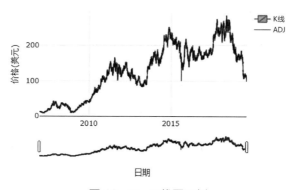

图 10-45　K 线图示例

上例中，绘制时间序列图与折线图类似，只是横坐标数据类型为日期型。为便于图形交互，这里还在原有图层的基础上对 text 参数做了进一步优化：新增鼠标悬停显示时间跨度的功能。绘制 K 线图除了需要指定常规参数 data、x 和 name，还需要指定 type（本例为 candlestick）、open（开盘价）、close（收盘价）、high（最高价）和 low（最低价）等参数。为展示更多信息，这里使用 add_trace() 函数添加了调整价格（Adjusted，ADJ）图层，使整个 K 线图显得更加饱满。

9. 绘制动画

绘制动画是 plotly 插件包数据可视化最值得称道的惊艳点之一。通过按钮和滑块等设置，可以将包含时间变量在内的多维度信息以动态形式向用户全面展示，彰显数据可视化手段的多样性。下面将使用 gapminder 数据集动态展示五大洲国家或地区在 1952-2007 年内每 5 年的人均 GDP、人口数量、预期寿命等民生变量的发展变化，示例代码如下：

```
library(gapminder)
```

```
# 获取五大洲国家或地区预期寿命与人均 GDP 数据集 gapminder
p9 <- gapminder %>%
  plot_ly(
    x = ~gdpPercap,
    y = ~lifeExp,
    size = ~pop,
    color = ~continent,
    frame = ~year,
    text = ~country,
    hoverinfo = "text",
    type = 'scatter',
    mode = 'markers'
  )%>%

  layout(
    xaxis = list(
      title = "人均 GDP",
      type = "log"),
    yaxis = list(
      title = "预期寿命"))%>%
  animation_slider(
    currentvalue = list(
      prefix = "当前年度 ",
      font = list(color = "red")))%>%
  animation_button(label = "播放")%>%
  animation_opts(1000,
                 easing = "elastic",
                 redraw = T)
p9
```

以上代码运行结果如图 10-46 所示。

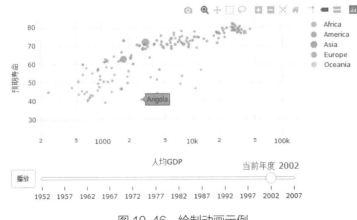

图 10-46　绘制动画示例

上例中，在绘制动画时所调用的 plot_ly() 函数，除了指定常规参数（x、y、size、color、text、type、mode），还指定了一个关键参数即 frame 参数，其参数值为 year，即按照年份呈现每一帧画面。美观起见，调用了 layout 函数，指定了坐标轴的标题和样式。为控制动画效果，还对按钮、滑块和动画播放等属性进行了设置。其中，animation_slider() 函数指定 currentvalue 参数，实现显示当前画面对应的年份；animation_button() 函数指定 label 属性，修改原先的 "play" 标签，以替代 "播放" 标签；animation_opts() 函数指定画面播放时间间隔和画面切换的方式（easing 参数）。

10. 表格

除了可以绘制图形，plotly 插件包还支持将数据集绘制为表格，下面以 iris 数据集为例演示表格的绘制方法，示例代码如下：

```
data <- iris[,c("Species",
                "Sepal.Length",
                "Sepal.Width",
                "Petal.Length",
                "Petal.Width")]
header = list(
  values = c(colnames(data)),
  align = c(rep("center",
               ncol(data))),
  height =20,
  line = list(width = 1,
              color = "grey90"),
  fill = list(color = "blue"),
  font = list(family = "Arial",
              color = 'white',
              size = 14)
)

cells = list(
  values = t(data),
  align = c(rep("center",
               ncol(data))),
  height =20,
  line = list(width = 1,
              color = "grey"),
  fill = list(color = "grey90"),
  font = list(family = "Arial",
              color = 'black',
              size = 12)
)
p10<- plot_ly(
  type = 'table',
  header = header,
```

```
    cells = cells)
p10
```

以上代码运行结果如图 10-47 所示。

Species	Sepal.Length	Sepal.Width	Petal.Length	Petal.Width
setosa	5.1	3.5	1.4	0.2
setosa	4.9	3.0	1.4	0.2
setosa	4.7	3.2	1.3	0.2
setosa	4.6	3.1	1.5	0.2
setosa	5.0	3.6	1.4	0.2
setosa	5.4	3.9	1.7	0.4
setosa	4.6	3.4	1.4	0.3
setosa	5.0	3.4	1.5	0.2
setosa	4.4	2.9	1.4	0.2
setosa	4.9	3.1	1.5	0.1
setosa	5.4	3.7	1.5	0.2
setosa	4.8	3.4	1.6	0.2
setosa	4.8	3.0	1.4	0.1
setosa	4.3	3.0	1.1	0.1

图 10-47　表格示例

上例中，通过指定 plot_ly() 函数的 type、header 和 cells 参数生成表格对象。其中，type 参数的值为 table，表示生成的是表格；header（表头）和 cells（单元格）参数的数据类型均为列表型，列表内的 values 均为表头和单元格的数据内容，不同的是，header 数据类型为字符串，cells 数据类型为数据框，且为当前数据的行列转置。美观起见，还对 header 和 cells 的 align（居中方式）、height（高度）、line（边框线样式）、fill（填充）和 font（字体）等参数进行了设置。

10.2.4　图形修饰

除了绘制各类图形外，plotly 插件包在图形修饰方面也做得很不错。可以通过设定 layout 函数的相关参数来实现，每个图形的修饰参数均在官网的参考文档中有详细介绍。限于篇幅，下面选择常用的参数从图形组合、坐标轴、图例和图形大小设置 4 个方面同大家探讨 plotly 插件包修饰图形的方法。

1. 图形组合

plotly 插件包支持的图形组合主要有两种形式，具体如下。

（1）图形插入。图形插入主要用于同一张图中显示两种关联的图形，可以是对比或局部放大。其做法是：在一张大图的指定位置插入一张小图，两张图进行叠加，实现图形组合效果。下面以百度公司股票成交量绘制时间序列图为例，演示图形插入的方法，示例代码如下：

```
library(plotly)
library(quantmod)
getSymbols("BIDU",src = 'yahoo')
data <- data.frame(Date = index(BIDU),
                   coredata(BIDU))
```

```
data1 <- tail(data,10)
data2 <- tail(data,5)
p1_1 <- plot_ly()%>%
  add_trace(x = data1$Date,
            y = data1$BIDU.Volume,
            name = "近10日成交量",
            mode = "makers")%>%
  add_trace(x = data2$Date,
            y = data2$BIDU.Volume,
            xaxis = "x2",
            yaxis = "y2",
            name = "近5日成交量",
            mode = "makers")%>%
  layout(xaxis2 = list(
    domain = c(0.05, 0.4),
    anchor = "y2"),
        yaxis2 = list(
            domain = c(0.6, 0.95),
            anchor = "x2"))
p1_1
```

以上代码运行结果如图 10-48 所示。

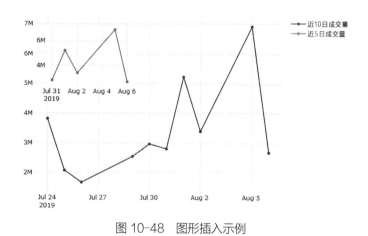

图 10-48　图形插入示例

上例中构造了两个数据集，一个是近 10 日百度公司股票交易量的数据，另一个是近 5 日百度公司股票交易量的数据。目的是通过大图显示近 10 日的交易量数据，小图则局部放大近 5 日的交易量数据，以便进一步做对比。两个图形均在 plot_ly() 函数的基础上通过 add_trace 函数叠加图层实现，不同的是，小图的 add_trace() 函数在坐标轴参数指定上与大图略有不同，它将坐标轴 xaxis 和 yaxis 分别指定为 x2 和 y2。此外，在坐标轴图层设定方面，使用了 domain（图形位置）和 anchor（图形相对位置参考点）参数。

（2）图形拼接。相比图形插入，图形拼接则简单得多。图形拼接主要用于将两张或多张图形平行显示，其做法是：通过网格形式将多张图形呈现在不同位置且互不重叠，实现图形组合。下面以百度公司股票成交量和价格绘制时间序列图与 K 线图为例，演示图形拼接的方法，示例代码如下：

```
p1_2 <- subplot(p8_1, p8_2,
                nrows = 2,
                widths = 1,
                heights = c(0.4,0.6),
                margin = 0.05,
                shareX = T,
                shareY = F,
                titleX = T,
                titleY = T)
p1_2
```

以上代码运行结果如图 10-49 所示。

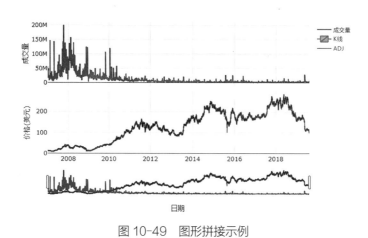

图 10-49　图形拼接示例

上例中使用 subplot() 函数将百度公司自上市之日起成交量的时间序列图（见图 10-44，绘图对象为 p8_1）和交易价格的 K 线图（见图 10-45，绘图对象为 p8_2）进行组合，除了必需的 nrows（组合图形的行数）参数，其余如 width（组合图形的列宽分配比例，总和为 1）、heights（组合图形的行高分配比例，总和为 1）、margin（图形间的间隔，0~1）、shareX（是否使用同一个横坐标）、shareY（是否使用同一个纵坐标）、titleX（是否显示每幅图的横坐标）和 titleY（是否显示每幅图的纵坐标）等参数主要用于拼接图形的美观性，读者在实践中可视情况选用。

2. 坐标轴

如前所述，plotly 插件包的图形修饰主要通过 layout 函数指定相关参数完成，其中坐标轴主要涉及 xaxis 和 yaxis 两个参数。下面以散点图和折线图（见图 10-37，绘图对象为 p2）为例，演示坐标轴参数设置的方法，示例代码如下：

```
# 字体样式设置
font1 <- list(
  family = "Arial, sans-serif",
```

```r
    size = 18,
    color = "grey")

font2 <- list(
    family = "Arial, sans-serif",
    size = 20,
    color = "black")

xaxis <- list(
    # 坐标轴标题设置
    title = " 横坐标 ",
    titlefont = font2,

    # 轴线样式设置
    zeroline = TRUE,
    showline = TRUE,
    mirror = TRUE,
    gridcolor = toRGB("white"),
    gridwidth = 0.5,
    zerolinecolor = toRGB("red"),
    zerolinewidth = 4,
    linecolor = toRGB("black"),
    linewidth = 2,
    outer = FALSE,

    # 轴须样式设置
    autotick = FALSE,
    ticks = "outside",
    tick0 = 0,
    dtick = 10,
    ticklen = 5,
    tickwidth = 2,
    tickcolor = toRGB("black"),
    showticklabels = TRUE,
    tickangle = 0,
    tickfont = font1,

    # 标度
    range = c(0,101))

yaxis <- list(
    # 坐标轴标题设置
    title = " 纵坐标 ",
    titlefont = font2,

    # 轴线样式设置
```

```
    zeroline = TRUE,
    showline = TRUE,
    mirror = TRUE,
    gridcolor = toRGB("white"),
    gridwidth = 0.5,
    zerolinecolor = toRGB("red"),
    zerolinewidth = 4,
    linecolor = toRGB("black"),
    linewidth = 2,
    outer = FALSE,

    # 轴须样式设置
    autotick = FALSE,
    ticks = "outside",
    tick0 = 0,
    dtick = 5,
    ticklen = 5,
    tickwidth = 2,
    tickcolor = toRGB("black"),
    showticklabels = TRUE,
    tickangle = 0,
    tickfont = font1,

    # 标度
    range = c(0,22))
p2 <- p2 %>%
    layout(xaxis = xaxis,
           yaxis = yaxis)
```

上例中，坐标轴的设置主要包括字体样式、轴标题及样式、轴线样式、轴须样式和标度 5 个方面，具体内容如下。

（1）字体样式：列表型数据，涉及 family（字体库名称，字符型，可指定多个）、size（字号，数值型）和 color（颜色）等参数。上例中创建了两个字体样式，分别用于坐标轴标题和坐标轴刻度标签。

（2）轴标题及样式：主要包含 title（字符型，其内容为轴标题文字内容）和 titlefont（列表型，轴标题的字体样式）等参数。

（3）轴线样式：主要包含 mirror（逻辑型，是否将当前轴线映射到当前轴线的相对位置，如横纵轴都选 T，则会在绘图区域形成一个方框）、showgrid（逻辑型，是否显示网格线）、gridcolor（网格线颜色）、gridwidth（网格线宽度）、zeroline（逻辑型，是否沿当前坐标轴对应 0 值绘制一条直线）、zerolinecolor（绘制 0 值直线的颜色）、zerolinewidth（绘制 0 值直线的宽度）、showline（逻辑型，是否为当前坐标轴绘制轴线）、linecolor（坐标轴轴线的颜色）和 linewidth（坐标轴轴线的宽度）等参数。

（4）轴须样式：主要包含 autotick（逻辑型，是否自动设置轴须）、ticks（轴须与坐标轴的相对位置）、tick0（初始轴须的值）、dtick（轴须递增的步长）、ticklen（轴须线的长度）、tickwidth（轴须线的宽度）、tickcolor（轴须线的颜色）、showticklabels（逻辑型，是否显示轴须标签）、tickangle（轴须标签的旋转角度）和 tickfont（轴须标签的字体）等参数。

（5）标度：通过 type 参数进行区分，包括数值型、日期型和文本型 3 类，可指定 range 参数控制其标度范围。

3. 图例

图例设置主要包括字体样式、方向、位置、背景颜色和边框线等，在 layout() 函数中对应为 legend 参数，示例代码如下：

```
font3 <- list(
  family = "Arial, sans-serif",
  size = 14,
  color = "black")
legend = list(orientation = "h",
              x = 0.5,
              y = 0.95,
              xanchor = "center",
              yanchor = "middle",
              itemclick = "toggle",
              itemdoubleclick ="toggleothers",
              font = font3,
              bgcolor = toRGB("white"),
              bordercolor = toRGB("white"),
              borderwidth = 0.5)


p2 <- p2 %>%
  layout(legend = legend,
         title = " 散点图和折线图示例 ",
         font = font2)
```

上例中，字体样式参数与坐标轴字体样式参数的含义相同。此外，orientation 主要用于控制图例元素的排列方式，有 h（水平）和 v（垂直）两种值可选，本例设置为 h；x（图例对应横坐标的位置）、y（图例对应纵坐标的位置）、xanchor（图例元素内部的横向排列方式）和 yanchor（图例元素内部的纵向排列方式）等参数共同控制图例的位置；itemclick（单击图例元素）和 itemdoubleclick（双击图例元素）则控制图中元素的鼠标单击事件；bgcolor（图中背景颜色）、bordercolor（图例边框线颜色）和 borderwidth（图例边框线宽度）则控制图例背景及边框线的设置。

4. 图形大小设置

图形大小设置通过指定 layout() 函数的 autosize（自适应大小）、width（宽度）、height（高度）和 margin（边界）等参数值实现。其中，margin 参数还包含 l（左边界）、r（右边界）、b（下边界）、t（上边界）和 pad（绘图区和坐标轴的间距）。上述参数中，除 autosize 参数为逻辑型，其余参数均为数值型且以像素为单位，示例代码如下：

```
margins<- list(
    l = 10,   # 左边界
    r = 10,   # 右边界
    b = 50,   # 下边界
    t = 50,   # 上边界
    pad = 2)# 绘图区和坐标轴的间距
p2 <- layout(p2,
             autosize = F,
             width = 1000,
             height = 500,
             margin = margins)
p2
```

以上代码运行结果如图 10-50 所示。

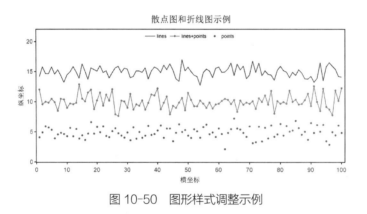

图 10-50   图形样式调整示例

10.3 新手问答

问题1：ggvis插件包和plotly插件包对ggplot2包的扩展有哪些？实际操作中如何取舍？

答：ggivs 插件包的底层绘图原理几乎与 ggplot2 包相同，都是基于图层映射理论实现图形绘制的，但 ggvis 插件包较 ggplot2 包更灵活，它可以使用管道函数将数据计算代码和绘图代码进行组合，实现绘图的无缝对接。plotly 插件包则专门提供 ggplotly() 函数，以实现将 ggplot2 包的对象转换为 plotly 插件的对象。读者在实际绘图操作中可根据绘图复杂程度和实现情况灵活选用，例如，已有 ggplot2 包的绘图，只是想将其转换为带有 toolip 的交互式图形，则建议使用 plotly 插件包；想绘制

ggplot2 包风格的复杂图形，则建议选用与 ggplot2 包同出一脉的 ggvis 插件包。

问题2：除了ggvis插件包和plotly插件包，R语言还有哪些比较流行的基于JavaScript绘图库封装的插件包？

答：目前较为流行的 JavaScript 绘图库有 Google Charts、D3.js、chart.js、Highcharts.js、plotly.js、Vega.js 和 ECharts.js 等。R 语言开发者均对其做了不同程度的封装，形成了一系列 R 语言 JavaScript 绘图插件。除了本章介绍的 ggvis（基于 D3.js 和 Vega.js）和 plotly（基于 plotly.js），还有 googleVis 包（基于 Google Charts）提供的 R 语言对 Google 图表工具的调用服务、d3Network 包（基于 D3.js）可实现树形图和桑葚图的绘制。此外，还有 Highcharter 包（基于 Highcharts.js）、rCharts 包（基于 charts.js）和 rechats 包（基于 ECharts.js）可以实现与 plotly 插件包类似的图形，感兴趣的读者可以查阅相关资料了解学习。

10.4 小试牛刀：使用 plotly 插件包绘制组合图

【案例任务】

使用 plotly 插件包绘制一组数据的直方图和箱形图，并将其组合起来。

【技术解析】

（1）模拟一组正态分布数据，获取各分组数据的频次和期望频次。

（2）分别绘制直方图和箱形图。

（3）调用图形合并函数实现图形组合。

【操作步骤】

步骤 1：调用 rnorm() 函数模拟一组正态分布数据，使用 hist() 函数和 dnorm() 函数获取分组频次及期望频次。

步骤 2：使用 plotly 插件包的 plot_ly()、add_bar() 和 add_lines() 函数分别绘制条形图、概率密度图和箱形图。

步骤 3：使用 subplot() 函数将图形组合起来。

参考代码如下：

```
library(plotly)
x=rnorm(1000)
tmp<-hist(x,breaks=seq(min(x),max(x),diff(range(x))/30),
         plot =F)

plot_data<-data.frame(x=tmp$mids,
                      counts=tmp$counts,
```

```
                                density=dnorm(tmp$mids,mean(x),sd(x))*diff(range(x)
)/30*length(x))

p1<-plot ly(data = plot_data)%>%
  add_bars(x = ~x,
           y = ~counts,
           marker = list(
             color = "rgb(158,202,225)",
             line = list(
               color = "rgb(8,48,107)",
               width = 1.5)),
           width=0.2,
           name=NULL)%>%
  add_lines(x = ~x,
            y = ~density,
            name=NULL)%>%
  layout(showlegend = FALSE)

p2<-plot_ly(x = ~x,
            type ="box")%>%
  layout(showlegend = FALSE)
subplot(p1, p2,
        nrows = 2,
        widths = 1,
        heights = c(0.8,0.2),
        margin = 0,
        shareX = T,
        shareY = F,
        titleX = T,
        titleY = T)
```

以上代码运行结果如图 10-51 所示。

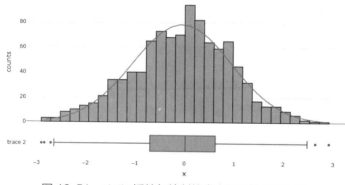

图 10-51 plotly 插件包绘制的直方图和箱形图示例

本章小结

　　本章以 ggplot2 包绘图为基础，介绍了两款基于 JavaScript 绘图库的 R 语言绘图扩展包。其中，ggvis 插件包与 ggplot2 包一脉相承，均基于图形映射和图层叠加的原理实现图形绘制，但二者也有基本名称转换、图层叠加方式和图形输出方式等方面的差异，尤其是管道函数使用 ggvis 插件包把数据计算与绘图融为一体，实现无缝对接。plotly 插件包则使用 ggplotly() 函数实现将 ggplot2 包的绘图对象向 plotly 插件包的绘图对象的转换。plotly 插件包绘图的关键在于 JSON 格式数据的转换，首先使用 plotly_build() 函数将 R 语言的代码转换为 R 语言的列表，然后使用 plotly_json() 函数将 R 语言的列表转换为 JSON 格式数据并传递给 plotly.js，最后由 plotly.js 根据输入的数据生成 plotly 插件包图形，并将其显示在 Web 浏览器上。这两种绘图插件均可绘制各类图形，并进行图形修饰，通过使用 toolip，可实现 ggplot2 包不具备的图形交互等功能。读者可结合实际数据可视化项目深入探索这两个绘图插件，实现融会贯通的目的。

第 11 章
R 语言的可视化威力之图形展示

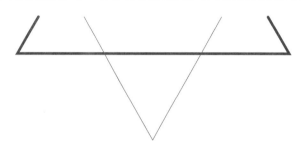

本章导读

    本章将在传统图形输出的基础上，介绍两种基于网页形式的图形输出方式，并探讨 R 语言图形可视化结果与网页交互调用等问题。

知识要点

通过本章内容的学习，读者能掌握以下知识：

- 常规图形输出的方法
- rmarkdown 语法及其使用方法
- 基于 Web 页面的图形动态交互方法

11.1 传统图形输出

R 语言不仅可以使用 ggplot2 等基础绘图包绘制各类复杂的统计图形，而且还可以使用 plotly 等封装 JavaScript 图形库的插件包实现图形交互。图形绘制完成后，还需要做最后一步：将绘制好的图形保存为需要的文件格式。对于少量图形而言，可以使用 RStudio 的图片保存功能（【Plots】子菜单）实现图形保存。但对于大量图形尤其是重复绘图并保存的情形，就需要使用 R 语言图形批量保存代码来实现了。通常，使用 ggplot2 等基础绘图包绘制的各类图形可以保存为位图文件、PDF 文件和矢量图文件 3 种类型。本节将分别探讨将 R 语言传统图形输为位图、PDF 和矢量图的方法。

11.1.1 输出为位图文件

位图文件（bitmap）是使用像素阵列来表示的图像，每个像素的色彩信息由 RGB 组合或灰度值表示，根据颜色信息所需的数据位分为 1 位、4 位、8 位、16 位、24 位和 32 位等，位数越高颜色越丰富，相应的数据量也越大。R 语言内置的 grDevices 包支持将图形保存为 BMP、JEPG、PNG 和 TIFF 4 种格式的位图文件。下面以 mtcars 数据集绘制的散点图为例，分别演示将 R 语言图形输出为 4 种位图文件，具体内容如下。

1. 输出为JPG格式的文件

可以使用 jpeg() 函数将图形保存为 JPG 格式的文件，示例代码如下：

```
library(ggplot2)
p<-ggplot(mtcars)+
  geom_point(aes(x = wt, y = mpg), colour = "red")
jpeg(filename = "example1.jpg", width = 960, height = 540, units = "px",
    pointsize = 96)
p
dev.off()
file.exists("example1.jpg")
```

以上代码运行结果如下：

```
TRUE
```

2. 输出为PNG格式的文件

可以使用 png() 函数将图形保存为 PNG 格式的文件，示例代码如下：

```
png(filename = "example1.png", width = 960, height = 540, units = "px",
pointsize = 96)
p
dev.off()
file.exists("example1.png")
```

425

以上代码运行结果如下：

```
TRUE
```

3. 输出为BMP格式的文件

可以使用 bmp() 函数将图形保存为 BMP 格式的文件，示例代码如下：

```
bmp(filename = "example1.bmp", width = 960, height = 540, units = "px",
    pointsize = 96)
p
dev.off()
file.exists("example1.bmp")
```

以上代码运行结果如下：

```
TRUE
```

4. 输出为TIFF格式的文件

可以使用 tiff() 函数将图形保存为 TIFF 格式的文件，示例代码如下：

```
tiff(filename = "example1.tiff", width = 960, height = 540, units = "px",
pointsize = 96)
p
dev.off()
file.exists("example1.tiff")
```

以上代码运行结果如下：

```
TRUE
```

上例中，BMP、JPEG、PNG 和 TIFF 函数有 5 个公共参数，分别如下。

（1）filename：字符型，需要保存的位图文件名称及图形格式后缀。

（2）width 和 height：数值型，需要保存的图形的宽度和高度，与 units 参数有关。

（3）units：字符型，图形宽度和高度的单位，包括 px（像素）、in（英寸）、cm（厘米）和 mm（毫米）4 种。

（4）pointsize：数值型，像素点大小，数值越大像素点越高，图形的清晰度也就越好。

使用 R 语言保存图形时，保存完毕后需要运行 dev.off 函数以关闭当前的绘图对象，否则保存的图形文件为占用状态，无法打开。此外，在实践应用中除了将图形以 px 为单位保存，最常用的还有以 cm 为单位保存。当使用 cm 为单位保存图形时，上述 5 个函数的图形质量参数略有不同，需要指定 res 参数代替 pointsize 作为图形质量参数。

11.1.2 输出为PDF文件

除了将图形输出为位图文件，还可使用 pdf() 函数和 cairo_pdf() 函数将图形保存为 PDF 文件，示例代码如下：

```
pdf(file = "example1.pdf", width = 7, height = 5, pointsize = 12 )
p
dev.off()
cairo_pdf(filename = "example2.pdf", width = 7, height = 5,
pointsize = 12)
p
dev.off()
file.exists(c("example1.pdf","example2.pdf")
```

以上代码运行结果如下：

```
TRUE  TRUE
```

pdf() 函数和 cairo_pdf() 函数的参数和使用方式与保存为位图文件几乎相同，只是在参数名称上略有区别。前者使用 file 参数指定 PDF 文件的名称，而后者则与保存位图文件的函数参数一致。

11.1.3　输出为矢量图

当然，R 语言的绘图对象也可以保存为矢量图，主要通过 svg() 函数实现，示例代码如下：

```
svg(filename = "example.svg", width = 7, height = 5, family = "sans",
    pointsize = 12 )
p
dev.off()
file.exists(c("example.svg")
```

以上代码运行结果如下：

```
TRUE
```

svg() 函数与前述 6 个函数的区别在于，其图形大小的单位固定为 in，其余参数基本相同。

11.2 网页输出

随着互联网技术的不断发展，人们对综合性数据可视化技术的要求越来越高，R 语言也随之做出了改变，对原有的纯统计绘图功能做了一些拓展。这些拓展得益于 RStudio 公司的开发团队，他们开发的一系列 R 语言与 Web 交互的技术工具，如 htmltool、htmlwidgets、rmarkdown、knitr、shiny 等，极大地促进了 R 语言与网页技术的结合。特别是 rmarkdown 和 shiny 这两个技术工具，前者可以将 R 语言运行结果整体导出到外部文件，后者则主打交互式统计绘图，使快速创建数据分析 Web 应用成为可能。本节将在介绍 rmarkdown 和 shiny 相关原理的基础上，探讨如何将绘图保存为网页。

11.2.1　使用R Markdown输出为网页

R Markdown 是由 RStudio 公司开发的一款可将 R 语言结果输出为外部文件的产品。顾名思义，它将 R 语言和轻量级标记语言 Markdown 融合，为数据科学提供了一个创作框架，可以让使用者专心创作，而不用刻意关注文档排版等问题。R Markdown 的扩展名为 *.Rmd，可以使用最新版的 RStudio 套件来创建文本文档并导出。在探讨使用 R Markdown 将 R 语言绘图导出为网页之前，有必要先了解一下相关语法。

1. 基础语法

使用 R Markdown 将 R 语言结果导出为外部文件主要依赖 rmakdown、knitr 和 pandoc 这 3 个工具，文档转换流程大致为：已创建好的 Rmd 文件由 knitr 包转换为 markdwon 文件（格式为 *.md），再通过 pandoc 转换为 HTML、PPT、docx 和 PDF 等格式的外部文件，如图 11-1 所示。

图 11-1　R Markdown 文档转换流程

这个转换流程看起来可能有点复杂，但可以使用 rmarkdown 包的 render 函数或 RStudio 套件的【Knit】按钮一键完成。在创建 Rmd 文件之前，先了解一下其语法格式。通常一个 Rmd 文件主要由 3 个部分构成，分别如下。

（1）位于顶端由 "---" 包围的 YAML 数据文件，主要用于说明文档标题、导出格式及相关样式参数。

（2）由 "```" 围成的 R 语言代码块。

（3）文本或包含特殊标记的文本。

具体如图 11-2 所示。

图 11-2　Rmd 文件示例

创建 Rmd 文档除了要遵守上述 3 个结构，还有一些基础语法可以参考，以使文档更具可读性。本书结合 Markdown 相关语法，将 Rmd 文档创建时的语法参考及用法示例总结如下。

（1）文内标题。指可以使用"# 标题名称"的方式（注意，# 和标题名称中间有一个空格）创建文档的文内标题，1 个 # 表示一级标题，2 个 ## 表示二级标题，以此类推，最大支持六级标题，示例代码如下：

```
# 一级标题

## 二级标题

### 三级标题

#### 四级标题

##### 五级标题

###### 六级标题
```

图 11-3　创建文内标题示例

以上代码运行结果如图 11-3 所示。

（2）表格。rmarkdown 中有两种方式插入表格，一种是使用传统 markdown 语法，另一种是使用 R 语言代码块。前者先使用"| 字段 1| 字段 2|"方式构造表头，然后使用"|-|-|"构造分割线，最后使用与表头相同的方式创建单元格数据，这种构造方式适用于纯 markdown 文件。而后者需要先创建一个 R 语言的代码块，然后在代码块内使用 knitr 包的 kabel 函数直接输出表格，这种方式对 Rmd 文档插入表格非常实用。两种表格插入方式的示例代码如下：

```
# 方式 1: 使用 Markdown

| 姓名 | 性别 | 成绩 |
|-|-|-|
| 小明 | 男 |75|
| 小红 | 女 |79|
| 小陆 | 男 |92|

# 方式 2: 使用 knitr 包的 kabel
函数

'''{r echo=FALSE}
data <- data.frame(
    '姓名'=c("小明 "," 小红 "," 小
陆 "),
    '性别'=c("男 "," 女 "," 男 "),
    '成绩'=c(75,79,92))
knitr::kable(data)
'''
```

图 11-4　插入表格示例

以上代码运行结果如图 11-4 所示。

（3）图形。与插入表格类似，Rmd 文件有两种方式插入图形，一种是使用 markdown 语法将外

部图片通过""格式传入，其中，"[ ]"内为图形注释，"()"内为图形链接地址；另一种方式是插入 R 语言的代码块，通过 R 语言的绘图代码绘制图形并插入，该方式适用于需要绘图代码即时创建图片的情形，示例代码如下：

```
# 方式1：使用 Markdown

![R语言 logo](./image/Rlogo.jpg)

# 方式2：使用绘图代码

'''{r pressure,
echo=FALSE,warning=FALSE}
library(ggplot2)
ggplot(mtcars)+
  geom_point(aes(x = wt,
                 y = mpg),
             colour = "red")
'''
```

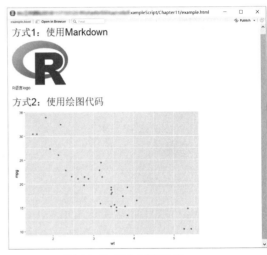

图 11-5 插入图形示例

以上代码运行结果如图 11-5 所示。

（4）列表。列表包含无序列表和有序列表两种。前一种可以参照"序号.列表标题"的格式创建，后一种可以使用"*""-"或"+"的任意一个符号创建，并使用空两格实现列表的缩进，示例代码如下：

```
# 有序列表

1. 列表 1

 1.1 子列表 1

 1.2 子列表 2

2. 列表 2

# 无序列表

* 列表 1
  * 子列表 1
  * 子列表 2

- 列表 2

+ 列表 3
```

图 11-6 创建列表示例

以上代码运行结果如图 11-6 所示。

（5）引用。引用主要有 3 种方式：引用 R 语言结果、引用外部链接和插入脚注，示例代码如下：

```
# 引用R语言计算结果

1+2='r sum(c(1,2))'

# 引用外部链接

R Markdown官网地址

# 插入脚注

脚注示例 [^footnote]

[^footnote]: 这是一个脚注示例。
```

以上代码运行结果如图 11-7 所示。

（6）强调。强调主要包括块注释、斜体、粗体、分割线和删除线 5 种方式，示例代码如下：

```
** 粗体示例 1**

# 分割线

***

# 删除线

~~ 删除线示例 ~~
```

以上代码运行结果如图 11-8 所示。

图 11-7　创建引用标记示例

图 11-8　创建强调标记示例

（7）代码块。代码块是 Rmd 文档最重要的元素之一，它可将 R 语言代码及其运行结果原封不动地呈现给阅读对象，这不仅免去了复制粘贴代码和运行结果的麻烦，也有效避免了复制粘贴过程中潜在的错误。为控制 R 语言代码块的输出效果，通常需要对代码块的选项参数进行设置，常用参数如下。

① include：逻辑型，是否将 R 语言代码输出至外部文件，默认值为 TRUE。

② echo：逻辑型，是否将 R 语言代码运行结果输出至外部文件，默认值为 TRUE。

③ eval：逻辑型，是否执行当前代码块中的 R 语言代码，默认值为 TRUE。

④ message：逻辑型，是否显示 R 语言代码执行期间的 message 输出，默认值为 TRUE。

⑤ warning：逻辑型，是否显示 R 语言代码执行期间的警告信息，默认值为 TRUE。

⑥ error：逻辑型，是否输出 R 语言代码执行期间的错误信息，默认值为 TRUE。

⑦ tudy：逻辑型，是否在输出时自动整理代码，默认值为 FALSE。

⑧ fig.height 和 fig.width：数值型，指图片对象的高度和宽度（以 in 为单位）。

⑨ fig.align：字符型，指图片位置，有 left（居左）、right（居右）和 center（居中）3 种可选，默认值为 left。

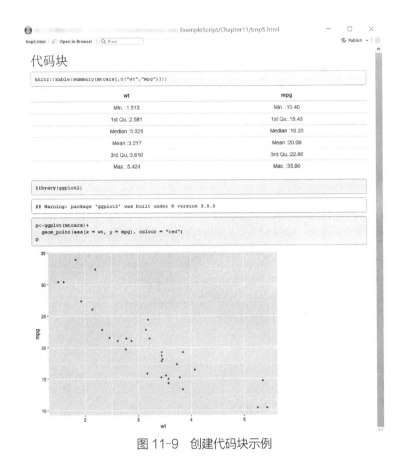

图 11-9　创建代码块示例

创建示例代码如下：

```
# 代码块

'''{r }
knitr::kable(summary(mtcars[,c("wt","mpg")]))
'''

'''{r }
library(ggplot2)
p<-ggplot(mtcars)+
  geom_point(aes(x = wt,
                 y = mpg),
             colour = "red")
p
'''
```

以上代码运行结果如图 11-9 所示。

2. 图形输出示例

本部分以完整实例说明将 R 语言绘图对象输出为 HTML 文件的方法。

使用 RStudio 套件实现 Rmd 文档的创建。在 RStudio 套件中，依次选择【File】→【New File】→【R Markdown】选项，然后根据提示创建一个名为 example2 的 Rmd 空白文件。在空白文件的基础上创建 YAML 数据文件，分别将 ggplot2 插件包、ggvis 插件包和 plotly 插件包的绘图代码插入代码块中，并在每个代码块前添加一级标题和描述文字。创建完毕后，单击文件上方的【Knit】按钮生成 HTML 页面，示例代码如下：

```
---
title: "将 R 语言绘图对象输出为 HTML 文件示例"
output:
  html_document: default
---

> 本部分将以前面提到的 ggplot2 插件包、ggivs 插件包和 plotly 插件包的绘图对象为例，演
示将这些绘图对象输出为 HTML 文件的方法

# **1.ggplot2 插件包的绘图对象输出 **

> 本例以 mtcars 数据集为例，绘制 wt 变量和 mpg 变量的散点图，并添加散点图的趋势线和置信
区间

'''{r include=TRUE,echo=FALSE,message=FALSE,warning=FALSE,eval=TRUE,fig.
align='center',fig.height=4,fig.width=8}
library(ggplot2)
ggplot(mtcars,aes(x = wt,y = mpg))+
  geom_point(colour = "red", fill = "white", shape =21, size = 5)+
  geom_smooth(colour = "blue", fill = "lightblue")+ theme_bw()
'''

# **2.ggvis 插件包的绘图对象输出 **

> 本例以 mtcars 数据集为例，绘制 wt 变量和 mpg 变量的散点图，并添加散点图的趋势线和置信
区间

'''{r include=TRUE,echo=FALSE,message=FALSE,warning=FALSE,eval=TRUE,fig.
align='center',fig.height=4,fig.width=8}
library(ggvis)
mtcars %>%
  ggvis(~wt, ~mpg)%>%
  layer_lines(strokeWidth := 2)%>%
  layer_points(fill := "white", stroke := "black",
               size := 100,shape := "circle")%>%
  layer_smooths(span = 1,strokeWidth := 5,stroke := "red",se = T)
'''

# **3.plotly 插件包的绘图对象输出 **
```

> 本例以 gapminder 数据集为例，绘制五大洲国家或地区在 1952～2007 年间（每五年）的人均 GDP、人口数量、预期寿命等民生变量的发展动态图形

```r
'''{r include=TRUE,echo=FALSE,message=FALSE,warning=FALSE,eval=TRUE,fig.
align='center',fig.height=4,fig.width=8,result="hold"}
library(plotly)
library(gapminder)
gapminder %>%
  plot_ly(x = ~gdpPercap,y = ~lifeExp,
          size = ~pop,color = ~continent,
          frame = ~year, text = ~country,
          hoverinfo = "text",type = 'scatter',
          mode = 'markers')%>%
  layout(xaxis = list(title = " 人均 GDP",type = "log"),
         yaxis = list(title = " 预期寿命 "))%>%
  animation_slider(currentvalue = list(prefix = " 当前年度 ",
                                       font = list(color = "red")))%>%
  animation_button(label = " 播放 ")%>%
  animation_opts(1000,easing = "elastic", redraw = T)
'''
```

以上代码运行结果如图 11-10 所示。

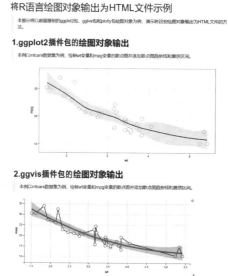

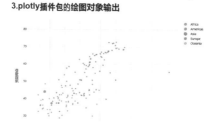

图 11-10　示例代码运行结果

11.2.2　使用shiny输出为网页

与 R Markdown 相同，shiny 也是 RStudio 公司推出的 R 语言功能拓展产品。不同的是，R Mardown 关注静态文档（包含网页）生成，而 shiny 则主打网页交互，关注 Web App 开发。根据官网介绍，shiny 是一款开源的 R 语言包，提供了一个简洁而强大的可以直接使用 R 语言的 Web 框架，它在不需要掌握 HTML、CSS 和 JavaScript 等知识的前提下，将分析思路迅速转化为交互式的 Web 应用程序。简而言之，shiny 为数据科学家搭建交互式数据分析平台提供了可能。本小节将从基础语法和图形输出示例两个方面探讨 shiny Web 页面开发的基础知识和图形输出的方法。

1. 基础语法

shiny 创建的 Web 页面由 ui 和 server 两部分构成，类似于 Web 应用程序的前端和后端，ui 主要实现页面控件及布局，server 则主要负责页面交互和控件输出。不难发现，shiny 实现 Web 页面的关键点在于交互性和 ui 控件。

（1）交互性原理。根据官网介绍，shiny 是通过一种交互式编程模型（Reactive Programming Model）实现 ui 和 server 交互的。该模型界定了交互源（Reactive Source）、交互引导体（Reactive Conductor）和交互端点（Reactive Endpoint）3 种对象，这些对象的组合及其关系是整个交互模型的基础。下面通过图 11-11 来理解 shiny 的交互式编程模型。

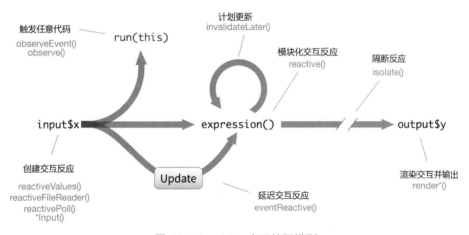

图 11-11　shiny 交互编程模型

其中 input$x 为交互源对象，它由众多包含 input 对象的 ui 控件（如 sliderInput、actionButton 等）函数和用于存储交互所需数据的相关函数构成，主要为交互引导体和交互端点提供数据；expression() 为交互引导体，用于封装由交互源至交互端点过程中一些重复计算或比较耗时的操作；output$y 为交互端点，由一些 render 开头的函数构成，其结果会自动传递给对应 ui.R 内函数名称中包含 *Output() 的对象，并传递给浏览器构成最终输出页面。当页面输入单一且无须进行复杂计算操作时，交互源和交互端点可以不用构建交互引导体而直接建立联系，但当出现多个输入或计算复杂时，就必须通过构建交互引导体来提高页面反应效率。通常，交互引导体通过 reactive() 函数优化交互源至交互端点的执行效率，这种交互是即时发生并随着交互源的改变而改变的。但随着页面要求的不断提高，不仅要求即时执行的效率，还需要在执行期间进行阻断依赖等额外的操作，于是在交互引导体中还包括了 eventReactive() 函数、isolate() 函数和 invalidateLater() 函数。

简而言之，交互性编程模型就像在加工一批产品，可以将产品设计和原材料理解为交互源对象，产品交付理解为交互端点，形形色色的生产线理解为交互引导体。那么其中的逻辑应该是这样的：工人按照产品设计和原料加工产品，加工完之后交付产品，久而久之，工人发现可以整合产品设计至加工的某些环节，形成专门的产品线以提高加工效率。而由于不同订单的设计需求不同，因此产品线也出现了一些明显的分化。可见，交互性编程模型的最终目的是提高页面的反应（渲染）效率。

（2）常用 ui 控件。如前所述，交互源对象为页面交互提供数据，其主要由包含 input 对象的 ui 控件构成。ui 控件是构成 shiny 页面的基本元素，主要包括输入和输出两部分。

输入控件负责页面数据输入，主要由按钮、复选框、下拉框、滑动条和输入框等 14 个基础输入控件构成，各控件的名称、函数名称及用法示例如表 11-1 所示。

表 11-1　输入控件名称、函数名称及用法示例

序号	控件名称	函数名称	用法示例
1	动作按钮	actionButton()	actionButton(inputId = "actionButton", label = " 动作按钮 ")
2	整组复选框	checkboxGroupInput()	checkboxGroupInput(inputId = "checkboxGroupInput", label = " 请选择：", choices = c(" 选择 1"="1", " 选择 2"="2", " 选择 3"="3"))
3	单个复选框	checkboxInput()	checkboxInput(inputId = "checkboxInput", label = " 是否同意 ")
4	日期输入框	dateInput()	dateInput(inputId = "dateInput", label = " 选择日期：", value = "2019-02-20", min = "2019-1-1", max = "2019-12-31", format = "yyyy-mm-dd", language = "zh-CN")
5	日期跨度输入框	dateRangeInput()	dateRangeInput(inputId ="dateRangeInput", label =" 选择日期跨度：", start = "2019-1-1", end = "2019-12-31", format = "yyyy-mm-dd", language = "zh-CN")

序　号	控 件 名 称	函 数 名 称	用 法 示 例
6	文件输入	fileInput()	fileInput(inputId = "fileInput", 　　label = " 请选择文件：", 　　accept = c(　　　　"text/csv", 　　　　"text/comma-separated-values", 　　　　"text/plain", 　　　　".csv"))
7	帮助文字	helpText()	helpText(" 注：这是帮助文字 ")
8	数值输入框	numericInput()	numericInput(inputId = "numericInput", 　　label = " 输入一个数：", 　　value = 5, 　　min = 0, 　　max = 10, 　　step = 1)
9	单选按钮	radioButtons()	radioButtons(inputId = "radioButtons", 　　label = " 请选择：", 　　choices = c(" 选择 1"="1", 　　　　　　" 选择 2"="2", 　　　　　　" 选择 3"="3"))
10	下拉框	selectInput()	selectInput(inputId ="selectInput", 　　label = " 下拉选择：", 　　choices = c(" 选择 1"="1", 　　　　　　" 选择 2"="2", 　　　　　　" 选择 3"="3"), 　　multiple = T, 　　selected = "2")
11	滑动条	sliderInput()	sliderInput(inputId = "sliderInput", 　　label =" 滑动选择一个数：", 　　value = 5, 　　min = 0, 　　max = 10, 　　step = 1)
12	提交按钮	submitButton()	submitButton(text = " 提交按钮 ")
13	文字输入	textInput()	textInput(inputId = "textInput", 　　label =" 请输入文字：", 　　value = " 文字 ")
14	文字区域输入	textAreaInput()	textAreaInput(inputId = "textInput", 　　label =" 请输入文字：", 　　value = " 一段文字 ")

以上控件示例代码的运行结果如图 11-12 所示：

图 11-12　输入控件显示效果

输出控件负责显示 server 端交互的结果，主要由表格、图片、文本和 HTML 脚本等 7 个基础控件构成，各控件对象的名称、函数名称及渲染函数如表 11-2 所示。

表 11-2　输出控件对象名称、函数名称及渲染函数

序　号	创建对象	函数名称	渲染函数
1	交互表格	dataTableOutput()	renderDataTable()
2	外部图片	imageOutput()	renderImage()
3	R 语言绘图	plotOutput()	renderPlot()
4	普通表格	tableOutput()	renderTable()
5	文本	textOutput()	renderText()
6	文本	verbatimTextOutput()	renderPrint()
7	原始 HTML 代码	uiOutput, htmlOutput()	renderUI()

为推动 R 语言 Web 服务框架的应用，RStudio 开发团队为 shiny 包开发了学习网站和 Web 页面开发实例，感兴趣的读者可以进行深入学习。

2. 图形输出示例

为帮助读者进一步掌握将 R 语言绘图输出为 Web 页面并实现图形交互，将以生成正态分布的随机数并绘制直方图为例，创建一个名为 demo 的 App。在 RStudio 套件中依次选择【File】→【New File】→【Shiny Web App】选项，然后根据提示进行操作，即可创建一个名为 demo 的空白示例。下面以绘制直方图为例，对页面进行修改，ui.R 和 server.R 文件的示例代码如下：

```
# ui.R
library(shiny)
library(ggplot2)
library(ggvis)
library(plotly)
shinyUI(
  fluidPage(
    headerPanel(" 绘制直方图示例 "),
    sidebarPanel(
      sliderInput(inputId = "n",label = " 样本数： ",min = 1000,
                  max = 5000,value = 3000, step = 200),
      numericInput(inputId = "mean",label = " 平均数 :",value = 500,
                   min = 300, max = 800, step = 100),
      numericInput(inputId = "sd", label = " 标准差 :", value = 100,
                   min = 50, max = 150, step = 10)
    ),
    mainPanel(
      h3("ggplot2 图形输出 "),
      plotOutput(outputId = "plot_ggplot2"),
      h3("ggvis 图形输出 "),
      ggvisOutput("plot_ggvis"),
      h3("plotly 图形输出 "),
      plotlyOutput(outputId = "plot_plotly")
    )
  )
)

# server.R
shinyServer(function(input, output, session){
  main <- reactive({
   data<-rnorm(n = input$n,mean = input$mean,sd = input$sd)
   return(data)
  })
  output$plot_ggplot2<-renderPlot({
    data<-main()
```

```
      data<-data.frame(V1=as.numeric(data))
   ggplot(data, aes(x=V1))+
       geom_histogram(breaks=seq(min(data$V1),max(data$V1),width),
                        colour="white",fill="#4F81BD")+
       labs(title="",x="X",y="count")+
       theme_bw()
  })

  output$plot_ggvis<-renderUI({
    data<-main()
    data<-data.frame(V1=as.numeric(as.matrix(data)))
    data%>%ggvis(x = ~V1)%>%layer_histograms(fill := "#4F81BD")%>%
      bind_shiny("plot_ggvis")
  })

  output$plot_plotly<-renderPlotly({
    data<-main()
    data<-data.frame(V1=as.numeric(data))
    axis = list(zeroline = TRUE,showline = TRUE,mirror = TRUE,
                gridcolor = toRGB("white"),gridwidth = 0.5,
                zerolinecolor = toRGB("black"),zerolinewidth = 4,
                linecolor = toRGB("black"),
                linewidth = 2,autotick =T,ticks = "outside",
                ticklen = 5,tickwidth = 2,tickcolor = toRGB("black"),
                showticklabels = TRUE,tickangle = 0)
    plot_ly()%>%
      add_histogram(x=data$V1,
                  marker = list(color = "#4F81BD",
                                      line = list(color = "white",width =
1.5)))%>%
      layout(xaxis = axis ,
             yaxis = axis ,
             showlegend = FALSE)
  })
})
runApp("demo")
```

以上代码运行效果如图 11-13 所示。

上例中，ui.R 文件为 demo 样例的 Web 前端，选用滑动条和数字输入等 3 个输入控件分别控制正态分布随机数生成函数的样本量、平均数和标准差参数，同时选用 plotOutput()、ggvisOutput() 和 plotlyOutput() 函数分别输出 ggplot2、ggvis 和 plotly 包的绘图对象。整个页面采用流动式布局，左右两栏设计，同时使用 h3 输出各绘图对象对应的 R 包名称。server.R 文件为 Web 后端，使用 reactive 函数控制正态分布随机数的生成，并将返回值赋给 main 变量。在此基础上，可使用 renderPlot()、renderUI() 和 renderPlotly() 函数分别渲染 ggplot2、ggvis 和 plotly 包的绘图对象。最后，通过运行 runApp("demo") 函数生成 Web 页面。

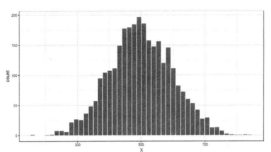

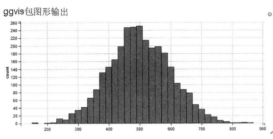

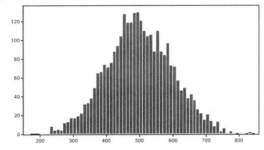

图 11-13 代码运行结果

11.3 新手问答

问题1：传统图形输出的方式有哪些？实际操作中该如何选择？

答：R 语言中，主要依赖于 grDevices 包的 bmp()、jepg()、png()、tiff()、pdf()、cairo_pdf()、svg() 和 dev.off() 等函数将图形输出为位图文件、SVG 文件和 PDF 文件。

由于位图文件由像素点存储，因此其色彩显示逼真，但文件较大，图形局部放大后可能会出现像素点模糊（类似于马赛克状）的现象，对图形色彩有严格要求的读者可选用此方式。

SVG 文件主要是根据几何特征来绘制图形，文件较小且不受分辨率的制约，将它缩放到任意大小和以任意分辨率在输出设备上打印出来，都不会影响清晰度，但其色彩显示不如位图逼真，对图形文件大小有要求的读者可选用此方式。

PDF 文件的图形质量居于二者之间，但其不适用于基于输出图形的二次编辑，在实际操作中并非首选的输出方式。

问题2：图形的网页输出方式有哪些？实际操作中该如何选择？

答：R 语言将图形输出为网页文件主要有 R Markdown 和 Shiny Web 两种方式。

第一种方式是创建 Rmd 文件，将绘图代码以代码块的形式嵌入 Markdown 文件中，然后通过 rmarkdown 包或 knitr 包转换为 HTML 文件。这种图形输出方式语法简单且不需要调用后台服务，但不能通过交互控件实现图形交互，适用于任务简单且对交互性要求不高的项目。

第二种方式是创建 shiny 页面，将绘图对象和交互变量以定义 ui 控件的形式进行组合，然后通过 shiny 包搭建网页服务器，实现图形的在线交互展示。这种图形输出方式具有强大的交互性，但其语法较复杂，运行时需要开启后台服务，适用于大型图形可视化 Web 项目。

11.4 小试牛刀：将绘图输出为 HTML 文档

【案例任务】

结合本章的 R Markdown 示例，尝试将第 10 章小试牛刀的绘图结果输出为 HTML 文档。

【技术解析】

（1）创建 Rmd 文件，然后插入代码块。

（2）将第 10 章小试牛刀的绘图代码复制到代码块内并保存，最后单击【Knit】按钮生成 HTML 文件。

【操作步骤】

步骤 1：在 Rstudio 套件中依次选择【File】→【New File】→【R Markdown】选项，创建 Rmd 文档，并将文件命名为 Practice.Rmd。

步骤 2：复制第 10 章小试牛刀的绘图代码并保存。

步骤 3：单击 Rstudio 套件中的 "Knit" 按钮生成 HTML 文件。

参考代码如下：

```
---
title: "Practice"
output:
  html_document: default
---

> 结合本章的 R Markdown 示例，尝试将第 10 章小试牛刀的绘图结果输出为 HTML 文档。

'''{r error=F,echo=T,warning=F,message=F,fig.width=10}
library(plotly)
x = rnorm(1000)
tmp <- hist(x,breaks = seq(min(x),max(x),diff(range(x))/30),
            plot = F)
plot_data <- data.frame(x = tmp$mids,
                        counts = tmp$counts,
                        density = dnorm(tmp$mids,mean(x),sd(x))*diff(range(x))/30*length(x))
```

```
p1 <- plot_ly(data = plot_data)%>%
  add_bars(x = ~x,y = ~counts,
           marker = list(color = "rgb(158,202,225)",
           line = list(color = "rgb(8,48,107)",width = 1.5)),
           width = 0.2)%>%
  add_lines(x = ~x,y = ~density)%>%
  layout(showlegend = FALSE)

p2 <- plot_ly(x = ~x, type = "box")%>%
  layout(showlegend = FALSE)
subplot(p1, p2,nrows = 2,widths = 1,heights = c(0.8,0.2),margin = 0,
        shareX = T,shareY = F,titleX = T, titleY = T)
'''
```

以上代码运行结果图 11-14 所示。

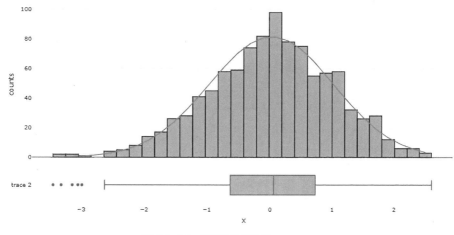

图 11-14　图形输出结果

▯ 本章小结

图形输出是数据可视化最后也是最为关键的一步。R 语言提供了多种图形输出方式，可以使用 R 语言 grDevices 包的 bmp()、jepg()、png()、tiff() 和 dev.off() 等函数将图形保存为位图文件，也可以使用 pdf() 和 cairo_pdf() 函数将图形保存为 PDF 文件，还可以使用 svg() 函数将图形输出为较为灵活的 SVG 文件。随着网页技术的不断发展，R 语言也支持将图形输出为 HTML 文档甚至嵌入 Web 应用。R Markdown 将 R 语言和轻量级标记语言 Markdown 融合，并通过 rmarkdown 包和 knitr 包将 R 语言的绘图代码以组块（chunk）的形式输出至网页，实现 R 语言的绘图代码与网页文档的无缝对接。shiny 则主打网页交互，关注 Web App 开发，使用户在无须了解 HTML、CSS 或 JavaScript 等知识的前提下，通过若干 ui 控件控制图形交互，最终实现将绘图结果输出至 HTML 页面。读者可结合本章的相关示例在实践中多加练习，夯实基础，熟练掌握如何将 R 语言绘图结果输出为外部文件。

实战篇

　　基础篇和提高篇从 R 语言基础操作、数据分析与可视化的角度，分别对 R 语言的基础用法、函数编写与 R 包封装、数据管理、统计方法、基础绘图、图形优化、外部绘图插件和图形输出等主题进行了详细介绍。但仅掌握 R 语言的理论知识是远远不够的，还需要投身于实践操作。实践操作是学习一门编程语言最快速、最有效的途径。为便于读者将前面所学的知识融会贯通，本篇将在前两篇的基础上，以真实的数据分析与可视化案例对 R 语言的相关技能进行演示操作。

第 12 章
R 语言对产品性价比的数据分析与可视化

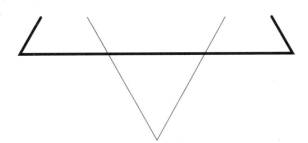

本章导读

　　本章将以当当网的童书类好评榜性价比分析为例，综合运用前面章节所讲的知识技能，演示数据分析与可视化的具体操作。

知识要点

　　通过本章内容的学习，读者能掌握以下知识：

- ◆ 网页数据采集流程及相关方法
- ◆ 数据清理的具体操作
- ◆ 常用的数据分析及数据可视化方法
- ◆ 结果报告的相关技术

12.1 数据采集

当当图书五星榜是当当网推出的图书好评榜之一，通过分析大量读者的图书好评率来向用户推荐 TOP500 的图书。本节将结合第 4 章提及的网页数据抓取技术，使用 rvest 包和 stringi 包抓取当当网童书类五星榜的榜单数据。本次数据抓取的童书类五星榜单主要包括绘图（图画）、中国儿童文学和科普（百科）等 14 个子类，涉及的书籍信息有图书类别、编号、名称、作者、出版社及出版日期、评论数、推荐指数、五星评分、原价、现价和折扣信息等数据。下面将从分析页面结构、编写爬虫程序和抓取数据并保存 3 个环节，同读者探讨当当网童书类五星榜数据采集的过程。

12.1.1 分析页面结构

在抓取数据之前，需要先对当当网童书类五星榜单的页面进行结构分析，可分为 3 个步骤完成。

步骤 1：访问榜单页面。

使用谷歌浏览器打开当当图书五星榜页面，可以看到所有图书近 30 日的 TOP500 图书榜单，页面左侧为图书的【分类排行】，选择【童书】类，在时间跨度方面，选择【累计榜】，具体如图 12-1 所示。

图 12-1　当当图书五星好评榜页面

选择完毕后，进入童书类累计五星榜单，如图 12-2 所示。

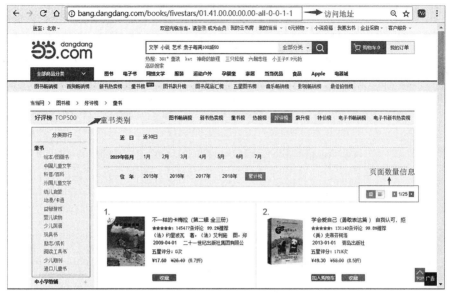

图 12-2　当当童书类五星榜页面

步骤 2：获取五星榜单类别的页面。

需要确定 14 个童书类别所在页面的地址信息。在页面上右击选择【查看网页源代码】选项，进入源代码预览模式，可以看到当前页面的所有源代码。第 369 行至 384 行源代码所示的 <ul> 标签和 <li> 标签就是所有童书子类的五星榜单访问地址，如图 11-3 所示。

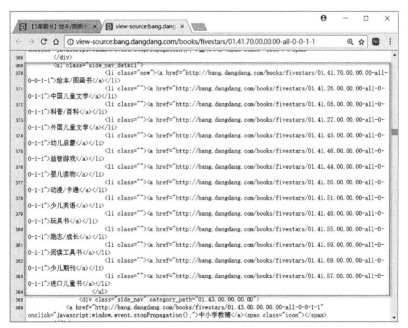

图 12-3　童书子类五星榜单页面的地址信息（清理前）

此段代码经过处理后，即可得到各子类别页面的访问地址，如表 12-1 所示。

表 12-1　童书子类五星榜单页面的地址信息（清理后）

童书类别	访问地址
绘本 / 图画书	http://bang.dangdang.com/books/fivestars/01.41.70.00.00.00-all-0-0-1-1
中国儿童文学	http://bang.dangdang.com/books/fivestars/01.41.26.00.00.00-all-0-0-1-1
科普 / 百科	http://bang.dangdang.com/books/fivestars/01.41.05.00.00.00-all-0-0-1-1
外国儿童文学	http://bang.dangdang.com/books/fivestars/01.41.27.00.00.00-all-0-0-1-1
幼儿启蒙	http://bang.dangdang.com/books/fivestars/01.41.45.00.00.00-all-0-0-1-1
动漫 / 卡通	http://bang.dangdang.com/books/fivestars/01.41.50.00.00.00-all-0-0-1-1
益智游戏	http://bang.dangdang.com/books/fivestars/01.41.46.00.00.00-all-0-0-1-1
婴儿读物	http://bang.dangdang.com/books/fivestars/01.41.44.00.00.00-all-0-0-1-1
少儿英语	http://bang.dangdang.com/books/fivestars/01.41.51.00.00.00-all-0-0-1-1
玩具书	http://bang.dangdang.com/books/fivestars/01.41.48.00.00.00-all-0-0-1-1
励志 / 成长	http://bang.dangdang.com/books/fivestars/01.41.55.00.00.00-all-0-0-1-1
阅读工具书	http://bang.dangdang.com/books/fivestars/01.41.59.00.00.00-all-0-0-1-1
少儿期刊	http://bang.dangdang.com/books/fivestars/01.41.69.00.00.00-all-0-0-1-1
进口儿童书	http://bang.dangdang.com/books/fivestars/01.41.57.00.00.00-all-0-0-1-1

步骤 3：获取图书对应的页面标签信息。

需要找出每本图书的详细信息对应页面源代码的 HTML 标签名称信息，继续使用网页源代码预览模式，查看第 777 行至第 804 行这段代码，可以发现图 12-2 中排在第一位的《不一样的卡梅拉》的相关信息，如图 12-4 所示。

仔细阅读源代码可以看出，HTML 标签 <ul class="bang_list clearfix bang_list_mode"> 表示当前页面的所有图书信息；在 <li> </li> 标签包含的区域可以找出图书编号、图书名称、介绍链接、推荐指数、推荐链接、评论人数、五星推荐人数、作者、出版社及出版日期、图书现价、图书原价和折扣等信息，具体数据字段和标签对应如表 12-2 所示。

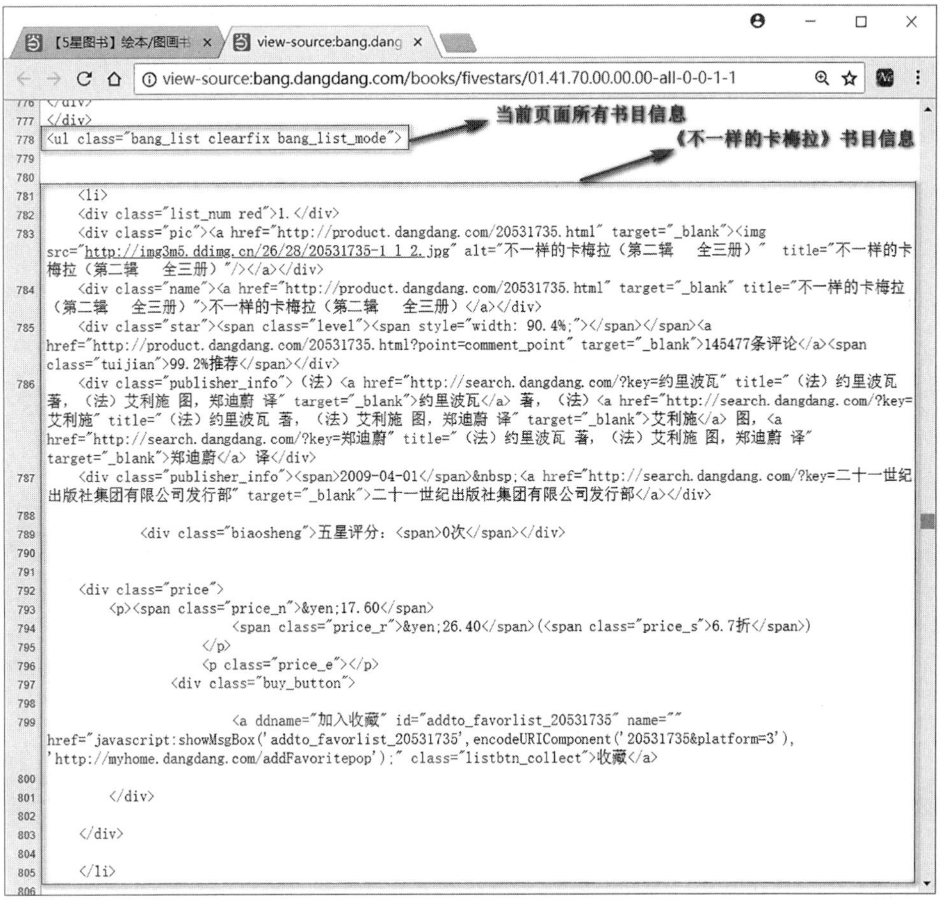

图 12-4　页面源代码对应的图书信息

表 12-2　数据字段对应的 HTML 标签信息

序　号	数　据　字　段	HTML 标 签 名 称
1	图书编号	<div class="list_num red">
2	封面图片及介绍链接	<div class="pic">
3	图书名称及介绍连接	<div class="name">
4	图书评论信息	<div class="star">
5	作者信息及介绍链接、出版社及出版日期	<div class="publisher_info">
6	五星评分次数	<div class="biaosheng">
7	图书价格（现价、原价、折扣信息）	<div class="price">

　　由于当前页面只包含了 20 本图书的信息，如果要抓取全部榜单数据就需要翻页，好在当当榜单页面地址的最后一位数字表示当前页面数（可以通过翻页观察浏览器的地址信息变化，找出

规律），因此，只需知道总页面数量，然后在抓取地址中进行变换即可。继续浏览页面源代码，查看第 1308 行至第 1310 行代码，即可找出页面总数信息（25 页），对应的 HTML 标签为 <div class="paginating">，具体内容如图 12-5 所示。

图 12-5　页面源代码对应的页面总数信息

至此，当当网童书五星榜单页面分析完毕，下面就可以着手编写爬虫程序抓取数据了。

12.1.2　编写爬虫程序

经过对页面的详细分析，就基本掌握了需要抓取的童书类五星榜单图书数据字段对应的页面结构及 HTML 标签信息。爬虫程序需要做的是将童书榜单的所有 14 个子类对应的页面全部抓取，然后抽取需要的字段数据。如前所述，抓取全部榜单数据需要进行翻页，经过对页面的分析可以发现，每个页面的 HTML 标签是相同的，也就是说爬虫程序只需要获取一个页面，然后抽取数据字段，如此重复运行直至所有页面抓取完毕。基于此思路，下面将以"绘本 / 图画书"子类的第一个页面为例，分 4 个环节讲解爬虫程序的编写方法。

（1）获取当前类别下的页面总数信息。通过使用 rvest 包的 read_html()、html_nodes() 和 html_text() 函数获取当前类别下的页面总数信息。如前所述，页面总数信息位于 HTML 标签 <div class="paginating"> 内。经过深入分析后发现，页面总数位于 <li> 标签的 <a> 标签内，可用 read_html() 函数获取整个页面数据。先使用 html_nodes() 函数依次抽取 <div class="paginating">、<li> 和 <a> 标签，再使用 html_text() 抽取相应的文字。抽取完毕后，将字符串转为数值并找出最大的数字，即为当前类别的页面总数，示例代码如下：

```
library(rvest)
 Loading required package: xml2
library(stringi)
url = "http://bang.dangdang.com/books/fivestars/01.41.70.00.00.00-
all-0-0-1-1"
x <- read_html(x = url,encoding = "GBK")
total_page<-max(as.numeric(html_nodes(x,"div.paginating")%>%
                       html_nodes("li")%>%html_nodes("a")%>%
                       html_text()),na.rm = T)
total_page
```

以上代码运行结果如下：

```
[1] 25
```

由运行结果发现，当前类别下共有 25 个页面，因此还需解决自动翻页的问题，才能实现对具体图书信息的字段抽取。

（2）实现当前类别下页面的自动跳转。由于当前类别下第 1 个页面的地址与其他页面的地址的主要区别在于地址的最后一位，如当前类别下第 2 个页面的地址为 http://bang.dangdang.com/books/fivestars/01.41.70.00.00.00-all-0-0-1-2，因此可以使用 stringi 包的 stri_replace_all_fixed() 函数和 R 语言基础包的 paste0() 函数实现，示例代码如下：

```
url_2<-paste0(stri_replace_all_fixed(url,"0-0-1-1","0-0-1-"),2)
url_2
```

以上代码运行结果如下：

```
[1] "http://bang.dangdang.com/books/fivestars/01.41.70.00.00.00-
all-0-0-1-2"
```

上例是自动跳转至第 2 页的实现方法，当循环抓取当前类别下的所有 25 个页面时，可以将跳转数值设定为 1 ～ 25，即可实现所有页面地址的自动跳转。

（3）抽取当前页面下的图书信息数据。下面以当前类别下第 2 个页面为例（页面地址对应为url_2 变量），演示具体图书信息数据的抽取方法。该方法主要分为 3 个步骤。

步骤 1：使用 read_html() 和 html_nodes() 函数获取当前页面的所有数据，并抽取标签为 <ul class="bang_list"> 的页面中所有图书信息列表的数据，示例代码如下：

```
# 获取页面数据并抽取 ul 和 li 标签数据
x <- read_html(x = url_2,encoding = "GBK")
ul <- html_nodes(x, "ul.bang_list")
```

步骤 2：继续运行 html_nodes() 函数获取 <li> 标签的数据，示例代码如下：

```
li <- html_nodes(ul, "li")
```

步骤 3：使用 html_nodes()、html_text()、stri_extract() 和 stri_replace_all() 等函数根据页面分析对应的 HTML 标签，分别抽取图书编号、图书名称、图书介绍链接、推荐指数、评论链接、评论人数、五星推荐人数、图书作者、出版社及出版日期、现价、原价、折扣等数据字段，示例代码如下：

```
# 图书编号
book_number <- html_nodes(li, "div.list_num")%>% html_text()
# 图书名称
book_title <- html_nodes(li, "div.name")%>% html_nodes("a")%>%
  html_text("title")
# 图书介绍链接
book_link <- html_nodes(li, "div.name")%>% html_nodes("a")%>%
  stringi::stri_extract(regex = '(?<=href=\").*?(?=\")')
# 推荐指数
book_tuijian <- html_nodes(li, "div.star")%>%
  html_nodes("span.tuijian")%>% html_text()%>%
  stringi::stri_replace_all(replacement = "", regex = "推荐")
# 评论链接
tuijian_link <- html_nodes(li, "div.star")%>%
  html_nodes("a")%>%
  stringi::stri_extract(regex = '(?<=href=\").*?(?=\")')
# 评论人数
tuijian_count <- html_nodes(li, "div.star")%>%
  html_nodes("a")%>% html_text()%>%
  stringi::stri_replace_all(replacement = "", regex = "条评论")
# 五星推荐人数
tuijian_five_star <- html_nodes(li, "div.biaosheng")%>%
  html_text()%>%
  stringi::stri_replace_all(replacement = "", regex = "五星评分：")%>%
  stringi::stri_replace_all(replacement = "", regex = "次")
# 图书作者
book_author <- as.matrix(html_nodes(li, "div.publisher_info")%>%
                          html_text(trim=T))[c(seq(1,40,2))]
# 出版社及出版日期
book_publisher <- as.matrix(html_nodes(li, "div.publisher_info")%>%
                            html_text(trim=T))[c(seq(0,40,2))]
# 现价
book_price_now <- apply(as.matrix(1:length(html_nodes(li, "div.
price"))),1, function(x){
out <- html_nodes(html_nodes(li, "div.price")[x], "span.price_n")%>%
html_text()
return(out[1])})
# 原价
book_price_old <- apply(as.matrix(1:length(html_nodes(li, "div.
price"))),1, function(x){
out <- html_nodes(html_nodes(li, "div.price")[x], "span.price_r")%>%
```

```
        html_text()
return(out[1])})
# 折扣
book_price_cutoff <- apply(as.matrix(1:length(html_nodes(li, "div.
price"))),1, function(x){
tmp <- html_nodes(html_nodes(li, "div.price")[x], "span.price_s")%>%
                    html_text()
out <- stringi::stri_replace_all(str=tmp[1], replacement = "",
regex = "折")
return(out)})
data<-data.frame(book_number,book_title,
                book_link,book_author,
                book_publisher, book_price_now,
                book_price_old, book_price_cutoff,
                book_tuijian,tuijian_link,
                tuijian_count,tuijian_five_star)
head(data,3)
```

以上代码运行结果如下：

```
  book_number              book_title
1     21.    14 只老鼠（第 1 辑，全 6 册）
2     22.              我不敢说，我怕被骂
3     23.                             人
                              book_link
1 http://product.dangdang.com/20817211.html
2 http://product.dangdang.com/24144615.html
3 http://product.dangdang.com/20179351.html
                                      book_author
1              （日）岩村和朗  著，彭懿  译
2   文：〔荷兰〕皮姆？范？赫斯特    图：〔荷兰〕妮可？塔斯马
3                    （美）史比尔  著，李威  译
              book_publisher book_price_now book_price_old
1      2010-03-01<U+00A0> 接力出版社        ￥62.90        ￥82.80
2    2016-09-01<U+00A0> 北京联合出版公司        ￥34.10        ￥34.80
3    2008-04-01<U+00A0> 贵州人民出版社         ￥7.20        ￥18.00
  book_price_cutoff book_tuijian
1            7.6        99.1%
2            9.8         100%
3            4.0        98.7%
                                      tuijian_link
1 http://product.dangdang.com/20817211.html?point=comment_point
2 http://product.dangdang.com/24144615.html?point=comment_point
3 http://product.dangdang.com/20179351.html?point=comment_point
  tuijian_count tuijian_five_star
1      20438                2
```

2	276749	6017
3	20676	0

为方便读者理解各字段数据抽取的过程，上例中有 5 个小问题需要进行详细说明。

①抽取图书介绍链接和评论链接调用了 stri_extract() 函数，并使用正则表达式将页面源码中与 href 链接地址相关的无用字符屏蔽。

②推荐指数、评论链接和评论人数的数据均源于 \<div class="star"\> 标签，但分别处于 \<span class="tuijian"\> 和 \<a\> 标签内，需要分别抽取，其中评论人数需使用 stri_replace_all() 函数将"条评论"字符屏蔽掉。

③五星评分数据源于 \<div class="biaosheng"\> 标签，数据抽取后需使用 stri_replace_all() 函数将"五星评分："和"次"字符屏蔽掉。

④原价、现价和折扣信息数据源于 \<div class="price"\> 标签下的 \<span class="price_n"\>、\<span class="price_r"\> 和 \<span class="price_s"\> 标签，需要使用 apply() 函数循环抽取这些数据。

⑤图书作者、出版社及出版日期数据源于 \<div class="publisher_info"\> 标签，且两个标签的 class 相同，可以先将该标签的所有数据都抽取，然后按照奇偶方式分别抽取图书作者数据和出版社及出版日期数据，通过设置 trim=T 将文本中的空格信息自动屏蔽。

（4）将代码封装为爬虫函数。单个页面数据抓取完成后，需要对单个页面数据抓取代码整合并封装为函数以方便重复调用。下面将封装的函数命名为 GetBookInfor，并按照上述代码的数据变量情况，设置输入参数为 url（页面地址），返回参数为 out（抓取的数据框），示例代码如下：

```
GetBookInfor<-function(url){
  # 获取页面数据并抽取 ul 和 li 标签数据
  x <- read_html(x = url,encoding = "GBK")
  ul <- html_nodes(x, "ul.bang_list")
  li <- html_nodes(ul, "li")
  # 图书编号
  book_number <- html_nodes(li,"div.list_num")%>% html_text()
  # 图书名称
  book_title <- html_nodes(li, "div.name")%>% html_nodes("a")%>%
    html_text("title")
  # 图书介绍链接
  book_link <- html_nodes(li, "div.name")%>% html_nodes("a")%>%
    stringi::stri_extract(regex = '(?<=href=\").*?(?=\")')
  # 推荐指数
  book_tuijian<-html_nodes(li,"div.star")%>%
    html_nodes("span.tuijian")%>% html_text()%>%
    stringi::stri_replace_all(replacement = "",regex = " 推荐 ")
  # 评论链接
  tuijian_link <- html_nodes(li, "div.star")%>%
    html_nodes("a")%>%
    stringi::stri_extract(regex = '(?<=href=\").*?(?=\")')
```

```r
    # 评论人数
    tuijian_count <- html_nodes(li,"div.star")%>%
       html_nodes("a")%>% html_text()%>%
       stringi::stri_replace_all(replacement = "", regex = "条评论")
    # 五星推荐人数
    tuijian_five_star<-html_nodes(li, "div.biaosheng")%>%
       html_text()%>%
       stringi::stri_replace_all(replacement = "",regex = "五星评分：")%>%
       stringi::stri_replace_all(replacement = "",regex = "次")
    # 图书作者
    book_author <- as.matrix(html_nodes(li,"div.publisher_info")%>%
                              html_text(trim=T))[c(seq(1,40,2))]
    # 出版社及出版日期
    book_publisher <- as.matrix(html_nodes(li,"div.publisher_info")%>%
                              html_text(trim=T))[c(seq(0,40,2))]
    # 现价
    book_price_now <- apply(as.matrix(1:length(html_nodes(li,"div.
price"))),1, function(x){
  out <- html_nodes(html_nodes(li,"div.price")[x],"span.price_n")%>%
  html_text()
  return(out[1])})
    # 原价
    book_price_old <- apply(as.matrix(1:length(html_nodes(li,"div.
price"))),1, function(x){
  out <- html_nodes(html_nodes(li, "div.price")[x], "span.price_r")%>%
          html_text()
  return(out[1])})
    # 折扣
    book_price_cutoff <- apply(as.matrix(1:length(html_nodes(li,"div.
price"))),1, function(x){
  tmp <- html_nodes(html_nodes(li,"div.price")[x],"span.price_s")%>%
        html_text()
  out <- stringi::stri_replace_all(str=tmp[1], replacement = "",
  regex = "折")
  return(out)})

    out<-data.frame(book_number,book_title,
                    book_link,book_author,
                    book_publisher,book_price_now,
                    book_price_old,book_price_cutoff,
                    book_tuijian,tuijian_link,
                    tuijian_count,tuijian_five_star)
    return(out)
}
# 函数测试
GetBookInfor(url="http://bang.dangdang.com/books/
```

```
fivestars/01.41.70.00.00.00-all-0-0-1-2")[c(1:3),]
```

以上代码运行结果如下：

```
   book_number                        book_title
1         21.            大卫·香农系列（全 3 册）
2         22.                    我不敢说，我怕被骂
3         23.        14 只老鼠（第 1 辑，全 6 册）
                                          book_link
1 http://product.dangdang.com/20685958.html
2 http://product.dangdang.com/24144615.html
3 http://product.dangdang.com/20817211.html
                                        book_author
1                     （美）香农  文图，余治莹  译
2     文：〔荷兰〕皮姆？范？赫斯特    图：〔荷兰〕妮可？塔斯马
3                     （日）岩村和朗  著，彭懿  译
                          book_publisher book_price_now book_price_old
1   2007-04-01<U+00A0> 河北教育出版社           ￥87.60          ￥89.40
2   2016-09-01<U+00A0> 北京联合出版公司         ￥34.10          ￥34.80
3   2010-03-01<U+00A0> 接力出版社             ￥62.90          ￥82.80
  book_price_cutoff book_tuijian
1               9.8          99.1%
2               9.8           100%
3               7.6          99.1%
                                                  tuijian_link
1 http://product.dangdang.com/20685958.html?point=comment_point
2 http://product.dangdang.com/24144615.html?point=comment_point
3 http://product.dangdang.com/20817211.html?point=comment_point
  tuijian_count tuijian_five_star
1         20667                  0
2        282229               6121
3         20438                  2
```

单个页面数据抓取函数封装完毕后，可以相同思路封装童书类别所有页面的数据抓取函数。将函数命名为 GetFiveStarBook，输入参数为 PageList（各童书类别信息），输出参数为 out（列表型，包含数据抓取 log 信息和最终抓取的数据框）。为避免循环抓取数据过程中出现的可能错误，可借鉴第 4 章的经验，使用 try 和 next 函数避免因程序出现错误而中断，并将每个页面抓取的 log 相关信息输出至屏幕，示例代码如下：

```
GetFiveStarBook<-function(PageList){
  PageList <- as.matrix(PageList)
  data <- log <- NULL
  start_time <- Sys.time()
  # 图书类别循环
  for (i in 1:nrow(PageList)){
    # 获取该类别的网页数量
```

```r
    url <- PageList[i,2]
    x <- read_html(x = url,encoding = "GBK")
total_page <- max(as.numeric(html_nodes(x,"div.paginating")%>%
html_nodes("li")%>% html_nodes("a")%>%
html_text()),na.rm = T)
    url_tmp <- stri_replace_all_fixed(url,"0-0-1-1","0-0-1-")
    data_tmp<-NULL
    # 页面循环
    for (j in 1:total_page){
      cat(" 正在抓取【",PageList[i,1],"】第 ",j," 页 ","\n")
      go <- try({
        # 调用先前封装的 GetBookInfor 函数抓取每个页面的数据
        tmp <- GetBookInfor(url=paste0(url_tmp,j))
      })
      used_time <- as.numeric(difftime(Sys.time(),
start_time,units = "secs"))
      if ("try-error"%in%class(go)){
        status = 0
        message = paste0(" 页面抓取失败，详细请参考【",go[1],"】")
        cat(message,"\n")
        next
      }else{
        Status = 1
        message = paste0(" 页面抓取成功，累计用时：",used_time," 秒！ ")
        data_tmp <- rbind(data_tmp,
                          cbind(PageList[i,1],tmp))
        cat(message,"\n")
      }
      Log <- rbind(log,
                   c(PageList[i,],j,status,message))
    }
    data <- rbind(data,
                  data_tmp)
  }
  colnames(data)[1] <- c("book_category")
  colnames(log)<- c("category","url","page_number","status","message")
  out <- list(data = data,
              log = log)
  return(out)
}
# 函数测试
PageList <- matrix(c(" 绘本 / 图画书 ",
"http://bang.dangdang.com/books/fivestars/01.41.70.00.00.00-all-0-0-1-
1"),ncol=2)
tmp <- GetFiveStarBook(PageList = PageList)
dim(tmp)
```

```
head(tmp,3)
```

以上代码运行结果如下：

```
[1] 6560   13
  book_category book_number
1   绘本 / 图画书         1.
2   绘本 / 图画书         2.
3   绘本 / 图画书         3.
                                                    book_title
1                              不一样的卡梅拉（第二辑    全三册）
2          学会爱自己（勇敢表达篇 ）自我认可，拒绝霸凌！学会大声说 " 不 ...
3                      不一样的卡梅拉第 11 册 ---- 我不是胆小鬼
                       book_link
1 http://product.dangdang.com/20531735.html
2 http://product.dangdang.com/23170830.html
3 http://product.dangdang.com/22522677.html
                              book_author
1    （法）约里波瓦  著，（法）艾利施  图，郑迪蔚  译
2                        （美）史蒂芬柯洛
3  （法）约里波瓦  著，（法）艾利施  图，郑迪蔚  译
                              book_publisher
1 2009-04-01<U+00A0> 二十一世纪出版社集团有限公司发行部
2               2013-01-01<U+00A0> 青岛出版社
3             2011-10-01<U+00A0> 2 1 世纪出版社
  book_price_now book_price_old
1         ￥17.60         ￥26.40
2         ￥29.00         ￥58.00
3          ￥5.80          ￥8.80
  book_price_cutoff book_tuijian
1              6.7         99.2%
2              5.0         99.8%
3              6.6         99.5%
                                        tuijian_link
1 http://product.dangdang.com/20531735.html?point=comment_point
2 http://product.dangdang.com/23170830.html?point=comment_point
3 http://product.dangdang.com/22522677.html?point=comment_point
  tuijian_count tuijian_five_star
1        145477                 0
2        131115              1719
3         81841                 0
```

运用爬虫函数封装并测试完成后，就可以开始批量抓取数据了！

12.1.3　抓取数据并保存

将之先清理过的童书子类五星榜单页面地址信息的数据（已在本地存储为"当当童书五星榜单访问地址 .csv"文件）作为 GetFiveStarBook() 函数的输入参数，进行 14 个子类页面的数据抓取，然后将图书信息数据存为"当当童书五星榜单数据"的 rds 格式数据，以方便后续分析使用，示例代码如下：

```
PageList<-read.csv(file = "当当童书五星榜单访问地址 .csv")
res_book_infor<-GetFiveStarBook(PageList=PageList)
dim(res_book_infor$data)
saveRDS(res_book_infor$data,
        file = "当当童书五星榜单数据 .rds")
file.exists("当当童书五星榜单数据 .rds")
```

以上代码运行结果如下：

```
[1] 6560    13
[1] TRUE
```

本次共抓取 6560 条数据，耗时将近 400 秒。至此，当当童书五星榜单数据抓取完毕，下面可以进行后续的数据清理、数据分析和可视化等工作了。

12.2　数据清理

与来源于数据库及外部文件的数据不同，互联网抓取的数据在格式上并不十分规范，因此在分析之前需要进行字段检测、数据拆分和数据类型转换等相关操作。下面先梳理一下抓取的数据字段和可能进行的数据清理操作，如表 12-3 所示。

表 12-3　数据字段一览表

序号	字段名称	字段含义	字段类型	可能进行的数据清理操作
1	book_category	图书类别	因子型	数据类型转换
2	book_number	图书子类内编号	因子型	字符抽取或替换、数据类型转换
3	book_title	图书标题	因子型	数据类型转换
4	book_link	图书介绍链接	因子型	数据类型转换
5	book_author	图书作者	因子型	字符串拆分、数据类型转换
6	book_publisher	出版社及出版日期	因子型	变量（字符串）拆分、数据类型转换
7	book_price_now	图书现价	因子型	字符抽取、数据类型转换

461

序 号	字段名称	字段含义	字段类型	可能进行的数据清理操作
8	book_price_old	图书原价	因子型	字符抽取、数据类型转换
9	book_price_cutoff	图书折扣	因子型	数据类型转换
10	book_tuijian	推荐指数	因子型	字符抽取、数据类型转换
11	tuijian_link	评论链接	因子型	数据类型转换
12	tuijian_count	评论数量	因子型	数据类型转换
13	tuijian_five_star	五星推荐数量	因子型	数据类型转换

上述数据清理操作可归纳为：变量（字符）拆分与抽取和数据类型转化两个主要环节，结合第 5 章内容，再加上检测数据缺失与重复值环节。本节将从变量（字符）拆分与抽取、检测数据缺失与重复值，以及变量类型转化与重命名 3 个部分，同大家探讨当当童书五星榜单的数据清理方法。

12.2.1 变量（字符）拆分与抽取

涉及变量（字符）拆分与抽取的字段主要包括 book_number、book_author、book_publisher、book_price_now、book_price_old 和 book_tuijian 这 6 个字段，结合字段数据，示例代码如下：

```
data_raw<-readRDS(file = "当当童书五星榜单数据.rds")
data_raw<-as.matrix(data_raw)
library(stringi)
VaribleSplit<-function(x){
  out_tmp<-unlist(stri_split_charclass(str=x,
                                       pattern="\\p{WHITE_SPACE}",
                                       n=2,
                                       omit_empty=T))
  if (length(out_tmp)==2){
    return(out_tmp)
  }else{if (length(out_tmp)==1){
    if(stri_detect(str=out_tmp,regex = "[0-9]")){
      return(c(out_tmp,NA))
    }else{
      return(c(NA,out_tmp))
    }
  }else{
    return(c(NA,NA))
  }}
}
# 拆分 book_publisher 字段为 publish_date 和 publisher
data_clean<-cbind(data_raw,
t(apply(as.matrix(data_raw[,"book_publisher"]),1,VaribleSplit)))
```

```
colnames(data_clean)[c(ncol(data_clean)-1,ncol(data_clean))]=c("publish_
date","publisher")
    # 拆分 book_author 字段
    book_author<- data.frame(book_author=c(unlist(strsplit(data_
clean[,"book_author"],", ",fixed=T))))
    # 将 book_number 字段中的 "." 去掉
    data_clean[,"book_number"]=stri_replace_all(str = data_clean[,"book_
number"],replacement = "",regex = "[.]")
    # 将 book_price_now、book_price_old 字段中的 " ￥" 字符去掉
    data_clean[,"book_price_now"]=substr(x = data_clean[,"book_price_now"],
                                        start = 2,
                                        stop = nchar(data_clean[,"book_
price_now"]))

    data_clean[,"book_price_old"]=substr(x = data_clean[,"book_price_old"],
                                        start = 2,
                                        stop = nchar(data_clean[,"book_
price_old"]))
    # 将 book_tuijian 字段中的 "%" 字符去掉
    data_clean[,"book_tuijian"] = substr(x = data_clean[,"book_tuijian"],
                                        start = 1,
                                        stop = nchar(data_clean[,"book_
tuijian"])-1)
    head(data_clean,3)
```

以上代码运行结果如下：

```
      book_category book_number
[1,] " 绘本 / 图画书 "        "1"
[2,] " 绘本 / 图画书 "        "2"
[3,] " 绘本 / 图画书 "        "3"
      book_title
[1,]                              " 不一样的卡梅拉（第二辑    全三册）"
[2,]  " 学会爱自己（勇敢表达篇 ）自我认可，拒绝霸凌！学会大声说 " 不 ..."
[3,]                       " 不一样的卡梅拉第 11 册 ---- 我不是胆小鬼 "
      book_link
[1,] "http://product.dangdang.com/20531735.html"
[2,] "http://product.dangdang.com/23170830.html"
[3,] "http://product.dangdang.com/22522677.html"
      book_author
[1,] " （法）约里波瓦  著，（法）艾利施  图，郑迪蔚  译 "
[2,] " （美）史蒂芬柯洛 "
[3,] " （法）约里波瓦  著，（法）艾利施  图，郑迪蔚  译 "
      book_publisher                                    book_price_now
[1,] "2009-04-01<U+00A0> 二十一世纪出版社集团有限公司发行部 " "17.60"
[2,] "2013-01-01<U+00A0> 青岛出版社 "                       "49.30"
```

```
       [3,] "2011-10-01<U+00A0> 2 1 世纪出版社 "                          "5.80"
            book_price_old book_price_cutoff book_tuijian
       [1,] "26.40"         "6.7"             "99.2"
       [2,] "58.00"         "8.5"             "99.8"
       [3,] "8.80"          "6.6"             "99.5"
            tuijian_link
       [1,] "http://product.dangdang.com/20531735.html?point=comment_point"
       [2,] "http://product.dangdang.com/23170830.html?point=comment_point"
       [3,] "http://product.dangdang.com/22522677.html?point=comment_point"
            tuijian_count tuijian_five_star publish_date
       [1,] "145477"       "0"               "2009-04-01"
       [2,] "131147"       "1719"            "2013-01-01"
       [3,] "81841"        "0"               "2011-10-01"
            publisher
       [1,] " 二十一世纪出版社集团有限公司发行部 "
       [2,] " 青岛出版社 "
       [3,] " 2 1 世纪出版社 "
```

上例中不仅使用了 R 语言内置的 strsplit()、nchar() 和 substr() 等函数，还使用了 stringi 包的 stri_replace_all()、stri_split_charclass() 和 stri_detect() 等函数，实现了字段的字符串拆分、替换和截取等操作。此外，为方便拆分 book_publisher 字段，上例还自编了 VaribleSplit 函数。

12.2.2 检测数据缺失与重复值

变量（字符）拆分与抽取完毕后，还需要检测 data_clean 数据集是否存在缺失值和重复值。缺失值检测主要通过 is.na() 函数来确定，而重复值可以使用 unique() 函数、levels() 函数和 table() 函数来处理。为便于分析所有字段的缺失值与重复值情况，本书自编了名为 FindMissingAndReplicate 的函数，示例代码及运行结果如下：

```
FindMissingAndReplicate <- function(x){
  x[which(x=="")] = NA
  out <- c(
    length(x), length(which(is.na(x)==F)),
    length(which(is.na(x)==T)), length(unique(x)),
    length(which(table(x)==1)), length(which(table(x)>1)))
  names(out)<- c(" 样本总数 "," 有效样本数 "," 缺失样本数 "," 变量水平数 ",
                 " 变量水平非重复数 "," 变量水平重复数 ")
  return(out)}
data_check <- t(apply(data_clean, 2, FindMissingAndReplicate))
data_check
# 清理 publisher 字段中的错误表述
data_clean[which(data_clean[,c("publisher")]%in%c(" 其他
",".")),c("publisher")]=NA
data_clean[which(data_clean[,c("publisher")]%in%c(" 2 1 世纪出版社
```

```
")),c("publisher")]=" 二十一世纪出版社 "
```

以上代码运行结果如下：

	样本总数	有效样本数	缺失样本数	变量水平数
book_category	6560	6560	0	14
book_number	6560	6560	0	500
book_title	6560	6560	0	6531
book_link	6560	6560	0	6560
book_author	6560	6462	98	4338
book_publisher	6560	6553	7	3378
book_price_now	6560	6560	0	1403
book_price_old	6560	6060	500	601
book_price_cutoff	6560	6060	500	90
book_tuijian	6560	6560	0	75
tuijian_link	6560	6560	0	6560
tuijian_count	6560	6560	0	4291
tuijian_five_star	6560	6560	0	869
publish_date	6560	6435	125	640
publisher	6560	6259	301	406

	变量水平非重复数	变量水平重复数
book_category	0	14
book_number	0	500
book_title	6505	26
book_link	6560	0
book_author	3620	717
book_publisher	2240	1137
book_price_now	639	764
book_price_old	247	353
book_price_cutoff	10	79
book_tuijian	17	58
tuijian_link	6560	0
tuijian_count	2997	1294
tuijian_five_star	547	322
publish_date	368	271
publisher	143	262

上例中，book_author、book_publisher、book_price_old、book_price_cutoff、publish_date 和 publisher 字段存在缺失值，其中有 26 本书在 book_title 上存在重复，结合 book_link 和 tuijian_link 字段，发现这 26 本书虽然在名称上存在重复，但属于不同时期的版本且有各自的价格和评论数据，因此，对这部分重复的图书名称暂不做处理。此外，经过查看 publisher 字段发现，存在出版社名称一致但使用了不同表述（如"二十一世纪出版社"和"２１世纪出版社"）和无效表述（如"其他"，"."）等情况，也分别做了相应的处理。

12.2.3 变量类型转化与重命名

由于最初抓取的数据均为因子型，为方便后续数据分析，还需要对部分数据变量的类型进行转换。如将图书编号、评论及价格等变量转换为数值型，出版时间变量转换为日期型，其余变量作为字符型数据，示例代码如下：

```
data_clean <- as.data.frame(data_clean, stringsAsFactors = F)
data_clean$book_number <- as.numeric(data_clean$book_number)
data_clean$book_price_now <- as.numeric(data_clean$book_price_now)
data_clean$book_price_old <- as.numeric(data_clean$book_price_old)
data_clean$book_price_cutoff <-as.numeric(data_clean$book_price_cutoff)
data_clean$book_tuijian <- as.numeric(data_clean$book_tuijian)
data_clean$tuijian_count <- as.numeric(data_clean$tuijian_count)
data_clean$tuijian_five_star <-as.numeric(data_clean$tuijian_five_star)
data_clean$publish_date <- as.Date(data_clean$publish_date)
str(data_clean)
```

以上代码运行结果如下：

```
'data.frame':    6560 obs.of  15 variables:
 $ book_category: chr  "绘本 / 图画书 " "绘本 / 图画书 " "绘本 / 图画书 " "绘本 /
图画书 " ...
 $ book_number: num  1 2 3 4 5 6 7 8 9 10 ...
 $ book_title: chr  "不一样的卡梅拉（第二辑    全三册）" "学会爱自己（勇敢表达篇
）自我认可，拒绝霸凌！学会大声说 " 不 ..." "不一样的卡梅拉第 11 册 ---- 我不是胆小鬼 " "不
一样的卡梅拉第 10 册 - 我要救出贝里奥 " ...
 $ book_link: chr  "http://product.dangdang.com/20531735.html" "http://
product.dangdang.com/23170830.html" "http://product.dangdang.com/22522677.
html" "http://product.dangdang.com/20838132.html" ...
 $ book_author: chr  "（法）约里波瓦 著，（法）艾利施 图，郑迪蔚 译 " "（美）史
蒂芬柯洛 " "（法）约里波瓦  著，（法）艾利施  图，郑迪蔚  译 " "（法）克利斯提昂·约里波瓦  文，
（法）克利斯提昂·艾利施  图，郑迪蔚  译 " ...
 $ book_publisher: chr   "2009-04-01<U+00A0> 二十一世纪出版社集团有限公司
发行部 " "2013-01-01<U+00A0> 青岛出版社 " "2011-10-01<U+00A0> 2 1 世纪出版社 "
"2010-04-01<U+00A0> 2 1 世纪出版社 " ...
 $ book_price_now: num  17.6 49.3 5.8 7 56.5 23 23 25.8 23 23 ...
 $ book_price_old: num  26.4 58 8.8 8.8 84.8 29.8 29.8 45 29.8 29.8 ...
 $ book_price_cutoff: num  6.7 8.5 6.6 8 6.7 7.7 7.7 5.7 7.7 7.7 ...
 $ book_tuijian: num  99.2 99.8 99.5 99.6 99.5 98.7 99 100 99 99.4 ...
 $ tuijian_link: chr  "http://product.dangdang.com/20531735.
html?point=comment_point" "http://product.dangdang.com/23170830.
html?point=comment_point" "http://product.dangdang.com/22522677.
html?point=comment_point" "http://product.dangdang.com/20838132.
html?point=comment_point" ...
 $ tuijian_count: num  145477 131147 81841 82613 94720 ...
 $ tuijian_five_star: num  0 1719 0 0 2 ...
```

```
$ publish_date: Date, format: "2009-04-01" "2013-01-01" ...
$ publisher: chr  " 二十一世纪出版社集团有限公司发行部 " " 青岛出版社 " " 二十一
世纪出版社 " " 二十一世纪出版社 " ...
```

为方便后续进行数据分析和数据可视化操作，使用 dplyr 包的 rename() 函数对出版社信息、图书价格信息和评论推荐信息的相关变量重新命名，并使用 mutate()、min_rank() 和 desc() 函数新增图书序号、价格和评论排序等信息的关键字段，示例代码如下：

```r
library(dplyr)
# 规范变量命名及对特定字段变量的排序
data_clean<-rename(data_clean,
                   pulish_infor=book_publisher,
                   price_now=book_price_now,
                   price_old=book_price_old,
                   price_cutoff = book_price_cutoff,
                   tuijian_index=book_tuijian,
                   tuijian_fivestar=tuijian_five_star,
                   publisher_name = publisher)%>%
  mutate(tuijian_index_rank = min_rank(desc(tuijian_index)),
         tuijian_count_rank = min_rank(desc(tuijian_count)),
         tuijian_fivestar_rank = min_rank(desc(tuijian_fivestar)),
         price_now_rank = min_rank(desc(price_now)),
         price_old_rank = min_rank(desc(price_old)),
         price_cutoff_rank = min_rank(desc(price_cutoff)),
         book_id = seq(1,nrow(data_clean),1))
head(data_clean,3)
```

以上代码运行结果如下：

```
  book_category book_number
1    绘本 / 图画书          1
2    绘本 / 图画书          2
3    绘本 / 图画书          3
                                                      book_title
1                          不一样的卡梅拉（第二辑    全三册）
2 学会爱自己（勇敢表达篇 ）自我认可，拒绝霸凌！学会大声说 " 不 ...
3                    不一样的卡梅拉第 11 册 ---- 我不是胆小鬼
                              book_link
1 http://product.dangdang.com/20531735.html
2 http://product.dangdang.com/23170830.html
3 http://product.dangdang.com/22522677.html
                              book_author
1     （法）约里波瓦  著，（法）艾利施  图，郑迪蔚  译
2                           （美）史蒂芬柯洛
3   （法）约里波瓦  著，（法）艾利施  图，郑迪蔚  译
                           pulish_infor price_now price_old
1  2009-04-01<U+00A0> 二十一世纪出版社集团有限公司发行部     17.6      26.4
```

```
2                            2013-01-01<U+00A0> 青岛出版社              49.3        58.0
3                            2011-10-01<U+00A0> 2 1 世纪出版社            5.8         8.8
   price_cutoff tuijian_index
1       6.7            99.2
2       8.5            99.8
3       6.6            99.5
                                                         tuijian_link
1 http://product.dangdang.com/20531735.html?point=comment_point
2 http://product.dangdang.com/23170830.html?point=comment_point
3 http://product.dangdang.com/22522677.html?point=comment_point
   tuijian_count tuijian_fivestar publish_date
1      145477                  0   2009-04-01
2      131147               1719   2013-01-01
3       81841                  0   2011-10-01
                 publisher_name tuijian_index_rank tuijian_count_rank
1 二十一世纪出版社集团有限公司发行部               3737                 78
2                     青岛出版社               1764                 93
3                 二十一世纪出版社               2762                144
   tuijian_fivestar_rank price_now_rank price_old_rank price_cutoff_rank
1                  2961           3917           3354              3666
2                   169           1668           2097               220
3                  2961           6127           5733              4027
   book_id
1       1
2       2
3       3
```

数据清理完毕后，接下来就可以进行数据分析与可视化操作了。

12.3 数据分析与数据可视化

本节将探讨当当童书类五星榜单数据的分析与可视化方法，具体如下。

（1）通过探索性数据分析查看各类童书的基础信息、价格和评论等变量的分布情况。

（2）使用 K- 均值聚类，对图书价格和评论等相关变量进行分析，得出图书性价比的类别指标。

（3）结合聚类结果对童书类图书进行性价比分析。

12.3.1 探索性数据分析

探索性数据分析是指在尚未明确数据的具体分布形态和变量间的关系之前，对数据进行一系列探索性的分析。根据数据变量类型可以将探索性数据分析划分为名义变量的频次分布分析和数值变量的描述统计分析两类。为方便后续表述，按照变量的类型和潜在含义将本次采集到的数据划分为图书基本信息、图书价格和图书评论 3 个部分。其中，图书基本信息包括图书类别、图书名称、图书作者、出版社及出版时间等变量，这些均属于名义变量，而后两类涉及的现价、原价、折扣、推荐指数、评论人数和五星推荐人数均属于数值变量。下面将按照这 3 个部分进行数据探索性分析及结果可视化演示的操作。

（1）图书基本信息。通过频次分析方法得出童书所属类别、出版社及出版时间等变量内各类别对应的图书数量和占比情况。在可视化方面，可采用 plotly 包的圆环图、条形图和折线图等方式呈现变量内各类别的频次对比情况。

童书所属子类别方面的统计分析示例代码如下：

```
library(plotly)
library(dplyr)
# 各类别图书数量统计
explor_book_category<-group_by(data_clean,book_category)%>%
    summarise(count=n(),
              percent = n()/nrow(data_clean)*100)%>%
    arrange(desc(count))
p1 <-plot_ly(data = explor_book_category,
             labels = ~book_category,
             values = ~count,
             name = "图书类别构成")%>%
    add_pie(hole = 0.5)
p1
```

运行以上代码后，各类别图书数量统计如表 12-4 所示。

表 12-4　各类别图书数量统计

图书类别	数量（种）	占比（%）
动漫 / 卡通	500	7.6219512
绘本 / 图画书	500	7.6219512
进口儿童书	500	7.6219512
科普 / 百科	500	7.6219512
励志 / 成长	500	7.6219512
少儿期刊	500	7.6219512
少儿英语	500	7.6219512
外国儿童文学	500	7.6219512
玩具书	500	7.6219512

续表

图书类别	数量（种）	占比（%）
益智游戏	500	7.6219512
婴儿读物	500	7.6219512
幼儿启蒙	500	7.6219512
中国儿童文学	500	7.6219512
阅读工具书	60	0.9146341

各类别图书占比圆环图如图 12-6 所示。

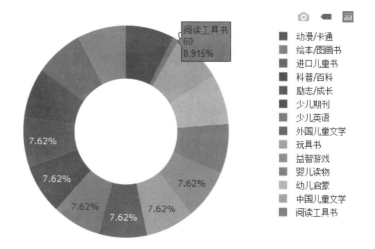

图 12-6　各类别图书占比圆环图

上例中先使用 dplyr 包的 group_by()、summarise()、arrange() 和 desc() 函数实现各子类别图书数量及占比统计，并按数量降序排列，随后使用 plotly 包绘制各子类图书的占比圆环图。从分析结果可以看出本次采集的童书五星榜单数据，除了"阅读工具书"子类的图书数量较少（仅为 60 本），其余 13 个子类别的图书数量均为 500 本。

下面看图书出版社的分布情况，示例代码如下：

```
# 各类图书出版社数量统计
explor_book_publisher<-group_by(data_clean,publisher_name)%>%
  summarise(count=n(),
            percent = n()/nrow(data_clean)*100)%>%
  arrange(desc(count))
dim(explor_book_publisher)
explor_book_publisher<-na.omit(explor_book_publisher)[1:10,]
axis = list(zeroline = F,showline = TRUE,mirror = TRUE,
```

```
            gridcolor = toRGB("white"),gridwidth = 0.5,
            zerolinecolor = toRGB("black"),zerolinewidth = 4,
            linecolor = toRGB("black"),
            linewidth = 2,autotick =T,ticks = "outside",
            ticklen = 5,tickwidth = 2,tickcolor = toRGB("black"),
            showticklabels = TRUE,tickangle = 0)
    p2<-plot_ly(data = explor_book_publisher,
            y = ~publisher_name,
            x = ~count,
            type = "bar")%>%
      layout(yaxis = axis,
            xaxis = axis)%>%
      layout(yaxis = list(title = " 出版社 ",
                    ticktext = c(explor_book_publisher$publisher_
name)),
            xaxis = list(title = " 图书数量 "))
    p2
```

运行以上代码后，图书数量排名前 10 位的出版社统计如表 12-5 所示。

表 12-5　图书数量排名前 10 位的出版社统计

出版社	数量（种）	占比（%）
中国少年儿童出版社	415	6.326219
二十一世纪出版社	314	4.786585
人民邮电出版社	205	3.125000
接力出版社	196	2.987805
湖北少儿出版社	187	2.850610
青岛出版社	187	2.850610
未来出版社	179	2.728658
新蕾出版社	170	2.591463
浙江少年儿童出版社	156	2.378049
外语教学与研究出版社	151	2.301829

图书数量排名前 10 位的出版社分布如图 12-7 所示。

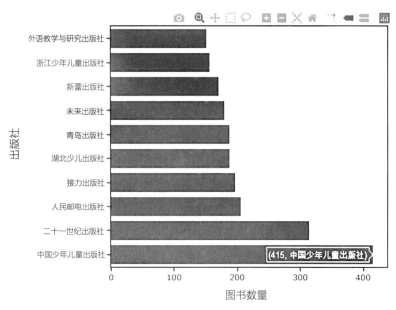

图 12-7 图书数量排名前 10 位的出版社分布

上例中，图书出版社分布的统计方法与所属子类别变量相同，不同的是，图书出版社分布采用了条形图展示前 10 位出版社图书的数量分布。本次采集的童书类五星榜单所涉及的出版社共 403 个，图书数量排名前 3 位的是中国少年儿童出版社、二十一世纪出版社和人民邮电出版社，出版数量均在 200 种以上。

继续看这些图书的出版年份分布情况，示例代码如下：

```
# 获取出版年份数据
publish_date<-data.frame(publish_date=substr(data_clean$publish_
date,1,4))
# 统计各出版年份的图书数量和占比情况
explor_publish_date <- group_by(publish_date,publish_date)%>%
  summarise(count=n(),
            percent = n()/nrow(data_clean)*100)%>%
  arrange(desc(publish_date))
p3<-plot_ly(data = explor_publish_date[1:10,],
          x = ~publish_date,
          y = ~count,
          type = "scatter",
          mode = "lines+markers",
          marker = list(symbol = "200",
                        size = 15))%>%
  layout(yaxis = axis,
         xaxis = axis)%>%
  layout(xaxis = list(title = " 出版年份 "),
```

```
        yaxis = list(title = " 图书数量 "))
p3
```

运行上述代码后，近 10 年图书出版数量的统计结果如表 12-6 所示。

表 12-6　近 10 年图书出版数量统计

出版日期	数量（种）	占比（%）
2019	124	1.890244
2018	392	5.975610
2017	545	8.307927
2016	297	4.527439
2015	118	1.798780
2014	261	3.978658
2013	573	8.734756
2012	818	12.469512
2011	1016	15.487805
2010	826	12.591463

近 10 年图书出版数量分布如图 12-8 所示。

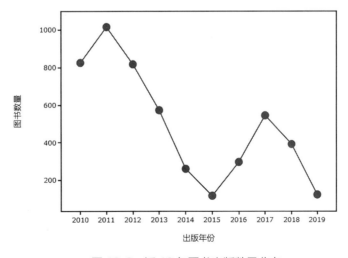

图 12-8　近 10 年图书出版数量分布

上例中使用折线图来呈现近 10 年图书出版数量的分布趋势。当当童书类五星榜单内图书的出版年份近 10 年出现两个波峰（2011 年和 2017 年），2010-2012 年出版的图书均超过 800 种，占所有图书的四成左右。

（2）图书价格指标统计。通过描述统计分析可了解所有图书价格指标（现价、原价和折扣）的整体情况，并采用箱形图和直方图展示每个变量的数据分布形态。在描述统计指标选取方面，综合选取了样本量统计、集中趋势、离散趋势和分布形态等多种指标，为便于调用，下面将这些指标封装为 ExplorStat 函数，示例代码如下：

```
ExplorStat<-function(x){
  require(moments)
  x<-as.numeric(x)
  out<-c(length(x),length(na.omit(x)),
        mean(x,na.rm = T),
        sd(x,na.rm = T),
        sd(x,na.rm = T)/mean(x,na.rm = T),
        range(x,na.rm = T),
        quantile(x,probs = c(0.25,0.5,0.75),na.rm = T),
        kurtosis(x,na.rm = T),
        skewness(x,na.rm = T),
        unlist(shapiro.test(sample(x=na.omit(x),size = 5000,replace =
F)))[1:2],
        unlist(agostino.test(na.omit(x)))[2:3])
  out<-round(as.numeric(out),3)
  names(out)<-c("样本量","有效样本量","平均数","标准差",
                "离散系数","最小值","最大值","第25百分位",
                "中位数","第75百分位","峰度","偏度",
                "Shapiro 正态性检验(w)","Shapiro 正态性检验(p)",
                "Agostino 偏度检验(z)","Agostino 偏度检验(p)")
  return(out)
}
# 图书价格指标的描述统计分析
explor_book_price<-apply(data_clean[,c("price_now","price_old",
                                "price_cutoff")],2,ExplorStat)
```

以上代码运行结果如表 12-7 所示。

表 12-7　图书价格指标描述统计结果

描述统计量	现价	原价	折扣
样本量	6560.000	6560.000	6560.000
有效样本量	6560.000	6060.000	6060.000
平均数	44.480	62.832	6.820
标准差	64.288	83.633	1.437

描述统计量	现价	原价	折扣
离散系数	1.445	1.331	0.211
最小值	0.700	1.500	0.400
最大值	858.500	998.000	10.000
第 25 百分位	12.400	16.800	6.200
中位数	21.300	29.800	7.000
第 75 百分位	50.000	79.900	7.900
峰度	35.148	32.046	5.302
偏度	4.607	4.287	−1.323
Shapiro 正态性检验 (w)	0.563	0.612	0.896
Shapiro 正态性检验 (p)	0.000	0.000	0.000
Agostino 偏度检验 (z)	65.782	61.394	−32.755
Agostino 偏度检验 (p)	0.000	0.000	0.000

上例运行结果中，原价（price_old）和折扣（price_cutoff）指标存在缺失值；现价（price_now）的均价为 44.8 元，平均折扣为 6.8 折；现价和原价的价格差异较大，均呈现正偏态分布，即中低价图书数量多，高价图书数量少。

可使用箱形图和直方图组合的形式来展示价格指标数据分布形态。下面将 plotly 包绘制的直方图和箱形图代码进行封装，函数名称分别为 ExplorHistogramPlot 和 ExplorBoxPlot，示例代码如下：

```
ExplorHistogramPlot<-function(data,titleX=NULL,titleY=NULL){
  axis = list(zeroline = F,showline = TRUE,mirror = TRUE,
              gridcolor = toRGB("white"),gridwidth = 0.5,
              zerolinecolor = toRGB("black"),zerolinewidth = 4,
              linecolor = toRGB("black"),
              linewidth = 2,autotick =T,ticks = "outside",
              ticklen = 5,tickwidth = 2,tickcolor = toRGB("black"),
              showticklabels = TRUE,tickangle = 0)
  p<-plot_ly(x = ~data,
             type = "histogram",
             marker = list(
               color = "rgb(158,202,225)",
               line = list(
                 color = "rgb(8,48,107)",
```

```
                     width = 1.5)),
             histnorm = "count",
             name = " 直方图 ")%>%
    # layout(xaxis = axis,
    #          yaxis = axis)%>%
    layout(xaxis = list(title=titleX),
            yaxis = list(title=titleY))
  return(p)
}

ExplorBoxPlot<-function(data,titleX=NULL,titleY=NULL){
  axis = list(zeroline = F,showline = TRUE,mirror = TRUE,
                 gridcolor = toRGB("white"),gridwidth = 0.5,
                 zerolinecolor = toRGB("black"),zerolinewidth = 4,
                 linecolor = toRGB("black"),
                 linewidth = 2,autotick =T,ticks = "outside",
                 ticklen = 5,tickwidth = 2,tickcolor = toRGB("black"),
                 showticklabels = TRUE,tickangle = 0)
  p<-plot_ly(x = ~data,
              type = "box",
              name = " 箱形图 ")%>%
    # layout(xaxis = axis,
    #          yaxis = axis)%>%
    layout(xaxis = list(title=titleX),
            yaxis = list(title=titleY))
  return(p)
}
```

① 图 书 现 价 分 布 分 析。选 取 data_clean 数 据 集 的 price_now 变量，调 用 前 面 编 写 的 ExplorHistogramPlot() 和 ExplorBoxPlot() 函数绘制图书现价的直方图和箱形图。为便于对比，下面使用 subplot() 函数将两个图形拼接为一张图，示例代码如下：

```
p3_1<-ExplorHistogramPlot(data=data_clean$price_now,titleY = " 频次 ")
p3_2<-ExplorBoxPlot(data=data_clean$price_now,titleY = "",titleX = " 图书
现价 ")
p3<-subplot(p3_1, p3_2,
            nrows = 2, widths = 1, heights = c(0.8,0.2), margin = 0,
 shareX = T, shareY = F, titleX = T, titleY = T)
p3
```

以上代码运行结果如图 12-9 所示。

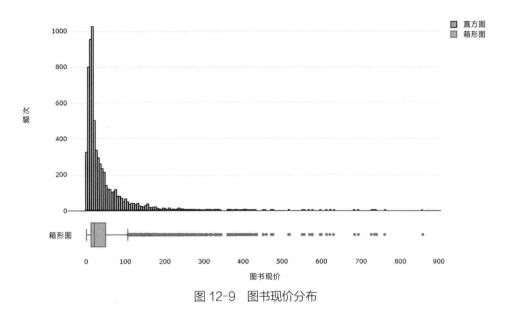

图 12-9　图书现价分布

②图书原价分布分析。选取 data_clean 数据集的 price_old 变量，调用 ExplorHistogramPlot() 和 ExplorBoxPlot() 函数绘制图书原价的直方图和箱形图，并使用 subplot() 函数将两个图形拼接为一张图，示例代码如下：

```
p4_1<-ExplorHistogramPlot(data=data_clean$price_old,titleY = " 频次 ")
p4_2<-ExplorBoxPlot(data=data_clean$price_old,titleY = "",titleX = " 图书
原价 ")
p4<-subplot(p4_1, p4_2,
            nrows = 2, widths = 1, heights = c(0.8,0.2), margin = 0,
            shareX = T, shareY = F, titleX = T, titleY = T)
p4
```

以上代码运行结果如图 12-10 所示。

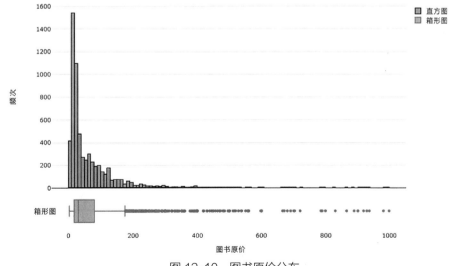

图 12-10　图书原价分布

③图书折扣分布分析。

选取 data_clean 数据集的 price_cutoff 变量，调用 ExplorHistogramPlot() 和 ExplorBoxPlot() 函数绘制图书折扣的直方图和箱形图，使用 subplot() 函数将两个图形拼接为一张图。示例代码如下：

```
p5_1<-ExplorHistogramPlot(data=data_clean$price_cutoff,titleY = "频次")
p5_2<-ExplorBoxPlot(data=data_clean$price_cutoff,titleY = "",titleX = "图
书折扣")
p5<-subplot(p5_1, p5_2,
            nrows = 2, widths = 1, heights = c(0.8,0.2), margin = 0,
            shareX = T, shareY = F, titleX = T, titleY = T)
p5
```

以上代码运行结果如图 12-11 所示。

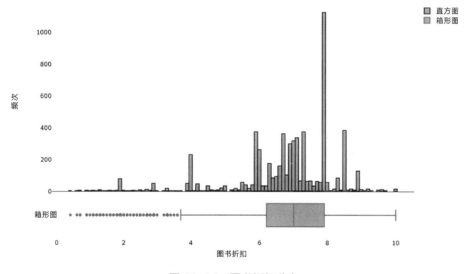

图 12-11　图书折扣分布

（3）图书评论指标统计。通过描述统计分析了解所有图书评论指标（推荐指数、评论数量和五星推荐数量）的整体情况，并采用箱形图和直方图展示每个变量的数据分布形态，示例代码如下：

```
explor_book_pinglun<-apply(data_clean[,c("tuijian_index",
                                         "tuijian_count",
                                         "tuijian_fivestar")],
                           2,ExplorStat)
```

以上代码运行结果如表 12-8 所示。

表 12-8　图书评论指标的统计结果

描述统计量	推荐指数	评论数量	五星推荐数量
样本量	6560.000	6560.000	6560.000

续表

描述统计量	推荐指数	评论数量	五星推荐数量
有效样本量	6560.000	6560.000	6560.000
平均数	99.138	9961.133	261.527
标准差	0.979	44856.030	2078.220
离散系数	0.010	4.503	7.946
最小值	87.800	32.000	0.000
最大值	100.000	1611415.000	88265.000
第 25 百分位	98.800	656.000	0.000
中位数	99.400	1929.500	0.000
第 75 百分位	99.900	4988.250	31.000
峰度	14.885	406.369	728.708
偏度	-2.496	16.181	23.343
Shapiro 正态性检验 (w)	0.788	0.167	0.089
Shapiro 正态性检验 (p)	0.000	0.000	0.000
Agostino 偏度检验 (z)	-49.669	99.600	109.512
Agostino 偏度检验 (p)	0.000	0.000	0.000

上例中，所有评论指标均不存在缺失值；评论数量和五星推荐数量内部差异较大，均呈现正偏态分布，推荐指数呈负偏态分布。

下面进一步查看具体的评论指标数据分布情况，各评论指标分布分析如下。

①推荐指数分布分析。选取 data_clean 数据集的 tuijian_index 变量，调用前面编写的 ExplorHistogramPlot() 和 ExplorBoxPlot() 函数绘制图书推荐指数的直方图和箱形图。为便于对比，下面使用 subplot() 函数将两个图形拼接为一张图，示例代码如下：

```
p6_1<-ExplorHistogramPlot(data=data_clean$tuijian_index,titleY = " 频次 ")
p6_2<-ExplorBoxPlot(data=data_clean$tuijian_index,titleY = "",titleX = "
推荐指数 ")
p6<-subplot(p6_1, p6_2,
            nrows = 2, widths = 1, heights = c(0.8,0.2), margin = 0,
            shareX = T, shareY = F, titleX = T, titleY = T)
p6
```

以上代码运行结果如图 12-12 所示。

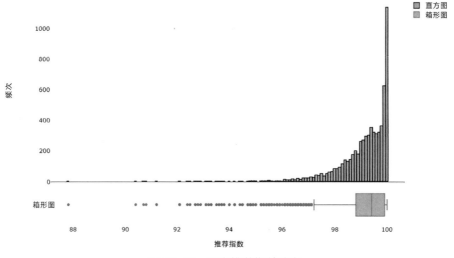

图 12-12　图书推荐指数分布

②评论数量分布分析。选取 data_clean 数据集的 tuijian_count 变量，调用 ExplorHistogramPlot() 和 ExplorBoxPlot() 函数绘制图书评论数量的直方图和箱形图，使用 subplot() 函数将两个图形拼接为一张图，示例代码如下：

```
p7_1<-ExplorHistogramPlot(data=data_clean$tuijian_count,titleY = " 频次 ")
p7_2<-ExplorBoxPlot(data=data_clean$tuijian_count,titleY = "",titleX = "
评论数量 ")
p7<-subplot(p7_1, p7_2,
           nrows = 2, widths = 1, heights = c(0.8,0.2), margin = 0,
           shareX = T, shareY = F, titleX = T, titleY = T)
p7
```

以上代码运行结果如图 12-13 所示。

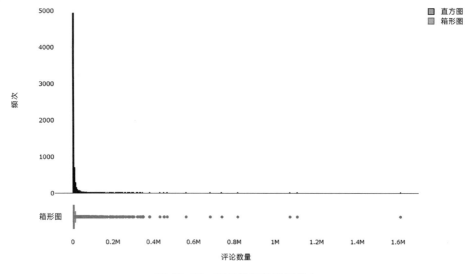

图 12-13　图书的评论数量分布

③五星推荐数量分布分析。选取 data_clean 数据集的 tuijian_fivestar 变量，调用 ExplorHistogramPlot()
和 ExplorBoxPlot() 函数绘制图书五星推荐数量的直方图和箱形图，使用 subplot() 函数将两个图形
拼接为一张图，示例代码如下：

```
p8_1<-ExplorHistogramPlot(data=data_clean$tuijian_fivestar,titleY = " 频次
")
p8_2<-ExplorBoxPlot(data=data_clean$tuijian_fivestar,titleY = "",titleX =
" 五星推荐数量 ")
p8<-subplot(p8_1, p8_2,
            nrows = 2, widths = 1, heights = c(0.8,0.2), margin = 0,
            shareX = T, shareY = F, titleX = T, titleY = T)
p8
```

以上代码运行结果如图 12-14 所示。

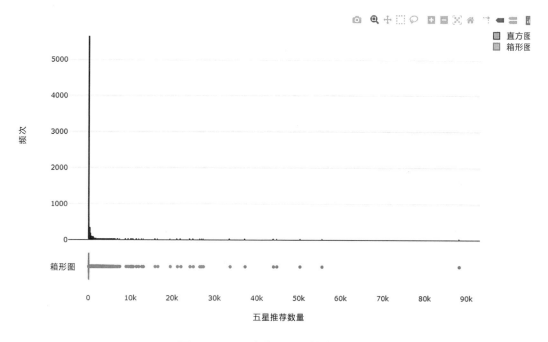

图 12-14　图书的五星推荐数量分布

（4）价格与评论间的关系。除了分析图书价格和评论指标各自的集中趋势、离散趋势和分布形
态，还可以考查各指标间的相互关系。下面使用相关矩阵图来展示图书价格和评论指标间的相关情
况，示例代码如下：

```
corrplot::corrplot(cor(na.omit(data_clean[,c("price_now",
                                "price_old",
                                "price_cutoff","tuijian_index",
                                "tuijian_count",
```

```
                                "tuijian_fivestar")])),
            method = "number",
            type = "upper",
            tl.srt = 45)
```

以上代码运行结果如图 12-15 所示。

上例中调用了 corrplot 包的 corrplot() 函数实现相关系数矩阵图的绘制。结果显示，图书现价与图书原价（折扣因素）、图书评论数量与五星推荐数量呈现高度正相关，其余指标之间的相关性较低。

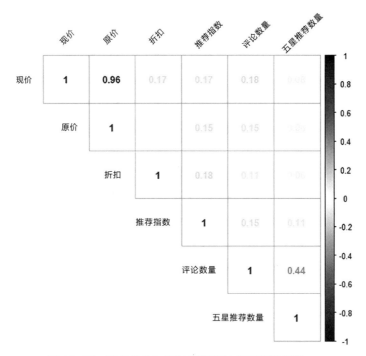

图 12-15　图书价格与评价指标间的相关系数矩阵

12.3.2 图书价格和评论指标的聚类分析

为进一步了解图书价格和评论指标对购买者选购图书的影响，采用 K- 均值聚类的方法对采集到的 6050 种图书的价格和评论指标进行聚类。通过各聚类在价格和评论指标上的表现差异对聚类分析结果进行验证，并进一步总结出各个类别的价格和评论特征，得出性价比指数。

（1）聚类前准备。为避免变量间的不同量纲影响聚类效果，需要对聚类变量进行标准化。下面将使用 scale 函数对价格和评论等 6 个变量进行标准化，并使用 na.omit() 函数剔除样本数据中的缺失值，示例代码如下：

```
data_cluser<-apply(data_clean[,c("price_now","price_old",
"price_cutoff","tuijian_index","tuijian_count","tuijian_fivestar")],2,
scale,center = T,scale = T)
rownames(data_cluser)<-data_clean$book_id
colnames(data_cluser)<-c("price_now_z","price_old_z","price_cutoff_
z", "tuijian_index_z","tuijian_count_z","tuijian_fivestar_z")
data_cluser<-na.omit(data_cluser)
```

（2）K- 均值聚类。K- 均值聚类可直接调用 R 语言内置的 kmeans() 函数完成。下面使用
kmeans() 函数进行价格和评论等 6 个变量的聚类分析，为便于解释，将该函数需要输入聚类的数目
暂定为 3。在聚类可视化展示方面，使用 ggfortify 包的 autoplot() 函数绘制聚类效果图，示例代码
如下：

```
library(ggfortify)
set.seed(1000)
advance_book_cluser<-kmeans(x = na.omit(data_cluser),
                           centers = 3, iter.max = 100, nstart = 30)
advance_book_cluser$size
p9<-autoplot(advance_book_cluser,data=na.omit(data_cluser),label = F,
lable.size=2,frame = TRUE)+
   theme_bw()
data_cluser<-data.frame(data_cluser,
                        book_cluser=advance_book_cluser$cluster,
                        book_id=rownames(data_cluser),
                        stringsAsFactors = F)
dim(data_cluser)
```

以上代码运行结果如下。

```
[1]  675   50 5335
advance_book_cluser$centers
  price_now_z price_old_z price_cutoff_z tuijian_index_z tuijian_count_z1
1.8893762    2.0121517      0.37759173      0.47573050        0.1594486
2  0.7916975   0.7067284      0.56372996      0.87691547        8.1886317
3 -0.2768694  -0.2612069     -0.05305734     -0.09753685       -0.0789219
   tuijian_fivestar_z
1         0.07700257
2         6.38250682
3        -0.05897891
```

聚类分析图形化展示结果如图 12-16 所示。

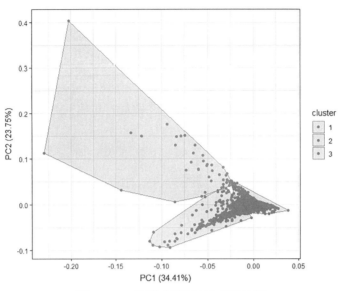

图 12-16　聚类分析图形化展示结果

上例中聚类的样本数量差异悬殊，其中聚类 3 样本的数量最多（5335 个）。变量在各聚类的中心点也有不同的特点，其中在 price_now 和 price_old 变量上的顺序由大到小依次是类别 1、类别 2 和类别 3，而在其余 4 个变量上则为类别 2、类别 1 和类别 3。

（3）聚类结果检验。使用 oneway.test() 函数实现 6 个变量在 3 个聚类上的平均数差异检验，为方便调用，封装了一个名为 FTest 的函数，示例代码如下：

```
FTest<-function(x,group){
  data=na.omit(data.frame(x,group))
  out<-c(tapply(data$x,data$group,mean),c(unlist(oneway.test(x~ group,
data = data)))[c(1:4)])
  out<-round(as.numeric(out),3)
  names(out)<-c("类别 1 均值","类别 2 均值","类别 3 均值","F 值","分子自由度","
分母自由度","显著性")
  return(out)
}
test_cluser<-t(apply(data_cluser[,c("price_now_z","price_old_z",
                                    "price_cutoff_z","tuijian_index_z",
                                    "tuijian_count_z","tuijian_fivestar_
z")],2,FTest,group = data_cluser$book_cluser))
```

以上代码运行结果如表 12-9 所示。

表 12-9　价格和评论指标在各聚类上的 ANOVA 分析结果

指标名称	类别 1 均值	类别 2 均值	类别 3 均值	F 值	分子自由度	分母自由度	显著性
price_now_z	1.889	0.792	−0.277	713.552	2	121.974	0

续表

指标名称	类别 1 均值	类别 2 均值	类别 3 均值	F 值	分子自由度	分母自由度	显著性
price_old_z	2.012	0.707	−0.261	640.506	2	122.030	0
price_cutoff_z	0.378	0.564	−0.053	96.355	2	130.225	0
tuijian_index_z	0.476	0.877	−0.098	2331.319	2	1592.702	0
tuijian_count_z	0.159	8.189	−0.079	72.881	2	122.296	0
tuijian_fivestar_z	0.077	6.383	−0.059	36.898	2	122.552	0

检验结果发现，价格和评论指标分别在各聚类上呈现显著差异，结果可用于后续分析。当然，前面提及的各聚类的样本数目差异悬殊，读者在实际操作中可根据情况来判断聚类结果是否有效可用。

由表 12-9 还可以发现，3 个聚类在变量上的平均表现各不相同，可将其命名为：性价比适中（聚类 1，价格高，但评论居中）、性价比高（聚类 2，价格适中，评论高）和性价比低（聚类 3，价格低，评论也低）。命名完成后，使用 merge() 函数将聚类结果与 data_clean 数据集合并，以便进行后续分析，示例代码如下：

```
# 聚类结果汇总
data_clean<-merge(data_clean, data_cluser, by="book_id", all=T)
data_clean$book_cluser<-factor(data_clean$book_cluser,
                        levels =c(1,2,3),
                        labels = c(" 性价比适中 "," 性价比高 "," 性价比低 "),
                        ordered = T)
```

12.3.3　图书性价比分析

通过使用 K-均值聚类技术按照价格和评论指标将 6050 种图书划分为 3 个聚类，并将其分别命名为性价比高、性价比适中和性价比低。本小节将在此基础上探讨这 3 个性价比聚类在价格和评论等指标上的表现。

1. 各聚类图书价格分布

选取图书现价、原价和折扣等价格指标作为分析变量，以图书性价比聚类结果作为分类变量，分别查看各类别下图书价格的集中趋势、离散趋势和分布形态。为方便后续调用，将这些统计指标封装为 CompareStat 函数。在可视化方面，在封装函数 CompareBoxPlot 中展示每个类别下价格指标的分布情况，示例代码如下：

```
library(moments)
```

```
CompareStat<-function(x,group){
  data<-na.omit(data.frame(x,group))
  tmp<-tapply(data$x,data$group,function(x){
    out<-c(mean(x,na.rm = T),
           sd(x,na.rm = T),
           sd(x,na.rm = T)/mean(x,na.rm = T),
           range(x,na.rm = T),
           max(x,na.rm = T)-min(x,na.rm = T),
           quantile(x,probs = c(0.25,0.5,0.75),na.rm = T),
           kurtosis(x,na.rm = T),
           skewness(x,na.rm = T))
    out<-round(as.numeric(out),3)
    names(out)<-c(" 平均数 "," 标准差 ", " 离散系数 "," 最小值 ",
                  " 最大值 "," 全距 "," 第 25 百分位 "," 中位数 ",
                  " 第 75 百分位 "," 峰度 "," 偏度 ")
    return(out)
  })
  out<-cbind(c(names(tmp)),
             matrix(c(unlist(tmp)),
                    nrow=length(tmp),
                    byrow = T))
  colnames(out)<-c(" 类别名称 ",names(tmp[[1]]))
  return(out)
}
ComPareBoxPlot<-function(x,group,titleX=NULL,titleY=NULL){
  require(plotly)
  axis = list(zeroline = F,showline = TRUE,mirror = F,
              gridcolor = toRGB("grey95"),gridwidth = 0.5,
              zerolinecolor = toRGB("black"),zerolinewidth = 4,
              linecolor = toRGB("black"),
              linewidth = 2,autotick =T,ticks = "outside",
              ticklen = 5,tickwidth = 2,tickcolor = toRGB("black"),
              showticklabels = TRUE,tickangle = 0)
  data<-data.frame(x,
                   group)
  data<-na.omit(data)

p<-plot_ly(data = data,
           x = ~x,
           color = ~group,
           type = "box",
           showlegend = FALSE)%>%
```

```
    layout(xaxis=axis,yaxis=axis)%>%
    layout(xaxis = list(title=titleX),
           yaxis = list(title=titleY))
return(p)
}


advance_book_price<-rbind(
  cbind("price_now",
        CompareStat(x = data_clean$price_now,
                    group = data_clean$book_cluser)),
  cbind("price_old",
        CompareStat(x = data_clean$price_old,
                    group = data_clean$book_cluser)),
  cbind("price_cutoff",
        CompareStat(x = data_clean$price_cutoff,
                    group = data_clean$book_cluser)))
colnames(advance_book_price)[1]=" 价格指标 "
```

以上代码运行结果如表 12-10 所示。

表 12-10　各聚类图书价格指标统计

价格指标	类别名称	平均数	标准差	离散系数	最小值	最大值	全距	第25百分位	中位数	第75百分位	峰度	偏度
price_now	性价比适中	165.944	95.6	0.576	26.9	739.4	712.5	109	134.3	177.35	12.431	2.722
price_now	性价比高	95.377	138.252	1.45	10.3	736.9	726.6	19.825	42.9	94.375	12.711	2.997
price_now	性价比低	26.681	21.955	0.823	0.7	120.7	120	10.9	18.3	37.35	3.941	1.305
price_old	性价比适中	231.115	137.687	0.596	98	998	900	149.9	188	253.5	12.168	2.735
price_old	性价比高	121.938	168.543	1.382	14.8	828	813.2	26	52	124.2	10.31	2.69
price_old	性价比低	40.987	34.569	0.843	1.5	268	266.5	16	26	60	4.695	1.409
price_cutoff	性价比适中	7.363	1.226	0.166	0.9	10	9.1	6.8	7.9	7.9	7.465	-1.595
price_cutoff	性价比高	7.63	0.804	0.105	5.5	8.9	3.4	6.9	7.9	7.9	2.949	-0.422
price_cutoff	性价比低	6.744	1.449	0.215	0.4	10	9.6	6	7	7.9	5.144	-1.299

上例中，图书原价指标性价比高的图书平均价格居中，但离散性比较大；性价比适中的图书平均价格最高，且离散系数最小；性价比低的图书平均价格最低，离散系数居于二者中间。从折扣情况来看，性价比高的图书平均折扣力度较低（折扣数值最大，表明折扣力度较低），性价比低的图

书平均折扣力度最大（现价最低，自然折扣最大）。可见，图书的性价比并非只看图书的现价和折扣，还应看图书的评论情况。下面再看看各聚类图书的价格分布情况，示例代码如下：

```
p10_1<-ComPareBoxPlot(x=data_clean$price_now,
              group = data_clean$book_cluser,
              titleX = " 图书现价 ")

p10_2<-ComPareBoxPlot(x=data_clean$price_old,
              group = data_clean$book_cluser,
              titleX = " 图书原价 ")
p10_3<-ComPareBoxPlot(x=data_clean$price_cutoff,
              group = data_clean$book_cluser,
              titleX = " 图书折扣 ")
p10<-subplot(p10_1, p10_2,p10_3, nrows = 1,
widths = c(0.33,0.33,0.33), heights = 1, margin = 0.05,
          shareX = F, shareY = T, titleX = T, titleY = T)
```

以上代码运行结果如图 12-17 所示。

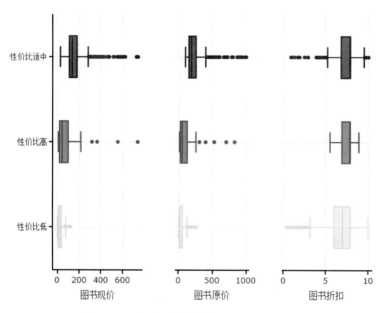

图 12-17　各类图书在价格指标上的分布情况

2. 各聚类图书评论分布

　　图书的性价比并非只看图书的现价折扣，还应看图书的评论情况。下面将重点考查各聚类图书的评论指标分布情况，继续调用前面封装的 CompareStat() 和 ComPareBoxPlot() 函数完成相关统计量计算及图形展示，示例代码如下：

```
advance_book_pinglun<-rbind(
  cbind("tuijian_index",
        CompareStat(x = data_clean$tuijian_index,
                    group = data_clean$book_cluser)),
  cbind("tuijian_count",
        CompareStat(x = data_clean$tuijian_count,
                    group = data_clean$book_cluser)),
  cbind("tuijian_fivestar",
        CompareStat(x = data_clean$tuijian_fivestar,
                    group = data_clean$book_cluser))
)
colnames(advance_book_pinglun)[1]=" 评论指标 "
```

以上代码运行结果如表 12-11 所示。

表 12-11　各聚类图书评论指标统计

评论指标	类别名称	平均数	标准差	离散系数	最小值	最大值	全距	第 25 百分位	中位数	第 75 百分位	峰度	偏度
tuijian_index	性价比适中	99.603	0.684	0.007	92.1	100	7.9	99.4	99.9	100	39.108	-4.757
tuijian_index	性价比高	99.996	0.02	0	99.9	100	0.1	100	100	100	23.042	-4.695
tuijian_index	性价比低	99.042	1.02	0.01	87.8	100	12.2	98.6	99.3	99.8	13.789	-2.347
tuijian_count	性价比适中	17113.366	35878.286	2.097	55	248029	247974	1564	3857	13261.5	17.976	3.679
tuijian_count	性价比高	377270.64	278724.91	0.739	60018	1611415	1551397	259286.75	334991	372934	10.17	2.458
tuijian_count	性价比低	6421.01	17512.414	2.727	32	249010	248978	693.5	1934	4797	71.343	7.279
tuijian_fivestar	性价比适中	421.556	1039.228	2.465	0	12000	12000	0	89	386	57.434	6.427
tuijian_fivestar	性价比高	13525.78	18349.884	1.357	80	88265	88185	748.25	4842.5	21790.5	7.18	1.945
tuijian_fivestar	性价比低	138.956	638.666	4.596	0	13091	13091	0	0	10	136.953	9.842

从推荐指数来看，3 个聚类的图书相差不大，均在 99% 以上，这是因为抓取的都是五星好评榜的图书，相当于优中选优，自然在推荐指数上都是比较高的（但性价比高的图书，平均推荐指数还

是较其他两类要高，并且离散程度要小得多）。从评论数量来看，性价比高的图书平均评论数量是性价比适中图书的 22 倍，是性价比低图书的 58 倍，且离散程度要更低。从五星推荐数量来看，性价比高的图书的平均数量是性价比适中图书的 32 倍，是性价比低图书的 98 倍，且离散程度要更低。下面再看看上述 3 个聚类在评论指标上的分布情况，示例代码如下：

```
p11_1<-ComPareBoxPlot(x=data_clean$tuijian_index,
            group = data_clean$book_cluser,
            titleX = " 推荐指数 ")
p11_2<-ComPareBoxPlot(x=data_clean$tuijian_count,
            group = data_clean$book_cluser,
            titleX = " 评论数量 ")
p11_3<-ComPareBoxPlot(x=data_clean$tuijian_fivestar,
            group = data_clean$book_cluser,
            titleX = " 五星推荐数量 ")
p11<-subplot(p11_1, p11_2,p11_3, nrows = 1,
widths = c(0.33,0.33,0.33), heights = 1, margin = 0.05,
            shareX = F, shareY = T, titleX = T, titleY = T)
```

以上代码运行结果如图 12-18 所示。

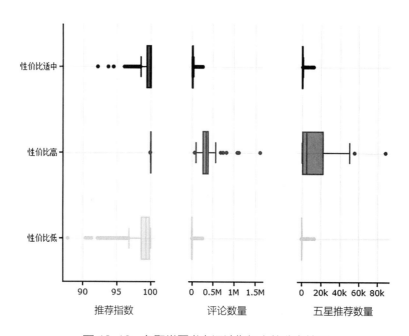

图 12-18　各聚类图书在评论指标上的分布情况

由箱形图的结果不难发现，性价比高的图书在评价指标上整体要好于其他两个类别。可见性价比聚类重点看的还是客户的口碑，图书价格并非决定性因素。还可以看看评论数量和五星推荐数量排名前 10 位的图书及其性价比聚类情况，示例代码如下：

```
# 评论前 10 位图书列表
advance_book_tuijiancount<-filter(data_clean, tuijian_count_rank<=10)
[,c("book_category","book_title","price_now","publisher_name","tuijian_
index","tuijian_count","tuijian_fivestar","book_cluser")]
    advance_book_fivestarcount<-filter(data_clean, tuijian_fivestar_rank<=10)
[,c("book_category","book_title","price_now","publisher_name","tuijian_
index","tuijian_count","tuijian_fivestar","book_cluser")]
```

以上代码运行结果如表 12-12 和表 12-13 所示。

表 12-12　评论数量排名前 10 位的图书信息

图书类别	图书名称	原价	出版社	推荐指数	评论数量	五星推荐数量	性价比
绘本／图画书	学会爱自己（安全意识篇）防性侵、防诱拐！儿童必备安全教育图画……	25.8	青岛出版社	100	453327	3133	性价比高
绘本／图画书	信谊世界精选图画书·猜猜我有多爱你	25.3	明天出版社	100	562586	5897	性价比高
中国儿童文学	动物小说大王沈石溪·品藏书系：狼王梦（升级版）	20.5	浙江少年儿童出版社	100	451967	15882	性价比高
科普／百科	神奇校车·图画书版（全 12 册，新增《科学博览会》1 册）	176.2	贵州人民出版社	100	1106632	9532	性价比高
科普／百科	地图　人文版（升级版）手绘世界地图　儿童百科绘本	149.5	贵州人民出版社	100	682110	1016	性价比高
科普／百科	神奇校车大家族（全 73 册）	736.9	贵州人民出版社	100	1611415	399	性价比高
外国儿童文学	罗尔德·达尔作品典藏了不起的狐狸爸爸	11.9	明天出版社	100	467935	21993	性价比高
外国儿童文学	窗边的小豆豆(2018 版)	29.6	南海出版公司	100	1070981	88265	性价比高

续表

图书类别	图书名称	原价	出版社	推荐指数	评论数量	五星推荐数量	性价比
幼儿启蒙	歪歪兔全情商教育绘本全集（礼品装，全8套共78册），随机赠限量版……	555.4	海豚出版社	100	816137	132	性价比高
婴儿读物	小熊宝宝绘本（2018 版全15 册）蒲蒲兰经典畅销绘本！新手妈妈的育……	79.2	连环画出版社	100	738346	1716	性价比高

表 12-13　五星推荐数量排名前 10 位的图书信息

图书类别	图书名称	原价	出版社	推荐指数	评论数量	五星推荐数量	性价比
绘本 / 图画书	宫西达也恐龙套装（你看起来好像很好吃＋我是霸王龙等全7 册）	81.9	二十一世纪出版社	100	247807	50215	性价比高
中国儿童文学	不可思议事件簿（1~6）（套装共6 册）	154.9	浙江少年儿童出版社	100	60018	27257	性价比高
中国儿童文学	米小圈上学记一年级～四年级（套装共16 册）	316.0	四川少儿出版社	100	198402	55442	性价比高
中国儿童文学	米小圈上学记四年级（套装共4 册）	79.0	四川少儿出版社	100	146152	44677	性价比高
中国儿童文学	米小圈上学记三年级（套装共4 册）	79.0	四川少儿出版社	100	145164	26822	性价比高
中国儿童文学	米小圈上学记三年级、四年级（套装共8 册）	158.0	四川少儿出版社	100	90213	43879	性价比高
外国儿童文学	窗边的小豆豆(2018 版)	29.6	南海出版公司	100	1070981	88265	性价比高
动漫 / 卡通	三毛流浪记（彩图注音读物）	30.1	少年儿童出版社	100	380844	33585	性价比高
婴儿读物	噼里啪啦系列（共7 册）我要拉巴巴/我去洗澡/你好/草莓点心/车来了……	77.8	二十一世纪出版社	100	297633	26440	性价比高
少儿英语	培生幼儿英语：预备级（升级版）	81.4	湖北少儿出版社	100	338980	37123	性价比高

不难发现，评论数量和五星推荐数量排名前 10 的图书均处于性价比高的图书类别，将两组数据交叉，可以发现由南海出版公司出版的《窗边的小豆豆 (2018 版)》由于其评论数量和五星推荐数量高和价格较低等特点，无疑成为本次五星榜单童书类性价比最高的图书。

3. 各聚类图书价格与评论交互分析

如果将图书价格和评论放在一起进行综合考查，是否也会得到上述结果呢？下面选取图书价格、评论数量和五星推荐数量作为分析变量，以多组散点图的形式呈现分析结果，示例代码如下：

```
axis = list(zeroline = F,showline = TRUE,mirror = TRUE,
            gridcolor = toRGB("white"),gridwidth = 0.5,
            zerolinecolor = toRGB("black"),zerolinewidth = 4,
            linecolor = toRGB("black"),
            linewidth = 2,autotick =T,ticks = "outside",
            ticklen = 5,tickwidth = 2,tickcolor = toRGB("black"),
            showticklabels = TRUE,tickangle = 0)
p12_1<-plot_ly(data=data_clean,
            x = ~price_now,
            y = ~tuijian_count,
            color = ~book_cluser, size = ~price_cutoff,
            text = ~book_title, type = "scatter",
            showlegend = FALSE)%>%
layout(xaxis=axis,
        yaxis=axis)%>%
  layout(yaxis=list(title= " 评论数量 "))
p12_2<-plot_ly(data=data_clean,
            x = ~price_now,
            y = ~tuijian_fivestar,
            color = ~book_cluser, size = ~price_cutoff,
            text = ~book_title, type = "scatter")%>%
  layout(xaxis=axis,
        yaxis=axis)%>%
  layout(xaxis=list(title= " 图书价格 "),
        yaxis=list(title= " 五星推荐数量 "))
p12<-subplot(p12_1, p12_2,
            nrows = 2, widths = 1, heights = c(0.5,0.5), margin = 0,
            shareX = F, shareY = F, titleX = T, titleY = T)
```

以上代码运行结果如图 12-19 所示。

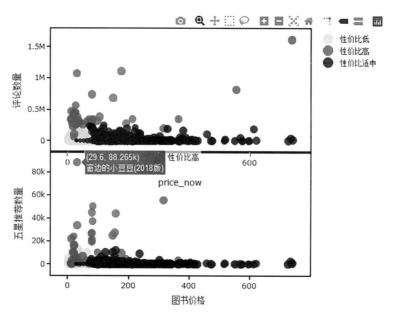

图 12-19　各类图书的价格和评论指标分布

可以看出，性价比高的图书，其数据点多分布在对角线以上的区域，性价比低和性价比适中的图书则分布在对角线以下的区域，这与图书价格和评论分布情况的单指标分析结果基本吻合。《窗边的小豆豆 (2018 版)》仍以最具性价比的优势占据左上角区域。

本章小结

本章探讨了 R 语言实现当当童书类五星榜单性价比分析的详细过程。首先，从页面分析出发，详解如何编写爬虫程序和抓取数据。其次，对抓取的数据进行清理，主要包括变量（字符）的拆分与获取、缺失值与重复值检测及变量类型转化与重命名等环节。最后，运用探索性数据分析技术和聚类分析技术对抓取的数据进行价格和评论方面的分析，得出五星榜单的性价比分析结果。通过对本章介绍的实践操作勤加练习，相信可以在短时间内掌握 R 语言数据分析与可视化的相关技术。

参考文献

纸质文献

［1］　哈德利·威克姆. ggplot2：数据分析与图形艺术［M］. 统计之都，译. 西安：西安交通大学出版社，2013.

［2］　Hadley Wickham. R 包开发［M］. 杨学辉，译. 北京：人民邮电出版社，2016.

［3］　贾里德 P. 兰德. R 语言：实用数据分析和可视化技术［M］. 蒋家坤，等译. 北京：机械工业出版社，2015.

［4］　Norman Matloff. R 语言编程艺术［M］. 陈堰平，邱怡轩，潘岚锋，译. 北京：机械工业出版社，2013.

［5］　Paul Murrel. R 绘图系统. 2 版［M］. 呼思乐，张晔，蔡俊，译. 北京：人民邮电出版社，2016.

［6］　Richard A. Johnson, Dean W. Wichern. 实用多元统计分析. 6 版［M］. 陆璇，叶俊，译. 北京：清华大学出版社，2008.

［7］　Richard Cotton. 学习 R［M］. 刘军，译. 北京：人民邮电出版社，2014.

［8］　Robert I. Kabacoff. R 语言实战［M］. 高涛，肖楠，陈钢，译. 北京：人民邮电出版社，2013.

［9］　Winston Chang. R 数据可视化手册［M］. 肖楠，邓一硕，魏太云，译. 北京：人民邮电出版社，2014.

［10］汪海波. R 语言统计分析与应用［M］. 北京：人民邮电出版社，2018.

［11］薛毅，陈立萍. 统计建模与 R 软件［M］. 北京：清华大学出版社，2007.